KB153730

미용사 일반

필기

한권으로 끝내기

SD에듀

(주)시대고시기획

Always
with you...

사람이 길에서 우연하게 만나거나 함께 살아가는 것만이 인연은 아니라고 생각합니다.

책을 펴내는 출판사와 그 책을 읽는 독자의 만남도 소중한 인연입니다.

SD에듀는 항상 독자의 마음을 헤아리기 위해 노력하고 있습니다. 늘 독자와 함께하겠습니다.

"전문인으로 인정받는 미용사의 길로 안내합니다."

본 교재는 한국산업인력공단의 최신 출제기준을 완벽 반영하였습니다. NCS 학습모듈을 가이드 삼아 상세하고 쉽게 이론을 정리하였으며, 이론 학습 후에는 적중예상문제를 통해 필기시험 대비를 위한 실력을 다질 수 있도록 하였습니다. 또한 상시복원문제와 최근 기출복원문제를 통해 최신 출제경향을 파악할 수 있도록 하였습니다.

이 책을 통해 헤어디자이너를 꿈꾸는 많은 분들이 합격하여 전문인으로 성장하기 바라며 앞으로 변화하는 부분과 부족한 부분은 계속 수정 · 보완해 나가도록 최선을 다하겠습니다.

미용사는 미용실에 취업하거나 직접 자신의 미용실을 운영할 수 있습니다. 또한 미용업계가 과학화, 기업화됨에 따라 미용사의 지위와 대우가 향상되고 작업조건도 양호해질 전망입니다. 최근 남자 미용사도 증가하고 있는 추세로, 남성에게도 취업의 기회가 확대되어 더욱 주목을 받고 있습니다.

끝으로 수험생 여러분들의 승리를 기원하며 이 책을 위해 도움을 주신 많은 분들께 깊은 감사를 드립니다.

편저자 일동

개요

미용업무는 공중위생분야로서 국민의 건강과 직결되어 있는 중요한 분야로 향후 국가의 산업구조가 제조업에서 서비스업 중심으로 전환되는 차원에서 수요가 증대되고 있다. 분야별로 세분화 및 전문화되고 있는 세계적인 추세에 맞추어 미용업무 중 머리의 업무를 수행할 수 있는 미용분야 전문인력을 양성하여 국민의 보건과 건강을 보호하기 위하여 자격제도를 제정하였다.

수행직무

아름다운 헤어스타일 연출 등을 위하여 헤어 및 두피에 적절한 관리법과 기기 및 제품을 사용하여 일반미용을 수행한다.

진로 및 전망

• 미용실에 취업하거나 직접 자신의 미용실을 운영할 수 있다.
• 미용업계가 과학화, 기업화됨에 따라 미용사의 지위와 대우가 향상되고 작업조건도 양호해질 전망이며, 남자가 미용실을 이용하는 경향이 두드러지고, 많은 남자 미용사가 활동하는 미용업계의 경향으로 보아 남자에게도 취업의 기회가 확대될 전망이다.
• 미용사(일반)의 업무범위 : 파마, 머리카락 자르기, 머리카락 모양내기, 머리피부 손질, 머리카락 염색, 머리감기, 의료기기나 의약품을 사용하지 아니하는 눈썹손질 등

시험요강

① **시행처** : 한국산업인력공단
② **훈련기관** : 직업전문학교 및 여성발전센터 등
③ **시험과목**
  ㉠ 필기 : 헤어스타일 연출 및 두피·모발관리
  ㉡ 실기 : 미용실무
④ **검정방법**
  ㉠ 필기 : 객관식 4지 택일형, 60문항(60분)
  ㉡ 실기 : 작업형(2시간 45분 정도)
⑤ **합격기준** : 100점을 만점으로 하여 60점 이상
⑥ **응시자격** : 제한 없음

원서접수 및 시행

① **시행계획**

  ㉠ 시험은 상시로 치러지며 월별, 회별 시행지역 및 시행종목은 지역별 시험장 여건 및 응시 예상인원을 고려하여 소속기관별로 조정하여 시행

  ㉡ 조정된 월별 세부 시행계획은 전월에 큐넷 홈페이지를 통해 공고

② **접수방법** : 큐넷 홈페이지 인터넷 접수(www.q-net.or.kr)

③ **접수기간** : 원서접수 첫날 10:00∼마지막 날 18:00

④ **합격자 발표** : CBT 필기시험은 수험자 답안 제출과 동시에 합격 여부 확인 가능

기타 안내사항

• 천재지변, 코로나19 확산 및 응시인원 증가 등 부득이한 사유 발생 시에는 시행일정을 공단이 별도로 지정할 수 있음

• 필기시험 면제기간은 당회 필기시험 합격자 발표일로부터 2년간임

• 공단 인정 신분증 미지참자는 해당 시험 정지(퇴실) 및 무효처리

• 코로나19 감염 확산 방지 관련 검정 대응 지침에 따라 시험 진행

최근 합격률(필기)

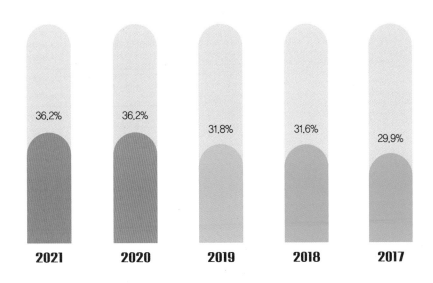

2021	2020	2019	2018	2017
36.2%	36.2%	31.8%	31.6%	29.9%

필기과목명	주요항목	세부항목
헤어스타일 연출 및 두피 · 모발 관리	미용업 안전위생 관리	• 미용의 이해 • 피부의 이해 • 화장품 분류 • 미용사 위생관리 • 미용업소 위생관리 • 미용업 안전사고 예방
	고객응대 서비스	• 고객 안내 업무
	헤어샴푸	• 헤어샴푸 • 헤어트리트먼트
	두피 · 모발관리	• 두피 · 모발관리 준비 • 두피관리 • 모발관리 • 두피 · 모발관리 마무리
	원랭스 헤어커트	• 원랭스 커트 • 원랭스 커트 마무리
	그래쥬에이션 헤어커트	• 그래쥬에이션 커트 • 그래쥬에이션 커트 마무리
	레이어 헤어커트	• 레이어 헤어커트 • 레이어 헤어커트 마무리
	쇼트 헤어커트	• 장가위 헤어커트 • 클리퍼 헤어커트 • 쇼트 헤어커트 마무리
	베이직 헤어펌	• 베이직 헤어펌 준비 • 베이직 헤어펌 • 베이직 헤어펌 마무리
	매직 스트레이트 헤어펌	• 매직 스트레이트 헤어펌 • 매직 스트레이트 헤어펌 마무리
	기초 드라이	• 스트레이트 드라이 • C컬 드라이
	베이직 헤어컬러	• 베이직 헤어컬러 • 베이직 헤어컬러 마무리
	헤어미용 전문제품 사용	• 제품 사용
	베이직 업스타일	• 베이직 업스타일 준비 • 베이직 업스타일 진행 • 베이직 업스타일 마무리
	가발 헤어스타일 연출	• 가발 헤어스타일 • 헤어 익스텐션
	공중위생관리	• 공중보건 • 소 독 • 공중위생관리법규(법, 시행령, 시행규칙)

출제기준

이 책의 구성과 특징

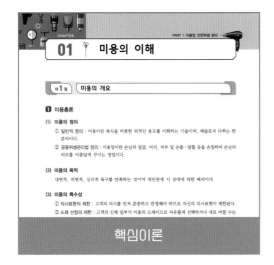

핵심이론

NCS에 기반하여 시험에 꼭 필요한 핵심이론만을 상세히 정리하였습니다. **핵심플러스!**를 통해 중요 출제 포인트를 파악할 수 있습니다.

적중예상문제

파트별 적중예상문제를 수록하여 공부한 내용을 한 번 더 점검할 수 있도록 하였습니다. 상세하고 친절한 해설을 통해 부족한 부분을 보완할 수 있습니다.

최근 기출복원문제

최종 마무리 시험 대비를 위하여 상시복원문제와 최근 기출복원문제를 담았습니다. 각 문제별로 명확한 해설을 추가하여 핵심이론만으로는 아쉬운 내용을 보충학습할 수 있도록 하였습니다.

HAIR DRESSER
GUIDE

목차

HAIR
DRESSER

PART **1**

미용업
안전위생 관리

미용사(일반)

필기 *한권으로 끝내기!*

CHAPTER 01 미용의 이해

제1절 미용의 개요

1 미용총론

(1) 미용의 정의

① 일반적 정의 : 미용이란 복식을 비롯한 외적인 용모를 미화하는 기술이며, 예술로서 다루는 한 분야이다.

② 공중위생관리법 정의 : 미용업이란 손님의 얼굴, 머리, 피부 및 손톱·발톱 등을 손질하여 손님의 외모를 아름답게 꾸미는 영업이다.

(2) 미용의 목적

내면적, 외면적, 심리적 욕구를 만족하는 것이며 대인관계 시 상대에 대한 배려이다.

(3) 미용의 특수성

① 의사표현의 제한 : 고객의 의사를 먼저 존중하고 반영해야 하므로 자신의 의사표현이 제한된다.

② 소재 선정의 제한 : 고객의 신체 일부가 미용의 소재이므로 자유롭게 선택하거나 새로 바꿀 수는 없다.

③ 시간적 제한 : 제한된 시간 내에 미용작품을 완성해야 한다.

④ 소재의 변화에 따른 미적 효과의 고려 : 고객의 동작, 표정, 의복 등에 따라 미적 효과가 다르게 나타날 수 있다.

⑤ 부용예술로서의 제한 : 미용이나 건축은 여러 가지 조건에 제한을 받는 부용예술에 속한다. 특히 미용은 여러 가지 특수성을 지닌 부용예술에 속하므로 미용사의 소질과 우수한 기술이 요구된다.

(4) 미용의 순서

① 소재 : 미용의 소재는 고객의 신체 일부로 제한적이다.

② 구상 : 고객 각자의 개성을 충분히 표현해 낼 수 있는 생각과 계획을 하는 단계이다.

③ 제작 : 구상의 구체적인 표현이므로 제작과정은 미용인에게 가장 중요하다.

④ 보정 : 제작 후 전체적인 스타일과 조화를 살펴보고 재손질을 하는 단계이다.

> **Hair 핵심플러스!**
>
> **미용의 과정 4단계**
> 소재 → 구상 → 제작 → 보정

(5) 미용의 통칙

① **연령** : 시대의 유행을 파악하여 연령에 맞게 연출해야 한다.

② **계절** : 사계절에 맞는 이미지로 연출해야 한다.

③ **때와 장소** : 결혼식, 장례식, 모임, 오전, 오후에 따라 분위기에 맞게 표현해야 한다.

> **Hair 핵심플러스!**
>
> **미용 시술 시 유의사항**
> 장소, 연령, 직업, 계절, 얼굴 모습, 특성 등

2 미용작업의 자세

(1) 미용사의 사명

① **미적 측면** : 고객이 만족할 수 있는 개성미를 연출해야 한다.

② **문화적 측면** : 미용의 유행과 문화를 건전하게 유도해야 한다.

③ **위생적 측면** : 공중위생상 위생관리 및 안전유지에 소홀해서는 안 된다.

④ **지적 측면** : 손님에 대한 예절과 적절한 대인관계를 위해 기본 교양을 갖추어야 한다.

(2) 미용사의 교양

① 위생지식의 습득

② 미적 감각의 함양

③ 인격 도야

④ 건전한 지식의 배양

⑤ 전문적인 미용기술의 습득

(3) 미용사의 올바른 작업 자세

① 시술할 작업 대상의 위치는 미용사의 심장 높이 정도가 적당하다.

② 서서 작업을 하므로 근육의 부담이 적게 각 부분의 밸런스를 고려한다.

③ 과다한 에너지 소모를 피해 적당한 힘의 배분이 되도록 한다.

④ 정상 시력을 가진 사람의 명시거리는 안구에서 약 25cm이다.

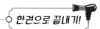
3 미용과 관련된 인체의 명칭

(1) 두부의 명칭

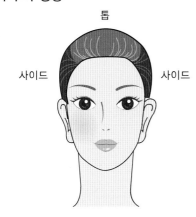

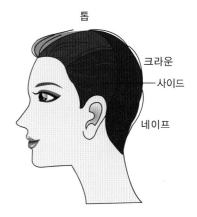

(2) 두부 포인트 명칭

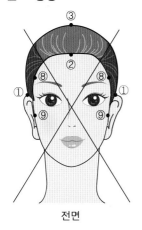

전면

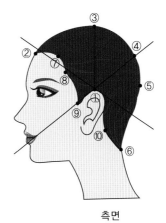

측면

명 칭	위 치
① E.P	이어 포인트(좌우)
② C.P	센터 포인트
③ T.P	톱 포인트
④ G.P	골든 포인트
⑤ B.P	백 포인트
⑥ N.P	네이프 포인트
⑦ F.S.P	프론트 사이드 포인트(좌우)
⑧ S.P	사이드 포인트(좌우)
⑨ S.C.P	사이드 코너 포인트(좌우)
⑩ E.B.P	이어 백 포인트(좌우)

제 2 절 | 미용의 역사

1 한국의 미용

(1) 삼한시대

① 수장급은 관모를 쓰고, 노예는 머리를 깎아서 계급을 표시하였다.

② 마한의 남자는 결혼 후 상투를 틀었으며 마한과 변한에서는 글씨를 새기는 문신을 하여 신분과 계급을 나타내었다.

③ 진한인들은 눈썹을 진하게 그리고 머리털을 뽑아서 단장하였다.

(2) 삼국시대

① 고구려

　㉠ 모발을 땋아 앞 정수리에 둥글게 고정시키는 머리 모양인 얹은 머리, 뒤통수에 낮게 머리를 튼 쪽머리, 양쪽 귀 옆에 모발을 늘어뜨린 풍기명식 머리, 뒷머리에 낮게 묶는 중발머리 등이 있다.

　㉡ 남자는 상투를 틀었고 신분에 따라 비단, 금, 천으로 만들거나 장식한 책(幘, 관모), 관(冠), 건(巾), 절풍 등을 착용했으며, 관모에 새의 깃털을 꽂은 조우관도 있었다.

② 백 제

　㉠ 모발을 길고 아름답게 가꾼 마한인들의 전통을 계승하여 남자는 상투를 틀었다.

　㉡ 여자의 경우 혼인하면 두 갈래로 땋아 올린 쪽머리를, 처녀는 두 갈래로 땋은 댕기머리를 하였다.

　㉢ 상류층에서는 가체를 사용하였다.

　㉣ 일본에 화장기술과 화장품 제조기술을 전해 주었고 엷고 은은한 화장을 하였다.

③ 신 라

　㉠ 가체를 사용하여 장발의 처리기술이 뛰어났다.

　㉡ 모발형으로 신분을 나타내었다.

　㉢ 얼굴 화장에서 백분과 연지, 눈썹먹 등이 사용되었다.

　㉣ 남자도 화장을 하였으며 향수와 향료가 제조되었다.

(3) 통일신라 시대

① 중국의 영향을 받아 화장이 다소 화려해졌다.

② 빗은 사용용도 외에 머리에 장식용으로 꽂고 다녔다.

③ 신분에 따라 슬슬전대모빗(자라등껍질 자재를 장식한 것), 자개장식빗, 장식이 없는 대모빗, 소아빗(상아빗) 등을 사용했으며, 평민 여자는 뿔빗과 나무빗 등을 사용하였다.

④ 화장품 제조기술이 발달하여 화장함이나 토기분합, 향유병 등이 만들어졌다.

(4) 고려시대

① 분대화장(기생 중심의 짙은 화장), 비분대화장(어염집 여자들의 옅은 화장)으로 신분에 따라 치장이 달랐다.

② 면약의 사용과 모발염색이 행해졌다.

③ 서민층의 딸은 시집가기 전에 무늬 없는 붉은 끈으로 머리를 묶고 그 나머지를 아래로 늘어뜨렸으며, 남자는 검은 끈으로 대신하였다.

(5) 조선시대

① 고려시대에 비해 치장이 자연스러우며 화장도 훨씬 옅어졌고 피부손질 위주로 화장을 하였다.

② 모발 형태에 있어서는 쪽진 머리, 큰머리, 조짐머리, 둘레머리 등이 있었으며 장식품으로는 봉잠, 용잠, 각잠, 산호잠, 국잠, 호도잠, 석류잠 등이 사용되었다.

③ 조선 중엽 분화장은 신부화장에 사용되었다. 이는 장분을 물에 개어서 얼굴에 바르는 것인데, 밑화장으로 참기름을 바른 후 닦아냈고 연지곤지를 찍었으며 눈썹은 밀어내고 따로 그렸다.

(6) 현대의 미용

① 1920년대 : 이숙종 여사의 높은 머리(다까머리)와 김활란 여사의 단발머리가 우리나라 여성들의 모발 변화에 크게 기여하였다.

② 1930년대 : 1933년에 오엽주 여사가 일본 유학 후 서울에 화신미용실을 개원하였다.

③ 해방 이후 : 김상진 선생이 현대 미용학원을 설립하였다.

④ 6·25 전쟁 이후 : 권정희 선생이 일본 유학 후 정화미용고등기술학교를 설립하였다.

2 외국의 미용

(1) 중국의 미용

액황을 이마에 발라 입체감을 냈고 백분을 바른 후 연지를 발랐다. 현종(玄宗)은 열 가지의 눈썹 모양을 나타낸 십미도를 소개하였다.

(2) 고대의 미용

① 이집트

　㉠ 모발을 밀고 가발을 만들어 착용하였다.

　㉡ 흑색 모발을 다양하게 보이기 위해 헤나를 사용하였다.

　㉢ 화장색으로 흑색과 녹색을 사용하였다.

　㉣ 화장품과 향수 제조기법도 있었다.

② 그리스

　㉠ 모발을 자연스럽게 묶은 고전적인 스타일을 하였다.

　㉡ 전문 결발사가 생기면서 이용원이 처음 생겨났다.

③ 로 마

  ㉠ 웨이브나 컬을 내는 손질방법이 발달하였다.

  ㉡ 탈색과 염색을 하였으며 향료에 알코올을 첨가해서 향수를 제조하였다.

(3) 중세의 미용

① 프랑스의 캐서린 오브 메디시 여왕에 의해 근대 미용의 기반을 마련하였다.

② 17세기에 전문 미용사들이 출현하였으며 17세기 초 파리에서 남자 결발사가 나타났다.

③ 18세기에 오드콜로뉴(향수)가 발명되었다.

(4) 근대의 미용

① 무슈 끄로샤뜨 : 프랑스 일류 미용사

② 마샬 그라또 : 1875년에 마샬 웨이브 창시자로 아이론을 이용하여 웨이브를 만드는 기술을 개발하였다.

③ 찰스 네슬러 : 1905년 퍼머넌트 웨이브와 스파이럴식 퍼머넌트를 개발하였다.

④ 조셉 메이어 : 1925년 크로키놀식 히트 퍼머넌트를 개발하였다.

⑤ J. B. 스피크먼 : 1936년에 콜드 웨이브 퍼머넌트(화학약품을 이용한 파마)를 창시하였다.

02 ✂ 피부의 이해

제1절 피부와 피부 부속기관

1 피부구조 및 기능

(1) 피부구조

피부는 크게 3층 구조인 표피, 진피, 피하지방으로 구성되어 있다.

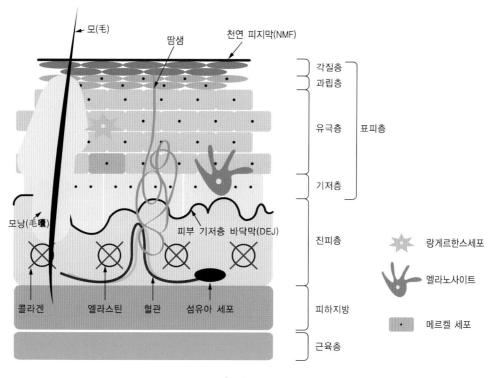

┃ 피부구조

① **표피(Epidermis)** : 표피는 피부의 가장 바깥쪽에 위치하며 신경과 모세혈관이 없고, 외부 자극으로부터 내부를 보호하며 수분 증발을 방지한다. 표피의 총면적은 약 $1.6{\sim}1.8m^2$이고, 표피의 무게는 체중의 약 $15{\sim}17\%$이다. 눈꺼풀의 두께가 0.04mm로 가장 얇고, 발바닥이 1.5mm로 가장 두껍다. 또한 표피는 5개 층인 (진피 바로 위에서부터)기저층, 유극층, 과립층, 투명층, 각질층으로 나눌 수 있다.

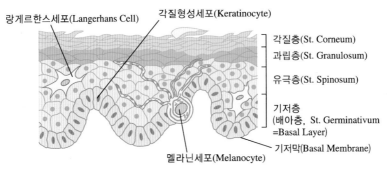

랑게르한스세포(Langerhans Cell)　각질형성세포(Keratinocyte)

각질층(St. Corneum)
과립층(St. Granulosum)
유극층(St. Spinosum)
기저층
(배아층, St. Germinativum
=Basal Layer)
기저막(Basal Membrane)
멜라닌세포(Melanocyte)

▎표피층 구조

Hair 핵심플러스!

피부색 결정요인
멜라닌색소, 카로틴, 헤모글로빈

㉠ **기저층(Basal Cell Layer)**
- 표피의 가장 아래쪽에 위치하고 진피층과 경계를 이루며 단층 원주형의 물결 모양을 이루고 있다.
- 각질형성세포(Keratinocyte), 멜라닌형성세포(Melanocyte)로 구성되어 있고, 촉각을 느끼는 메르켈세포(Merkel Cell)가 있다.
  - 각질형성세포와 멜라닌형성세포는 자외선으로부터 피부를 보호한다.
  - 각질형성세포 4~10개당 멜라닌형성세포가 1개씩 배열되어 있다.
  - 멜라닌형성세포는 사람의 피부색과 모발색을 결정하고, 인종에 관계없이 동일한 숫자를 갖는다.

㉡ **유극층(가시돌기층, Spinous Layer)**
- 5~10개의 세포층으로 치밀하게 구성되어 있는 가시돌기층이며, 표피층에서 가장 두껍고 영양과 수분이 풍부하다.
- 면역을 담당하는 랑게르한스세포(Langerhans Cell)가 존재한다.
- 세포 사이에 림프액이 흐르고 있으며 영양을 공급하고 혈액순환과 물질대사에 관여한다.

㉢ **과립층(Granular Layer)**
- 죽은 세포와 살아 있는 세포가 공존하고, 2~5개의 편평세포로 구성되었으며 각화과정이 시작되는 단계의 층이다.
- 유극층에서 과립층으로 올라올수록 세포들은 수분과 탄력을 잃어가며 점차 납작하게 변하고 세포의 핵을 잃어간다. 이때 세포가 파괴되면서 케라토하이알린(Keratohyalin)이라는 과립으로 채워진다. 케라토하이알린은 빛을 산란시키며 자외선을 흡수한다.
- 수분저지막(레인방어막)으로 이루어져 있어 외부로부터의 이물질과 수분 침투를 막는다.

ⓔ 투명층(Stratum Lucidum)
- 학자에 따라서 표피층 구조에 투명층을 포함시키거나 포함시키지 않을 때도 있다.
- 투명층은 손바닥과 발바닥에만 존재하고, 엘라이딘(Elaidin)이라는 반유동성 물질의 함유로 투명하게 보인다.

> **Hair 핵심플러스!**
>
> - 표피를 4층 구조로 나눌 때 : 기저층, 유극층, 과립층, 각질층
> - 표피를 5층 구조로 나눌 때 : 기저층, 유극층, 과립층, 투명층, 각질층

ⓜ 각질층(Stratum Corneum)
- 표피의 가장 바깥쪽에 위치하며 정상 성인은 약 16~24개 층으로 구성되어 있고, 피부의 박리현상이 일어난다.

> **Hair 핵심플러스!**
>
> **박리현상**
> 기저층에서 형성된 세포가 각질층까지 올라와 피부의 각질이 떨어져 나가는 현상으로 정상 성인은 28일(4주), 어린이는 7일(1주), 노인은 42일 이상이 걸린다.

- 각질세포는 1일 평균 0.5~1.0g씩 떨어져 나간다.
- 라멜라구조(벽돌구조)로 각질과 각질 사이를 단단히 결합시키고 이물질의 침투를 막고 수분 증발을 방지한다.
  - 세포간지질 구성 성분 : 세라마이드 50%, 지방산 30%, 콜레스테롤 5%

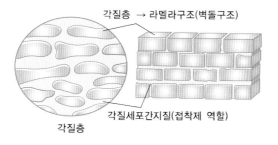

각질층 → 라멜라구조(벽돌구조)

각질세포간지질(접착제 역할)

각질층

┃ 각질층의 라멜라구조

- 각질층에 천연보습인자(NMF ; Natural Moisturizing Factor)가 존재하는 수용성 성분으로 피부의 보습을 돕는다.

> **Hair 핵심플러스!**
>
> **천연보습인자의 특징**
> 피부의 수분 보유량과 pH 지수를 높이며, 아미노산, 젖산으로 구성되어 있다.

② 진피(Dermis) : 진피는 피부의 90%를 차지하는 실질적인 피부로 표피와 피하지방 사이에 위치하며 유두층(상부)과 망상층(하부)인 2층 구조로 나눌 수 있고, 표피층보다 10~40배 정도 두껍다.

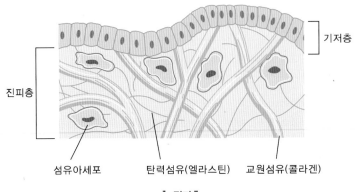

| 진피층

㉠ 유두층(Papillary Layer) : 진피의 상부층으로 돌기 모양을 하며 모세혈관이 있어 피부에 영양과 산소를 공급하고 노폐물과 탄산가스를 배출한다. 또한 림프관과 신경이 있으며 감각기능을 갖는다.

㉡ 망상층(Reticular Layer) : 콜라겐섬유(교원섬유), 엘라스틴섬유(탄력섬유), 뮤코다당류로 구성된 그물망 구조로 진피의 대부분을 차지한다.

• 콜라겐섬유 : 섬유아세포(Fibroblast)에서 만들어지며 주름과 관계된다. 콜라겐은 열을 받으면 젤라틴으로 변한다.

• 엘라스틴섬유 : 피부의 탄력과 관계가 있고 신축성이 있어 원래의 길이보다 1.5배 정도 늘어난다.

• 뮤코다당류 : 진피 내의 수분을 함유하며 콜라겐섬유와 엘라스틴섬유 사이를 채우는 점액물질이다.

> **Hair 핵심플러스!**
>
> **진피의 구성세포**
> • 섬유아세포 : 콜라겐, 엘라스틴, 뮤코다당류를 합성한다.
> • 이동성 세포 : 대식세포, 백혈구, 림프구, 비만세포(알레르기 반응을 일으킴) 등이 있다.

③ 피하지방(Subcutaneous Tissue) : 진피 아래의 지방조직으로 영양과 에너지를 저장하고, 외부 충격으로부터 내부를 보호하며 탄력을 유지한다.

(2) 피부기능

① 보호기능

㉠ 물리적 자극에 대한 보호 : 가볍고 지속적인 마찰은 굳은살을 만들어 각질을 보호한다.

㉡ 화학적 자극에 대한 보호 : 세안제 사용으로 피부가 일시적으로 알칼리가 되더라도 다시 약산성으로 돌아오는 중화능력을 가지고 있다.

㉢ 자외선에 대한 보호 : 각질형성세포와 멜라닌형성세포는 자외선으로부터 피부를 보호한다.

㉣ 세균 침투에 대한 보호 : 피부 표면은 약산성으로 pH 4.5~6.5를 유지하고 있어 세균 침투에 대한 살균력이 있고 미생물의 번식을 막는다.

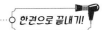

② 분비·배출기능 : 피지선의 피지 분비와 한선의 땀 분비는 피부에 유분막(산성막, 피지막)을 만들어 부드럽게 하며 세균 침투를 막는다. 또한 땀의 분비는 노폐물을 배출하고 체온을 조절한다.

③ 흡수기능 : 피부는 이물질의 침투를 막지만 경피흡수 또는 강제흡수를 통해 모공, 피지선, 한선으로 물질을 흡수시킨다.

　㉠ 경피흡수 : 화장품을 피부에 도포하면 피지선, 한선을 통해 진피에 흡수된다.

　㉡ 강제흡수 : 이온토포레시스 또는 갈바닉 기기를 사용하거나 팩이나 마스크 등을 사용하여 화장품 을 피부에 강제로 흡수시키는 것이다.

④ 비타민 D 합성 : 피부는 자외선(UV-B)을 받으면 비타민 D를 만든다. 비타민 D는 구루병을 예방한다.

⑤ 감각기능 : 피부는 촉각, 압각, 통각, 온각, 냉각을 느끼는 감각기관이 있어 자극을 받으면 반사작용을 한다.

> **Hair 핵심플러스!**
>
> **감각의 소체**
> • 촉각 : 마이스너소체(달걀 모양으로 손바닥, 발바닥, 손가락 끝에 분포)
> • 압각 : 파시니소체(손가락에 많이 분포)
> • 냉각 : 크라우제소체(추위에 민감)
> • 온각 : 루피니소체(더위에 민감)

　㉠ 통각은 피부의 감각 중 가장 많이 분포되어 있다.

　㉡ 온각은 혀끝에 많이 분포되어 있으며, 가장 둔하다.

　㉢ 촉각은 손가락, 입술, 혀끝이 예민하고 발바닥이 가장 둔하다.

> **Hair 핵심플러스!**
>
> **감각기능의 분포(피부 면적 1cm² 기준)**
> 온각점(1~2개) < 압각점(6~8개) < 냉각점(12개) < 촉각점(25개) < 통각점(100~200개)

⑥ 저장기능 : 피부는 수분, 영양, 혈액, 지방을 저장한다.

⑦ 호흡기능 : 피부는 산소를 흡수하고 이산화탄소를 배출한다.

2 피부 부속기관의 구조 및 기능

(1) 피부의 부속기관

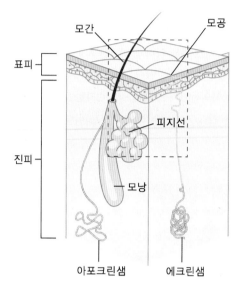

❙ 피부 부속기관

① 피지샘(Sebaceous Gland, 피지선)
  ㉠ 피지샘은 포도송이 모양으로 모낭 중간에 부착되어 있고 모낭을 통해 피지를 배출한다. 피지는 하루에 약 2g을 분비한다.
  ㉡ 손바닥과 발바닥을 제외한 신체 대부분에 존재하며, 모발과 피부에 윤기를 부여하고 수분 증발을 막는다.
  ㉢ 피지는 피부 표면에 유분막(보호막)을 만들고 세균이 침투하지 못하도록 약산성 pH 4.5~6.5로 유지시킨다.
  ㉣ 눈가, 입술은 피지 분비가 약한 독립피지선으로 수분 증발이 쉽고 잔주름 발생이 쉽다.
  ㉤ 피지 분비는 성인이 될 때까지 증가하다가 사춘기 이후에는 남성이 여성보다 피지 분비가 많다.
  ㉥ 피지의 구성 성분 : 트라이글리세라이드 43% + 자유지방산 15% + 밀납 23% + 스콸렌 15% + 콜레스테롤 4%

> **Hair 핵심플러스!**
> **피지 분비의 경로**
> 테스토스테론 → 디하이드로테스토스테론 → 피지선 자극 → 피지 분비

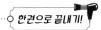

② **땀샘(Sweat Gland, 한선)** : 땀샘은 전신에 약 200~500만 개가 분포되어 있으며, 실뭉치 모양으로 진피의 망상층과 피하지방의 경계 부위에 존재한다. 또한 에크린샘과 아포크린샘으로 나뉘며 체온 조절, 세균침입 방지, 노폐물 배출 등의 기능을 한다. 땀은 하루에 700~900cc 정도가 배출된다.

　㉠ 에크린샘(Eccrine Sweat Gland, 소한샘, 땀샘)
- 실뭉치 모양으로 배출 통로가 피부로 직접 연결된다. 입술을 제외한 전신에 분포하며 체온조절을 한다.
- 아포크린샘 뭉치보다 작고 투명한 색으로 냄새가 없으며 손바닥과 발바닥, 이마에 많이 분포한다.
- 에크린샘의 땀 분비는 나이가 들면 감소한다.

　㉡ 아포크린샘(Apocrine Sweat Gland, 대한샘, 체취선)
- 배출 통로가 모낭에 붙어 있어 모공을 통해 유백색 물질을 피부로 내보낸다. 또한 냄새가 있고 특정 부분에 분포하며 사춘기 이후에 발달한다.
- 겨드랑이, 배꼽, 유두, 항문, 외부 생식기에 분포되어 있다.
- 아포크린샘은 연령에 영향을 덜 받는다.
- 인종에 따른 아포크린샘의 분비 : 동양인 < 백인 < 흑인

　㉢ 병 변
- 다한증 : 땀의 이상 분비로 땀 분비가 많아지는 증상이다.
- 소한증 : 갑상선의 기능 저하나 신경계통의 질환으로 땀의 분비가 감소되는 증상이다.
- 액취증 : 피부균이 땀의 유기물질을 분해하여 냄새가 나는 현상으로, 주로 겨드랑이의 냄새를 말한다.

(2) 모발(체모)

모발은 자외선으로부터 두피를 보호하고 체온을 조절하며 노폐물을 배출한다. 그 밖의 감각, 장식의 기능도 가지고 있다.

> **Hair 핵심플러스!**
>
> 태아의 초기 체모인 눈썹, 인중 부위, 턱 부위는 2~3주 정도에 만들어지고, 몸의 나머지 체모는 4개월부터 형성되며, 태아의 머리카락은 7개월이 되면 만들어진다.

① 모발의 구조

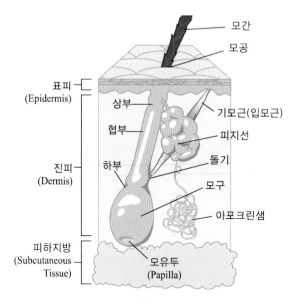

모간
모공

표피
(Epidermis)

상부
협부
하부

진피
(Dermis)

피하지방
(Subcutaneous
Tissue)

기모근(입모근)
피지선
돌기
모구
아포크린샘

모유두
(Papilla)

| **모발의 구조**

㉠ 모간 : 피부 표면 바깥으로 나온 체모로 비닐층과 섬유층으로 구성되어 있다.
㉡ 모낭 : 털주머니 모양으로 모근을 보호하며 감싼다.
㉢ 모근 : 피부 내부에 위치하고 모발 성장의 근원이 된다.
㉣ 모구 : 모근의 뿌리 부분으로 털의 성장이 시작되는 부분이다.
㉤ 모유두 : 모구 중심의 우묵한 곳으로 영양을 관장하는 모세혈관과 신경세포가 분포되어 있다.
㉥ 모모세포 : 세포분열과 증식에 관여하며 새로운 모발을 만든다.
㉦ 기모근(입모근) : 모낭에 부착된 평활근으로 자율신경의 영향을 받고, 외부 자극이나 추울 때 또는 공포를 느낄 때 근육이 수축되어 체모를 곤두서게 한다.

② 모발의 단면구조

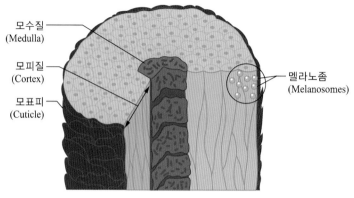

모수질
(Medulla)

모피질
(Cortex)

모표피
(Cuticle)

멜라노좀
(Melanosomes)

| **체모 단면구조**

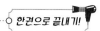

　　　　ⓐ 모표피(Cuticle) : 편평하고 길어진 각화세포로 여러 겹의 얇은 비닐층이며 모발의 바깥쪽을
　　　　　　감싸고 있다.

　　　　ⓑ 모피질(Cortex) : 모발의 85~90%를 차지하며 멜라닌색소를 함유하여 모발의 색을 만든다.
　　　　　　기포가 많을수록 모발에 윤기가 흐른다.

> **Hair 핵심플러스!**
>
> **멜라닌색소**
> • 멜라닌색소는 페오멜라닌(Pheomelanin)과 유멜라닌(Eumelanin)으로 나뉜다.
> • 페오멜라닌은 노란색과 빨간색을 띠며 서양인에게 많이 존재한다.
> 　- 모발이 빨간색, 노란색을 띠는 것은 페오멜라닌 때문이다.
> • 유멜라닌은 흑갈색과 검은색으로 동양인에게 많다.
> 　- 모발이 회색, 금색, 갈색, 검정색을 띠는 것은 유멜라닌 때문이다.

　　　　ⓒ 모수질(Medulla) : 모발 중심부이고, 미세과립 모양의 수질세포로 구성된다.

③ **모발의 형태**
　　ⓐ 직모 : 곧은 직모 형태로 주로 동양인의 모발이다.
　　ⓑ 구상모 : 곱슬한 형태로 대부분 흑인의 모발이다.
　　ⓒ 파상모 : 물결 형태로 주로 백인의 머릿결이다.

④ **모발의 성장주기** : 모발은 성장기, 퇴행기, 휴지기를 반복한다.

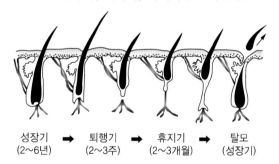

성장기　➡　퇴행기　➡　휴지기　➡　탈모
(2~6년)　　　(2~3주)　　　(2~3개월)　　　(성장기)

　　ⓐ 성장기(Anagen, 생장기) : 모발의 지속적인 성장시기로 기간은 2~6년이고, 모발 전체의
　　　　85~95%를 차지한다. 또한 모구 부분의 모모세포 분열은 모발 성장의 역할을 하며, 멜라닌세포는
　　　　케라틴을 염색하기 위해 멜라닌을 만든다.

　　ⓑ 퇴행기(Catagen, 쇠퇴기) : 세포 증식과 케라틴세포와 멜라닌세포의 생성도 멈추며 체모의
　　　　성장도 멈추는 시기로 약 3주간 지속된다. 모유두와 모구가 분리되는 시기이다.

　　ⓒ 휴지기(Telogen) : 모낭이 수축되고 모근이 위로 올라가며 탈락하는 시기로 약 3개월 정도
　　　　지속된다. 휴지기 모발은 전체 모발의 10% 정도이고 하루 평균 50~100개 정도의 모발이 탈락한
　　　　다. 새로운 모낭주기가 시작된다고 할 수 있다.

⑤ **모발의 성장에 관여하는 호르몬**
　　ⓐ 성호르몬 : 안드로젠(Androgen)은 털의 성장을 촉진한다.
　　ⓑ 부신호르몬 : 아드레날린(Adrenalin)은 털의 성장을 촉진한다.
　　ⓒ 갑상선호르몬 : 티록신(Thyroxine)은 모발에 윤기를 부여한다.

⑥ **병 변**
　　ⓐ 무모증 : 모근은 있으나 털이 생성되지 않는 증세이다.
　　ⓑ 다모증 : 털이 과하게 나는 증세로 전신에 나타나는 것과 국소적으로 나타나는 경우가 있다.

제2절 피부유형 분석

① 정상피부의 성상 및 특징

(1) 정상피부의 특징

① 가장 이상적인 피부로 수분이 약 12% 이상이고 피지량이 적당하며 윤기가 있다.

② 피부 표면이 매끄럽고 촉촉하며 탄력이 있고 혈액순환이 잘된다.

③ 여름에는 피지가 많이 분비되고 겨울에는 피지가 덜 분비된다.

(2) 정상피부의 관리방법

이상적인 현재 피부상태를 유지하는 것이 중요하며 충분한 유분과 수분 밸런스에 신경을 쓴다.

(3) 정상피부의 유효성분

천연보습인자(NMF), 글리세린, 콜라겐, 솔비톨, 오이추출물, 알로에 등이다.

② 건성피부의 성상 및 특징

(1) 건성피부의 특징

① 수분이 약 12% 이하로 피부결이 얇고 거칠며 칙칙하다. 또한 보습력이 부족하다.

② 유분과 수분 부족으로 피부 박리현상이 나타난다.

③ 주름 발생으로 노화현상이 빠르게 나타날 수 있다.

④ 탄력과 윤기가 없고 화장이 들뜬다.

(2) 건성피부의 관리방법

① 영양과 수분을 충분히 공급한다.

② 영양크림 사용으로 단단한 피부보호막을 만들어 수분 증발을 막고 탄력관리에 신경을 쓴다.

(3) 건성피부의 유효성분

① **수분 성분** : 천연보습인자(NMF), 글리세린, 콜라겐, 솔비톨, 오이추출물, 알로에 등

② **영양 공급과 탄력 성분** : 콜라겐, 엘라스틴, 호호바, 아보카도 오일, 밀배아 오일, 세라마이드 등

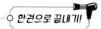

❸ 지성피부의 성상 및 특징

(1) 지성피부의 특징

① 과잉 피지 분비로 모공이 크고 피부가 두껍고 탄력이 있다.

② 과다한 피지가 피부 표면 밖으로 배출되지 않으면 모공 내에 축적되어 여드름 피부나 화농성 피부가 될 수 있다.

③ 피부가 탁하고 칙칙하며 화장이 잘 지워진다.

(2) 지성피부의 관리방법

① 피지 흡착관리(머드팩, 지성피부팩, 피지조절 젤)를 통하여 과다한 피지를 조절한다.

② 주기적인 각질 제거와 딥클렌징을 통해 모공을 청소한다.

③ 피지조절 제품과 수렴제를 사용하여 확장된 모공을 축소한다.

(3) 지성피부의 유효성분

① **피지조절 성분** : 비타민 B_6, 백자작나무, 광대수염 등

② **소독제 성분** : 설파(유황), 프로폴리스, 멘톨, 꿀 등

③ **피지흡수제 성분** : 카올린, 탤크(활석), 아질(규산염) 등

④ **수렴제 성분** : 레몬, 캠퍼, 알린, 샐비어 등

⑤ **순화제** : 바덴, 레몬, 자몽(팜플로무스) 등

❹ 민감성피부의 성상 및 특징

(1) 민감성피부의 특징

① 온도와 열 그리고 자극의 강도에 상관없이 예민하게 반응한다.

② 피부결이 매우 얇고 피지량이 부족하며 혈관이 보이고 투명하다.

③ 모세혈관 확장으로 쿠퍼로즈(실핏줄) 피부를 동반할 수 있다.

(2) 민감성피부의 관리방법

① 진정 위주로 관리하고 무알코올 제품이나 저자극 제품을 사용한다.

② 혈관에 탄력과 활력을 주는 관리제품을 사용하고, 영양크림을 사용하여 피부보호막을 단단하게 한다.

(3) 민감성피부의 유효성분

① **진정 성분** : 아줄렌, 알로에, 카렌듈라, 캐모마일, 수레국화 등

② **혈관활력제** : 징코(은행), 센텔라아시아티카, 붉은 포도 등

③ **완화제** : 알란토인, 비타민 E 등

5 복합성피부의 성상 및 특징

(1) 복합성피부의 특징

① 피지 분비량이 불균형하여 얼굴에 2가지 이상의 피부상태가 나타난다.

② 지성피부 부위는 피지 흡착관리를 하고 건성피부 부위는 유·수분을 충분히 공급하며, 정상피부 부위는 유·수분 밸런스에 신경을 쓴다.

(2) 복합성피부의 관리방법

복합성피부에 맞게 부위별로 피부에 맞는 제품들을 사용하여 관리한다.

(3) 복합성피부의 유효성분

① 지성 부분 : 비타민 B_6, 백자작나무, 광대수염, 설파(유황), 프로폴리스, 멘톨, 꿀, 카올린, 탤크(활석), 아질(규산염), 레몬, 캠퍼, 알린, 샐비어, 바덴, 자몽 등

② 건성 부분 : 천연보습인자(NMF), 글리세린, 콜라겐, 솔비톨, 오이추출물, 알로에, 콜라겐, 엘라스틴, 호호바, 아보카도 오일, 밀배아 오일, 세라마이드 등

③ 정상 부분 : 천연보습인자(NMF), 글리세린, 콜라겐, 솔비톨, 오이추출물, 알로에 등

6 노화피부의 성상 및 특징

(1) 노화피부의 특징

① 피부재생이 느리고 색소침착이 쉬워 기미, 검버섯, 주근깨가 발생하기 쉽다.

② 탄력 저하로 모공이 늘어져 있고 주름 발생이 쉽다.

③ 피지량의 부족으로 보습력이 약하고 피부가 거칠다.

(2) 노화피부의 관리방법

재생과 탄력 위주로 관리하며 수분과 영양을 공급한다.

(3) 노화피부의 유효성분

① 재생관리 성분 : 콜라겐, 세라마이드, 로열젤리 등

② 주름 완화·예방 성분 : 비타민 E, 비타민 A, 필수지방산, 달맞이꽃 등

③ 혈관활력 성분 : 구리, 마그네슘, 망간, 올리고당, 진생(인삼) 등

제 **3** 절 │ **피부와 영양**

▣ 3대 영양소, 비타민, 무기질

(1) 3대 영양소(열량영양소)

> **Hair 핵심플러스!**
>
> **기초대사량**
> 생명 유지에 필요한 최소한의 에너지로 호흡과 체온 유지 및 혈액순환에 필요한 에너지의 양을 말한다. 즉, 생명을 유지하고 성장하기 위해 필요한 성분으로 탄수화물, 단백질, 지방이 있으며 이러한 성분은 에너지로 사용된다.

① **탄수화물(Carbohydrate)** : 탄소(C), 수소(H), 산소(O)의 3원소로 구성되어 있고, 과잉 섭취 시 혈액의 산도를 높이며 지방(글라이코젠)으로 전환되어 피부나 간에 저장된다. 또한 탄수화물은 단당류, 이당류, 다당류로 분류할 수 있으며, 1g은 4kcal의 열량을 낸다.

    ㉠ 단당류 : 포도당, 과당(과일, 꿀), 갈락토스(우유), 마노스

    ㉡ 이당류 : 서당(포도당 + 과당), 맥아당(포도당 + 포도당), 유당(포도당 + 갈락토스)

    ㉢ 다당류 : 전분, 글라이코젠, 셀룰로스

② **단백질(Protein)** : 탄소(C), 수소(H), 산소(O), 질소(N)로 구성되어 있고, 효소와 호르몬 합성, 면역세포와 항체 형성, 신체조직을 구성한다. 단백질은 필수아미노산과 비필수아미노산으로 분류하고, 1g은 4kcal의 에너지를 낸다.

    ㉠ 필수아미노산

      • 신체에서 합성이 불가능하고 반드시 음식을 통해 섭취한다.

      • 성인(9가지) : 히스티딘, 류신, 라이신, 아이소류신, 메티오닌, 트레오닌, 페닐알라닌, 트립토판, 발린

      • 영아(10가지) : 성인 9가지 + 아르지닌

    ㉡ 비필수아미노산(필수아미노산 10종을 제외한 나머지)

      • 신체에서 합성이 가능하다.

      • 종류 : 알라닌, 아스파라진, 아스파트산, 시스틴, 글루탐산, 글루타민, 글라이신, 프롤린, 세린, 타이로신

③ **지방(Lipid)** : 지방산과 글리세린이 결합한 상태이고 지용성 비타민(A, D, E, F, K, U)의 흡수를 촉진하며 피부의 건강과 재생을 돕는다. 체온조절과 세포막의 주성분으로 포화지방산과 불포화지방산으로 분류하고, 1g은 9kcal의 에너지를 낸다.

    ㉠ 포화지방산(비필수지방산)

      • 융점이 높고 상온에서는 고형이다.

      • 종류 : 야자유, 버터

    ㉡ 불포화지방산(필수지방산 : 리놀레산, 리놀렌산, 아라키돈산)

      • 융점이 낮고 상온에서 액상이다.

      • 종류 : 참기름, 대두유

(2) 비타민(Vitamin)

소량으로 성장과 건강을 유지하며 생리작용에 관여하고, 체내에서 합성되지 않으므로 음식을 통해 섭취해야 한다. 또한 빛과 열에 쉽게 파괴된다. 비타민은 지용성 비타민과 수용성 비타민으로 분류한다.

① 지용성 비타민(A, D, E, F, K, U)

　㉠ 기름에 녹고 열에 강하여 식품 조리 시 비교적 덜 손실된다.

　㉡ 체외로 쉽게 배출되지 않으며 결핍 증세가 서서히 나타난다.

② 수용성 비타민

　㉠ 물에 잘 녹고 체내 대사를 조절한다.

　㉡ 소변으로 쉽게 배출되고 결핍 증세가 비교적 빨리 나타난다.

(3) 무기질(Mineral)

효소와 호르몬의 구성 성분이고, 골격과 치아의 주성분이며 에너지를 갖지 않으며 근육의 탄력을 유지하고 체내의 기능을 조절한다.

① 칼슘(Ca) : 골격과 치아의 주성분이다.

② 인(P) : 칼슘과 치아 형성에 관여한다.

③ 마그네슘(Mg) : 삼투압 조절과 근육 활성에 관여한다.

④ 나트륨(Na) : 근육 수축에 관여하고 체내의 수분 균형을 유지한다.

⑤ 칼륨(K) : 항알레르기 작용에 관여하고 체내 노폐물 배설 촉진과 삼투압 조절에 관여한다.

⑥ 황(S) : 케라틴(경단백질) 합성에 관여한다.

⑦ 아연(Zn) : 호르몬 생산, 식욕, 성장, 생식, 면역, 상처치유를 촉진하고, 결핍 시 손톱과 발톱 성장에 장애를 일으킨다.

⑧ 아이오딘(요오드, I) : 갑상선 기능을 활발히 하고 피부와 모발 건강에 관여한다.

⑨ 크로뮴(Cr) : 인슐린을 활성화시켜 당을 조절하고 혈중 콜레스테롤 수치를 떨어트린다.

⑩ 코발트(Co) : 신체의 효소를 활성화한다.

⑪ 구리(Cu) : 항산화제 역할을 한다.

2 피부와 영양

(1) 영양의 정의

생물체가 외부로부터 음식을 섭취하여 에너지를 만들고 혈액, 뼈, 근육, 신경 등 신체조직을 구성하며 생명을 유지한다.

① 영양소 작용

　㉠ 열량영양소 : 탄수화물, 지방, 단백질이며 에너지로 사용된다.

　㉡ 구성영양소 : 단백질, 무기질, 물이고 신체조직을 구성한다.

　㉢ 조절영양소 : 비타민, 무기질, 물이고 대사조절과 생리기능을 조절한다.

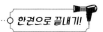

② 영양소 구성

 ㉠ 3대 영양소(열량영양소) : 탄수화물, 단백질, 지방

 ㉡ 5대 영양소 : 탄수화물, 지방, 단백질, 비타민, 무기질

 ㉢ 6대 영양소 : 탄수화물, 지방, 단백질, 비타민, 무기질, 물

  ※ 물은 인체의 70%를 구성하며 영양분의 운반과 흡수를 돕고 체온조절과 체액 및 호르몬 분비에 관여한다.

 ㉣ 7대 영양소 : 탄수화물, 지방, 단백질, 비타민, 무기질, 물, 식이섬유

  ※ 식이섬유는 장의 연동운동을 활발히 하여 변비를 예방한다.

(2) 지용성 비타민과 수용성 비타민의 기능 및 특징

① 지용성 비타민

종 류	기능 및 특징
비타민 A (레티놀)	• 상피를 보호한다. • 피부를 재생시킨다. • 노화를 방지한다. • 물에 녹지 않고 지방에 녹는다. • 성장을 촉진시키고 상피세포 기능을 유지하며 피지 분비를 억제한다. • 피부세포를 형성하고 주름을 예방한다. • 결핍 시 야맹증, 결막건조증, 거친 피부를 유발한다. • 비타민 A 함유식품으로 녹황색 채소, 해조류, 토마토, 간유, 계란, 버터, 우유, 당근 등이 있다.
비타민 D (칼시페롤)	• 항구루병 인자로 작용한다. • 골다공증을 예방한다. • 자외선을 통해 체내에서 합성된다. • 열, 빛, 알칼리, 산, 산화에 안정적이다. • 뼈와 치아 발육을 촉진한다. • 결핍 시 구루병, 짓무른 피부 및 가려움증을 유발한다. • 비타민 D 함유식품으로 마가린, 난황, 버섯, 생선간유, 우유제품 등이 있다.
비타민 E (토코페롤)	• 항산화 기능을 하며 노화를 지연시킨다. • 열과 빛에 비교적 안정적이고 쉽게 산화되지 않는다. • 항산화제로 색소침착 억제, 세포 재생, 혈액순환 촉진, 노화 예방 및 혈관을 강화시킨다. • 결핍 시 빈혈을 일으키고 모세혈관 순환을 약화시키며 피부노화를 유발한다. • 비타민 E 함유식품으로 곡물의 배아, 녹색 채소, 식물성 기름, 콩류 등이 있다.
비타민 F (필수지방산)	• 항피부염 인자로 작용한다. • 콜레스테롤의 농도를 낮춘다. • 인지질을 구성한다. • 비타민 F 함유식품으로 식물성 기름, 대두유, 옥수수유, 미강유, 올리브유, 해바라기 기름 등이 있다.
비타민 K (응혈성 비타민)	• 열에 안정적이나 광선에 파괴되기 쉽다. • 세포에 붙어 있는 지방을 녹이고 피부염과 습진에 효과가 있다. • 혈액응고에 관여하고 모세혈관을 강화한다. • 결핍 시 혈액응고를 지연시킨다. • 비타민 K 함유식품으로 녹색 채소, 달걀노른자, 우유, 간, 콩기름 등이 있다.

② 수용성 비타민

종 류	기능 및 특징
비타민 B₁ (티아민)	• 신경자극 전달조절 및 피부면역 증진 등의 기능을 한다. • 열에 약하다. • 탄수화물의 대사를 촉진하며 소화와 흡수를 돕고 점막의 상처를 치유한다. • 결핍 시 각기병, 거친 피부를 유발한다. • 비타민 B₁의 함유식품으로는 돼지고기, 견과류, 곡물 배아 등이 있다.
비타민 B₂ (리보플라빈)	• 보습과 성장 촉진의 기능을 한다. • 열에 강하고 탄수화물, 지방, 단백질의 대사를 돕는다. • 항피부염, 피지 분비를 조절한다. • 결핍 시 접촉성 피부염, 습진, 빈혈을 유발한다. • 비타민 B₂의 함유식품으로는 간, 육류, 우유, 효모 등이 있다.
비타민 B₃ (나이아신)	• 탄력을 유지시켜 준다. • 색소침착을 방지하고 염증을 치료한다. • 결핍 시 피부건조를 유발한다. • 비타민 B₃의 함유식품으로는 우유, 난황류, 닭고기, 땅콩 등이 있다.
비타민 B₅ (판토텐산)	• 항피부염인자로 진정과 보습의 기능을 한다. • 헤모글로빈 합성, 지질, 당질대사에 조효소 작용을 한다. • 결핍 시 불면, 구토, 근육경련, 피로를 가져온다. • 비타민 B₅의 함유식품으로는 동물의 간·신장·심장·뇌, 달걀, 우유, 채소, 콩, 식물, 통곡물 시리얼 등이 있다.
비타민 B₆ (피리독신)	• 피지를 조절한다. • 탄수화물, 단백질, 지방의 흡수를 돕고 효소작용에 관여한다. • 피부염증을 예방한다. • 결핍 시 접촉성 피부염을 유발한다. • 비타민 B₆의 함유식품으로는 육류, 밀 배아, 생선, 간 등이 있다.
비타민 B₁₂ (코발라민)	• 조혈작용과 세포재생 기능을 한다. • 장내 세균에 의해 합성된다. • 혈액을 생산하고 성장발육을 촉진한다. • 결핍 시 빈혈, 거친 피부를 유발한다. • 비타민 B₁₂의 함유식품으로는 동물의 내장·간, 우유 등이 있다.
비타민 C (아스코브산, 항산화 비타민)	• 노화와 색소침착을 방지한다. • 열, 산소, 빛, 물에 의해 쉽게 파괴된다. • 피부탄력을 유지하고 콜라겐 생성에 관여한다. • 결핍 시 괴혈병을 유발한다. • 비타민 C의 함유식품으로는 감귤, 딸기, 녹색 채소 등이 있다.
비타민 H (비오틴)	• 성장발육 기능을 한다. • 신진대사 촉진, 염증치유 효과, 탈모방지 효과가 있다. • 결핍 시 원형탈모증, 중추신경계 이상, 피부발진을 유발한다. • 비타민 H의 함유식품으로는 달걀, 소의 간, 효모 등이 있다.
비타민 P (바이오 플라보노이드)	• 모세혈관을 강화한다. • 만성부종을 완화한다. • 비타민 P의 함유식품으로는 고추, 귤, 오렌지 등이 있다.

③ 체형과 영양

(1) 비 만

① 조절성 비만 : 시상하부의 조절 중추장애, 내분비계 장애, 약물 부작용으로 섭취한 음식량이 에너지 소비량보다 많을 때 생기는 비만이다.

② 대사성 비만 : 지방조직의 이상으로 생기는 비만으로 유전적 요인, 잘못된 식습관이 원인이다.

> **Hair 핵심플러스!**
>
> **Broca법 공식**
> - 표준체중(kg) = (신장 − 100) × 0.9
> - 비만도(%) = $\dfrac{측정체중 - 표준체중}{표준체중} \times 100$
>   - 표준체중의 10% 이내는 정상이다.
>   - 표준체중의 10% 이상에서 20% 이내는 과체중이다.
>   - 표준체중의 20% 이상은 비만이다.

(2) 셀룰라이트(Cellulite)

① 셀룰라이트의 특성 : 셀룰라이트는 오돌토돌한 피부로 주로 허벅지, 팔, 엉덩이 등에 나타나고, 운동으로도 연소되지 않으며 수분과 노폐물만 빠진다.

　㉠ 노폐물 등이 정체되어 생긴다.

　㉡ 피하지방이 축적되어 뭉쳐지거나 비대해져 정체된 것이다.

　㉢ 소성결합조직이 경화되어 뭉쳐진 것이다.

② 셀룰라이트의 생성과정 : 충혈 단계 → 혈행장애 단계 → 경직화 단계

　㉠ 충혈 단계 : 피하지방조직이 변하여 지방세포끼리 뭉쳐지고 콜라겐섬유가 밀집된다.

　㉡ 혈행장애 단계 : 밀집한 콜라겐섬유들이 혈관을 누르고 부종이 생긴다.

　㉢ 경직화 단계 : 수분과 독소가 축적된 결합조직에 의해 갇힌 지방세포들이 축적되어 오돌토돌한 셀룰라이트를 형성한다.

제 **4** 절 | **피부와 광선**

◘ 자외선이 미치는 영향

(1) 자외선의 정의

자외선은 190~400nm 파장으로 각질형성세포와 멜라닌형성세포를 자극하고, 비만세포를 자극하여 히스타민을 분비한다.

① 자외선의 장점

  ㉠ 혈액순환을 촉진하고 면역을 강화하며 비타민 D를 생성한다.

  ㉡ 살균과 소독효과가 있다(UV-C).

② 자외선의 단점

  ㉠ 홍반과 일광화상을 일으킨다(UV-B).

  ㉡ 기미, 주근깨 등 색소침착과 주름을 유발하고 광노화현상을 일으킨다.

> **Hair 핵심플러스!**
>
> **광노화**
> 자외선으로부터 피부를 보호하기 위해 각질형성세포의 증식이 빨라져 피부가 두꺼워지는 현상이다. 장기간에 걸친 자외선 노출은 피부조직을 두껍게 하고 처지게 한다. 광노화의 주된 파장은 UV-A와 UV-B이다.
> 예 어부의 피부, 시골에서 농사짓는 노인의 피부

(2) 자외선의 종류

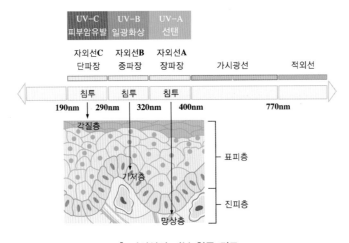

▌**자외선의 피부 침투 경로**

① UV-A : 320~400nm의 장파장으로 진피의 망상층까지 도달한다. 일상에서 접하는 광선이며 선탠 반응을 일으킨다.

② UV-B : 290~320nm의 중파장으로 표피의 기저층까지 도달한다. 주름과 색소침착을 유발하고 홍반과 일광화상을 일으킨다.

③ UV-C : 190~290nm의 단파장으로 표피의 각질층까지 도달한다. 살균과 소독효과가 있고 피부암을 유발한다. 또한 UV-C는 오존층에서 흡수한다.

(3) 자외선 차단지수(SPF ; Sun Protection Factor)

자외선에 대한 피부 홍반의 측정이며, 차단지수가 높을수록 자외선에 대한 차단이 높다는 것이다(UV-B에 대한 차단).

$$SPF = \frac{\text{자외선 차단제품을 사용했을 때의 최소홍반량(MED)}}{\text{자외선 차단제품을 사용하지 않았을 때의 최소홍반량(MED)}}$$

> **Hair 핵심플러스!**
>
> **PA지수(Protection Grade of UV-A)**
> + 표시가 많을수록 UV-A에 대한 차단지수가 높다.
> 예) PA+, PA++

2 적외선이 미치는 영향

(1) 적외선의 정의

적외선은 770nm 이상의 파장으로 표피층을 통과해 세포를 자극하고, 혈관을 이완하며 피부에 열을 낸다.

(2) 적외선이 피부에 미치는 영향

근육의 이완과 수축을 원활히 하고 혈액순환과 신진대사를 촉진한다. 또한 통증완화와 진정효과를 준다.

제 5 절 | 피부면역

1 면역의 종류와 작용

(1) 면역의 정의

외부로부터 침투하는 항원(바이러스, 세균)에 대해 방어하는 신체기능의 저항력이다.
① 능동면역 : 외부로부터 침투하는 항원에 대해 인체에서 스스로 면역이 형성된 것이다.
② 수동면역 : 어떤 개체가 다른 개체에서 형성된 면역림프구를 투여 받아 얻어진 면역이다.

(2) 피부면역의 작용

① 유극층에서 랑게르한스세포가 면역을 담당한다.

② 피부의 약산성(보호막, 피지막) 형태가 세균으로부터 피부를 보호하고 피부의 건조를 막는다.

③ 표피의 다층구조는 이물질과 세균 침투가 어려운 구조로 되어 있다.

(3) 면역반응

방어면역 체계의 인자는 T림프구와 B림프구가 있다.

① T림프구 : 세포성 면역반응을 하며 항원을 인식한 후에 림포카인을 분비하거나 항원에 대한 정보를 림프절로 보낸다.

② B림프구 : 체액성 면역반응을 하며 항원을 인식한 후에 특이항체를 생산하여 분비한다.

제 6 절 피부노화

1 피부노화의 원인

(1) 노화의 정의

세월이 흐르면서 자연스럽게 신체기능이 저하되고 피부탄력 등을 잃어가는 현상이다.

(2) 노화의 원인

스트레스, 무리한 다이어트, 에스트로젠의 부족으로 인한 폐경, 자외선 노출 등은 노화를 촉진시키는 원인이 된다.

2 피부노화 현상

(1) 외인성 노화

환경적인 것이 원인으로 스트레스, 자외선, 건조한 환경, 흡연은 노화를 촉진한다.

(2) 내인성 노화

시간의 흐름으로 자연스럽게 나타나는 생리적 노화현상으로 유분은 감소하고 모공과 피부는 탄력을 잃는다. 그리고 진피층의 두께는 감소하고 표피층의 두께는 두꺼워지며 신체의 모든 기능은 저하된다.

제 **7** 절   **피부장애와 질환**

---

1 원발진과 속발진

(1) 원발진

1차적으로 나타나는 피부장애 질환이다.

① **면포** : 각질세포와 피지 그리고 박테리아가 엉겨 모공을 막아 형성된다.

② **구진** : 직경 1cm 미만으로 피부 표면에 돔처럼 솟으며, 사마귀, 모반, 단순 혈관종 등이 있다.

③ **농포** : 모공이나 한선에 고름(농)이 생긴 형태이다.

④ **결절** : 구진보다 크고 단단한 형태로 진피와 피하지방까지 파고든다.

⑤ **낭종** : 액체나 반고형 물질로 통증을 동반하며 진피에 자리 잡는다. 낭종은 여드름 피부 4단계에서 만들어진다.

⑥ **반점** : 색소 변화에 의한 것으로 원형이나 반원형으로 나타나며 기미, 주근깨, 반점, 오타모반, 몽고반점 등이 있다.

⑦ **팽진(담마진, 두드러기)** : 비만세포가 일시적으로 히스타민과 프로스타글란딘의 분비를 증가시켜 가려움을 동반하고 부종으로 나타난다.

⑧ **대수포** : 소수포보다 크고 맑은 액체를 가지고 있다.

⑨ **소수포** : 표피 내부의 1cm 미만으로 맑은 액체를 가지며 피부 표면에 돌출되어 있다.

⑩ **종양** : 직경 2cm 이상의 결절로 악성종양과 양성종양으로 나뉜다.

⑪ **홍반** : 모세혈관에 의한 염증으로 발생한다.

(2) 속발진

원발진에 이어 나타나는 2차적인 피부장애로 피부에 탈락, 갈라짐, 함몰, 흉터 등으로 나타난다.

① **비듬, 인설** : 각화과정의 이상으로 죽은 각질이 떨어져 나가는 현상이다.

② **찰상** : 긁는 등 지속적인 자극으로 인해 표피에 상처가 발생한다.

③ **가피** : 피부장애로 고름과 혈청 그리고 혈액이 표피에 말라붙은 것으로 피딱지라고도 한다.

④ **미란** : 표피만 떨어져 나간 상태로 출혈이 없다.

⑤ **균열** : 표피가 갈라진 형태로 통증과 출혈을 동반할 수 있다. [예] 중년 여성의 갈라진 발뒤꿈치

⑥ **궤양** : 염증에 의한 것으로 표피, 진피, 피하지방이 헐어 상처로 나타난다.

⑦ **흉터** : 세포재생이 더 이상 되지 않으며 모낭, 피지선, 한선이 파괴되어 없어진 상태이다.

⑧ **위축** : 피부기능의 저하로 피부가 얇아지고 주름이 많은 상태로 된 것이다.

⑨ **태선화** : 피부를 지나치게 긁어 가죽처럼 두꺼워진 현상이다.

⑩ **반흔** : 진피와 심부조직의 파손으로 새롭게 생긴 흉터를 말한다. [예] 켈로이드피부

2 피부질환

(1) 열에 의한 피부질환

① 화 상
- ㉠ 1도 화상 : 홍반(Burn)을 동반한다.
- ㉡ 2도 화상 : 홍반, 부종, 통증, 수포를 동반한다.
- ㉢ 3도 화상 : 표피와 진피조직이 괴사한다.
- ㉣ 4도 화상 : 피부조직이 탄화된다.

② 동상 : 차가운 기온과 기후에 혈관이 얼어 세포가 죽은 상태이다.

③ 땀띠(한진) : 한관이 막혀 땀 배출이 제대로 이루어지지 않아 발생하는 것으로 주로 습한 여름에 나타난다.

(2) 습진에 의한 피부질환

① 접촉성 피부염(알레르기성 피부염) : 특정 물질의 접촉으로 인한 가려움증을 동반하는 피부염증이다.

② 지루성 피부염 : 과다한 피지 분비와 진균의 증식으로 인한 피부질환이다.

③ 아토피 피부염 : 유전적·환경적 요인으로 피부장벽의 파손을 가져오며 심한 가려움증을 동반하고 주로 어린이에게 많이 나타난다.

(3) 감염성 피부질환

① 세균(박테리아) : 포도상구균, 연쇄상구균에 의한 것으로 곪는 것이 특징이며 모낭염, 농가진, 절종(종기), 봉소염 등이 있다.

② 바이러스
- ㉠ 단순포진 : 주로 입술, 눈가, 코, 외부 생식기에 발생하며 수포가 생기고 홍반을 동반한다.
- ㉡ 대상포진 : 면역력이 떨어지면 발생하는 수포성 질환으로 신경절을 따라 나타나며 심한 통증을 동반한다.
- ㉢ 홍역 : 주로 소아에게 나타나는 질병으로 감염이 매우 높다.
- ㉣ 사마귀 : 파필로마(Papilloma) 바이러스는 감염성이 강하고 신체 어느 부위에나 쉽게 옮길 수 있다.

③ 진균 : 효모균과 피부사상균에 의해 나타난다.
- ㉠ 족부백선(무좀) : 피부사상균(곰팡이)에 의해 발과 발가락 부위에 나타난다.
- ㉡ 두부백선 : 두피의 모낭과 그 주변에 발생하고 심하면 부분적 탈모가 된다.
- ㉢ 조갑백선 : 손톱과 발톱에 나타나는 무좀이다.
- ㉣ 칸디다증 : 피부, 점막, 손톱과 발톱에 생긴다.
- ㉤ 어우러기(전풍) : 표피층에 발생하는 균으로 옅은 갈색을 띠며 각질 같은 인설반이 발생한다.

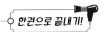

(4) 안검질환(눈질환)

① 한관종 : 눈가에 있는 한선관의 이상으로 피부가 사마귀처럼 밀려 올라온 형태이다.

② 비립종 : 눈가에 있는 한선기능이 퇴화되면서 땀샘이 막혀 좁쌀 정도 크기의 알갱이 형태가 표피에 나타나는 현상이다.

(5) 색소성 피부질환

① 과색소성 피부질환의 종류

　㉠ 표피형 색소 : 기미, 주근깨, 갈색반점, 흑색종 등이 있다.

　㉡ 진피형 색소 : 오타모반, 몽고반점 등이 있다.

② 저색소성 피부질환의 종류

　㉠ 백색증 : 멜라노사이트는 존재하나 멜라닌 합성이 되지 않는 증상으로 주로 전신에 분포한다.

　㉡ 백반증 : 멜라노사이트가 파괴된 것으로 부분적으로 분포한다.

> **Hair 핵심플러스!**
>
> **기계적 손상에 의한 피부질환**
> 티눈(압력에 의한 각질층 증식현상), 굳은살, 욕창

CHAPTER 03 화장품 분류

제1절 화장품 기초

1 화장품의 정의

(1) 화장품의 정의(화장품법 제2조제1호)

① 인체를 청결·미화하여 매력을 더하고 용모를 밝게 변화시키는 것이다.

② 피부·모발의 건강을 유지 또는 증진하기 위하여 인체에 바르고 문지르거나 뿌리는 등 이와 유사한 방법으로 사용되는 물품으로서 인체에 대한 작용이 경미한 것을 말한다. 다만, 「약사법」 제2조제4호의 의약품에 해당하는 물품은 제외한다.

(2) 기능성화장품(화장품법 제2조제2호)

기존의 기능성화장품(미백, 주름개선, 자외선 차단) 등은 2017년 5월부터 염모, 탈모, 탈색, 탈염, 아토피 등 7종을 추가해서 총 11종으로 확대되었다.

① 피부의 미백에 도움을 주는 제품

② 피부의 주름개선에 도움을 주는 제품

③ 피부를 곱게 태워주거나 자외선으로부터 피부를 보호하는 데에 도움을 주는 제품

④ 모발의 색상 변화·제거 또는 영양공급에 도움을 주는 제품

⑤ 피부나 모발의 기능 약화로 인한 건조함, 갈라짐, 빠짐, 각질화 등을 방지하거나 개선하는 데에 도움을 주는 제품

> **Hair 핵심플러스!**
>
> **기능성화장품의 범위(화장품법 시행규칙 제2조)**
> - 피부에 멜라닌 색소가 침착하는 것을 방지하여 기미·주근깨 등의 생성을 억제함으로써 피부의 미백에 도움을 주는 기능을 가진 화장품
> - 피부에 침착된 멜라닌 색소의 색을 엷게 하여 피부의 미백에 도움을 주는 기능을 가진 화장품
> - 피부에 탄력을 주어 피부의 주름을 완화 또는 개선하는 기능을 가진 화장품
> - 강한 햇볕을 방지하여 피부를 곱게 태워주는 기능을 가진 화장품
> - 자외선을 차단 또는 산란시켜 자외선으로부터 피부를 보호하는 기능을 가진 화장품
> - 모발의 색상을 변화(탈염·탈색을 포함)시키는 기능을 가진 화장품. 다만, 일시적으로 모발의 색상을 변화시키는 제품은 제외한다.
> - 체모를 제거하는 기능을 가진 화장품. 다만, 물리적으로 체모를 제거하는 제품은 제외한다.
> - 탈모 증상 완화에 도움을 주는 화장품. 다만, 코팅 등 물리적으로 모발을 굵게 보이게 하는 제품은 제외한다.
> - 여드름성피부를 완화하는 데 도움을 주는 화장품. 다만, 인체세정용 제품류로 한정한다.
> - 피부장벽(피부의 가장 바깥쪽에 존재하는 각질층의 표피를 말한다)의 기능을 회복하여 가려움 등의 개선에 도움을 주는 화장품
> - 튼살로 인한 붉은 선을 엷게 하는 데 도움을 주는 화장품

(3) 화장품과 의약부외품, 의약품의 분류 및 차이

구 분	화장품	의약부외품	의약품
대 상	정상인	정상인	환 자
목 적	청결, 미화, 건강유지	위생, 청결	질병 진단, 치료, 예방
효 과	제 한	효능, 효과의 범위 일정	무제한
기 간	장기간	장기간	일정 기간
범 위	전 신	특정 부위	특정 부위
부작용	있으면 안 됨	있으면 안 됨	있을 수 있음

2 화장품의 분류

기초화장품, 기능성화장품, 메이크업화장품(색조화장품), 보디(Body)관리화장품, 모발화장품, 구강화장품, 네일화장품, 방향화장품으로 분류된다.

구 분	제 품	사용 목적
기초화장품	• 클렌징 종류 : 클렌징워터, 클렌징로션, 클렌징크림, 클렌징폼, 클렌징젤 • 딥클렌징 종류 : 아하, 살리실산, 고마지, 효소, 스크럽 • 피부정돈・보호・영양공급 제품 : 화장수, 로션, 에센스, 크림, 팩 등	• 세안, 세정효과, 피부정돈 • 피부보습 및 영양
기능성 화장품	• 미백효과 : 미백에센스, 미백크림, 비타민 C • 주름개선 : 재생에센스, 재생크림, 아이크림, 넥크림 • 자외선 보호 : 자외선 차단제, 선팩트, 선크림, 선파우더 • 태닝제품 : 선탠로션, 선탠오일, 선탠크림 • 제모제 : 제모왁스, 제모젤 • 두발촉진 : 닥터모 등 • 탈염색제 : 블론드매직파우더 • 탈색제 : 헤어블리치 • 여드름용 : 퓨어팩트스킨세트(여드름용 스킨, 로션, 에센스 케어 제품 포함) • 아토피용 : 아토피용 크림, 아토피용 오일 • 튼살피부용 : 비오베르제뛰르(튼살케어크림), 보디리팸스트레치오일(튼살케어오일)	• 미백 개선관리 • 주름 및 탄력 개선 • 자외선으로부터 피부보호 • 모발의 색상 변화(탈염과 탈색) • 탈모증상 완화 • 체모 제거 • 여드름성피부 완화 • 아토피피부 완화 • 튼살 완화
메이크업 화장품 (색조화장품)	• 베이스메이크업 : 메이크업베이스, 파운데이션, 컨실러, 파우더 • 색조화장품 : 블러셔, 아이섀도, 아이브로, 마스카라, 아이라이너, 립스틱	• 미적, 보호적, 심리적 역할 • 얼굴에 색상 부여
보디관리 화장품	• 피부세정 : 보디샴푸, 보디클렌저, 입욕제, 비누, 보디스크럽 • 피부보호 : 보디로션, 보디오일, 선크림, 핸드크림, 태닝제품 • 체취억제 : 데오도런트	• 신체의 보습 및 보호 • 피부세정 • 체취 억제

구 분	제 품	사용 목적
모발화장품	• 세정 : 샴푸, 린스 • 트리트먼트 : 헤어트리트먼트, 헤어팩, 헤어로션, 헤어토닉 • 정발용 : 헤어스프레이, 헤어젤, 헤어왁스, 무스, 포마드 • 양모제 : 스캘프트리트먼트 • 퍼머넌트 웨이브 : 퍼머넌트제 • 헤어컬러링제 : 염색제	• 모발, 두피세정 • 모발손상 예방 • 모발과 두피에 영양공급 • 모발에 웨이브 형성 • 모발 착색 • 모발 정돈
구강화장품	치약류, 구강청정제	구강청결
네일화장품	네일강화제, 베이스코트, 네일폴리시, 탑코트, 티너, 큐티클오일, 큐티클리무버	• 미적, 심리적 역할 • 네일 강화 • 색상 부여
방향화장품	향수 : (부향률에 따라) 퍼퓸, 오드퍼퓸, 오드트왈렛, 오드콜로뉴, 샤워콜로뉴	향취부여

제 2 절 　 화장품 제조

1 화장품의 원료(I) – 수성원료

(1) 물

화장품에서 가장 많이 사용되는 원료로 유성원료와 함께 에멀션을 만드는 주요 원료이다.

① 정제수 : 가장 대표적인 물질로 멸균 처리하여 불순물이 제거된 물

② 증류수 : 가열하여 수증기가 된 물을 냉각하여 만든 물

③ 탈이온수 : 물을 이온화하여 마그네슘, 수은, 납, 칼슘, 카드뮴 등을 제거한 물

(2) 알코올

에탄올을 말하며 방향이 있는 무색, 투명의 액체로 휘발성이 있다. 피부에 청량감, 수렴효과, 살균·소독효과가 있고 화장수, 향수 등에 사용된다.

2 화장품의 원료(II) – 유성원료

(1) 식물성 오일

식물의 열매, 씨, 잎에서 추출한 것으로 동물성 오일에 비해 냄새가 적고 피부흡수가 늦다.

① 올리브 오일

㉠ 올리브 열매에서 추출한다.

㉡ 피부 친화성이 매우 좋고 불포화지방산인 올레인산이 65~85%로 가장 많이 포함되어 있다.

㉢ 피부 보습에 효과적이며 선탠오일, 에몰리엔트 크림, 립스틱, 모발용 화장품 등에 사용된다.

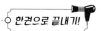

② 피마자 오일

　ㄱ 피마자 종자에서 추출한다.

　ㄴ 점도가 크고 다른 성분들과 결합이 잘되는 오일이다.

　ㄷ 립스틱, 네일에나멜 등에 사용한다.

③ 야자 오일

　ㄱ 야자의 종자에서 추출한다.

　ㄴ 샴푸, 비누 등에 사용한다.

④ 아보카도 오일

　ㄱ 아보카도에서 추출한다.

　ㄴ 살균, 진정효과가 높고 자외선 차단효과가 우수하다.

　ㄷ 샴푸, 헤어린스 등에 사용된다.

⑤ 맥아(윗점)오일

　ㄱ 맥아에서 추출한다.

　ㄴ 메이크업, 모발화장품 등에 사용한다.

⑥ 로즈힙 오일

　ㄱ 장미에서 추출한다.

　ㄴ 상처 치유와 노화 억제를 한다.

⑦ 호호바 오일

　ㄱ 인간의 피지 성분과 유사하다.

　ㄴ 안정성이 좋아 캐리어 오일로 사용되며 모든 피부에 사용 가능하다.

⑧ 포도씨 오일

　보습력, 진정, 항박테리아 효과가 있다.

(2) 동물성 오일

동물의 피하조직에서 추출하여 식물성 오일에 비해 냄새는 강하지만 피부흡수가 빠르고 보습력과 친화성이 좋다.

① 밍크오일 : 밍크의 피하지방에서 추출한다.

② 난황오일 : 달걀노른자에서 추출한다.

③ 스쿠알렌 : 상어 간에서 추출한 것으로 보습·재생효과가 있다.

④ 밀납 : 벌집에서 얻은 와스를 추출한 것으로 항산화제 효과가 있다.

⑤ 라놀린 : 양털에서 추출한 것으로 보습·재생효과가 있다.

⑥ 경납 : 향유고래에서 추출한 것으로 연고 베이스로 사용한다.

(3) 광물성 오일

석유나 광물질에서 추출한 것으로 무색, 무취, 투명하며 피부의 흡수율이 낮다.

① 실리콘 오일 : 안정성과 내수성이 높고 끈적임이 없으며 광택이 있고 사용감이 가볍다.

② 미네랄 오일 : 석유에서 추출한다.

③ 유동파라핀 : 수분 증발을 억제하고 촉감을 부드럽게 한다.

④ 바셀린 : 외부 자극으로부터 피부를 보호하고 유분막을 형성하여 수분 증발을 억제한다.

(4) 고급지방산

탄소의 길이 차이로 고급지방산과 저급지방산으로 나뉜다. 세포 지질층을 정상화시키며 각질층의 수분 보유력을 개선한다.

① 팔미트산 : 팜유에서 추출하며 피부보호 작용과 보조유화제로 사용한다.

② 라우르산 : 야자유에서 추출하며 거품을 내는 특징이 있어 비누, 세안제로 사용한다.

③ 스테아르산 : 유화제, 점증제, 윤활제로 이용되고 로션, 크림, 립스틱에 사용된다.

④ 미리스트산 : 코코넛, 야자에서 추출하고 기포성이 우수하고 세정력이 뛰어나 계면활성제나 클렌징 제품으로 사용한다.

⑤ 올레인산 : 올리브 오일의 주성분으로 크림류에 사용한다.

(5) 고급알코올

① 세틸알코올 : 유분감 억제, 에멀션의 유화 안정제로 사용한다.

② 올레일알코올 : 팜유에서 추출, 립스틱에 사용한다.

③ 스테아릴알코올 : 야자유에서 추출, 유화 및 윤활유 작용으로 점증제로 사용한다.

(6) 에스테르유

지방알코올과 지방산의 탈수반응으로 얻어지고 끈적임과 번들거림이 없다.

① 아이소프로필 미리스테이트 : 침투력이 우수하여 보습제로 사용하며, 여드름을 유발할 수 있다.

② 아이소프로필 팔미테이트 : 무취, 무색이고 침투력이 우수하며, 여드름을 유발할 수 있다.

(7) 왁 스

왁스는 화장품의 굳기를 증가시켜 립스틱과 같은 화장품의 고형화에 도움을 주고 광택을 부여한다.

① 식물성 왁스

㉠ 호호바 오일 : 인체의 지질성분과 유사하며 보습효과가 있다.

㉡ 카르나우바 왁스 : 카르나우바 야자나무 잎에서 추출한 것으로 립스틱, 크림 및 탈모제 등에 사용되어 광택을 향상시킨다.

㉢ 칸데릴라 왁스 : 칸데릴라 식물에서 추출한 것으로 립스틱에 사용되며 부서짐을 예방하고 광택을 주는 데 효과적이다.

② 동물성 왁스

㉠ 밀납 : 벌집에서 추출한 것으로 유연한 촉감을 부여하며 로션이나 크림, 파운데이션 등에 사용한다. 알레르기를 일으킬 수 있으므로 주의한다.

㉡ 라놀린 : 양의 털에서 추출한 것으로 피부에 대한 친화성, 부착성, 윤택성이 우수하다. 기초화장품, 메이크업화장품, 모발화장품 등에 사용한다.

3 화장품의 원료(Ⅲ) – 계면활성제

(1) 계면활성제의 정의

① 계면이란 기체와 액체, 액체와 액체, 액체와 고체가 서로 맞닿은 경계면을 말하며 이런 계면의 경계를 완화시키는 역할을 하는 것이 계면활성제이다.

② 한 분자 내에 친수성기와 친유성기를 함께 가지고 성질이 다른 두 개의 경계면에 작용함으로써 계면의 장력을 약화시켜 용도에 맞게 성질을 현저하게 변화시키는 물질이다.

(2) 계면활성제의 역할

① 물과 기름을 섞어 주는 역할을 하는 물질로 유화작용, 가용화 작용, 분산작용, 침투작용, 습윤작용, 기포 생성, 세정작용을 한다.

② 색깔이 엷고 냄새가 나지 않으며 안정성이 좋고 피부에 안전해야 한다.

4 화장품의 원료(Ⅳ) – 보습제

(1) 보습제의 정의

① 건강한 상태의 각질층은 수분을 15~20% 정도 함유하고 있다.

② 보습제는 적절한 흡습력과 안전성이 있고 환경 변화의 영향을 쉽게 받지 않아야 한다.

③ 종류로 글리세린, 솔비톨, 프로필렌글라이콜, 뷰틸렌글라이콜, 폴리에틸렌글라이콜, 하이알루론산 등이 있다.

(2) 보습제의 종류

구 분	특 징
천연보습인자(NMF)	• 피부의 흡수능력이 우수하여 유연성이 증가한다. • 아미노산, 젖산, 요소 등을 함유한다.
고분자 보습제	• 무자극성이다. • 하이알루론산염, 가수분해 콜라겐 등이 있다.
뷰틸렌글라이콜	글리세린보다 가벼운 느낌이며 유연제와 보습제로 사용한다.
폴리에틸렌글라이콜	• 자극이 적어 인체에 해롭지 않고 안정성과 보습력이 우수하다. • 샴푸, 린스, 헤어 제품에 사용한다.
솔비톨	끈적임이 많으며 보습효과가 뛰어나 피부건조를 예방한다.

5 화장품의 원료(V) - 방부제, 산화방지제

(1) 방부제

① 방부제의 정의
　　㉠ 미생물에 의한 화장품의 변질을 막기 위해 세균의 성장을 억제하거나 방지하기 위해 첨가하는
　　　 물질로 파라옥시향산메틸, 파라옥시향산프로필, 페녹시에탄올, 이미다졸리다이닐우레아, 파라
　　　 벤류, 아이소티아졸리논 등이 있다.
　　㉡ 피부에 트러블을 유발하기 때문에 미생물의 오염이 없도록 해야 하며, 안정성이 확인된 것을
　　　 사용한다.

② 방부제가 갖추어야 할 조건
　　㉠ 넓은 범위의 pH에서 방부력을 나타내야 한다.
　　㉡ 여러 종류의 미생물에 효과적이어야 한다.
　　㉢ 화장품에 배합된 다른 원료들에 용해가 잘되어야 한다.
　　㉣ 생산이 쉽고 경제적이어야 한다.
　　㉤ 소량 배합할 때에도 피부에 자극을 주지 말아야 한다.
　　㉥ 방부제의 사용으로 인한 유효성분의 효과가 떨어지지 않아야 한다.
　　㉦ 용기의 금속이나 고무 부분에 손상을 주지 말아야 한다.

(2) 산화방지제

　　화장품의 산화방지를 위해 첨가하는 물질로 BHA(뷰틸하이드록시아니솔), BHT(뷰틸하이드록시톨루
　　엔), 비타민 E(토코페롤) 등이 있다.

6 화장품의 기술(I) - 마이셀(Micelle)

(1) 마이셀의 정의

　　계면활성제의 분자 모형을 마이셀이라고 한다. 마이셀은 친수성과 친유성을 동시에 가지고 있으며,
　　분자들은 농도가 낮은 수용액에서 자유롭게 존재하다가 농도가 높아짐에 따라 서로 모여 결합체가
　　된다.

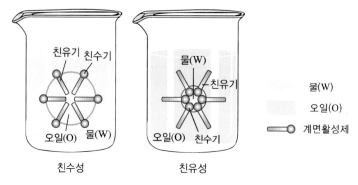

⑦ 화장품의 기술(Ⅱ) – 가용화, 분산, 유화

(1) 3대 기술의 개요

화장품의 3대 기술은 가용화, 분산, 유화이다.

구 분	종 류	특 징
가용화	화장수, 에센스, 향수 등	• 다량의 물에 소량의 오일을 넣고 계면활성제를 넣어 혼합한 것이다. • 가용화의 마이셀은 입자가 작아 가시광선이 투과되어 투명하게 보이며 주로 비이온 계면활성제에 사용되고 화장수, 향수, 헤어토닉 등에 활용된다.
분 산	파운데이션, 아이라이너, 마스카라, 고형립스틱 등	물 또는 오일 성분에 고체입자를 투여한 후 계면활성제를 섞으면 고체입자 표면에 흡착되어 제형이 균일하게 혼합된다.
유 화	• W/O형(유중수형) : 오일에 물 성분이 섞여 있는 에멀션 형태 • O/W형(수중유형) : 물에 오일이 섞여 있는 에멀션 형태 • O/W/O형, W/O/W형 : 다중에멀션 형태	• 유화란 서로 섞이지 않는 두 액체를 다량의 오일에 소량의 물을 넣고 계면활성제를 넣어 혼합한 것이다. • 마이셀 입자가 가용화의 마이셀 입자보다 크기 때문에 가시광선이 통과되지 않아 불투명하게 보인다.

(2) 유화의 종류

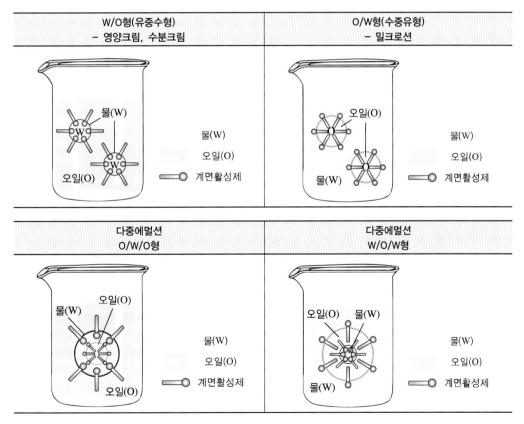

8 화장품의 조건

(1) 개 요

화장품을 만들어 판매하는 경우 안전성, 안정성, 유효성, 사용성이 해당되고 사용자의 기호에 따라 선택되는 향기, 색, 디자인 등의 기호성도 포함된다.

(2) 화장품의 4대 조건

① 안전성 : 화장품을 피부에 도포해도 자극과 독성이 없이 안전해야 한다.

② 안정성 : 화장품은 시간이 지나도 미생물에 의한 변취, 변색, 변질 등이 없어야 한다.

③ 사용성 : 화장품은 피부에 잘 스며들고 부드러우며 촉촉해야 한다. 또한 향, 용기 디자인, 휴대성, 질량, 질감 등을 말한다.

④ 유효성 : 사용 목적에 따라 보습효과, 노화 억제, 미백효과, 주름 방지, 세정효과 등을 말한다.

9 화장품의 특성

(1) HLB(Hydrophile Lipophile Balance)

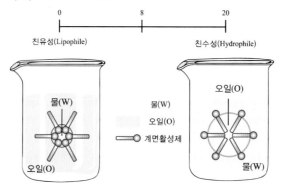

▮ 계면활성제의 HLB

① HLB는 계면활성제가 물과 기름에 대한 친화성 정도를 나타내는 값이며 0부터 20으로 나타낸다.

② HLB가 0에 가까울수록 친유성이 좋아 오일은 잘 녹고 물은 잘 녹지 않는다.

③ HLB가 20에 가까울수록 친수성이 좋아 물은 잘 녹고 오일은 녹지 않는다.

④ HLB 범위

HLB 범위	용 도	예
1~3	소포제	
4~6	W/O 유화제	선케어 제품
7~9	습윤제	파우더
8~18	O/W 유화제	로션, 크림
13~15	세정제	세 제
15~18	가용화제	스킨류

(2) 계면활성제의 종류

계면활성제는 양이온 계면활성제, 음이온 계면활성제, 양쪽성 계면활성제, 비이온성 계면활성제가 있다.

종 류	제 품	특 징
양이온 계면활성제	헤어 트리트먼트제, 헤어린스, 섬유 유연제 등	• 살균, 소독작용, 유연효과, 정전기 방지를 한다. • 피부 자극이 강하며, 세정력은 음이온 계면활성제보다 약하다. • 물에 해리되었을 때 친수기 부분이 양이온을 띤다.
음이온 계면활성제	비누, 클렌징폼, 샴푸, 치약 등	• 세정작용, 기포형성 작용이 우수하다. • 피부에 자극이 크다. • 물에 해리되었을 때 친수기 부분이 음이온을 띤다.
양쪽성 계면활성제	베이비 샴푸, 유아용 제품, 저자극 샴푸, 아토피 제품, 예민성피부 제품	• 음이온성과 양이온성을 동시에 갖고 피부 자극과 세정작용이 적다. • pH가 낮으면 양이온을 갖고, pH가 높으면 음이온을 갖는다.
비이온성 계면활성제	화장수의 가용화제, 크림의 유화제	• 물에 용해되어도 이온이 되지 않는다. • 피부 자극이 적어 기초 화장품, 가용화제로 사용된다.

> **Hair 핵심플러스!**
>
> **계면활성제의 세정력이 큰 순서**
> 음이온 계면활성제 > 양쪽성 계면활성제 > 양이온 계면활성제 > 비이온성 계면활성제
>
> **계면활성제의 피부 자극이 큰 순서**
> 양이온 계면활성제 > 음이온 계면활성제 > 양쪽성 계면활성제 > 비이온성 계면활성제

제3절 화장품의 종류와 기능

1 기초화장품의 개요

(1) 사용 목적

기초화장품의 사용 목적은 세안과 피부정돈, 피부보호, 수분공급, 청정작용, 혈액순환 촉진 및 피부재생 등이다.

(2) 종 류

① 세안 : 비누, 클렌징크림, 클렌징폼, 팩
② 피부정돈 : 화장수, 마사지크림
③ 피부보호 : 에센스, 로션, 크림

2 기초화장품의 분류

(1) 세안화장품

종 류	특 징
세안용 비누	세정력은 우수하나 피부 건조함을 유발한다.
폼 클렌저	보습제가 함유되어 있고 피부 자극이 적으며 우수한 세정력을 가지고 있다.
포인트 메이크업 리무버	피부 자극이 적고, 포인트 메이크업을 지우는 데 사용한다.
클렌징워터	세정화장수라고도 하며 수성성분으로 피부 자극이 적어 가벼운 메이크업을 지우는 데 효과적이고 포인트 메이크업 리무버 대용으로 사용 가능하다.
클렌징로션	O/W 형태로 유분함량이 낮아 끈적임이 없고 사용감이 산뜻하여 가벼운 메이크업을 지우는 데 효과적이다.
클렌징크림	• W/O 형태로 유분함량이 많고 진한 메이크업을 지우는 데 효과적이고 반드시 이중세안을 해야 한다. • 민감성피부는 피하고 지성피부 타입은 사용을 자제한다.
클렌징오일	• 물과 친화력이 우수한 수용성 오일로 피부 자극이 적고 진한 메이크업을 지우는 데 효과적이다. • 건성, 노화피부, 민감성피부에 적합하다.
클렌징젤	• 오일이 전혀 함유되지 않은 세안제로 물로 제거할 수 있고 세정력이 뛰어나 이중세안이 필요 없다. • 여드름, 지성피부, 민감성피부에 적합하다.

(2) 각질 제거 및 딥클렌징 제품

종 류	특 징
스크럽(물리적 방법)	미세한 알갱이가 연마제 역할을 하여 피부의 노폐물과 각질을 제거한다.
고마지(물리적 방법)	도포 후 마르면 근육 결대로 밀어 준다.
효소(생물학적 방법)	단백질 분해효소(파파인, 브로멜린, 펩신)가 각질을 제거한다.
아하(화학적 방법)	알파하이드록시산으로 불리며 과일산으로 각질을 녹이고 피부의 턴오버 기능을 한다.

(3) 화장수

종 류	특 징
유연화장수(스킨)	• 각질층에 수분공급, 피부정돈, 피부보습을 유지한다. • 중성피부, 건성피부, 노화피부, 민감성피부에 적합하다.
소염화장수	• 염증을 완화시키고 진정시킨다. • 염증성피부, 민감성피부에 적합하다.
수렴화장수	• 에탄올을 함유한 제품으로 수렴작용 및 피지 억제를 한다. • 지성피부, 여드름피부에 적합하다.

(4) 영양공급화장품

① 크림 : 피부의 촉촉함을 유지하여 외부의 자극으로부터 피부를 보호하기 위해 사용된다.

분 류	형 태	함 량	종 류
유성크림	유중수형(W/O)형	• 수분량 50~85% • 유분량 15~50%	콜드크림
	수중유형(O/W)형	• 수분량 50~85% • 유분량 15~50%	클렌징크림, 마사지크림
중유성크림	수중유형(O/W)형	• 수분량 50~70% • 유분량 30~50%	핸드크림, 영양크림, 에몰리언트 크림, 베이비용 크림
약유성크림	수중유형(O/W)형	• 수분량 10~30% • 유분량 70~90%	남성용 크림, 바니싱크림

② 에센스 : 크림에 비해 사용감이 산뜻하고 흡수력도 우수하며 소량으로 보습, 피부보호, 영양공급의 효과를 볼 수 있다. 젤 타입, 로션 타입, 크림 타입 등의 제형으로 구분된다.

③ 팩 : 혈액순환 촉진, 노화된 각질 제거, 수분 증발 억제, 보습효과, 청정효과, 신진대사를 촉진한다.

분 류	특 징
필오프 타입	도포 후 팩제가 시간이 지나면 필름막을 형성하여 떼어내는 타입으로 피부에 긴장감을 주며 민감성피부는 피한다.
워시오프 타입	도포 후 시간이 지나면 물로 씻어내는 타입으로 노폐물과 피지를 제거한다.
티슈오프 타입	불순물이나 노폐물 등을 티슈로 닦아내는 타입으로 민감성피부에 효과적이다.
시트 타입	얼굴 모양에 맞춰 제작된 부직포나 거즈 등에 팩제가 도포되어 얼굴에 붙였다가 떼어내는 타입으로 사용감이 쉽고 간편하다.
분말 타입	물에 제품을 섞어 바르는 타입으로 보습에 효과적이다.

❸ 메이크업화장품의 구성원료

(1) 메이크업화장품의 정의

'사람의 신체를 미화하여 매력을 증가시키고 용모를 바꾼다'는 목적에 해당하는 것으로 메이크업화장품은 미적인 효과, 피부보호, 심리적 효과, 피부결점 등을 보완한다.

(2) 색조화장품의 구성원료

분류	특징
백색안료	• 제품의 커버력을 결정, 빛의 산란능력을 높인다. • 이산화타이타늄, 산화아연, 탄산칼슘, 리토폰, 연백이 사용된다.
체질안료	• 화장품의 형태나 사용감을 나타내기 위해 사용하는 분체로 제품을 부드럽게 하고 땀과 유분을 흡수한다. • 마이카, 탤크, 카올린, 무수규산 등이 사용된다.
착색안료	• 색채안료라고도 하며 물, 기름, 용제에 녹지 않고 햇볕에 견디는 색을 갖는 분말로 색상을 부여하고 커버력을 조절한다. • 산화철, 레이크 등이 사용된다.
펄안료	천연진주나 전복껍질을 광택의 소재로 사용해 제품에 광택과 반짝임을 부여한 것이다.

4 메이크업화장품의 종류

(1) 메이크업 베이스

피부 보호, 피부톤 정돈, 메이크업이 들뜨는 것을 방지하고 파운데이션의 밀착성을 높인다. 또한 피부색의 단점을 보완한다.

구분	특징
초록색	붉은 피부를 보완하고, 여드름피부에 사용하며 잡티, 뾰루지를 커버한다.
분홍색	창백한 피부에 혈색을 부여하고 피부를 화사하게 한다.
보라색	동양인에 적합하고 화사하게 표현되며, 노란기가 많은 피부에 적합하다.
흰 색	피부를 투명하고 깨끗하게 표현한다. 그러나 어둡거나 검은 피부에 사용하는 경우 얼굴빛이 회색으로 표현될 수 있다.
펄베이스	빛을 분산시켜 주름진 피부에 적합하다.

(2) 파운데이션

얼굴을 윤기 있게 표현하며 입체감을 주고 결점이나 윤곽을 수정할 때 사용한다. 또한 자외선과 외부 환경으로 피부를 보호한다.

구분	특징
리퀴드 파운데이션	O/W형의 로션 타입으로 사용감이 산뜻하여 자연스러운 피부를 표현할 수 있고 지성피부, 민감피부에 적합하다.
크림 파운데이션	W/O형의 크림 타입으로 유분 함량이 많아 커버력이 좋고 물이나 땀에 잘 지워지지 않는다.
스틱 파운데이션	W/O형으로 커버력과 밀착력이 우수하며 컨실러 대용으로 사용할 수 있고 여드름, 잡티 커버에 우수하다.

(3) 파우더

파운데이션의 지속력을 높이며 유분을 흡수하고 메이크업을 오랫동안 유지시켜 준다.

구 분	특 징
페이스파우더(가루파우더)	• 번들거림을 잡아주고 메이크업의 지속력을 높이며 피부를 투명하게 표현한다. • 피복력, 퍼짐성, 부착성, 흡수성이 우수하다.
콤팩트파우더(압축파우더)	파우더를 압축한 형태로 휴대가 간편하다.
트윈케이크	• UV 자외선 차단제를 포함하며 피지 흡수력이 뛰어나다. • 지성피부에 적합하다.

(4) 포인트 메이크업

얼굴에 색조를 부여하는 화장품으로 아이 메이크업, 립 메이크업, 블러셔 등이 있다.

구 분	특 징
아이섀도	눈 주위에 명암을 주어 입체적으로 표현한다.
아이라이너	눈매를 수정할 수 있고 또렷하게 표현한다.
아이브로	눈썹의 비어 있는 부분을 메워 주고 눈썹 모양을 표현한다.
마스카라	속눈썹을 길어 보이고 짙게 표현한다.
립스틱	입술에 색상과 윤기를 부여하고 입술을 보호한다.
블러셔	얼굴의 윤곽을 수정하며 입체감을 준다.

5 모발 · 보디관리 · 네일화장품

(1) 모발화장품의 종류

모발 및 두피를 청결하게 하고 영양을 공급하며 두발 형태를 변화하여 색상을 부여한다.

구 분	제 품	특 징
세정제	샴 푸	모발과 두피의 노폐물을 제거한다.
	린 스	모발을 유연하게 하고 정전기를 방지한다.
정발용	헤어젤, 무스, 왁스, 스프레이, 포마드	스타일을 만들어 고정하고 광택 및 유연성을 부여한다.
트리트먼트	헤어로션, 헤어팩, 헤어트리트먼트	모발의 손상을 예방하고 유분과 수분을 공급한다.
양모제	헤어토닉	영양을 공급하고 발모를 촉진한다.
펌 제	헤어펌제	모발의 웨이브를 형성한다.
염모제	헤어컬러링제, 염색제	모발에 색상을 부여한다.
제모제	제모용 왁스	불필요한 모발을 제거한다.

(2) 보디관리화장품의 종류

구 분	제 품	특 징
세정제(목욕제)	비누, 보디클렌저, 입욕제 등	몸의 노폐물을 제거한다.
보디 각질 제거제	보디스크럽, 보디솔트	몸의 각질을 제거한다.
보디 보습제	보디로션, 보디오일, 보디크림, 핸드로션, 핸드크림, 풋크림	몸에 수분과 영양을 공급한다.
지방 분해 제품	지방분해 크림	혈액순환을 촉진하고 지방을 분해한다.
액취 방지제	데오도런트	에틸알코올을 포함하고 있어 항균기능을 하며 겨드랑이의 체취를 억제한다.
태닝 제품	선탠오일, 선탠젤, 선탠크림, 선탠로션	자외선에 의한 홍반을 막고 피부색을 건강한 갈색으로 태운다.

(3) 네일화장품의 종류

제 품	특 징
네일리무버	네일 폴리시에 의하여 형성된 피막을 제거한다.
큐티클오일	큐티클과 네일에 수분과 유분을 공급하며 부드럽게 한다.
베이스코트	네일폴리시를 손톱에 발랐을 때 네일폴리시가 착색되는 것을 방지하고 네일폴리시가 잘 접착되도록 한다.
네일폴리시	손톱에 색채와 광택을 부여한다.
탑코트	광택과 윤기를 부여하고 지속력을 높인다.
티 너	끈적거리는 네일폴리시를 묽게 용해한다. 이용 시 한두 방울 정도 섞어 사용한다.

6 향 수

(1) 향수의 개요

동물이나 식물의 추출물로 향기를 내는 방향화장품이다. 체취에 대한 후각적인 아름다움에 대해 관심이 높아지면서 향수는 개인의 매력을 높여 주고 개성을 표현하는 수단으로 사용되고 있다.

(2) 부향률에 따른 향수의 분류

유 형	부향률	지속시간	특 징
퍼 퓸	15~30%	6~7시간	향의 부향률 중 향이 가장 강하다.
오드퍼퓸	9~12%	5~6시간	퍼퓸보다는 향이 약하고 오드트왈렛보다는 향이 강하다.
오드트왈렛	6~8%	3~5시간	오드퍼퓸보다는 향이 약하지만 오드콜로뉴의 산뜻하고 가벼운 느낌을 가지고 있다.
오드콜로뉴	3~5%	1~2시간	가볍고 신선한 효과로 향수를 처음 접하는 사람에게 적당하다.
샤워콜로뉴	1~3%	약 1시간	1~3%의 가장 낮은 농도로 샤워 후 전신에 가볍게 분사한다.

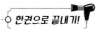

Hair 핵심플러스!

부향률에 따른 향의 단계

퍼퓸 > 오드퍼퓸 > 오드트왈렛 > 오드콜로뉴 > 샤워콜로뉴

---

(3) 향수의 발산 속도에 따른 단계

구 분	1단계 : 탑노트	2단계 : 미들노트	3단계 : 베이스노트
특 성	향수를 개봉했을 때의 향수의 첫 느낌으로 휘발성이 강하다.	알코올이 날아간 후의 향으로 중간에 느낄 수 있는 향이며, 향수의 향을 지배한다. 탑노트보다는 향이 느리게 진행한다.	라스트노트(Last Note)라고 하며 가장 마지막 향으로 지속성과 품질을 결정한다.
특 징	예리하고 강렬하며 자극적이다.	따뜻하고 온화하며 부드럽다.	중후하고 안정적이다.
지속시간	3시간 이내 증발한다.	3~5시간 정도 지속한다.	6~11시간 정도 지속한다.
용 량	전체 향의 10~20%이다.	전체 향의 50~80%이다.	전체 향의 10% 미만이다.
비 율	15~25%	30~40%	45~50%

(4) 향수의 구비조건

① 향에 특징이 있어야 한다.

② 확산성이 좋아야 한다.

③ 고객의 욕구를 충족시키고, 시대의 흐름과 조화로운 향이어야 한다.

④ 피부 자극이 없어야 한다.

7 에센셜(아로마) 오일

(1) 에센셜(아로마) 오일

① 에센셜 오일은 식물의 뿌리, 줄기, 꽃, 잎, 열매 등에서 추출한 오일이다.

② 에센셜 오일과 향을 이용하여 스트레스와 통증을 풀어주고 건강을 증진시키는 '향 치료법'을 아로마테라피라고 한다.

③ 아로마테라피는 '향기(Aroma)'와 '치료(Therapy)'가 합쳐진 단어이다.

(2) 에센셜 오일의 추출방법

① **증기추출법** : 식물의 잎, 줄기, 뿌리 등에 수증기를 통과시켜 물 위에 뜨는 오일과 추출물을 얻는 방법으로 간편하고 효율적이며 가장 많이 사용된다.

　㉠ 장점 : 짧은 시간에 대량을 추출한다.

　㉡ 단점 : 고온에서 향기 성분이 파괴될 수 있으며, 열에 약한 성분이나 오일 함량이 적고 수용성 성분이 많은 식물은 부적합하다.

② **용매추출법** : 낮은 온도에서 용해되는 향료만을 휘발성 용매(에탄올, 메탄올, 헥산, 석유 에테르)를 이용하여 녹여내는 방법으로 대부분의 꽃향기는 용매추출법을 통해 얻어진다.

③ 압착추출법(콜드 압착법)

    ㉠ 열매의 내피에서 에센셜 오일을 추출하여 얻어진다.

    ㉡ 단점 : 특정 용매를 가하지 않고 오일을 추출하기 때문에 변질되기 쉽다.

       예 라임, 오렌지, 버가못 등의 감귤류 오일

④ **침윤법** : 잘 추출되지 않는 경우에 사용하는 방법으로 꽃을 오일에 담가 향을 추출하는 방법이다.

⑤ **이산화탄소추출법** : 저온 저압에서 추출하는 방법으로 증기증류법으로 추출할 수 없는 오일에 사용하며 향이 원형에 가깝게 보존되는 장점이 있으나, 비용이 많이 드는 단점이 있다.

(3) 에센셜(아로마) 오일의 효능

① 혈액순환과 림프순환을 촉진한다.

② 항염, 항균, 진정작용이 있다.

③ 면역 강화, 세포재생을 한다.

④ 노폐물과 독소를 배출한다.

8 캐리어 오일

(1) 캐리어 오일(베이스 오일)

① 베이스 오일이라고도 하며, 휘발성이 없고 피부 자극을 완화시킨다.

② 에센셜 오일을 캐리어 오일과 함께 혼합하여 사용하면 에센셜 오일의 흡수율이 높아진다.

③ 캐리어 오일로 사용 가능한 오일은 호호바 오일, 밀베아 오일, 그레이프 오일, 스위트아몬드 오일, 아보카도 오일 등 식물성 위주의 오일이다.

(2) 에센셜 오일의 주의사항

① 서늘하고 햇빛이 들어오지 않는 갈색 병에 담아 냉암소에 보관한다.

② 반드시 희석된 제품을 사용하고, 사용하기 전 패치테스트(첩포시험)를 실시한다.

③ 고혈압, 임산부, 뇌전증 환자, 염증과 상처가 있는 사람은 주의한다.

④ 개봉 후 1년 안에 사용한다.

⑤ 마시지 않는다.

9 기능성화장품

(1) 기능성화장품의 개요

기존의 기능성 화장품(미백, 주름개선, 자외선 차단) 등은 2017년 5월부터 염모, 탈모, 탈색, 탈염, 아토피 등 7종을 추가해서 총 11종으로 확대되었다.

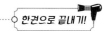

(2) 기능성화장품의 범위(화장품법 시행규칙 제2조)

① 피부에 멜라닌색소가 침착하는 것을 방지하여 기미·주근깨 등의 생성을 억제함으로써 피부의 미백에 도움을 주는 기능을 가진 화장품

② 피부에 침착된 멜라닌색소의 색을 엷게 하여 피부의 미백에 도움을 주는 기능을 가진 화장품

③ 피부에 탄력을 주어 피부의 주름을 완화 또는 개선하는 기능을 가진 화장품

④ 강한 햇볕을 방지하여 피부를 곱게 태워주는 기능을 가진 화장품

⑤ 자외선을 차단 또는 산란시켜 자외선으로부터 피부를 보호하는 기능을 가진 화장품

⑥ 모발의 색상을 변화[탈염(脫染)·탈색(脫色)을 포함한다]시키는 기능을 가진 화장품. 다만, 일시적으로 모발의 색상을 변화시키는 제품은 제외한다.

⑦ 체모를 제거하는 기능을 가진 화장품. 다만, 물리적으로 체모를 제거하는 제품은 제외한다.

⑧ 탈모 증상의 완화에 도움을 주는 화장품. 다만, 코팅 등 물리적으로 모발을 굵게 보이게 하는 제품은 제외한다.

⑨ 여드름성피부를 완화하는 데 도움을 주는 화장품. 다만, 인체세정용 제품류로 한정한다.

⑩ 피부장벽(피부의 가장 바깥쪽에 존재하는 각질층의 표피를 말한다)의 기능을 회복하여 가려움 등의 개선에 도움을 주는 화장품

⑪ 튼살로 인한 붉은 선을 엷게 하는 데 도움을 주는 화장품

🔟 기능성화장품의 종류(Ⅰ)

(1) 주름개선화장품

진피의 결합조직 형성을 촉진시켜 섬유아세포의 콜라겐 합성을 촉진하고 피부에 탄력을 부여한다.

① 레티놀(비타민 A), 아데노신 : 진피의 결합조직과 섬유아세포의 성장을 촉진한다.

② 베타카로틴 : 당근에서 추출하며 피부재생 효과가 있다.

③ 아데노신 : 콜라겐과 엘라스틴의 합성을 촉진한다.

④ 비타민 E, SOD(Super Oxide Dismutase) : 항산화제 성분으로 활성산소 억제와 프리라디칼을 제거한다.

(2) 미백화장품

멜라닌 색소로 인해 피부로 올라온 기미, 주근깨 등을 예방하고 타이로시나제의 작용을 억제한다.

① 알부틴, 코직산, 감초추출물, 닥나무추출물, 상백피추출물 : 타이로신의 산화를 촉매하는 타이로시나제의 작용을 억제한다.

② 비타민 C 유도체, 비타민 C : 도파의 산화를 억제한다.

③ 살리실산, 아하 : 멜라닌 색소를 제거한다.

④ 하이드로퀴논 : 멜라닌 색소를 사멸한다.

⑤ 산화아연(징크옥사이드), 이산화타이타늄(타이타늄다이옥사이드), 규산, 탤크 : 자외선을 차단한다.

(3) 자외선 차단화장품

① 자외선 차단제

   ㉠ 자외선은 피부에 쬐면 일부는 각질층에 반사되거나 산란된다.

   ㉡ 장파장 UV-A는 진피층까지 침투하여 콜라겐과 엘라스틴을 손상시켜 광노화를 일으킨다.

② 자외선 차단지수(SPF ; Sun Protection Factor)

   ㉠ 자외선 차단화장품이 UV-B로부터 피부를 보호할 수 있도록 수치화하여 표시한다.

   ㉡ $SPF = \dfrac{\text{자외선 차단화장품을 사용했을 때의 최소홍반량}}{\text{자외선 차단화장품을 사용하지 않았을 때의 최소홍반량}}$

③ 자외선 차단에 도움을 주는 성분

   ㉠ 자외선 흡수제(화학적 차단제)

   • 자외선을 흡수하여 화학적 방법으로 자외선을 차단하고 피부 침투를 막아 피부를 보호한다.

   • 옥틸다이메틸파바(Octyldimethyl Paba), 옥틸메톡시신나메이트(Octyldimethyl Cinnamate), 벤조페논(Benzophenone)유도체, 캠퍼(Camphor)유도체, 다이벤조일메탄(Dibenzoyl Methane)유도체, 갈릭산(Galic Acid)유도체, 파라아미노벤조산(Paraaminobenzoic Acid)

   ㉡ 자외선 산란제(난반사, 물리적 차단제)

   • 분말상태의 안료를 이용하여 자외선을 반사시켜 피부 침투를 막아 피부를 보호한다.

   • 산화아연(Zinc Oxide, 징크옥사이드), 이산화타이타늄(Titanium Dioxide, 타이타늄다이옥사이드), 규산염(Silicate), 탤크(Talc)

11 기능성화장품의 종류(Ⅱ) – 그 외 다수

(1) 피부를 곱게 태워주는 화장품

자외선에 의한 홍반을 막고 멜라닌 색소의 양을 늘려 피부색을 건강한 갈색으로 태운다.

(2) 탈염제

염색으로 착색된 모발의 인공 색소를 제거한다.

(3) 탈색제

기존 모발의 멜라닌 색소를 분해하여 모발을 밝게 한다.

(4) 제모제

미용상의 목적으로 팔, 다리, 겨드랑이, 비키니 라인의 털을 제거한다.

(5) 양모제(모발촉진제)

두피의 비듬·피지 제거, 두피세포의 분열 촉진, 두피에 영양을 공급하며 발모를 촉진한다.

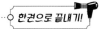

(6) **여드름용 화장품**

과다한 각질 제거, 살균·소독기능, 수렴효과, 피지 분비 억제기능을 한다.

(7) **아토피용 화장품**

아토피 피부염은 유전적 요인, 환경적 요인으로 심한 가려움증과 함께 피부장벽의 파손을 가져온다.
아토피피부는 지속적으로 피부를 촉촉하게 해야 한다.

(8) **튼살용 화장품**

튼살로 인한 붉은 선을 엷게 한다.

CHAPTER

04 위생 · 안전관리

제1절 미용사 위생관리

1 개인 건강 및 위생관리

(1) 미용사의 개인 건강관리

미용사는 건강관리를 위해 연 1회 이상의 주기적인 건강검진을 받는다.

(2) 미용사의 위생관리

① 손 씻기
  ㉠ 미용사는 하루에 수십 명의 고객과 손을 통해 접촉한다. 손은 각종 세균과 바이러스를 퍼뜨리므로 손을 깨끗이 씻는다.
  ㉡ 시술 전후, 화장실을 다녀 온 뒤, 식사 전에는 미지근한 물에 손을 적시고 비누나 세제를 사용하여 손과 손가락을 30초 이상 씻는다.

② 손 보호
  ㉠ 미용사는 펌제, 염탈색제, 중화제, 샴푸제 등과 같은 약품이나 제품을 사용하기 때문에 손을 자주 씻게 되므로 항상 손이 트거나 갈라지고 심한 가려움증을 동반한 접촉성 피부염에 노출되어 있다. 이를 예방하기 위해서는 약품 사용 시, 반드시 미용 장갑을 착용한다.
  ㉡ 부득이하게 미용 장갑을 착용하지 않고 직무를 수행할 경우, 작업 종료와 동시에 비누로 손과 손가락 사이를 꼼꼼하게 씻은 후 손가락 사이의 물기가 완전히 제거되도록 마른 수건으로 닦거나 건조시킨다.
  ㉢ 건조 후, 유분이 많은 로션이나 핸드 로션을 손에 충분히 도포하여 거칠어짐을 방지한다.

③ 구취관리
  ㉠ 미용사는 고객과 가까운 거리에서 직무 수행을 하기 때문에 구취관리에 각별히 신경 써야 한다. 미용사는 개인의 건강뿐만 아니라 쾌적한 시술 환경을 위해 관리해야 한다.
  ㉡ 구취관리 방법
    • 평상시 꼼꼼한 양치질을 통해 구취를 예방한다.
    • 식사나 간식 섭취 후에는 치아와 혀를 칫솔과 치실, 설태 제거기 등을 사용하여 하루 3번, 식후 3분 이내, 3분 동안 깨끗하게 관리한다.
    • 1년에 1~2회의 정기적인 스케일링(치석 제거)을 받는다.

④ 체취관리
　　㉠ 미용사는 불쾌한 냄새가 나지 않도록 양치질이나 구강 청결제 및 탈취제 등을 사용하여 구취와 체취를 수시로 점검한다.
　　㉡ 미용사는 흡연을 하지 않는 것이 가장 좋지만 금연을 하지 못한 경우에는 흡연 후 관리가 중요하다.
　　㉢ 흡연 후, 양치질을 하고 손과 손가락 사이사이를 비누로 꼼꼼히 씻은 후 핸드 로션이나 크림을 바른다. 그런 후, 탈취제를 몸의 앞뒤로 뿌려 옷에 밴 냄새를 제거한다.
　　㉣ 냄새를 없애기 위해 강한 향수를 과다하게 뿌리면 오히려 불쾌감을 줄 수 있으므로 유의한다.
⑤ 복장관리 : 작업의 능률과 안전을 고려하여 노출이 심한 의상, 굽이 높은 신발, 오염이 심한 의상은 피한다.
⑥ 손톱관리 : 미용사의 손톱은 고객 두피에 자극을 주지 않도록 관리하며 반지, 팔찌, 네일 장식 등의 액세서리는 지양한다.

제 2 절　미용도구와 기기의 위생관리

1 미용도구

(1) 빗(Comb)

① 빗의 기능과 조건
　　㉠ 모발을 정발하는 데 사용하며 정전기가 발생하지 않는 것이 좋다.
　　㉡ 커트, 퍼머넌트 웨이브, 아이론, 염색 시에 사용된다.
　　㉢ 열과 화학약품에 변형이 되지 않아야 한다.
　　㉣ 빗살의 간격이 균일하며 안정성이 있어야 한다.
　　㉤ 소독 시에는 석탄수, 크레졸수, 포르말린수, 역성비누액, 자외선 등을 사용한다.
② 빗의 종류
　　커트용, 웨이브용, 정발용, 비듬제거용, 세팅용, 헤어다이용, 결발용 등이 있다.
③ 빗의 명칭

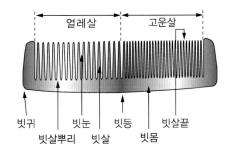

(2) 브러시(Brush)

① 종 류

- ㉠ 헤어용 브러시 : 경질의 브러시는 정발, 결발, 블로 드라이 등에 사용되고, 연질의 브러시는 머릿기름, 헤어로션, 염모제, 탈색제 등에 사용한다.
- ㉡ 비듬 제거용 브러시 : 경질의 브러시는 정발용으로도 쓰인다.
- ㉢ 메이크업용 브러시 : 아이브로 브러시(눈썹), 마스카라 브러시(속눈썹), 아이섀도 브러시(눈화장) 등이 있다.
- ㉣ 페이스 브러시 : 부드러운 브러시로 얼굴, 목 등에 붙은 머리카락을 털어내는 데 사용된다.
- ㉤ 네일 브러시 : 매니큐어 시 손톱 끝이나 손톱 주위의 먼지 또는 때를 털어내는 데 사용한다.
- ㉥ 샴푸제 도포용 브러시 : 비듬성두피에 세정효과와 두피 마사지 효과가 있는 브러시이다.

② 브러시의 선택 및 손질법

- ㉠ 브러시는 자연모, 플라스틱, 나일론, 철사 등으로 만들어지며 사용하는 목적에 따라 털의 재질을 잘 선택해야 한다.
- ㉡ 털에 힘과 탄력이 있는 것이 좋으며 양질의 자연강모가 좋다.
- ㉢ 비닐계나 나일론으로 만든 브러시는 정전기를 발생시킬 수 있다.
- ㉣ 세정 후 물로 잘 헹군 후 털을 아래쪽으로 하여 그늘에 말리고, 소독 시에는 석탄산수, 크레졸수, 포르말린수, 에탄올 등을 사용한다.

(3) 가위(Scissors)

① 가위의 각부 명칭

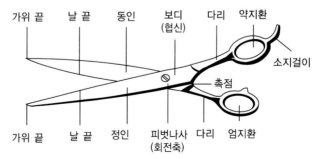

② 종 류

- ㉠ 재질에 따른 분류
  - 착강가위 : 손잡이에 사용된 강철은 연강이고, 안쪽에 부착된 날은 특수강으로 되어 있으며 부분적으로 수정을 할 때 사용되는 가위다.
  - 전강가위 : 가위 전체가 특수강으로 만들어졌다.
- ㉡ 사용 용도에 따른 분류
  - 커팅가위 : 모발을 커트하고 셰이핑할 때 사용한다.
  - 시닝(티닝)가위 : 모발의 길이는 변화 없이 숱만 쳐낼 때 사용한다.
  - 레이저 : 면도날을 말하며 모발의 끝을 가볍게 만드는 기능을 한다.
  - 기타 : R형 가위, 미니가위, 빗 겸용 가위 등이 있다.

(4) 레이저(Razor)

레이저는 모발을 깎거나 자르는 데 사용하는 도구이다.

① 종 류
- ㉠ 오디너리 레이저(일상용 레이저) : 빠르게 시술할 수 있지만 두발을 지나치게 자르거나 시술자가 다칠 우려가 있어서 초보자에게는 부적합하다.
- ㉡ 셰이핑 레이저 : 초보자에게 적합하고 위험이 적으나 작업속도가 느려 비효율적이다.

② 레이저의 선택 및 손질법
- ㉠ 날 등과 날 끝이 평행해야 하며 일정한 두께와 균일한 곡선으로 된 것이 좋다.
- ㉡ 레이저는 고객마다 새로 소독한 것으로 바꾸어 사용하고 석탄산수, 크레졸수, 포르말린수, 에탄올, 역성비누 등을 사용해서 소독해야 한다.

(5) 클리퍼(Clipper)

남성 커트나 여성의 짧은 머리 커트 등에 사용되며, 모발의 단면을 직선으로 자르고 헤어라인을 깔끔하게 커트할 때 사용한다.

(6) 아이론(Iron)

열(120~140℃)을 이용하여 모발의 구조에 일시적으로 변화를 주어 웨이브를 만드는 기기이다. 그루브와 프롱이 정확히 맞아야 하고, 아이론은 프롱과 핸들의 길이가 균등해야 하며 좋은 쇠로 만들어져야 사용이 용이하다.

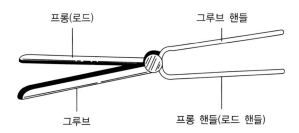

프롱(로드)　　　　그루브 핸들

그루브　　　　프롱 핸들(로드 핸들)

| 아이론의 명칭

① 프롱(Prong) : 둥근 모양으로 프롱과 그루브 사이에 모발을 넣어서 형태를 만든다.
② 그루브(Groove) : 홈이 파여 있는 부분이다.
③ 핸들(Handle) : 손잡이 부분을 말한다.

(7) 헤어클립(Hair Clip)

머리를 고정시킬 때 사용한다.
① 컬 클립 : 컬을 고정시킬 때 사용한다.
② 웨이브 클립 : 웨이브를 고정시킬 때 사용한다.

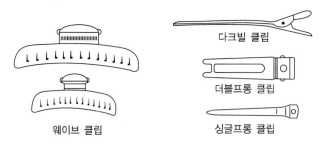

다크빌 클립

더블프롱 클립

웨이브 클립

싱글프롱 클립

▌ 헤어클립(Hair Clip)

(8) 컬링 로드(Curling Rod)

퍼머넌트 웨이브 모발을 와인딩할 때, 웨이브를 형성하기 위해 모발을 감는 도구이다.

(9) 롤러(Roller)

대, 중, 소로 구분되며 모발의 볼륨을 살릴 때 또는 헤어세팅, 롤 스트레이트 시술 시 사용한다.

2 미용기기

(1) 헤어드라이어(Hair Dryer)

모발을 건조하거나 헤어스타일링을 할 때 사용하고 모근의 흐름을 만들어 낼 수 있다. 모발에 열을 주어 트리트먼트나 미용 시술 시 작업을 촉진시킨다.

(2) 헤어아이론(Hair Iron)

1875년에 프랑스의 마샬 그라또가 개발하였으며 120~140℃의 고열을 이용하여 일시적으로 원하는 웨이브를 만드는 데 사용된다.

(3) 헤어스티머(Hair Steamer)

고온(180~190℃)에서 스팀이 분무되면서 모발의 약액을 침투시켜 파마, 염색, 트리트먼트 등의 미용 시술을 촉진시킨다. 모공을 열어 주고 피부조직을 이완시켜 두피각질 관리에 도움이 된다.

(4) 히팅 캡(Heating Cap)

모발 위에 쓰는 모자 형태로 파마, 염색, 헤어트리트먼트 등 시술에 사용되며 모발이나 두피에 도포한 제품이 열에 의해 모발에 잘 흡수되도록 도와준다.

3 미용기구

(1) 샴푸도기

① 샴푸 시 고객의 목이 편안하도록 각도를 조절하여 사용한다.

② 샤워기 구멍이 균일하여야 하고 수압 조절이 용이한 것을 사용한다.

③ 냉·온수 조절이 가능한 것을 사용한다.

(2) 두피진단기

모발의 밀도, 굵기, 손상 여부 및 두피 질환을 측정할 수 있다.

(3) 소독기

빗, 가위 등 미용 시술에 이용되는 도구를 소독하여 보관하는 기구이므로 소독기 내부를 청결하게 관리해야 한다.

제3절 미용업소 환경위생 관리

1 미용업소 환경위생

(1) 미용업소 위생관리

① 접객용 다과의 유통기한과 위생상태 및 오염 여부를 수시로 점검하여 신선함을 유지하도록 한다.

② 청소점검표에 의해 미용업소의 위생상태를 관리하고, 미용서비스 후 즉시 주변의 정리정돈을 원칙으로 한다.

> **Hair 핵심플러스!**
>
> **청소 점검**
> • 매일 청소 : 영업 전 청소, 시술 직후 청소, 영업 마무리 청소 등
> • 정기 청소(주 1회 또는 월 1회) : 바닥, 천장, 벽 및 계단 청소 등
> • 매일 점검사항 : 청소상태, 제품 진열상태, 잡지 및 스타일링북 청결상태, 전기 및 상하수도, 타월 및 가운의 수량 및 위생상태, 자외선 소독기 점검 등
> • 연 1회 점검 : 간판, 조명 등
> • 월 1회 점검 : 환풍기, 유리창 등

③ 미용업소의 냉·온수 사용을 위해 온수기 용량 및 수압 등을 점검해야 한다.

④ 수질오염 방지를 위해 염모제와 같은 잔여 화학제품은 종이에 싸서 폐기하도록 한다.

⑤ 쾌적한 실내 환경을 위해 공기청정기나 냉·온풍기의 필터를 수시로 점검하고 관리한다.

→ 24시간 평균 실내 미세먼지의 양이 $150\mu g/m^3$을 초과할 경우 실내공기 정화시설(덕트) 및 설비를 교체 또는 청소한다.

(2) 미용업소 환경위생

① 기온 및 습도

⊙ 미용업소의 최적 온도는 18℃ 정도이며 15.6~20℃ 정도에서 쾌적함을 느낀다.

ⓛ 최적의 습도는 보통 40~70%로, 쾌적함을 주는 습도는 온도에 따라 달라질 수 있다. 15℃에서는 70%, 18~20℃에서는 60%, 21~23℃에서는 50%, 24℃ 이상에서는 40%가 적당한 습도이다.
→ 실내 쾌적 기온 18±2℃, 실내 쾌적 습도 40~70%

ⓒ 헤어 펌이나 탈색, 염색, 매니큐어 같은 시술에 적당한 온도는 15~25℃ 정도이므로 냉·난방기로 온도와 습도를 조절한다.

② 환기

⊙ 환기는 창문이나 환기통 등을 이용하는 자연환기와 송풍기나 환풍기를 사용하는 기계환기(강제환기)로 나뉜다. 좁은 실내에서 장시간 환기를 하지 않을 경우 불쾌감, 현기증, 권태 및 식욕 저하를 일으킬 수 있다.

ⓛ 미용업소 구조상 출입문이나 창문을 통한 환기가 어려울 경우 환기팬이나 환기 시스템을 갖추어 적절한 환기가 이루어질 수 있도록 한다.

ⓒ 미용업소는 퍼머넌트 웨이브, 염색, 탈색, 매니큐어 등 화학제품을 사용하는 시술이 이루어지므로 고객과 미용사의 건강을 위해 1~2시간에 한 번씩은 환기를 한다.

Hair 핵심플러스!

군집독

밀폐되고 한정된 공간에 다수의 사람이 밀집해 있을 경우 실내 공기의 물리·화학적 변화가 발생하므로 불쾌감, 두통, 권태, 현기증, 구토, 식욕부진 등의 생리적 현상이 나타나는 것을 말한다.

③ 채광과 조명

⊙ 창의 면적 : 바닥 면적의 1/7~1/5 이상으로 하고, 창이 세로로 긴 것이 일조량이 많다.

ⓛ 이·미용업소 영업장 내 조명도 75lx 이상 → 정밀작업실 조도 300lx 이상(300~1,000lx)

④ 쓰레기 분리 배출

⊙ 종이류 : 신문지, 전단지, 종이박스, 노트 등

ⓛ 종이팩류 : 종이팩(음료수, 우유팩 등), 종이컵

ⓒ 캔, 고철류 : 철캔, 알루미늄캔, 부탄가스, 살충제 용기, 공구, 철사, 전선 등

ⓡ 유리병류 : 음료수병, 기타 병류

ⓜ 플라스틱류 : 페트병, 플라스틱 용기 등

ⓗ 비닐류 : 과자봉지, 라면봉지, 1회용 비닐봉투 등

제4절 미용업 안전사고 예방

1 미용업소 시설·설비의 안전관리

(1) 미용업소 시설·설비의 안전관리

① 미용업소의 전기안전사고 예방을 위해 전기기기의 플러그 접촉상태, 전선 피복상태 등을 점검하고 특히, 콘센트에 여러 개의 전기기기를 동시에 꽂지 않도록 주의한다.

② 감전사고 예방을 위해 물기 있는 손으로 전기기기를 사용하지 않는다.

③ 소방안전을 위해 스프링클러, 소화기, 가스 잠금장치, 인화성 물질 등을 확인하고 비상구 안내표지를 부착하는 등의 방화관리자 의무사항을 준수한다.

④ 미용업소 내의 모든 제품은 입고 당시의 용기 그대로 보관하는 것이 원칙이나, 다른 용기에 보관해야할 경우 제품명과 구입 시기 등 유의사항을 라벨로 표기해야 하며, 위험물은 반드시 별도로 보관해야한다.

(2) 미용업의 시설 및 설비기준

① 미용기구는 소독을 한 기구와 소독을 하지 아니한 기구를 구분하여 보관할 수 있는 용기를 비치하여야 한다.

② 소독기, 자외선 살균기 등 미용기구를 소독하는 장비를 갖추어야 한다.

2 미용업소 안전사고 예방 및 응급조치

(1) 시술과정 시의 안전관리

① 시술 전후에 알코올로 손을 소독하여 청결하게 유지하여야 한다.

② 감염질환이 있는 고객에게 감염되지 않도록 유의한다.

③ 손에 상처가 나지 않도록 도구 사용 시 주의하여 시술한다.

④ 접촉이나 호흡으로 감염될 수 있으니 소독을 철저히 하고 필요시 마스크를 착용한다.

(2) 커트에 의한 출혈

① 출혈 시 다른 질환에 감염될 수 있으니 보호용 장갑을 착용한다.

② 출혈이 오래가지 않도록 바로 지혈하여 의료처치를 한다.

③ 지병이 있는 고객인 경우 많은 출혈을 일으킬 수 있으므로 신속하게 처치하고 지혈하여야 한다.

(3) 화학물질 취급 시 안전관리

① 피부에 직접적으로 닿지 않게 주의하여야 한다.

② 냄새가 오래 머물지 않도록 환기시켜 공기를 정화한다.

③ 화기성 제품은 화재에 노출되지 않도록 잘 보관해야 한다.

④ 주의사항 및 사용법을 잘 파악하여 사용하여야 한다.

제 5 절 고객응대 서비스

1 고객응대

(1) 고객응대 시 고려사항

① 고객안내 시 사전에 동선을 파악하여 고객에게 불편을 주지 않도록 한다.

② 고객이 미용업소에 대해 긍정적인 인상을 갖도록 친절한 서비스를 제공한다.

③ 예약업무 시 방문일시, 방문목적, 방문인원, 연락처, 담당 미용사 등을 확인하여 기록하도록 한다.

④ 고객과의 대면 안내 또는 전화 안내 시 필요한 미용서비스 메뉴와 요금 및 위치 등을 사전에 숙지한다.

⑤ 고객이동 시 고객보다 한 걸음 앞에서 안내한다.

⑥ 고객응대를 위해 준비된 음료 및 다과를 안내하고 고객이 선택한 음료와 다과를 신속하게 제공한다. 다과는 신선한 상태를 유지하기 위해 유통기간과 보관에 유의하며, 사용하는 집기류는 청결하게 관리한다.

⑦ 대기 고객을 위한 서적, 잡지, 컴퓨터 등의 상태를 정기적으로 점검한다.

⑧ 고객의 만족도를 위해 메이크업, 매니큐어, 눈썹손질 등의 부가서비스를 제공할 수 있다.

2 고객 응대방법

(1) 직접 표현형의 특징 및 응대방법

① 생각한 대로 발표하고 꾸밈이 없다.

② 신속·과감하며 성급하다.

③ 감정적 발언이 많다.

④ 화나게 하지 않고 언어 접객 태도에 세심히 주의하여 조심스럽게 접근한다.

⑤ 체면을 세워 주며, 토론하지 말고 듣는 쪽이 된다.

⑥ 설명은 간단하게 한다.

(2) 신중형의 특징 및 응대방법

① 주의력이 깊고 사고가 세밀하여 결단하기까지 시간이 걸린다.

② 성격은 온화하고 침착하다.

③ 상대의 페이스에 맞춘다.

④ 시술에 대한 세부사항까지 예를 들어 자세하고 이론적으로 설명하도록 한다.

⑤ 오랜 교제가 필요하다.

⑥ 인격을 존중하며, 차분한 상담 태도를 갖는다.

(3) 우유부단형의 특징 및 응대방법

① 미결정형 고객이라고도 부른다.

② 사고와 행동에 일관성이 없다.

③ 주위의 눈치를 보고 스스로 결론을 내는 것을 두려워한다.

④ 고객이 선택하도록 권하지 말고 권유와 도움으로 결정을 내리도록 한다.

⑤ 제3자를 이용한다. 이 타입은 주위 사람들이나 제3자의 의견에 치우치는 경향이 크기 때문에 이 방법은 매우 유효하다.

(4) 과단형의 특징 및 응대방법

① 결정형 고객이라고도 부른다.

② 우유부단형과는 반대 유형이다.

③ 동작이 적극적이고 시원시원하다.

④ 어떤 일에도 자신이 있으며 어떤 일이고 자신이 결정하기를 좋아하며 타인의 간섭을 싫어한다.

⑤ 체면을 세워 주는 것이 중요하며 감탄·칭찬법을 사용하는 것이 매우 효과적이다.

(5) 비사교형의 특징 및 응대방법

① 불친절하다.

② 반응이 없다.

③ 일종의 침묵형이라고 할 수 있다.

④ 무엇인가 말을 하도록 쉬운 질문을 해서 고객의 마음이 서서히 열리도록 한다.

⑤ 긍정적 유도질문법을 많이 사용해 리드를 하도록 한다.

⑥ 고객이 불친절하고 무뚝뚝하게 대하더라도 끝까지 친절하고 예의 바른 태도로 대한다.

01 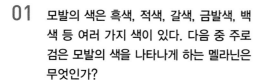 적중예상문제

01 모발의 색은 흑색, 적색, 갈색, 금발색, 백색 등 여러 가지 색이 있다. 다음 중 주로 검은 모발의 색을 나타나게 하는 멜라닌은 무엇인가?

① 타이로신(Tyrosine)
② 멜라노사이트(Melanocyte)
③ 유멜라닌(Eumelanin)
④ 페오멜라닌(Pheomelanin)

해설
페오멜라닌은 노란색이며 유멜라닌은 검은색이다.

02 1905년 찰스 네슬러가 어느 나라에서 퍼머넌트 웨이브를 발표했는가?

① 독 일　　　② 영 국
③ 미 국　　　④ 프랑스

해설
• 찰스 네슬러(1905년, 영국) : 스파이럴식 웨이브
• 마샬 그라또(1875년, 프랑스) : 아이론 웨이브
• 조셉 메이어(1925년, 독일) : 크로키놀식 웨이브
• J. B. 스피크먼(1936년, 영국) : 콜드 웨이브

03 고대 중국 미용의 설명으로 틀린 것은?

① 하(夏)나라 시대에 분을, 은(殷)나라의 주왕 때에는 연지 화장이 사용되었다.
② 아방궁 3천 명의 미희들에게 백분과 연지를 바르게 하고 눈썹을 그리게 하였다.
③ 액황이라고 하여 이마에 발라 약간의 입체감을 주었으며 홍장이라고 하여 백분을 바른 후 다시 연지를 덧발랐다.
④ 두발을 짧게 깎거나 밀어내고 그 위에 일광을 막을 수 있는 대용물로 가발을 즐겨 썼다.

해설
이집트는 두발을 짧게 깎거나 밀어내고 그 위에 일광을 막을 수 있는 대용물로 가발을 즐겨 사용하였다.

04 다음 중 옛 여인들의 뒤통수에 낮게 머리를 땋아 틀어 올리고 비녀를 꽂은 머리 모양은?

① 민머리　　　② 얹은 머리
③ 풍기명식 머리　④ 쪽진 머리

해설
쪽진 머리는 뒤통수에 낮게 머리를 땋아 틀어 올리고 비녀를 꽂은 머리 모양이며, 풍기명식 머리는 옆쪽에 모발의 일부를 늘어뜨린 형태이다.

1 ③　2 ②　3 ④　4 ④　**Answer**

05 한국의 고대 미용의 발달사를 설명한 것 중 틀린 것은?

① 헤어스타일(모발형)과 관련하여 문헌에 기록된 고구려 벽화는 없었다.
② 헤어스타일(모발형)은 신분의 귀천을 나타내었다.
③ 조선시대에는 쪽진 머리, 큰머리, 조짐 머리가 성행하였다.
④ 헤어스타일(모발형)에 관해서 삼한시대에 기록된 내용이 있다.

해설
고구려 고분벽화를 통해 그 시대의 헤어스타일(얹은 머리)을 알 수 있다.

06 1875년 프랑스의 마샬 그라또에 의해 창안되었으며 열을 이용하여 일시적으로 웨이브를 형성하는 기구는?

① 레이저
② 아이론
③ 클리퍼
④ 헤어스티머

07 미용의 필요성으로 가장 거리가 먼 것은?

① 인간의 심리적 욕구를 만족시키고 생산 의욕을 높이는 데 도움을 주므로 필요하다.
② 미용의 기술로 외모의 결점까지도 보완하여 개성미를 연출해 주므로 필요하다.
③ 노화를 전적으로 방지해 주므로 필요하다.
④ 현대생활에서는 상대방에게 불쾌감을 주지 않는 것이 중요하므로 필요하다.

해설
미용이 노화를 전적으로 방지해 주지는 않는다.

08 고대의 미용의 역사에 있어서 약 5000년 이전부터 가발을 즐겨 사용했던 고대 국가는?

① 이집트
② 그리스
③ 로 마
④ 잉카제국

해설
약 5000년 이전부터 가발을 즐겨 사용했던 고대 국가는 이집트로, 태양으로부터 머리를 보호하고 치장하기 위해 가발을 즐겨 사용했다.

09 머리 모양 또는 화장에서 개성미를 발휘하기 위한 첫 단계는 무엇인가?

① 소재의 확인
② 제 작
③ 구 상
④ 보 정

해설
미용의 과정은 소재 → 구상 → 제작 → 보정의 순서로 이루어진다.

10 전체적인 머리 모양을 종합적으로 관찰하여 수정 · 보완시켜 완전히 끝맺도록 하는 것은?

① 통 칙   ② 제 작
③ 보 정   ④ 구 상

11 화학약품만의 작용에 의한 콜드 웨이브를 처음으로 성공시킨 사람은?

① 마샬 그라또
② 조셉 메이어
③ J. B. 스피크먼
④ 찰스 네슬러

해설
콜드 웨이브를 처음으로 성공시킨 사람은 J. B. 스피크먼(1936년)이다.

12 중국 현종(서기 713~755년) 때의 십미도(十眉圖)에 대한 설명으로 옳은 것은?

① 열 명의 아름다운 여인
② 열 가지의 아름다운 산수화
③ 열 가지의 화장방법
④ 열 가지의 눈썹 모양

해설
현종 시대의 십미도는 10가지의 눈썹 모양을 말한다.

13 올바른 미용인으로서의 인간관계와 전문가적인 태도에 관한 내용으로 가장 거리가 먼 것은?

① 예의 바르고 친절한 서비스를 모든 고객에게 제공한다.
② 고객의 기분에 주의를 기울여야 한다.
③ 효과적인 의사소통 방법을 익혀 두어야 한다.
④ 대화의 주제는 종교나 정치 같은 논쟁의 대상이 되거나 개인적인 문제에 관련된 것이 좋다.

해설
종교나 정치, 개인적인 문제에 대한 대화 주제는 논쟁의 대상이 되거나 언쟁의 소지가 되므로 피해야 한다.

14 우리나라에서 현대 미용의 시초라고 볼 수 있는 시기는?

① 조선 중엽   ② 한일합방 이후
③ 해방 이후   ④ 6 · 25 이후

해설
현대 미용은 한일합방 이후 급격히 발달하였다.

10 ③ 11 ③ 12 ④ 13 ④ 14 ② **Answer**

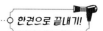

15 레이저(Razor)에 대한 설명 중 거리가 가장 먼 것은?

① 셰이핑 레이저를 사용하여 커팅하면 안정적이다.
② 초보자는 오디너리 레이저를 사용하는 것이 좋다.
③ 솜털 등을 깎을 때는 외곡선상의 날이 좋다.
④ 녹이 슬지 않게 관리를 한다.

해설
• 오디너리 레이저(일상용 레이저)는 빠르게 시술할 수 있지만 두발을 지나치게 자르거나 시술자가 다칠 우려가 있어서 초보자에게는 부적합하다.
• 셰이핑 레이저는 위험이 적어 초보자에게 적합하지만 작업속도가 느려 비효율적이다.

16 다음 중 조선시대 후반기에 유행하였던 일반 부녀자들의 머리 형태는?

① 쪽진 머리　② 풍기명 머리
③ 쌍상투 머리　④ 귀밑머리

해설
풍기명 머리, 쌍상투 머리, 귀밑머리는 고구려 시대의 머리 형태이다.

17 다음 중 헤어브러시로서 가장 적합한 것은?

① 부드러운 나일론, 비닐계의 제품
② 탄력 있고 털이 촘촘히 박힌 강모로 된 것
③ 털이 촘촘한 것보다 듬성듬성 박힌 것
④ 부드럽고 매끄러운 연모로 된 것

해설
천연 재질로 되어 있는 것이 좋으며 탄력 있고 털이 촘촘히 박힌 강모로 된 것이 적합하다.

18 미용 작업 시의 자세와 관련된 설명으로 틀린 것은?

① 작업 대상의 위치가 심장의 위치보다 높아야 좋다.
② 서서 작업을 하므로 근육의 부담이 적게 각 부분의 밸런스를 고려한다.
③ 과다한 에너지 소모를 피해 적당한 힘의 배분이 되도록 한다.
④ 정상 시력을 가진 사람의 명시거리는 안구에서 약 25cm 거리이다.

해설
시술할 작업 대상의 위치는 미용사의 심장 높이 정도가 적당하다.

19 다음 중 헤어세트용 빗의 사용과 취급방법에 대한 설명 중 틀린 것은?

① 두발의 흐름을 아름답게 매만질 때는 빗살이 고운살로 된 세트빗을 사용한다.
② 엉킨 두발을 빗을 때는 빗살이 얼레살로 된 얼레빗을 사용한다.
③ 빗은 사용 후 브러시로 털거나 비눗물에 담가 브러시로 닦은 후 소독한다.
④ 빗의 소독은 손님 약 5인에게 사용했을 때 1회씩 하는 것이 적합하다.

해설
한 번 사용한 빗은 반드시 소독해서 사용하여야 한다.

20 브러시의 손질법으로 적당하지 않은 것은?

① 보통 비눗물이나 석탄산수에 담가 부드러운 털은 손으로 가볍게 비벼 빤다.
② 털이 빳빳한 것은 세정 브러시로 닦아낸다.
③ 털이 위로 가도록 하여 햇볕에 말린다.
④ 소독방법으로 석탄산수를 사용해도 된다.

해설
브러시는 소독액으로 소독한 후 물에 헹구어 마른 수건으로 닦아 모양이 변형되지 않도록 털을 아래쪽으로 하여 그늘에서 말린다.

21 두부 라인의 명칭 중에서 코의 중심을 통해 두부 전체를 수직으로 나눈 선은?

① 정중선   ② 측중선
③ 수평선   ④ 측두선

해설
① 정중선 : 코의 중심을 통해 두부 전체를 수직으로 나눈 선
② 측중선 : 한쪽 E.P에서 T.P를 지나 다른 한쪽 E.P를 수직으로 연결한 선
③ 수평선 : 한쪽 E.P에서 B.P를 지나 다른 한쪽 E.P를 수평으로 연결한 선
④ 측두선 : F.S.P에서 측중선까지 연결한 선

22 미용의 특수성과 가장 거리가 먼 것은?

① 손님의 요구가 반영된다.
② 시간적 제한을 받는다.
③ 정적 예술로서 미적효과를 나타낸다.
④ 유행을 강조하는 자유예술이다.

해설
미용은 정적인 예술이며 부용예술이다.

23 커트 시술 시 두부(頭部)를 5등분으로 나누었을 때 관계없는 명칭은?

① 톱(Top)   ② 사이드(Side)
③ 헤드(Head)   ④ 네이프(Nape)

해설
5등분 시 톱을 중심으로 전두부(오른쪽, 왼쪽), 후두부(중앙, 오른쪽, 왼쪽)로 나눈다.

24 우리나라 여성의 머리 형태 중 비녀를 꽂은 것은?

① 얹은 머리　　② 쪽진 머리
③ 좀좀머리　　④ 귀밑머리

해설
쪽진 머리는 네이프 부분에 쪽을 틀어서 비녀를 꽂은 머리 형태이다.

25 커트용 가위 선택 시의 유의사항 중 옳은 것은?

① 일반적으로 협신에서 날 끝으로 갈수록 만곡도가 큰 것이 좋다.
② 양날의 견고함이 동일한 것이 좋다.
③ 일반적으로 도금된 것은 강철의 질이 좋다.
④ 잠금 나사는 느슨한 것이 좋다.

해설
커트용 가위는 양날의 견고함이 동일한 것이 좋고, 날은 얇고 협신은 가벼우며 끝으로 갈수록 자연스럽게 구부러진 것이 좋다.

26 헤어커트 시 사용하는 레이저(Razor)에 대한 설명 중 틀린 것은?

① 레이저의 날 등과 날 끝이 대체로 균등해야 한다.
② 초보자에게는 오디너리(Ordinary) 레이저가 적합하다.
③ 레이저의 날 선이 대체로 둥그스름한 곡선으로 나온 것이 더 정확한 커트를 할 수 있다.
④ 레이저의 어깨 두께는 균등해야 좋다.

해설
초보자에게는 셰이핑 레이저가 적합하다.

27 한국 현대 미용사에 대한 설명 중 옳은 것은?

① 경술국치 이후 일본인들에 의해 미용이 발달했다.
② 1933년 일본인이 우리나라에 처음으로 미용원을 열었다.
③ 해방 전 우리나라 최초의 미용교육기관은 정화고등기술학교이다.
④ 오엽주 여사가 화신백화점 내에 미용원을 열었다.

해설
현대의 미용
• 1920년대 : 이숙종 여사의 높은 머리(다까머리)와 김활란 여사의 단발머리가 우리나라 여성들의 모발 변화에 크게 기여하였다.
• 1930년대 : 1933년에 오엽주 여사가 일본 유학 후 서울에 화신미용실을 개원하였다.
• 해방 이후 : 김상진 선생이 현대 미용학원을 설립하였다.
• 6・25 전쟁 이후 : 권정희 선생이 일본 유학 후 정화미용고등기술학교를 설립하였다.

28 위그 치수 측정 시 이마의 헤어라인에서 정중선을 따라 네이프의 움푹 들어간 지점까지를 무엇이라고 하는가?

① 머리 길이　　② 머리 둘레
③ 이마 폭　　　④ 머리 높이

해설
위그 치수 측정 시 이마의 헤어라인에서 정중선을 따라 네이프의 움푹 들어간 지점을 머리 길이라고 한다.

29 조선시대에 사람의 머리카락으로 만든 가채를 얹은 머리형은 무엇인가?

① 큰머리
② 쪽진 머리
③ 귀밑머리
④ 조짐머리

해설
조선시대의 머리 형태 중 가채를 얹은 머리형은 큰머리이다.

30 다음 명칭 중 가위에 속하는 것은?

① 핸 들
② 피 벗
③ 프 롱
④ 그루브

해설
핸들, 프롱, 그루브는 아이론의 부위 명칭이다.

31 삼한시대의 머리형에 관한 설명으로 틀린 것은?

① 포로나 노비는 머리를 깎아서 표시했다.
② 수장급은 모자를 썼다.
③ 일반인은 상투를 틀게 했다.
④ 귀천의 차이가 없이 자유롭게 했다.

해설
삼한시대는 머리형에 따라 계급의 차이를 두었으며 수장급은 관모를 쓰고, 일반인은 상투를 틀었다.

32 눈가에 콜(Coal)을 사용하여 화장을 한 나라는?

① 이집트
② 인 도
③ 아 랍
④ 미 국

해설
눈가에 콜(검게 눈화장)을 사용한 나라는 이집트이다.

33 민감성피부 관리의 마무리 단계에서 사용될 보습제로 적합한 성분이 아닌 것은?

① 알란토인
② 알부틴
③ 아줄렌
④ 알로에베라

해설
알부틴은 미백성분이다.

34 피부의 주체를 이루는 층으로서 망상층과 유두층으로 구분되며 피부조직 외에 부속기관인 혈관, 신경관, 림프관, 땀샘, 기름샘, 모발과 입모근을 포함하고 있는 곳은?

① 표 피　　　　② 진 피
③ 근 육　　　　④ 피하조직

35 기미에 대한 설명으로 틀린 것은?

① 피부 내에 멜라닌이 합성되지 않아 야기되는 것이다.
② 30~40대 중년 여성에게 잘 나타나고 재발이 잘된다.
③ 선탠기에 의해서도 기미가 생길 수 있다.
④ 경계가 명확한 갈색의 점으로 나타난다.

해설
기미는 과색소침착으로 발생한다.

36 자외선에 대한 설명으로 틀린 것은?

① 자외선 C는 오존층에 의해 차단될 수 있다.
② 자외선 A의 파장은 320~400nm이다.
③ 자외선 B는 유리에 의하여 차단할 수 있다.
④ 피부에 제일 깊게 침투하는 것은 자외선 B이다.

해설
자외선 A는 320~400nm의 장파장으로 진피의 망상층까지 깊숙이 침투하고, 자외선 B는 290~320nm의 중파장으로 피부의 기저층까지 도달한다.

37 멜라닌세포가 주로 분포되어 있는 곳은?

① 투명층　　　　② 과립층
③ 각질층　　　　④ 기저층

해설
기저층에는 멜라닌세포와 각질형성세포가 있다.

38 다음 비타민에 대한 설명 중 틀린 것은?

① 비타민 A가 결핍되면 피부가 건조해지고 거칠어진다.
② 비타민 C는 교원질 형성에 중요한 역할을 한다.
③ 레티노이드는 비타민 A를 통칭하는 용어다.
④ 비타민 A는 많은 양이 피부에서 합성된다.

해설
비타민 A는 체내에서 합성되지 않으므로 음식을 통해 섭취해야 한다.

39 피부의 면역에 관한 설명으로 맞는 것은?

① 세포성 면역에는 보체, 항체 등이 있다.
② T림프구는 항원전달세포에 해당한다.
③ B림프구는 면역글로불린이라고 불리는 항체를 생성한다.
④ 표피에 존재하는 각질형성세포는 면역 조절에 작용하지 않는다.

해설
① 세포성 면역에는 T림프구가 있으며 면역글로불린이 생성되지 않는다. 세포성 면역의 T림프구는 항원(세균이나 바이러스)이 침투하면 무력화시킨다.
② T림프구는 항체 생산을 조절한다.
④ 표피의 다층구조는 이물질과 세균이 쉽게 침투하지 못하도록 한다.

40 피지와 땀의 분비 저하로 유·수분의 균형이 정상적이지 못하고, 피부결이 얇으며 탄력이 저하되고 주름이 쉽게 형성되는 피부는?

① 건성피부
② 지성피부
③ 이상피부
④ 민감성피부

해설
지성피부는 유분이 과다하게 분비되고 피부가 두껍다. 민감성피부는 온도, 열, 기온 등에 쉽게 얼굴이 예민해지고 달아오르며 가려움을 느끼는 피부를 말한다.

41 피부 색소를 퇴색시키며 기미, 주근깨 등의 치료에 주로 쓰이는 것은?

① 비타민 A
② 비타민 B
③ 비타민 C
④ 비타민 D

해설
비타민 C는 색소침착을 방지하는 대표적인 성분이며 항산화 비타민이라고 한다.

42 성인의 경우 피부가 차지하는 비중은 체중의 약 몇 %인가?

① 5~7%
② 15~17%
③ 25~27%
④ 35~37%

해설
표피의 무게는 체중의 약 15~17%이고, 표피의 총면적은 약 1.6~1.8m²이다.

43 다음 중 뼈와 치아의 주성분이며 결핍되면 혈액응고 현상이 나타나는 영양소는?

① 인
② 아이오딘
③ 칼 슘
④ 철 분

해설
인은 치아 형성에 관여하고 아이오딘은 갑상선 기능을 활발히 하며 피부와 모발 건강에 관여한다.

44 피부노화 현상으로 옳은 것은?

① 피부노화가 진행되어도 진피의 두께는 그대로 유지된다.
② 광노화에서는 내인성 노화와 달리 표피가 얇아지는 것이 특징이다.
③ 피부노화는 나이에 따른 과정으로 일어나는 외인성 노화와 누적된 햇빛 노출에 의하여 야기되기도 한다.
④ 내인성 노화보다는 광노화에서 표피 두께가 두꺼워진다.

해설
피부노화 시 진피층의 두께는 감소되고 표피층의 두께는 두꺼워진다. 또한 광노화 시 표피층의 두께는 두꺼워진다.

45 다음 중 표피층을 순서대로 나열한 것은?

① 각질층, 유극층, 투명층, 과립층, 기저층
② 각질층, 유극층, 망상층, 기저층, 과립층
③ 각질층, 과립층, 유극층, 투명층, 기저층
④ 각질층, 투명층, 과립층, 유극층, 기저층

46 피부구조에 대한 설명 중 틀린 것은?

① 피부는 표피, 진피, 피하지방층의 3개 층으로 구성된다.
② 표피는 일반적으로 내측으로부터 기저층, 유극층, 과립층, 투명층, 각질층의 5층으로 나뉜다.
③ 멜라닌세포는 표피의 유극층에 산재한다.
④ 멜라닌세포의 수는 민족과 피부색에 관계없이 일정하다.

해설
멜라닌세포는 기저층에 존재한다.

47 사춘기 이후에 주로 분비가 되며, 모공을 통하여 분비되어 독특한 체취를 발생시키는 것은?

① 소한선　　② 대한선
③ 피지선　　④ 갑상선

해설
아포크린샘(대한선)
배출 통로가 모낭에 붙어 있어 모공을 통해 유백색 물질을 피부로 내보낸다. 또한 냄새가 있고 특정 부분에 분포하며 사춘기 이후에 발달한다.

48 피부 표피 중 가장 두꺼운 층은?

① 각질층　　② 유극층
③ 과립층　　④ 기저층

해설
표피층 중에서 유극층이 영양이 풍부하고 수분이 많으며 가장 두껍다.

49 성인이 하루에 분비되는 피지의 양은?

① 약 1~2g
② 약 0.1~0.2g
③ 약 3~5g
④ 약 5~8g

50 원주형의 세포가 단층으로 이어져 있으며 각질형성세포와 색소형성세포가 존재하는 피부세포층은?

① 기저층　② 투명층
③ 각질층　④ 유극층

51 다음 중 진피의 구성세포는?

① 멜라닌세포
② 랑게르한스세포
③ 섬유아세포
④ 메르켈세포

해설
③ 섬유아세포는 진피층에 존재한다.
① 멜라닌세포는 표피의 기저층에 위치한다.
② 랑게르한스세포는 표피의 유극층에 위치하는 면역세포이다.
④ 메르켈세포는 표피에 있는 촉각세포이다.

52 피부에서 피지가 하는 기능으로 가장 먼 것은?

① 수분 증발 억제
② 살균작용
③ 열 발산 방지작용
④ 유화작용

53 자외선으로부터 어느 정도 피부를 보호하며, 진피조직에 투여하면 피부주름과 처짐 현상에 가장 효과적인 것은?

① 콜라겐　② 엘라스틴
③ 뮤코다당류　④ 멜라닌

해설
콜라겐은 주름과 관련이 있고, 엘라스틴은 탄력과 관계가 있다.

54 자외선의 영향으로 인한 부정적인 효과는?

① 홍반반응 ② 비타민 D 형성
③ 살균효과 ④ 강장효과

해설
자외선의 장점은 비타민 D 생성, 살균효과, 강장효과이고, 단점은 홍반, 기미·주근깨 발생 등 색소침착과 주름 발생이다.

55 다음 중 피부의 기능이 아닌 것은?

① 보호작용 ② 체온조절 작용
③ 감각작용 ④ 순환작용

해설
피부는 저장기능, 비타민 D 합성, 호흡기능, 방어기능, 배설과 분비기능을 한다.

56 다음 중 주름이 생기는 요인으로 가장 거리가 먼 것은?

① 수분 부족상태
② 지나치게 햇빛에 노출되었을 때
③ 갑자기 살이 찐 경우
④ 과도한 안면운동

해설
④는 표정주름을 말한다.

57 아포크린샘의 설명으로 틀린 것은?

① 아포크린샘의 냄새는 여성보다 남성에게 강하게 나타난다.
② 땀의 산도가 붕괴되면 심한 냄새를 동반한다.
③ 겨드랑이, 대음순, 배꼽 주변에 존재한다.
④ 사춘기 이후 발달한다.

58 혈관과 림프관이 분포되어 있어 털에 영양을 공급하고 주로 발육에 관여하는 부분은?

① 모유두 ② 모표피
③ 모피질 ④ 모수질

해설
② 모표피 : 각화세포로 여러 겹의 얇은 비닐층으로 모발의 바깥쪽을 감싸고 있다.
③ 모피질 : 모발의 85~90%를 차지하며 멜라닌색소를 함유하여 모발의 색을 만든다.
④ 모수질 : 모발의 중심부이고 수질세포로 공기를 함유하고 있다.

59 표피와 진피의 경계선의 형태는?

① 직 선　　② 사 선
③ 물결상　　④ 점 선

해설
표피층과 진피층의 경계면인 기저층은 물결 모양으로 되어 있다.

60 사람의 피부 표면은 주로 어떤 형태인가?

① 삼각 또는 마름모꼴의 다각형
② 삼각 또는 사각형
③ 삼각 또는 오각형
④ 사각 또는 오각형

61 영양소의 3대 작용으로 틀린 것은?

① 신체의 생리기능 조절
② 에너지 열량 감소
③ 신체의 조직 구성
④ 열량 공급작용

해설
①은 조절영양소, ③은 구성영양소, ④는 열량영양소에 해당한다.

62 결핍 시 피부 표면이 경화되어 거칠어지는 주된 영양물질은?

① 단백질과 비타민 A
② 비타민 D
③ 탄수화물
④ 무기질

63 체내에서 근육 및 신경의 자극 전도, 삼투압 조절 등의 작용을 하며, 식욕과 관계가 깊기 때문에 부족하면 피로감, 노동력의 저하 등을 일으키는 것은?

① 구리(Cu)
② 식염(NaCl)
③ 아이오딘(I)
④ 인(P)

64 식후 12~16시간 경과되어 정신적, 육체적으로 아무것도 하지 않고 가장 안락한 자세로 조용히 누워 있을 때 생명을 유지하는 데 소요되는 최소한의 열량을 무엇이라 하는가?

① 순환대사량　② 기초대사량
③ 활동대사량　④ 상대대사량

65 표피 중에서 피부로부터 수분이 증발하는 것을 막는 층은?

① 각질층　② 기저층
③ 과립층　④ 유극층

해설
과립층에는 수분저지막(레인방어막)이 존재하여 이물질이나 수분의 침투를 막는다.

66 셀룰라이트(Cellulite)의 설명으로 옳은 것은?

① 수분이 정체되어 부종이 생긴 현상
② 영양 섭취의 불균형 현상
③ 피하지방이 축적되어 뭉친 현상
④ 화학물질에 대한 저항력이 강한 현상

67 피부유형과 관리 목적과의 연결이 틀린 것은?

① 민감성피부 – 진정, 긴장완화
② 건성피부 – 보습작용 억제
③ 지성피부 – 피지 분비조절
④ 복합성피부 – 피지조절, 유·수분 균형 유지

해설
건성피부는 충분한 유분과 수분을 공급해야 한다.

68 성장 촉진, 생리대사의 보조역할, 신경안정과 면역기능 강화 등의 역할을 하는 영양소는?

① 단백질　② 비타민
③ 무기질　④ 지 방

해설
① 단백질은 효소와 호르몬을 합성하고 신체조직을 구성한다.
③ 무기질은 효소와 호르몬의 구성 성분이며 치아와 골격의 주성분이다.
④ 지방은 지용성 비타민의 흡수를 돕고 피부 건강과 재생을 돕는다.

69 피부의 피지막은 보통 상태에서 어떤 유화 상태로 존재하는가?

① W/O 유화   ② O/W 유화
③ W/S 유화   ④ S/W 유화

해설
피지막은 유분으로 이루어져 있다.

70 피부의 각화과정(Keratinization)이란?

① 피부가 손톱, 발톱으로 딱딱하게 변하는 것을 말한다.
② 피부세포가 기저층에서 각질층까지 분열되어 올라와 가죽은 각질세포로 되는 현상을 말한다.
③ 기저세포 중의 멜라닌색소가 많아져서 피부가 검게 되는 것을 말한다.
④ 피부가 거칠어져서 주름이 생겨 늙는 것을 말한다.

71 피부가 느끼는 오감 중에서 가장 감각이 둔감한 것은?

① 냉각(冷覺)   ② 온각(溫覺)
③ 통각(痛覺)   ④ 압각(壓覺)

해설
피부 면적 1cm²당 통각점은 100~200개, 촉각점은 25개, 냉각점은 12개, 압각점은 6~8개, 온각점은 1~2개 분포되어 있다. 여기에서 온각점은 감각기관 중 가장 둔화되어 있다.

72 피부의 각질(케라틴)을 만들어내는 세포는?

① 색소세포   ② 기저세포
③ 각질형성세포   ④ 섬유아세포

해설
색소세포(멜라닌형성세포)는 멜라노사이트에서 만든다. 섬유아세포는 진피층에서 콜라겐과 엘라스틴을 만드는 세포이다.

73 나이아신 부족과 아미노산 중 트립토판 결핍으로 생기는 질병으로서 옥수수를 주식으로 하는 지역에서 자주 발생하는 것은?

① 각기병   ② 괴혈병
③ 구루병   ④ 펠라그라병

74 셀룰라이트에 대한 설명으로 틀린 것은?

① 노폐물 등이 정체되어 있는 상태

② 피하지방이 비대해져 정체되어 있는 상태

③ 소성결합조직이 경화되어 뭉쳐져 있는 상태

④ 근육이 경화되어 딱딱하게 굳어 있는 상태

75 다음 중 피지선이 분포되어 있지 않은 부위는?

① 손바닥　　　② 코

③ 가 슴　　　④ 이 마

해설
피지선은 손바닥과 발바닥을 제외한 전신에 분포한다.

76 다음 중 UV-A(장파장 자외선)의 파장 범위는?

① 320~400nm　　② 290~320nm

③ 200~290nm　　④ 100~200nm

해설
UV-A(장파장)는 320~400m, UV-B(중파장)는 290~320nm, UV-C(단파장)는 190~290nm이다.

77 비듬이나 때처럼 박리현상을 일으키는 피부층은?

① 표피의 기저층

② 표피의 과립층

③ 표피의 각질층

④ 진피의 유두층

해설
박리현상이란 각질층에서 피부가 떨어져 나가는 현상이다.

78 다음 중 각질이상에 의한 피부질환은?

① 주근깨(작반)

② 기미(간반)

③ 티 눈

④ 흑피증

해설
티눈은 지속적인 자극과 압력에 의해 발생한다.

79 다음 중 적외선에 관한 설명으로 옳지 않은 것은?

① 혈류의 증가를 촉진시킨다.
② 피부에 생성물이 흡수되도록 돕는 역할을 한다.
③ 노화를 촉진시킨다.
④ 피부에 열을 가하여 피부를 이완시키는 역할을 한다.

해설
노화를 촉진시키는 것은 자외선이다.

80 피부의 산성도가 외부의 충격으로 파괴된 후 자연재생되는 데 걸리는 최소한의 시간은?

① 약 1시간 경과 후
② 약 2시간 경과 후
③ 약 3시간 경과 후
④ 약 4시간 경과 후

해설
건강한 피부는 일시적으로 알칼리화되어도 2시간 정도가 지나면 원래의 약산성(pH 4.5~6.5)으로 돌아오는 중화기능을 갖는다.

81 피부에 있어 색소세포가 가장 많이 존재하고 있는 곳은?

① 표피의 각질층
② 표피의 기저층
③ 진피의 유두층
④ 진피의 망상층

해설
기저층에는 멜라노사이트가 있어 멜라닌형성세포(색소세포)를 만든다.

82 정상 성인의 피부 세포가 기저층에서 생성되어 각질세포로 변화하여 피부 표면으로부터 떨어져 나가는 데 걸리는 기간은?

① 대략 60일
② 대략 28일
③ 대략 120일
④ 대략 280일

해설
피부의 각화주기는 정상 성인은 28일(4주), 노인은 42일(6주) 이상, 어린이는 7일(1주일) 정도 걸린다.

83 성장기 어린이의 대사성 질환으로 비타민 D 결핍 시, 뼈 발육에 변형을 일으키는 것은?

① 석회결석   ② 골막파열증
③ 괴혈증   ④ 구루병

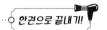
84 한선에 대한 설명 중 틀린 것은?

① 체온조절 기능이 있다.
② 진피와 피하지방조직의 경계 부위에 위치한다.
③ 입술을 포함한 전신에 존재한다.
④ 에크린샘과 아포크린샘이 있다.

해설
한선은 입술을 제외한 전신에 분포한다.

85 탄수화물, 지방, 단백질을 총칭하는 명칭은?

① 구성영양소
② 열량영양소
③ 조절영양소
④ 구조영양소

해설
3대 영양소인 탄수화물, 지방, 단백질은 열량영양소이다.
① 구성영양소는 단백질, 무기질, 물이다.
③ 조절영양소는 비타민, 무기질, 물이다.

86 피부유형을 결정하는 요인이 아닌 것은?

① 얼굴형
② 피부조직
③ 피지 분비
④ 모 공

해설
피부타입은 피지 분비량, 모공크기, 보습상태, 피부조직 등에 의해 결정된다.

87 다음 중 땀샘의 역할이 아닌 것은?

① 체온조절
② 분비물 배출
③ 땀 분비
④ 피지 분비

해설
피지선에서 피지가 분비된다.

88 상피조직의 신진대사에 관여하며 각화 정상화 및 피부재생을 돕고 노화방지에 효과가 있는 비타민은?

① 비타민 C
② 비타민 D
③ 비타민 A
④ 비타민 K

해설
① 비타민 C : 노화방지, 색소침착 방지
② 비타민 D : 뼈·치아의 발육을 촉진
④ 비타민 K : 혈액응고에 관여

89 자외선 중 홍반을 유발시키는 것은?

① UV-A ② UV-B
③ UV-C ④ UV-D

해설
UV-A는 선탠반응을 일으키고, UV-C는 살균과 소독작용을 한다.

90 광노화 현상이 아닌 것은?

① 표피 두께 증가
② 멜라닌세포 이상 항진
③ 체내 수분 증가
④ 진피 내의 모세혈관 확장

해설
광노화란 장기간에 걸쳐 피부가 자외선에 노출되어 피부조직이 두꺼워지는 현상으로 광노화의 주된 파장은 자외선 A와 B이다.

91 피부의 천연보습인자(NMF)의 구성 성분 중 가장 많은 분포를 나타내는 것은?

① 아미노산
② 요 소
③ 피롤리돈카복실산
④ 젖산염

해설
천연보습인자는 아미노산 40%, 피롤리돈카복실산 12%, 젖산 12%, 요소 7% 정도로 구성되어 있다.

92 표피에서 촉감을 감지하는 세포는?

① 멜라닌세포
② 메르켈세포
③ 각질형성세포
④ 랑게르한스세포

해설
①은 색소형성세포, ④는 면역세포이다.

93 지성피부의 화장품 적용 목적 및 효과로 가장 거리가 먼 것은?

① 모공 수축
② 피지 분비 및 정상화
③ 유연 회복
④ 항염, 정화 기능

해설
지성피부용 화장품은 과다한 피지조절, 수렴작용, 염증 완화효과가 있어야 한다.

94 다음 그림의 단면도에서 모발의 색상을 결정짓는 멜라닌색소를 함유하고 있는 모피질(Cortex)은?

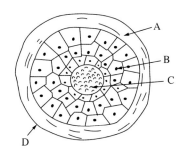

① A
② B
③ C
④ D

해설
C는 모수질로 공기를 함유하고, D는 모표피로 여러 개의 얇은 비닐층으로 구성되어 있다.

95 체조직 구성영양소에 대한 설명으로 틀린 것은?

① 지질은 체지방의 형태로 에너지를 저장하며 생체막 성분으로 체구성 역할과 피부보호 역할을 한다.
② 지방이 분해되면 지방산이 되고 이 중에서 불포화지방산은 인체구성 성분으로 중요한 위치를 차지하므로 필수지방산이라고도 한다.
③ 필수지방산은 식물성 지방보다 동물성 지방을 먹는 것이 좋다.
④ 불포화지방산은 상온에서 액체 상태를 유지한다.

해설
필수지방산은 오메가 지방산이라고도 하며 체내에서 합성되지 않으므로 반드시 음식물을 통해 섭취해야 한다. 카놀라유, 콩기름, 해바라기유, 옥수수유 등에 많다.

96 피지선의 활성을 높여주는 호르몬은?

① 안드로젠
② 에스트로젠
③ 인슐린
④ 멜라닌

해설
남성호르몬인 테스토스테론, 안드로젠은 피지선을 자극한다.

97 땀샘에 대한 설명으로 틀린 것은?

① 에크린샘은 입술뿐만 아니라 전신 피부에 분포되어 있다.
② 에크린샘에서 분비되는 땀은 냄새가 거의 없다.
③ 아포크린샘에서 분비되는 땀의 분비량은 소량이나 나쁜 냄새의 요인이 된다.
④ 아포크린샘에서 분비되는 땀은 표피에 배출된 후, 세균의 작용을 받아 부패하여 냄새가 나는 것이다.

해설
땀샘은 입술을 제외한 전신에 분포한다.

98 색소침착 작용을 하며 인공선탠에 사용되는 것은?

① UV-A
② UV-B
③ UV-C
④ UV-D

101 우리나라 화장품법이 시행된 때는 언제인가?

① 2000년 7월 1일
② 2001년 7월 1일
③ 1999년 9월 7일
④ 1998년 9월 7일

해설
화장품법은 1999년 9월 7일 제정되었고, 2000년 7월 1일에 시행되었다.

99 광노화의 반응과 가장 거리가 먼 것은?

① 거칠어짐
② 건 조
③ 과색소 침착
④ 모세혈관 수축

해설
광노화는 자외선에 의해 노화의 진행이 앞당겨지는 현상이다. 광노화의 발현 증상은 색소침착, 주름, 거친 피부결, 건조함, 모세혈관 확장 등이다.

102 화장품의 분류 설명이 틀린 것은?

① 클렌징은 기초화장품에 속한다.
② 아토피 제품은 기초화장품에 속한다.
③ 미백효과는 기능성화장품에 속한다.
④ 헤어컬러링제, 양모제는 모발화장품에 속한다.

해설
아토피화장품은 기능성화장품으로 분류된다.

100 화장품의 정의에 대한 설명이 틀린 것은?

① 대상은 정상인이다.
② 목적은 세정과, 청결, 건강 유지이다.
③ 효과는 무제한이다.
④ 기간은 장기간, 지속적이다.

해설
화장품의 효과는 제한적이다.

98 ① 99 ④ 100 ③ 101 ① 102 ② **Answer**

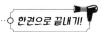

103 기초화장품에 대한 설명으로 맞는 것은?

① 세안, 세정, 피부정돈
② 미백 개선관리
③ 주름 및 탄력 개선
④ 자외선으로부터 피부보호

해설
기초화장품은 세안, 세정, 피부정돈, 피부보습 및 영양이 목적이다. ②, ③, ④는 기능성화장품에 속한다.

104 핸드케어 제품 중 물을 사용하지 않고 직접 바르는 것으로 피부청결 및 소독효과를 위해 사용하는 것은?

① 핸드워시
② 핸드 새니타이저
③ 비 누
④ 핸드로션

해설
핸드 새니타이저는 물로 손을 씻는 것을 대신하는 대용제를 총칭하며, 최소한 알코올 함량이 60% 이상이어야 소독효과가 있다.

105 여드름피부용 화장품에 사용되는 성분과 가장 거리가 먼 것은?

① 살리실산   ② 티트리
③ 아줄렌   ④ 알부틴

해설
④ 알부틴 : 미백효과가 있는 기능성화장품에 사용되는 성분이다.

106 화장품에서 가장 많이 사용되는 대표적인 원료로 맞는 것은?

① 정제수   ② 에탄올
③ 계면활성제   ④ 식물성 오일

해설
정제수 : 멸균 처리하여 불순물이 제거된 물로 화장품에서 가장 많이 사용되는 대표적인 물질이다.

107 수성원료에 대한 설명으로 맞는 것은?

① 메탄올   ② 정제수
③ 식물성 오일   ④ 고급지방산

해설
메탄올은 중독성이 강하기 때문에 공업용으로 사용되며, 식물성 오일과 고급지방산은 유성원료이다.

108 화장품의 원료로서 알코올의 작용에 대한 설명으로 틀린 것은?

① 다른 물질과 혼합해서 그것을 녹이는 성질이 있다.
② 소독작용이 있어 화장수, 양모제 등에 사용된다.
③ 흡수작용이 강하기 때문에 건조의 목적으로 사용한다.
④ 피부에 자극을 줄 수도 있다.

해설
알코올은 수렴효과, 살균효과, 소독효과가 있으며, 너무 자주 사용할 경우 피부건조를 유발할 수 있어 유의해야 한다.

109 식물성 오일의 기능으로 맞지 않는 것은?

① 식물의 열매, 잎, 껍질에서 추출
② 냄새가 적다.
③ 피부흡수가 빠르다.
④ 쉽게 산화된다.

해설
식물성 오일 : 식물의 열매, 씨, 잎에서 추출한 것으로 동물성 오일에 비해 냄새가 적으며 피부흡수가 늦고, 쉽게 산화되는 단점이 있다.

110 동물성 오일의 특징으로 틀린 것은?

① 냄새는 강하지만 피부흡수가 빠르다.
② 보습력이 좋다.
③ 피부 친화력이 좋다.
④ 냄새가 적다.

해설
④는 식물성 오일에 대한 설명이다.

111 화장품 성분 중에서 양모에서 정제한 것은?

① 바셀린   ② 밍크오일
③ 플라센타   ④ 라놀린

해설
① 바셀린 : 화학혼합물
② 밍크오일 : 밍크의 피하지방조직 지방유
③ 플라센타 : 돼지의 태반추출물

112 립스틱과 크림, 탈모제 등에 사용되며 광택을 주는 식물성 왁스의 종류로 맞는 것은?

① 마이카
② 팔미트산
③ 카르나우바 왁스
④ 올레인산

해설
마이카는 천연에서 사용되는 화장품 안료이고, 팔미트산과 올레인산은 고급지방산에 속한다.

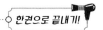

113 동물성 왁스의 성분으로 틀린 것은?

① 라놀린   ② 바셀린
③ 밀 납   ④ 경 납

해설
바셀린은 광물성 오일에 속한다.

114 계면활성제의 피부 자극 순서로 맞는 것은?

① 양이온성 → 음이온성 → 양쪽성 → 비이온성
② 비이온성 → 양쪽성 → 음이온성 → 양이온성
③ 양이온성 → 비이온성 → 음이온성 → 양쪽성
④ 음이온성 → 양쪽성 → 비이온성 → 양이온성

해설
계면활성제의 피부 자극이 큰 순서
양이온성 > 음이온성 > 양쪽성 > 비이온성

115 계면활성제의 종류로 틀린 것은?

① 양이온성 - 헤어트리트먼트, 헤어린스
② 음이온성 - 아토피 제품, 예민성 화장품
③ 양쪽성 - 저자극성 샴푸, 베이비 샴푸
④ 비이온성 - 스킨, 로션, 클렌징 제품, 세정제, 분산제

해설
음이온성 계면활성제의 종류는 비누, 샴푸, 클렌징 품 등이다.

116 보습제가 갖추어야 할 조건이 아닌 것은?

① 다른 성분과 혼용성이 좋을 것
② 휘발성이 있을 것
③ 적절한 보습능력이 있을 것
④ 응고점이 낮을 것

해설
보습제는 수분이 손실되지 않도록 보습력을 가지고 있어야 한다.

117 고분자 보습제로 예전에는 닭 벼슬에서 추출했으나 현재는 미생물을 발효시켜 추출하는 것은?

① 천연보습인자
② 뷰틸렌글라이콜
③ 솔비톨
④ 하이알루론산염

118 보습제의 종류에 대한 설명으로 틀린 것은?

① 건강한 상태의 각질층은 수분 15~20% 정도를 함유한다.
② 보습제는 적절한 흡습력, 안전성이 있고 환경 변화의 영향을 쉽게 받지 않아야 한다.
③ 미생물에 의한 화장품의 변질을 막기 위해 세균의 성장을 억제하거나 방지하기 위해 첨가하는 물질을 말한다.
④ 천연보습인자는 피부의 흡수능력이 우수하여 유연성이 증가한다.

해설
③은 방부제에 대한 설명이다.

119 방부제에 대한 설명으로 틀린 것은?

① 피부에 트러블 유발이 적다.
② 화장품의 변질을 막아 준다.
③ 세균의 성장을 억제하거나 방지하기 위해 첨가하는 물질이다.
④ 피부에 테스트를 거쳐 안정성이 확인된 것을 사용한다.

해설
방부제는 피부에 트러블을 유발할 수 있다.

120 방부제에 대한 설명으로 틀린 것은?

① 파라옥시향산메틸, 파라옥시향산에틸 – 수용성 물질 방부
② 파라옥시향산프로필, 파라옥시향산뷰틸 – 지용성 물질 방부
③ 아이소티아졸리논 – 메이크업 제품에 사용
④ 이미다졸리다이닐우레아 – 박테리아 성장 억제

해설
아이소티아졸리논은 샴푸 등을 씻어내는 제품의 방부제로 사용되며, 페녹시에탄올은 메이크업 제품에 주로 사용된다.

121 산화방지제에 대한 설명으로 틀린 것은?

① 유지의 산화를 방지하고 화장품의 품질을 일정하게 유지하기 위해 첨가된다.
② 글리세린, 솔비톨, 프로필렌글라이콜, 뷰틸렌글라이콜, 폴리에틸렌글라이콜, 하이알루론산 등이 있다.
③ 단일의 산화방지제를 사용하는 것보다 혼합하여 사용하는 것이 효과 면에서 우수하다.
④ 산화방지 보조제로는 구연산, 주석산이 있다.

해설
②는 보습제의 종류이다.

122 물에는 녹지 않으나 유지와 유기용매에는 녹으며, 내열성과 내광성이 우수한 것은?

① 토코페롤
② BHA(뷰틸하이드록시아니솔)
③ BHT(뷰틸하이드록시톨루엔)
④ 레시틴

123 마이셀에 대한 설명으로 틀린 것은?

① 마이셀의 구조는 내측에 친수기를 외측에 친유기를 향하게 한다.
② 계면활성제의 분자 모형이다.
③ 친수성과 친유성을 동시에 가지고 있다.
④ 분자들은 농도가 낮은 수용액에서 자유롭게 존재하다가 농도가 높아짐에 따라 서로 모여 결합체가 된다.

해설
마이셀의 구조는 내측에 친유기(소수기)를, 외측에 친수기를 향하게 하여 둥근 형태의 입자를 형성시킨다.

124 화장품의 3대 기술에 대한 설명으로 틀린 것은?

① 가용화   ② 분 산
③ 유 화   ④ 친유성, 친수성

해설
④는 마이셀에 대한 설명으로 계면활성제를 녹이면 작은 집합체를 만드는데, 마이셀은 친수성과 친유성을 동시에 가지고 있는 특징이 있다.

125 가용화에 대한 설명으로 틀린 것은?

① 물에 녹지 않는 소량의 유성성분을 계면활성제의 마이셀 형성작용을 이용하여 투명한 상태로 용해시키는 것이다.
② 하나의 액체에 상호 혼합되지 않는 두 액체에 한쪽이 작은 방울로 되어서 미세한 입자의 상태로 균일하게 분산시키는 것이다.
③ 가용화 현상은 마이셀을 형성하지 않는 저농도에서 볼 수 없으며, 마이셀 형성 한계농도(CMC) 이상에서 나타난다.
④ 가용화 현상을 이용한 화장품은 토너, 에센스, 헤어토닉, 향수류와 같이 수용액에 유성성분을 용해시키는 경우가 대표적이다.

해설
②는 유화에 대한 설명이다.

126 다량의 유성성분을 물에 일정 기간 동안 안정한 상태로 균일하게 혼합시키는 화장품 제조 기술은?

① 유 화   ② 경 화
③ 분 산   ④ 가용화

해설
③ 분산 : 물 또는 오일 성분에 고체입자를 투여한 후 계면활성제를 섞으면 계면활성제는 고체입자의 표면에 흡착되어 제형이 균일하게 혼합된다.
④ 가용화 : 다량의 물에 소량의 오일을 넣고 계면활성제를 투여하여 두 물질을 섞은 것으로, 마이셀 입자가 작아 가시광선이 투과되어 투명하게 보인다. 주로 비이온 계면활성제에 사용된다.

127 파운데이션, 아이라이너, 마스카라, 고형 립스틱 등에 쓰이는 화장품의 기술은?

① 가용화　　② 유 화
③ 확 산　　④ 분 산

해설
분산 : 물 또는 오일 성분에 고체입자를 투여한 후 계면활성제를 섞으면 고체입자 표면에 흡착되어 제형이 균일하게 혼합된다. 파운데이션, 아이라이너, 마스카라, 고형립스틱 등에 쓰인다.

128 다음 중 물에 오일 성분이 혼합되어 있는 유화상태는?

① O/W 에멀션　　② W/O 에멀션
③ W/S 에멀션　　④ W/O/W 에멀션

해설
• O/W 에멀션 : 수중유형으로 수상(물)에 유상(오일)이 분산된 형태
• W/O 에멀션 : 유중수형으로 유상(오일)에 수상(물)이 분산된 형태

129 화장품의 품질 특성에 대한 설명이 틀린 것은?

① 안전성　　② 안정성
③ 활용성　　④ 사용성

해설
화장품의 4대 조건은 안전성, 안정성, 사용성, 유효성이다.

130 화장품의 4대 품질 조건에 대한 설명이 틀린 것은?

① 안전성 – 피부에 대한 자극, 알레르기, 독성이 없을 것
② 안정성 – 변색, 변취, 미생물의 오염이 없을 것
③ 사용성 – 피부에 사용감이 좋고 잘 스며들 것
④ 유효성 – 질병 치료 및 진단에 사용할 수 있는 것

해설
화장품의 4대 조건
• 안전성 : 화장품을 피부에 도포해도 자극과 독성이 전혀 없이 안전해야 한다.
• 안정성 : 화장품은 시간이 지나도 미생물에 의한 변취, 변색, 변질 등이 없어야 한다.
• 사용성 : 화장품은 피부에 잘 스며들고 부드러우며 촉촉해야 한다. 또한 향, 용기디자인, 휴대성, 질량, 질감 등을 말한다.
• 유효성 : 사용 목적에 따라 보습효과, 노화 억제, 미백효과, 주름 방지, 세정효과 등을 말한다.

131 계면활성제와 사용 제품에 대한 설명이 틀린 것은?

① 양이온성 – 헤어린스, 헤어트리트먼트
② 음이온성 – 비누, 샴푸
③ 양쪽성 – 베이비 샴푸, 유아용 제품
④ 비이온성 – 아토피 제품, 예민성 제품

해설
비이온성은 화장품의 가용화제, 유화제, 분산제이다.

132 계면활성제의 피부 자극이 큰 순서로 맞게 나열된 것은?

① 음이온 계면활성제 > 양이온 계면활성제 > 양쪽성 계면활성제 > 비이온성 계면활성제

② 양이온 계면활성제 > 음이온 계면활성제 > 양쪽성 계면활성제 > 비이온성 계면활성제

③ 음이온 계면활성제 > 비이온성 계면활성제 > 양쪽성 계면활성제 > 비이온성 계면활성제

④ 양이온 계면활성제 > 양쪽성 계면활성제 > 음이온 계면활성제 > 비이온성 계면활성제

134 세정작용과 기포형성 작용이 우수하여 비누, 샴푸, 클렌징폼 등에 주로 사용되는 계면활성제는?

① 양이온성 계면활성제
② 음이온성 계면활성제
③ 비이온성 계면활성제
④ 양쪽성 계면활성제

해설
① 양이온성 계면활성제 : 살균과 소독작용을 하며 정전기 발생을 억제한다.
③ 비이온성 계면활성제 : 피부 자극이 적고 수용액에서 이온화되지 않으므로 기초화장품류나 화장수에 사용한다.
④ 양쪽성 계면활성제 : 피부 자극이 적고 세정작용이 적어 저자극 샴푸나 베이비 샴푸에 사용한다.

135 계면활성제에 대한 설명 중 잘못된 것은?

① 계면활성제는 계면을 활성화시키는 물질이다.
② 계면활성제는 친수성기와 친유성기를 모두 소유하고 있다.
③ 계면활성제는 표면장력을 높이고 기름을 유화시키는 등의 특성을 지니고 있다.
④ 계면활성제를 표면활성제라고 한다.

해설
계면활성제는 표면장력을 낮춰 계면을 활성화시키고 이물질을 표면으로부터 분리해 준다.

133 피부 자극이 적어 유화제품에 많이 사용되며 수용액에서 이온화하지 않는 것으로, 거품이 작고, 낮은 농도에서도 계면활성의 역할을 하는 계면활성제는?

① 양이온 계면활성제
② 음이온 계면활성제
③ 양쪽성 계면활성제
④ 비이온 계면활성제

136 다음 중 기초화장품의 필요성에 해당되지 않는 것은?

① 세 정
② 미 백
③ 피부정돈
④ 피부보호

해설
②는 기능성화장품에 해당한다.

137 다음 중 세정용 화장수의 일종으로 가벼운 화장의 제거에 사용하기에 가장 적합한 것은?

① 클렌징오일
② 클렌징워터
③ 클렌징로션
④ 클렌징크림

해설
① 클렌징오일 : 수용성 오일로 진한 메이크업을 지우기에 적당하다.
③ 클렌징로션 : O/W 형태로 가벼운 메이크업을 지우기에 적합하다.
④ 클렌징크림 : 친유성으로 진하고 두꺼운 메이크업을 지우기에 적합하며 반드시 이중세안이 필요하다.

138 세안화장품 중 클렌징크림에 대한 설명으로 맞는 것은?

① 수성성분으로 피부 자극이 적어 가벼운 메이크업을 지우는 데 효과적이다.
② 피부 자극이 적고 세정력이 우수하여 건성, 노화피부, 민감성피부에 적합하다.
③ 유분함량이 많고 진한 메이크업을 지우는 데 효과적이다.
④ 피부 자극이 적고, 포인트 메이크업을 지우는 데 사용한다.

해설
①은 클렌징워터, ②는 클렌징오일, ④는 포인트 메이크업 리무버에 대한 설명이다.

139 각질 제거제가 아닌 것은?

① 고마지
② 스크럽
③ 효 소
④ 폼클렌징

해설
각질 제거제는 물리적 방법(고마지, 스크럽), 생물학적 방법(효소), 화학적 방법(AHA)이 있다.

140 각질 제거제의 기능이 아닌 것은?

① 피부의 pH를 원래의 약산성으로 되돌려 놓는다.
② 피지와 땀 등의 피부 노폐물을 제거한다.
③ 진피와 피하조직에 분포된 혈관과 신경을 자극하여 혈액순환을 촉진한다.
④ 피부톤이 맑아지고 기초제품의 흡수를 돕는다.

해설
①은 화장수의 기능이다.

136 ② 137 ② 138 ③ 139 ④ 140 ① **Answer**

141 일반적으로 많이 사용하고 있는 화장수의 알코올 함유량은?

① 70% 전후   ② 10% 전후
③ 30% 전후   ④ 50% 전후

해설
일반적으로 화장수의 알코올 함유량은 10% 전후가 적당하다.

142 각질층에 수분을 공급하고 모공을 수축시켜 피부결을 정리하고 과잉 분비되는 피지나 땀을 억제하여 지성피부에 많이 사용되는 화장수는?

① 유연화장수   ② 소염화장수
③ 알코올   ④ 수렴화장수

해설
수렴화장수
• 에탄올을 함유한 제품으로 수렴작용 및 피지 억제를 한다.
• 지성피부, 여드름피부에 적합하다.

143 수용성 성분과 유용성 성분이 서로 혼합된 유화 형태의 제형을 띠는 것은?

① 스 킨   ② 로 션
③ 크 림   ④ 에센스

144 도포 후 10~20분이 지나면 티슈나 해면으로 제거하는 마스크로, 피부에 자극이 적어 예민피부에 효과적인 것은?

① 티슈오프 마스크
② 필오프 마스크
③ 시트 마스크
④ 워시오프 마스크

해설
티슈오프 마스크 : 불순물이나 노폐물 등을 티슈로 닦아내는 타입으로 민감성피부에 효과적이다.

145 팩에 사용되는 주성분 중 피막제 및 점도 증가제로 사용되는 것은?

① 카올린(Kaolin), 탤크(Talc)
② 폴리비닐알코올(PVC), 잔탄검(Xanthan Gum)
③ 구연산나트륨(Sodium Citrate), 아미노산류(Amino Acids)
④ 유동파라핀(Liquid Paraffin), 스쿠알렌(Squalene)

해설
카올린과 탤크는 유분을 흡수하는 성분이다.
피막제 및 점도 증가제 : 폴리비닐알코올, 잔탄검, 카보머, 셀룰로스 유도체 등

146 팩의 기능으로 틀린 것은?

① 보습작용　　② 청정작용
③ 혈액순환 촉진　④ 피부결점 보완

해설
④는 색조화장품의 설명이다.

147 크림의 유성성분의 종류로 틀린 것은?

① 탄화수소, 유지
② 보습제, 점증제
③ 왁스, 지방산
④ 고급알코올, 합성에스테르유

해설
②는 수성성분으로 보습제, 점증제, 알코올, 정제수 등이 있다.

148 메이크업화장품의 목적으로 틀린 것은?

① 피부색을 아름답게 정돈, 외모를 아름답게 표현
② 흉터 및 색소 등의 피부 재생
③ 단점 보완, 장점을 극대화
④ 심리적 만족감으로 자신감 부여

해설
② 흉터 및 색소 등을 커버하는 기능을 한다.

149 메이크업화장품의 색채로 사용되는 안료가 아닌 것은?

① 백색안료　　② 유화안료
③ 착색안료　　④ 체질안료

해설
백색안료, 착색안료, 체질안료, 펄안료로 구분된다.

150 색소를 염료(Dye)와 안료(Pigment)로 구분할 때 그 특징에 대해 잘못 설명된 것은?

① 염료는 메이크업화장품을 만드는 데 주로 사용된다.
② 안료는 물과 오일에 모두 녹지 않는다.
③ 무기안료는 커버력이 우수하고 유기안료는 빛, 산, 알칼리에 약하다.
④ 염료는 물이나 오일에 녹는다.

해설
• 염료는 물 또는 오일에 녹는 색소로 기초화장품, 모발화장품에 사용되고, 메이크업 제품에는 사용하지 않는다.
• 안료는 물이나 오일에 모두 녹지 않기 때문에 주로 메이크업화장품에 사용된다.

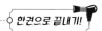

151 메이크업 베이스의 특징으로 틀린 것은?

① 초록색 - 검은 피부에 적합하고, 신부화장에 주로 사용
② 핑크색 - 화사하게 피부 표현
③ 흰색 - 얼굴 윤곽에 하이라이트를 주고 깨끗하게 피부 표현
④ 보라색 - 노란기 있는 피부에 적합하고, 피부 톤을 밝게 표현

해설
초록색은 붉은 피부를 정돈하고, 모세혈관과 잡티, 뾰루지를 커버한다.

153 메이크업화장품 중에서 안료가 균일하게 분산되어 있는 형태로 대부분 O/W형 유화 타입이며, 투명감 있게 마무리되므로 피부에 결점이 별로 없는 경우에 사용하는 것은?

① 트윈 케이크
② 스킨커버
③ 리퀴드 파운데이션
④ 크림 파운데이션

해설
① 트윈 케이크 : 파운데이션과 파우더의 기능을 합친 것으로 커버력이 높다.
② 스킨커버 : 피부의 잡티를 감추고 싶을 때 사용한다.
④ 크림 파운데이션 : 산뜻하고 투명한 메이크업을 원할 때 사용한다.

154 메이크업 파우더의 종류로 틀린 것은?

① 트윈케이크   ② 페이스파우더
③ 콤팩트파우더   ④ 탈컴파우더

해설
④ 탈컴파우더는 제모할 때 유분을 제거하는 파우더이다.

152 메이크업 베이스의 기능으로 맞는 것은?

① 피부색의 결점을 커버하고 피부를 보호한다.
② 얼굴에 색조를 부여하는 화장품이다.
③ 번들거림을 잡아주고 메이크업의 지속력을 높이며 피부를 투명하게 표현한다.
④ 얼굴을 윤기 있게 표현하며 입체감을 주고 결점이나 윤곽을 수정할 때 사용한다.

해설
② 포인트 메이크업, ③ 페이스 파우더, ④ 파운데이션의 설명이다.

155 피부 자극과 색의 변화, 지속력과 불쾌한 향이 없고, 밀착감이 있어야 하는 것은?

① 립스틱   ② 블러셔
③ 마스카라   ④ 아이섀도

156 모발화장품의 종류 중 정발용 제품으로 맞는 것은?

① 샴 푸
② 헤어토닉
③ 헤어컬러링제
④ 헤어젤

해설
①은 세정제, ②는 양모제, ③은 염모제이다.

157 샴푸의 구비조건으로 틀린 것은?

① 적당한 세정력
② 자연스러운 윤기
③ 두피의 피지 및 노폐물 제거
④ 쉬운 두피 손질

해설
②는 린스제에 대한 설명이다.

158 염색 시술 전에 팔꿈치 안쪽이나 귓불 뒤에 제품을 바른 후 48시간이 지난 후에 알레르기 유무를 파악하는 것은?

① 패치테스트
② 수분테스트
③ 유분테스트
④ pH테스트

159 보디관리화장품의 종류로 틀린 것은?

① 헤어팩
② 세정제
③ 각질 제거제
④ 체취방지제

해설
①은 모발화장품의 종류이다.

160 다음 중 피부 상재균의 증식을 억제하는 항균기능을 가지고 있고, 발생한 체취를 억제하는 기능을 가진 것은?

① 보디샴푸
② 데오도런트
③ 샤워콜로뉴
④ 오드트왈렛

해설
데오도런트는 에틸알코올을 함유하고 있어 항균기능을 하고 겨드랑이의 체취를 제거한다.

161 다음 중 보디용 화장품이 아닌 것은?

① 샤워젤　　　② 바스오일
③ 데오도런트　　④ 헤어에센스

해설
헤어에센스는 모발용 화장품에 속한다.

162 보디관리화장품이 가지는 기능과 가장 거리가 먼 것은?

① 세 정　　　② 트리트먼트
③ 연 마　　　④ 일소 방지

해설
연마제는 주로 치약에 들어 있다.
보디관리화장품의 기능 : 세정효과, 보습효과(트리트먼트)

163 네일화장품의 종류와 설명으로 틀린 것은?

① 네일리무버 – 손톱의 에나멜을 제거
② 베이스코트 – 에나멜의 밀착을 방지
③ 큐티클오일 – 큐티클에 수분과 유분을 공급
④ 탑코트 – 광택과 윤기 부여

해설
베이스코트의 기능은 착색을 방지하고, 에나멜의 밀착성을 강화한다.

164 향수의 부향률의 설명으로 맞는 것은?

① 퍼퓸 – 15~30%
② 오드퍼퓸 – 6~8%
③ 오드트왈렛 – 3~5%
④ 오드콜로뉴 – 1~3%

해설
오드퍼퓸은 9~12%, 오드트왈렛은 6~8%, 오드콜로뉴은 3~5%이다.

165 내가 좋아하는 향수를 구입하여 샤워 후 보디에 나만의 향으로 산뜻하고 상쾌함을 유지시키고자 한다면, 부향률은 어느 정도로 하는 것이 좋은가?

① 1~3%　　　② 3~5%
③ 6~8%　　　④ 9~12%

해설
① 샤워콜로뉴, ② 오드콜로뉴, ③ 오드트왈렛, ④ 오드퍼퓸의 부향률이다.

166 향수의 구비조건이 아닌 것은?

① 향에 특징이 있어야 한다.
② 향이 강하며 지속성이 없어야 한다.
③ 시대성에 부합되는 향이어야 한다.
④ 향의 조화가 이루어져야 한다.

해설
향수의 구비조건
• 향에 특징이 있어야 한다.
• 확산성이 좋아야 한다.
• 고객의 욕구를 충족시키고, 시대의 흐름과 조화로운 향이어야 한다.

167 향수를 뿌린 후 중간에 느껴지는 향으로 전체의 30~40% 비율인 것은?

① 탑노트   ② 하트노트
③ 미들노트   ④ 베이스노트

해설
향수의 발산 속도에 따른 단계
• 탑노트 : 15~25%
• 미들노트 : 30~40%
• 베이스노트 : 45~50%

168 샤워콜로뉴(Shower Cologne)가 속하는 분류는?

① 세정용 화장품
② 메이크업용 화장품
③ 모발용 화장품
④ 방향용 화장품

해설
샤워콜로뉴는 부향률 1~3%의 향수로 샤워 후 가볍게 전신에 분사하는 방향용 화장품이다.

169 에센셜 오일의 추출방법으로 틀린 것은?

① 수증기 증류법   ② 혼합법
③ 압착법   ④ 용매추출법

해설
추출방법은 수증기 증류법, 압착법, 용매추출법, 침윤법, 이산화탄소 추출법이 있다.

170 다음의 설명에 해당되는 천연향의 추출방법은?

> 식물의 향기 부분을 물에 담가 가열하여 증발된 기체를 냉각하면 물 위에 향기 물질이 뜨게 되는데 이것을 분리하여 순수한 천연향을 얻어내는 방법이다. 이는 대량으로 천연향을 얻어낼 수 있는 장점이 있으나 고온에서 일부 향기 성분이 파괴될 수 있는 단점이 있다.

① 수증기 증류법
② 압착법
③ 휘발성 용매추출법
④ 비휘발성 용매추출법

해설
② 압착법은 주로 정유 함량이 많고 가격이 저렴한 과일의 껍질에서 에센셜오일을 추출할 때 이용한다.
③ 휘발성 용매추출법은 휘발성 용매에 식물의 꽃을 일정 기간 냉암소에서 침전시킨 후 향기 성분을 녹여낸다.
④ 비휘발성 용매추출법은 유리판에 식물유를 얇게 바르고 식물의 꽃을 따서 올려 두면 꽃잎이 향기 성분을 발산하는데 이를 포집하는 방법이다.

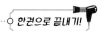

171 에센셜 오일의 종류와 특징으로 틀린 것은?

① 라벤더 – 불면증, 우울증, 스트레스, 해독작용
② 티트리 – 호흡기, 해독작용, 소화불량, 천식에 효과
③ 일랑일랑 – 성기능 강화, 항우울증, 긴장 완화
④ 재스민 – 생리통 완화, 건성피부, 신경안정

해설
②는 페퍼민트에 대한 설명이다. 티트리는 살균, 여드름피부에 적용한다.

172 에센셜 오일의 종류로 맞는 것은?

① 라벤더 오일
② 스위트아몬드 오일
③ 아보카도 오일
④ 호호바 오일

해설
에센셜 오일은 식물의 뿌리, 줄기, 꽃, 잎, 열매 등에서 추출한 오일로 라벤더, 네롤리, 로즈, 버가못, 시더우드, 사이프러스, 유칼립투스, 재스민, 주니퍼베리, 제라늄, 캐모마일 등이 있다.

173 캐리어 오일의 종류로 틀린 것은?

① 달맞이꽃, 올리브 오일
② 호호바 오일, 아몬드 오일
③ 라놀린, 난황오일
④ 코코넛 오일, 맥아유

해설
③은 동물성 오일의 종류이다.

174 캐리어 오일로서 부적합한 것은?

① 미네랄 오일　　② 살구씨 오일
③ 아보카도 오일　④ 포도씨 오일

해설
캐리어 오일(베이스 오일)은 식물성 오일이어야 한다. 미네랄 오일은 석유나 광물질에서 추출한 오일이다.

175 에센셜 오일의 주의사항으로 틀린 것은?

① 갈색 병에 담아 냉암소에 보관한다.
② 고혈압 환자에게 사용을 피한다.
③ 감귤류는 햇볕에 주의한다.
④ 반드시 원액의 오일만을 사용한다.

해설
에센셜 오일은 캐리어 오일(베이스 오일)과 혼합하여 사용한다.

176 기능성화장품의 종류로 틀린 것은?

① 주름개선화장품
② 아토피용 화장품
③ 튼살용 화장품
④ 메이크업화장품

해설
기능성화장품의 종류는 주름개선, 미백, 자외선 차단, 태닝 제품, 탈염제, 탈색제, 제모제, 양모제, 여드름용, 아토피용, 튼살용 화장품 등이 있다.

177 주름개선화장품으로 많이 사용되는 원료인 것은?

① 레티놀(비타민 A)
② 알부틴
③ 코직산
④ 상백피추출물

해설
알부틴, 코직산, 상백피추출물은 미백화장품에 주로 쓰인다.

178 동물성 단백질의 일종으로 피부의 탄력 유지에 매우 중요한 역할을 하며 피부의 파열을 방지하는 스프링 역할을 하는 것은?

① 아줄렌
② 엘라스틴
③ 콜라겐
④ DNA

해설
엘라스틴은 탄력성이 강한 단백질로 피부 파열을 방지하는 용수철 역할을 한다.

179 기미 생성을 억제하고 피부 미백효과를 나타내는 성분으로 맞는 것은?

① 알부틴
② 아데노신
③ 비타민 E
④ 비타민 A

해설
아데노신, 비타민 E, 비타민 A는 주름개선화장품의 성분이다.

180 미백화장품의 설명으로 틀린 것은?

① 사이토카인 조절
② 자외선 흡수
③ 타이로시나제 활성 저해
④ 멜라닌 합성 저해

해설
미백화장품은 자외선을 차단하여 멜라닌 생성을 억제한다.

181 피부색을 결정하는 요인으로 틀린 것은?

① 멜라닌　　　　② 헤모글로빈
③ 카로틴　　　　④ 타이로신

해설
멜라닌은 흑갈색, 헤모글로빈은 적색, 카로틴은 황색이다.

182 자외선 차단제에 대한 설명 중 틀린 것은?

① 자외선 차단제는 크게 자외선 산란제와 자외선 흡수제로 구분된다.
② 자외선 산란제는 투명하고, 자외선 흡수제는 불투명한 것이 특징이다.
③ 자외선 산란제는 물리적인 산란작용을 이용한 제품이다.
④ 자외선 흡수제는 화학적인 흡수작용을 이용한 제품이다.

해설
자외선 산란제는 이산화타이타늄과 산화아연에 의해 백탁현상이 있으며, 자외선 흡수제는 투명하게 흡수되어 미용상 보기 좋지만 많이 배합하면 접촉성 피부염을 일으킬 수 있는 단점이 있다.

183 기초화장품의 로션, 크림으로 사용되며 피부에 유해한 자외선을 흡수하여 피부 침투를 차단하지만 접촉성 피부염을 일으킬 수 있는 차단제는?

① SPF
② 자외선 차단제
③ 물리적 차단제
④ 화학적 차단제

184 자외선 차단제 사용 시 주의사항으로 틀린 것은?

① 바른 후 화끈거리는 느낌이 나면 바로 씻어낸다.
② 바른 후 30분 후에 외출을 한다.
③ 저녁에도 바르고 자도록 한다.
④ 시간별로 적절히 덧발라 주는 것이 효과적이다.

해설
오랜 시간 자외선 차단제를 바르면 예민해지고 트러블을 유발할 수 있으므로 자기 전에는 세안을 하도록 한다.

185 SPF에 대한 설명으로 틀린 것은?

① Sun Protection Factor의 약자로 자외선 차단지수라 불린다.
② 엄밀히 말하면 UV-B 방어효과를 나타내는 지수라고 볼 수 있다.
③ 오존층으로부터 자외선이 차단되는 정도를 알아보기 위한 목적으로 이용한다.
④ 자외선 차단제를 바른 피부에 최소한의 홍반을 일어나게 하는 데 필요한 자외선 양을 바르지 않은 피부에 최소한의 홍반을 일어나게 하는 데 필요한 자외선 양으로 나눈 값이다.

해설
자외선 차단지수(SPF ; Sun Protection Factor)
자외선 차단 화장품이 UV-B로부터 피부를 보호할 수 있도록 수치화하여 표시한 것으로 UV-B를 차단하는 정도를 나타내는 지수

186 선탠화장품의 설명으로 틀린 것은?

① 자외선 UV-B에 의한 홍반을 일으키지 않는다.
② 피부의 각질층에 함유된 아미노산을 갈색 색소로 만들어 준다.
③ 바른 후 10분 후에 반응이 나타난다.
④ 바른 부위만 변색되기 때문에 원하는 부위만 선택적으로 사용하여야 한다.

해설
선탠화장품은 바른 후 2~3시간부터 반응이 나타나고, 6시간 정도면 효과를 볼 수 있다.

187 탈색제에 대한 설명으로 맞는 것은?

① 제1제 – 산화제
② 제1제 – 알칼리제
③ 제2제 – 알칼리제
④ 제3제 – 산화제

해설
탈색제의 제1제는 알칼리제로 암모니아, 모노에탄올아민, 제2제는 산화제로 과산화수소이다.

188 제모관리에 대한 설명으로 틀린 것은?

① 제모할 부위를 깨끗하게 닦아 낸다.
② 털이 자라는 방향으로 왁스를 바른다.
③ 털이 자라는 반대 방향으로 왁스를 바른다.
④ 제모 후 진정 제품을 발라 준다.

해설
왁싱 제모는 털이 자라는 방향으로 왁스를 바르고 반대 방향으로 제거한다.

189 양모제에 대한 설명으로 틀린 것은?

① 비타민 E 유도체, 판테놀 – 혈액순환 촉진
② 살리실산, 유황 – 각질 용해
③ 알란토인 – 함염작용
④ 멘톨, 글리세린 – 피지 분비 억제

해설
멘톨, 글리세린은 청청 및 보습작용을 하며, 염산피리독신 성분이 피지 분비를 억제한다.

190 아토피피부의 설명으로 틀린 것은?

① 피부의 청결과 보습능력을 높이는 것이 중요하다.
② 알칼리성 비누로 깨끗하게 샤워하도록 한다.
③ 샤워나 목욕으로 먼지, 피부 유해균, 땀 등을 씻어냄으로써 아토피 악화요인을 제거하는 것이 중요하다.
④ 세라마이드가 함유된 보습제를 발라 건조하지 않도록 한다.

해설
아토피피부는 정상피부보다 pH가 높으므로 알칼리성 비누보다는 약산성의 세정제를 사용하여 미지근한 물로 샤워하는 것이 바람직하다.

HAIR
DRESSER

PART **2**

두피·모발관리 및 헤어스타일 연출

미용사(일반)

필기 한권으로 끝내기!

합격의 공식
시대에듀

01 ✂ 두피·모발관리

제1절 헤어샴푸 및 헤어트리트먼트

❶ 헤어샴푸

(1) 샴푸의 목적
① 모발과 두피의 때, 먼지, 비듬, 이물질을 제거하여 청결함과 상쾌함을 유지한다.
② 두피의 혈액순환과 신진대사를 잘되게 하여 모발 성장에 도움을 준다.

(2) 샴푸의 성질
① 세정성을 가지고 있어야 한다.
② 일정한 거품이 생성되어야 한다.
③ 인체에 안전해야 하며 유연성과 윤기를 주어야 한다.
④ pH가 약산성 또는 중성이어야 한다.

(3) 헤어샴푸의 종류
① 웨트 샴푸(Wet Shampoo) : 물을 사용한 샴푸이다.
　㉠ 플레인 샴푸(Plain Shampoo) : 일반적인 샴푸로 중성세제, 비누 등을 사용하여 세척하는 것이며 모발을 자극하지 않고, 두피를 마사지하듯 손가락 끝을 사용하여 시술한다.
　㉡ 스페셜 샴푸(Special Shampoo) : 특수한 샴푸이다.
　　• 에그 샴푸 : 건조한 모발이나 염색, 파마 등으로 노화되고 손상된 모발에 영양을 주기 위해 사용한다.
　㉢ 핫 오일 샴푸(Hot Oil Shampoo) : 파마나 염색 등의 화학약품으로 건조해진 두피와 모발에 지방을 공급해 주고, 모근을 강화시켜 준다.
② 드라이 샴푸(Dry Shampoo) : 물을 사용하지 않고 모발을 세정한다.
　㉠ 파우더 드라이 샴푸(Powder Dry Shampoo) : 백토에 카올린, 붕사, 탄산마그네슘 등을 섞은 분말을 사용하여 지방성 물질을 흡수하는 방법이다.
　㉡ 리퀴드 드라이 샴푸 : 벤젠이나 알코올 등 휘발성 용제를 사용한다.
　㉢ 에그 파우더 드라이 샴푸(Egg Powder Dry Shampoo) : 달걀흰자를 두발에 바른 후 건조시킨 뒤에 브러싱하여 제거하는 것이다.

(4) 샴푸제 선택

① **정상적인 상태** : 모발과 두피가 정상적이면 플레인 샴푸를 한다. 정상 모발의 알칼리성 샴푸 사용은 pH 7.5~8.5 정도이고, 산성 샴푸 사용은 pH 4.5 정도이다.

② **비듬이 있는 상태** : 약용샴푸제(항비듬성 샴푸제)라고 하며 건성용과 지성용이 있다.

③ **지성인 상태** : 오일리한 상태이므로 중성세제나 합성세제 타입의 샴푸제를 사용한다.

④ **염색한 모발** : 염색한 모발은 pH가 낮은 산성 샴푸제나 모발에 자극을 주지 않는 논 스트리핑 샴푸제를 사용한다.

⑤ **다공성모** : 극손상모로 큐티클층이 전혀 없고, 모발 속의 간충물질 등이 유출되어 비어 있는 상태이므로 케라틴이나 콜라겐 성분으로 만들어진 샴푸제를 사용한다.

(5) 샴푸 시 주의사항

① 샴푸 시 사용하는 물의 온도는 38~40℃가 적당하다.

② 손톱은 짧게 하며 액세서리는 하지 않는다.

③ 두피를 긁지 않도록 하며 손가락 끝을 사용하여 샴푸한다.

④ 퍼머넌트 웨이브나 염색 전에 샴푸는 두피를 자극하지 말아야 한다.

⑤ 샴푸제는 적당량을 사용해야 한다.

⑥ 모발에 마찰이 심하면 모표피를 손상시키므로 세심한 주의가 필요하다.

2 헤어컨디셔너

(1) 헤어컨디셔너의 목적

① 모발의 엉킴을 방지하며 윤기를 부여한다.

② 모발의 정전기를 방지해 주고 수분과 유분을 주며 영양을 공급한다.

③ 샴푸 후 모발에 남아 있는 금속성 피막과 불용성 알칼리 성분을 제거한다.

(2) 헤어컨디셔너의 종류

플레인 린스	• 38~40℃의 연수 사용 • 파마 시술 시 제1액을 씻어내는 중간 린스로 사용하며 미지근한 물로 헹구어 내는 방법
유성 린스	• 파마, 염색, 탈색 등으로 건조해진 모발에 유분 공급 • 오일 린스, 크림 린스
산성 린스	• 파마 시술 전에 사용을 피해야 함 • 알칼리 성분을 중화시키며 금속성 피막 제거에 효과적 • 레몬 린스, 비니거 린스, 구연산 린스 등
약용 린스	• 비듬과 두피 질환에 효과적 • 살균 및 소독작용이 있는 물질을 배합해 만든 린스제 사용 • 모발과 두피에 발라 사용하며 두피 마사지는 1분 정도해야 효과적
컬러 린스	일시적인 착색효과를 주는 린스

제 2 절 두피 · 모발관리

1 두피관리(스캘프 트리트먼트)

(1) 두피관리의 목적

① 두피의 혈액순환 촉진 및 두피의 생리기능을 높여 준다.
② 비듬을 제거하고 가려움증을 완화시킨다.
③ 두피를 청결하게 하고 모근에 자극을 주어 탈모를 방지한다.
④ 모발의 발육을 촉진한다.
⑤ 두피에 유분 및 수분을 공급한다.

(2) 두피관리의 유형

① 두피관리 방법

물리적인 방법	브러시, 빗, 스캘프 매니플레이션, 스팀타월, 헤어스티머(습열), 적외선, 자외선(온열)
화학적인 방법	스캘프 트리트먼트제(두피관리 제품), 양모제, 헤어로션, 헤어토닉 등

② 스캘프 트리트먼트의 종류

플레인 스캘프 트리트먼트	정상두피에 사용(유·수분 적당)
드라이 스캘프 트리트먼트	건성두피에 사용(두피건조)
오일리 스캘프 트리트먼트	지성두피에 사용(피지 분비 과잉)
댄드러프 스캘프 트리트먼트	비듬성두피에 사용(비듬이 많음)

(3) 두피 마사지(Scalp Manipulation)

① 스캘프 매니플레이션의 방법

경찰법	압력을 주지 않으면서 원을 그리듯 가볍게 문지르는 방법이다.
강찰법	손가락과 손바닥에 압력을 가하여 자극을 주는 방법이다.
유연법	손으로 근육을 쥐었다가 다시 가볍게 주무르면서 풀어 주는 기법이다.
진동법	손을 밀착하여 진동을 주는 방법이다.
고타법	손을 이용하여 두드려 주는 방법이다.

② 스캘프 매니플레이션의 시술 순서
브러싱 → 제품 도포 → 헤어스티머 → 두피 마사지 → 샴푸 → 타월 드라이 → 헤어로션 → 헤어스타일링

3 모발관리(헤어트리트먼트)

(1) 모발관리의 목적

① 염색이나 파마 등으로 손상된 모발에 트리트먼트제를 도포하고 침투시켜서 수분 및 영양을 공급한다.

② 건조한 모발에 윤기를 주어 정전기와 엉킴을 방지한다.

③ 퍼머넌트 웨이브, 염색 등 화학적 시술 전과 후에 손상을 방지하기 위해 사용한다.

(2) 모발관리의 종류 및 두피 관련 질환

① 모발관리의 종류

헤어리컨디셔닝	손상된 모발을 손상 이전 상태로 회복시키는 것이다.
헤어클리핑	끝이 손상된 모발을 잘라내는 방법이다.
헤어팩	손상모나 다공성모에 영양분을 흡수시키는 것이다.
신징	• 갈라지고 손상된 모발에 영양분이 빠져나가는 것을 막고 온열자극으로 두피의 혈액순환을 촉진시키는 것이다. • 신징왁스나 전기 신징기를 사용해 모발을 적당히 그슬리거나 지진다.

② 두피 및 모발 진단법

　　　㉠ 문진 : 직접 물어보면서 진단한다.

　　　㉡ 촉진 : 직접 손으로 만져보면서 진단한다.

　　　㉢ 시진 : 육안으로 보면서 진단한다.

　　　㉣ 검진 : 과학적으로 진단한다.

③ 두피의 질환

탈모	남성형 탈모 : 남성호르몬인 안드로젠의 과잉 분비가 원인이다.
	여성형 탈모 : 여성호르몬인 에스트로겐의 수치가 감소하여 호르몬의 균형이 무너지면서 발생한다.
원형 탈모	동전 크기로 탈모가 진행되는 상태로 스트레스, 면역력 저하 등이 원인이다.
산후 탈모	출산 후 2~5개월부터 시작되는 휴지성 탈모이다.
지루성 피부염	피지가 많은 부위에 주로 발생하는 피부질환이다.
두부백선	곰팡이가 자라면서 염증을 일으키는 질환이다.
비듬성 질환	각질 세포가 과다 증식하여 비듬이 생기는 것으로 스트레스, 세균감염 등이 원인이다.

CHAPTER

02 ✂ 헤어커트

① 헤어커트의 기초이론

(1) 헤어커트의 정의

① 헤어셰이핑(Hair Shaping)이라고도 하며 모발의 길이 조절, 모발의 숱 정돈, 모발에 볼륨, 방향, 형태를 부여한다.

② 헤어커트를 진행하기 위해서는 커트 가위, 헤어커트 빗, 커트보, 어깨보, 이동식 작업대, 분무기, 클립 등의 도구들이 필요하다.

(2) 헤어커트 도구

가 위	모발을 커트하고 형태를 만들기 위해 사용
시닝(틴닝)가위	모발의 길이에는 변화를 주지 않고 숱을 감소시키는 데 사용
레이저	효율적으로 빠른 시간 내에 세밀한 시술이 가능하나 숙련자가 사용하여야 하며, 반드시 젖은 모발에 시술해야 함
클리퍼	바리캉, 트리머라고도 하며 남성 커트나 쇼트 커트에 사용이 용이
클 립	모발을 구분하고 나누는 데 사용

(3) 헤어커트의 종류 및 특징

웨트 커트	모발에 물을 뿌려 젖은 상태로 커트하는 방법
드라이 커트	건조한 상태의 모발에 커트하는 방법
프레 커트	퍼머넌트 웨이브 시술 전에 원하는 스타일에 가깝게 하는 커트
애프터 커트	퍼머넌트 웨이브 시술 후에 하는 커트

2 헤어커트의 시술

(1) 블런트 커트(Blunt Cut)

특별한 기교 없이 직선으로 하는 커트이며 클럽 커트이다.

원랭스 커트	• 모발에 층을 내지 않고 일직선상으로 커트하는 기법 • 스패니얼 커트, 이사도라 커트, 패럴렐 커트(일자 커트), 머시룸 커트(버섯 모양)
그러데이션(그래쥬에이션) 커트	• 네이프에서 톱 부분으로 올라갈수록 모발의 길이가 길어지는 작은 단차의 커트 • 그러데이션은 각도에 따라 로(30°), 미디엄(45°), 하이(65°)로 나뉨
레이어 커트	• 네이프에서 톱 부분으로 올라갈수록 모발의 길이가 점점 짧아지는 커트 • 두피에서 90° 이상으로 커트
스퀘어 커트	커트 라인을 사각형으로 하는 기법으로 모발의 길이가 자연스럽게 연결되도록 할 때 이용

(2) 스트로크 커트

가위를 이용한 테이퍼링을 스트로크 커트라고 하며, 모발을 감소시키고 볼륨을 줄 수 있다.

쇼트 스트로크 커트	모발에 대한 가위의 각도가 0~10° 정도이다.
미디엄 스트로크 커트	모발에 대한 가위의 각도가 10~45° 정도이다.
롱 스트로크 커트	• 모발에 대한 가위의 각도가 45~90° 정도이다. • 자르는 모발량이 많아서 가볍고 자유로운 느낌을 준다.

시저스　모발

▌ 쇼트 스트로크 커트

▌ 미디엄 스트로크 커트

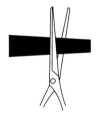

▌ 롱 스트로크 커트

(3) 테이퍼링

레이저를 이용하여 가늘게 커트하는 기법으로, 모발 끝을 붓 끝처럼 점차 가늘게 긁어내는 커트 방법이다.

엔드 테이퍼링	모발 끝부분에서 1/3 정도 테이퍼링하고 모발의 양이 적을 때 사용한다.
노멀 테이퍼링	모발 끝부분에서 1/2 정도 테이퍼링하고 모발의 양이 보통일 때 사용한다.
딥 테이퍼링	모발 끝부분에서 2/3 정도 테이퍼링하고 모발의 양이 많을 때 사용한다.

| 엔드 테이퍼링 | 노멀 테이퍼링 | 딥 테이퍼링 |

(4) 시 닝

전체적인 모발의 길이는 유지하면서 모발의 숱만 감소시키는 기법이다. 숱이 많은 모발의 양을 조절하여 가위로 숱을 쳐내는 것을 슬리더링(Slithering)이라고 한다.

(5) 트리밍

커트 후 형태가 이루어진 모발을 정돈하기 위해 최종적으로 가볍게 다듬는 방법을 말한다.

(6) 싱글링

남자들의 커트에 주로 이용한다. 모발에 빗을 대고 위로 이동하면서 가위나 클리퍼를 이용하여 네이프 부분은 짧게 하고 크라운 부분으로 갈수록 길이가 길어지도록 하는 기법이다.

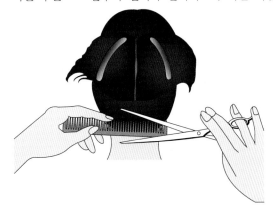

| 싱글링

(7) 클리핑

클리퍼나 가위로 삐져나온 모발을 제거하는 기법이다.

제2절 원랭스 헤어커트(One Length Haircut)

1 원랭스 커트의 특징 및 분류

(1) 원랭스 커트의 특징
① 일직선의 동일 선상에서 같은 길이가 되도록 커트하는 방법
② 네이프의 길이가 짧고 톱으로 갈수록 길어지면서 모발에 층이 없이 동일 선상으로 자르는 커트 스타일
③ 자연 시술 각도 0°를 적용하여 커트
④ 면을 강조하는 스타일로 무게감이 최대에 이르고 질감이 매끄러움

(2) 원랭스 커트의 분류

종 류	특 징
패럴렐 보브형 커트	• 평행 보브(Parallel Bob), 스트레이트 보브(Straight Bob), 수평 보브(Horizontal Bob)라고도 함 • 네이프 포인트에서 0°로 떨어져 시작된 커트 선이 바닥면과 평행인 스타일(평행라인)
스패니얼 보브형 커트	• 앞내림형 커트 • 네이프 포인트에서 0°로 떨어져 시작된 커트 선이 앞쪽으로 진행될수록 길어져서 전체적인 커트 형태 선이 A라인을 이루어 콘케이브 모양이 되는 스타일(A라인)
이사도라 보브형 커트	• 뒤내림형 커트 • 네이프 포인트에서 0°로 떨어져 시작된 커트 선이 앞쪽으로 진행될수록 짧아져 전체적인 커트 형태 선이 둥근 V라인 또는 U라인을 이루어 콘벡스 모양이 되는 스타일(V라인)
머시룸 커트	• 양송이버섯형 커트 • 네이프 포인트에서 0°로 떨어져 시작된 커트 선이 앞쪽으로 진행될수록 짧아지며 얼굴 정면의 짧은 머리끝과 후두부의 머리끝이 연결되어 전체적인 커트 형태 선이 양송이버섯 모양[V(U)라인]

2 원랭스 커트방법

(1) 패럴렐 보브형(Parallel Bob Style) 커트
① 모발의 수분 함량을 조절한다.
② 4등분 블로킹을 한 후 네이프에서 약 2cm 폭, 평행 슬라이스 라인으로 섹션을 나눈다.
③ 중앙에서 가로 커트로 가이드라인을 설정하고 자연 시술 각도 0°로 좌우를 평행으로 커트한다. 이때 커트 단계별로 양쪽의 모발이 수평을 이루고 있는지 확인한다.
④ 사이드를 커트할 때에는 E.P 모발의 가이드와 평행 슬라이스 라인에 맞추어 가로 커트한다.
⑤ 앞머리는 정중선의 모발까지 텐션 없이 빗질한 후 F.S.P에서 가볍게 잡고 자연 시술 각도 0°로 가이드라인에 맞추어 커트한다.
⑥ 커트 완성 후 빗질로 마무리한다.

(2) 스패니얼 보브형(Spaniel Bob Style) 커트

① 모발의 수분 함량을 조절한다.

② 4등분 블로킹을 한 후 네이프에서 2cm 간격으로 A라인 섹션으로 나누고 정중선에서 좌우 1cm를 평행으로 커트하여 가이드라인을 설정한다.

③ 가이드라인에 맞추어 자연 시술 각도 0°로 하여 A라인으로 커트한다.

④ 사이드를 커트할 때에는 E.P 모발의 가이드와 섹션 라인에 맞추어 A라인으로 커트한다.

⑤ 앞머리는 정중선의 모발까지 텐션 없이 빗질한 후 F.S.P에서 가볍게 잡고 자연 시술 각도 0°로 가이드라인에 맞추어 커트한다.

⑥ 커트 완성 후 빗질로 마무리한다.

(3) 이사도라 보브형(Isadora Bob Style) 커트

① 모발의 수분 함량을 조절한다.

② 4등분 블로킹을 한 후 네이프에서 2cm 간격으로 섹션 라인을 나누고 정중선에서 좌우 1.5cm를 커트하여 가이드라인을 설정한다.

③ 가이드라인에 맞추어 자연 시술 각도 0°로 U라인으로 커트한다.

④ 사이드 커트 시에는 E.P 모발의 가이드와 섹션 라인에 맞추어 앞쪽이 짧아지도록 커트한다.

⑤ 앞머리는 정중선의 모발까지 텐션 없이 빗질한 후 F.S.P에서 가볍게 잡고 자연 시술 각도 0°로 가이드라인에 맞추어 커트한다.

⑥ 커트 완성 후 빗질로 마무리한다.

(4) 머시룸 커트(Mushroom Cut)

① 모발의 수분 함량을 조절한다.

② 4등분 블로킹을 한 후 네이프에서 앞머리까지 연결하여 세로 폭 2cm로 V라인을 나누고, 후두부의 정중선에서 좌우 1.5cm씩 3cm 너비로 커트하여 뒷머리 가이드라인을 설정한다.

③ 앞머리 정중선에서도 좌우 1.5cm씩 3cm 너비로 커트하여 가이드라인을 설정한다.

④ 앞머리 가이드라인에 맞추어 자연 시술 각도 0°로 측면을 연결하며 V라인으로 커트한다. 뒷머리 가이드라인에 맞추어 앞쪽으로 연결하여 커트해도 무방하다.

⑤ 측면과 뒷머리 가이드라인과 연결하여 V라인이 되도록 커트한다. 이때 커트 단계별로 양쪽 모발의 길이가 같은 것을 확인한다. 앞쪽으로 갈수록 올라가며 V라인이 되어 얼굴 정면의 머리끝과 후두부의 머리끝이 연결되도록 텐션 없이 0°로 가이드라인에 맞추어 커트한다.

⑥ 커트 완성 후 빗질로 마무리한다.

3 원랭스 커트 마무리

(1) 도구 준비

헤어커트의 마무리를 위해서는 이동식 작업대, 드라이기, 다양한 크기의 롤브러시, 쿠션 브러시 또는 덴맨 브러시, 분무기, 클립, 잔여 머리카락을 제거하기 위한 붓이나 스펀지 등의 도구들이 필요하다.

(2) 원랭스 커트의 수정 · 보완

① 고객의 얼굴과 목 등에 남아 있는 머리카락을 제거한다.

② 필요한 경우 수정 및 보정 커트한다.

③ 드라이기를 사용하여 모발을 건조한다.

④ 롤브러시를 사용하여 후두부 중앙의 아래 네이프에서부터 모발을 가볍게 편다. 후두부의 블로킹은 세로로 3등분하여 가운데 등분의 아래에서부터 블로 드라이한다. 패널의 크기는 가로 5~6cm, 세로 2~3cm로 하는 것이 적당하다.

⑤ 볼륨이 필요한 곳은 패널을 약 90° 이상 들어 올려 블로 드라이한다.

⑥ 원랭스 커트를 블로 드라이로 마무리한다.

| 제**3**절 | 그래쥬에이션 헤어커트(Graduation Haircut) |

1 그래쥬에이션 헤어커트의 특징 및 방법

(1) 그래쥬에이션 헤어커트의 특징

① 그래쥬에이션 헤어커트는 그러데이션(Gradation) 커트라고도 하며, 그 의미는 단계적 변화, 점진적인 단차(층)를 뜻한다.

② 두상에서 아래가 짧고 위로 올라갈수록 모발이 길어지며 층이 나는 스타일이다.

③ 시술 각도에 따라 모발 길이가 조절되면서 형태가 만들어진다.

④ 레이어보다 층이 낮기 때문에 아래에서 위로 올라갈수록 모발 길이가 길어지며, 서로 겹쳐지면서 두께가 생기고 부피가 만들어져 입체적으로 보인다.

⑤ 두께에 의한 부피감과 입체감에 의해 풍성하게 보이며 매끄러운 질감도 함께 나타난다.

⑥ 두상의 함몰된 부분이나 얼굴에 살이 없거나 뾰족하여 날카로운 인상을 보완하며, 통통하고 부드럽게 만들고 싶을 때와 비교적 차분한 이미지를 나타내고 싶을 때 많이 이용된다.

⑦ 그래쥬에이션 헤어커트는 모발 길이, 슬라이스 라인, 베이스, 시술 각도를 변화시켜 다양한 형태의 응용 커트 스타일을 디자인해서 만들어 낼 수 있다.

(2) 그래쥬에이션(미디엄) 커트방법

① 모발의 수분 함량을 조절한다.

② 4등분 블로킹 후 네이프에서 약 2cm 폭으로 평행 슬라이스 라인으로 섹션을 나누고 커트하여 가이드라인을 설정한다.

③ 2cm 폭, 평행 슬라이스 라인으로 섹션을 나눈다. 정중선에서부터 좌우 약 2cm를 취하여 너비 약 4cm를 잡아 다운 오프 더 베이스에 자연 시술 각도 약 45°로 빗질하여 가로로 커트한다.

④ T.P에서 방사상 섹션으로 다운 오프 더 베이스에 자연 시술 각도 약 45°로 빗질하여 가로로 커트한다.

⑤ 사이드를 커트할 때에는 E.P의 모발을 가이드로 하여 다운 오프 더 베이스에 자연 시술 각도 약 45°로 빗질하여 가로로 커트한다.

⑥ 커트 완성 후 빗질로 마무리한다. 수정이 필요할 경우 수정 커트로 스타일을 보완한다.

2 그래쥬에이션 커트 마무리

(1) 도구 준비

이동식 작업대에 드라이기, 롤브러시, 쿠션 브러시, 어깨보, 핀셋, 분무기 등을 준비한다.

(2) 그래쥬에이션 커트의 수정·보완

① 고객의 얼굴과 목 등에 남아 있는 머리카락을 제거한다.

② 필요한 경우 수정 및 보정 커트를 한다.

③ 드라이기를 사용하여 모발을 건조시킨다.

④ 롤브러시를 사용하여 후두부 중앙의 아래 네이프에서부터 모발을 가볍게 편다. 후두부의 블로킹은 세로로 3등분하여 가운데 등분의 아래에서부터 블로 드라이한다. 패널의 크기는 가로 5~6cm, 세로 2~3cm로 하는 것이 적당하다.

⑤ 볼륨이 필요한 곳은 패널을 약 90° 이상 들어 올려 블로 드라이한다.

⑥ 그래쥬에이션 커트를 블로 드라이로 마무리한다.

제 **4** 절 | 레이어 헤어커트

1 레이어 헤어커트의 특징 및 방법

(1) 레이어 헤어커트의 특징

① 레이어 헤어커트는 90° 이상의 높은 시술 각도가 적용되는 커트 스타일로, 시술각으로 층이 조절된다.

② 시술각이 높을수록 단층이 많이 생겨 두상의 톱 부분 모발에서 네이프로 갈수록 길어져 모발이 겹치는 부분이 없어지는 무게감이 없는 커트 스타일이 된다.

③ 커트 단면이 모두 드러나 거칠어 보이며 밖으로 뻗치는 힘이 강한 특징이 있다.

④ 두상이 튀어나온 부분이나 얼굴형이 통통한 경우를 보완하며 날렵하고 날씬하게 만들고 싶을 때와 비교적 경쾌하고 발랄한 이미지를 나타내고자 할 때 많이 이용된다.

⑤ 레이어 헤어커트는 모발 길이, 슬라이스 라인, 베이스, 시술 각도를 변화시켜 다양한 형태의 커트 스타일을 디자인해서 만들어 낼 수 있다.

(2) 레이어(세임) 커트방법

① 모발의 수분 함량을 조절한다.

② 4등분 블로킹 후 네이프에서 약 2cm 간격으로 평행 슬라이스 라인을 나누고 커트하여 가이드라인을 설정한다.

③ 세로 폭 3cm, 평행으로 섹션을 나눈다. 정중선에서부터 좌우 약 1.5cm를 취하여 너비 약 3cm를 잡아 온 더 베이스에 두상 시술 각도 90°로 빗질하여 세로로 커트한다. 이때 가로 섹션으로 나누어 온 더 베이스로 빗질하여 가로로 커트하여도 무방하다.

④ T.P에서 방사상 섹션으로 온 더 베이스에 두상 시술 각도 90°로 빗질하여 세로로 커트한다.

⑤ 사이드를 커트할 때에는 E.P의 모발을 가이드로 하여 온 더 베이스에 두상 시술 각도 90°로 빗질하여 세로로 커트한다. 가로 섹션으로 나누어 온 더 베이스로 빗질하여 가로로 커트하여도 무방하다.

⑥ 커트 완성 후 빗질로 마무리한다.

2 레이어 헤어커트 마무리

(1) 도구 준비

이동식 작업대에 드라이기, 롤브러시, 쿠션 브러시, 어깨보, 핀셋, 분무기 등을 준비한다.

(2) 레이어 커트의 수정·보완

① 고객의 얼굴과 목 등에 남아 있는 머리카락을 제거한다.

② 필요한 경우 수정 및 보정 커트를 한다.

③ 드라이기를 사용하여 모발을 건조시킨다.

④ 롤브러시를 사용하여 후두부 중앙의 아래 네이프에서부터 모발을 가볍게 편다. 후두부의 블로킹은 세로로 3등분하여 가운데 등분의 아래에서부터 블로 드라이한다. 패널의 크기는 가로 5~6cm, 세로 2~3cm로 하는 것이 적당하다.

⑤ 볼륨이 필요한 곳은 패널을 약 90° 이상 들어 올려 블로 드라이한다.

⑥ 레이어 커트를 블로 드라이로 마무리한다.

제 5 절 　쇼트 헤어커트

1 쇼트 커트방법

쇼트 커트 종류	방 법
싱글링 헤어커트	• 네이프와 사이드 부분의 모발을 짧게 커트하는 방법이다. • 커트를 할 때 손으로 모발을 잡지 않고 가위와 빗을 이용해 아래 모발을 짧게 자르고 위쪽으로 올라갈수록 길어지게 커트한다. • 빗으로 커트할 모발의 방향성을 잡아 주고 빗으로 들어 올린 모발을 가위의 정인은 빗 위에 고정하고 동인만 개폐시켜 커트하는 기법이다. • 시저 오버 콤(Scissor Over Comb)이라고도 한다.
댄디(Dandy) 헤어스타일	• 기본 레이어나 그래쥬에이션 쇼트 헤어커트에 싱글링 기법을 적용하여 톱 부분에 볼륨감을 형성하고 사이드는 깔끔하게 정돈하여 보이시한 댄디 스타일을 연출한다. • 기본 헤어커트는 가로 섹션, 세로 섹션, 사선 섹션을 이용하여 각도에 따라 톱 부분에 볼륨감과 형태를 만들어 내고 네이프에는 싱글링 기법을 사용해 짧게 커트하여 톱 부분의 볼륨감을 상승하게 한다.
투-블록 (Two-block) 스타일	• 톱 부분에 레이어 헤어커트를 시술하고 네이프와 사이드는 싱글링 기법을 적용하여 젊고 발랄한 투-블록 스타일을 연출한다. • 톱 부분과 사이드 부분의 구분 차이를 명확하게 하기 위해서 디스커넥션 기법을 사용하기도 한다.
모히칸 (Mohican) 스타일	• 투-블록 스타일에서 좀 더 과감하게 톱 부분과 사이드 부분 경계가 명확하고 전체적으로 짧은 특징이 있다. • 전체적으로 모발을 90° 이상 들어 볼륨감을 제거하고 가벼운 율동감을 표현한 후, 사이드와 네이프에 싱글링 기법을 적용한다. • 현재는 톱 부분으로 갈수록 점차 길어진 쇼트 스타일을 모히칸이라고도 한다.

2 클리퍼 헤어커트 방법

(1) 클리퍼 잡기

① 클리퍼에 부착 날을 끼운다.

　㉠ 왼손에 부착 날을 놓는다[그림 (A)].

　㉡ 클리퍼 고정 날을 아래에서 밀어 넣는다[그림 (B)].

　㉢ 클리퍼와 부착 날이 고정되도록 부착시킨다[그림 (C)].

| (A) | (B) | (C) |

▍ 클리퍼 날 끼우는 방법

② 빗과 클리퍼를 올바르게 잡는다.

　㉠ 클리퍼 몸체를 자연스럽게 잡는다[그림 (A)].

　㉡ 빗살에 평행이 되게 클리퍼를 올린다[그림 (B)].

　㉢ 오른쪽에서 왼쪽으로 같은 속도로 움직인다[그림 (C)].

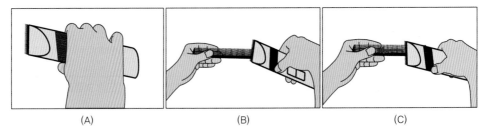

| (A) | (B) | (C) |

▍ 빗과 클리퍼 잡는 방법

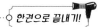

(2) 헤어스타일에 맞는 빗의 각도와 방향 잡기

① 로 그래쥬에이션 커트 시 빗의 각도를 30°로 유지하며 커트한다[그림 (A)].

② 미디엄 그래쥬에이션 커트 시 빗의 각도를 45°로 유지하며 커트한다[그림 (B)].

③ 하이 그래쥬에이션 커트 시 빗의 각도를 65°로 유지하며 커트한다[그림 (C)].

④ 레이어 커트 시 빗의 각도를 90°로 유지하며 커트한다[그림 (D)].

  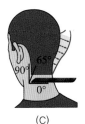 

(A)　　　　　　(B)　　　　　　(C)　　　　　　(D)

▌ 빗의 각도와 방향 1

 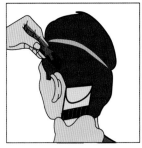 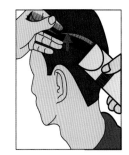

로 그래쥬에이션　　　미디엄 그래쥬에이션　　　레이어 커트

▌ 빗의 각도와 방향 2

(3) 클리퍼로 아웃라인 정리하기

① 아웃라인을 정리한다.

　㉠ 네이프 주변에서 네이프 쪽으로 클리퍼 끝 날을 밀면서 정리한다[그림 (A)].

　㉡ 네이프에서 이어 포인트 가장자리를 클리퍼 끝 날을 이용해 정리한다[그림 (B)].

　㉢ 이어 포인프 주변은 클리퍼 끝 날을 굴리면서 정리한다[그림 (C)].

(A)　　　　　　　(B)　　　　　　　(C)

▌ 클리퍼를 이용한 아웃라인 정리

② 회전기법으로 아웃라인 커트를 정리한다.

㉠ 클리퍼 끝 날을 세워 들어간다.

㉡ 손목을 위로 꺾어 회전시킨다.

㉢ 클리퍼의 끝 날을 살짝 들어 회전하며 나온다.

작은 회전

중간 회전

큰 회전

▌회전기법

3 쇼트 헤어커트 마무리

(1) 보정 커트와 드라이 커트

① 보정 커트(Cross Checking)는 커트 마지막 단계에서 균형과 정확성을 주는 것으로, 커트 섹션의 반대 위치에서 행해지는 것이다. 예를 들어 가로 섹션으로 커트를 했다면 보정 커트의 섹션은 세로 섹션이다.

② 드라이 커트(Dry Cut)는 헤어커트의 특성을 잘 드러나게 해 주는 마지막 단계로, 질감 처리와 커트 선의 가장자리 처리를 모발이 마른 상태에서 작업해 나간다.

㉠ 쇼트 헤어커트에서 질감 처리(Texturizing)는 모발에 볼륨을 주어 율동감이 생긴다.

㉡ 아웃라인 정리(Outlining)는 헤어라인을 정리해 주는 과정으로, 쇼트 헤어커트에서 아웃라인 정리는 커트 형태를 나타내는 꼭 필요한 작업이다.

(2) 쇼트 커트의 수정·보완

① 고객의 얼굴과 목 등에 묻은 잔여 머리카락을 깨끗이 제거한다. 페이스 브러시나 스펀지를 이용해 헤어커트 시술 중이나 끝난 후에 고객이 불편을 느끼지 않도록 얼굴 또는 목 주변에 잔여 머리카락을 제거해 준다.

② 고객의 만족도를 파악하여 필요한 경우 보정 커트와 드라이 커트를 수행한다.

③ 헤어 제품을 활용하여 스타일을 연출한다.

④ 헤어 도구를 활용하여 스타일을 연출한다.

⑤ 고객의 만족도를 확인하며 쇼트 헤어커트 작업을 마무리한다.

제 1 절 퍼머넌트 웨이브 기초이론

1 퍼머넌트 웨이브 기초이론

(1) 퍼머넌트 웨이브의 역사

① 고대 이집트에서 모발을 막대에 감아 진흙을 바르고 햇빛에 말려서 웨이브를 만든 것이 퍼머넌트 웨이브의 기원이다.

② 1905년 영국의 찰스 네슬러(Charles Nessler)가 스파이럴식 웨이브를 고안하였다.

③ 1925년 독일의 조셉 메이어(Joseph Mayer)가 크로키놀식 웨이브를 고안(짧은 머리에도 가능)하였다.

④ 1936년 영국의 스피크먼(J. B. Speakman)이 콜드 웨이브를 고안하여 현재까지 사용하고 있다.

(2) 퍼머넌트 웨이브의 원리

물리적·화학적인 방법으로 모발의 구조와 형태를 영구적인 웨이브로 변화시키는 것이다. 환원작용을 통해 시스틴 결합을 절단하고 웨이브를 형성하여 산화작용으로 반영구적인 웨이브를 만든다.

① 제1액(환원제)

  ㉠ 프로세싱 솔루션(Processing Solution)이라고 하며 모발을 팽윤시키고 연화시켜 모발의 시스틴 결합을 환원시킨다.

  ㉡ 환원제의 주성분은 티오글라이콜산(Thioglycolic Acid)이며 환원제의 pH는 9.0~9.6이다.

② 제2액(산화제)

  ㉠ 중화제라고도 하며 환원된 모발에 변형된 시스틴 결합을 산화하여, 변형된 형태로 재결합하여 형성된 웨이브를 고정시킨다.

  ㉡ 산화제의 주성분은 과산화수소, 브로민산나트륨, 브로민산칼륨 등이며 산화제의 pH 범위는 5.0~7.0이다.

③ 콜드액(파마약) 사용 시 주의사항

  ㉠ 제1액 사용 시 반드시 고무장갑을 사용해야 하며 사용 후에는 손을 깨끗이 씻어야 한다.

  ㉡ 제1액 사용 후 오버프로세싱이 되면 모발이 손상되므로 주의하고, 제2액 또한 작용시간을 잘 지켜야 한다.

  ㉢ 모발에 유분이 있으면 제1액의 작용이 저하될 수 있으므로 깨끗이 샴푸하고 시술한다.

  ㉣ 퍼머넌트 용액은 공기와 광선, 열 등에 의해 화학적 반응을 일으키기 쉬우므로 사용 후 남은 용액은 버린다.

2 퍼머넌트 웨이브 시술

(1) 모발 · 두피진단

① 두피 및 모발에 염증 질환이 있는지 확인한 후 이상이 있을 때는 회복이 될 때까지 시술을 하지 않도록 한다.

② 모발의 상태를 확인한 후 다공성이나 극손상모이면 용액의 침투가 빠르기 때문에 콜드 퍼머넌트 웨이브의 프로세싱 타임(제1액 도포 후 방치시간)을 짧게 하고 제1액도 약하게 사용해야 한다.

③ 저항성 모발인 경우 모표피가 빡빡하게 밀착되어 있고 다른 모발보다 지질이 풍부하여 약품이나 물의 흡수력이 약하므로 프로세싱 타임을 길게 한다.

④ 탄력성이 좋은 모발은 웨이브 형성이 용이하고, 탄력성이 떨어지는 모발은 웨이브 형성이 어려우므로 작은 직경의 로드를 사용해야 한다.

⑤ 모발의 밀집도에 따라 모발의 굵기가 굵은 것은 블로킹을 작게 하고 로드도 작은 것으로 사용하는 반면, 모발의 굵기가 가는 것은 블로킹도 크게 하고 로드도 큰 것으로 사용한다.

(2) 사전처리

파마를 하기 전, 다공성 모발이나 손상모에 단백질 성분의 트리트먼트 또는 PPT용액을 도포하여 사용하는 것이다. 퍼머넌트 웨이브 시술 전에 모발 손상을 방지하고 탄력 있고 균일한 웨이브를 만들기 위한 전처리다.

(3) 퍼머넌트 웨이브 블로킹과 와인딩

① 블로킹 : 모발에 로드의 배열을 쉽게 할 수 있도록 모발을 일정한 비율로 나누는 것을 말한다.

② 와인딩 : 모발을 로드에 감는 기술로서 균일한 강도로 일정하게 텐션을 주면서 마는 것이 중요하다.

③ 컬링 로드 : 모발의 길이와 위치에 따라 컬링 로드 사이즈가 달라지며 빡빡한 모발과 긴 머리 그리고 숱이 많은 모발에는 블로킹을 작게 한다.

(4) 와인딩 각도

① 일반적인 각도는 120° 정도이다.

② 볼륨을 살리고자 할 때의 각도는 앞쪽으로 90° 정도이다.

③ 볼륨을 줄이고자 할 때의 각도는 60° 정도 눕혀서 만다.

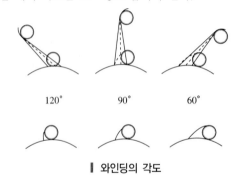

┃ 와인딩의 각도

(5) 프로세싱과 테스트 컬

① 제1액(환원작용)

ⓐ 피부를 보호하기 위해 모발 가장자리에 보호크림을 바르고 거즈나 헤어밴드를 한다.

ⓑ 제1액을 피부나 두피에 흘러내리지 않게 충분히 도포한다.

ⓒ 네이프에서 톱으로 도포하는 것이 좋다.

ⓓ 비닐캡을 씌운다.

② 프로세싱 타임

ⓐ 프로세싱 타임은 캡을 씌운 후부터 시작된다.

ⓑ 타임을 길게 하면 오버프로세싱이 되어 모발 손상의 원인이 되므로 모발의 성질과 개인의 손상도에 따라서 타임을 다르게 하여 오버프로세싱이 되지 않도록 한다.

ⓒ 언더프로세싱은 프로세싱 타임을 짧게 한 것으로, 웨이브가 거의 나오지 않는다.

ⓓ 적당한 프로세싱을 한 경우에는 웨이브 형성이 잘 이루어진다.

③ 테스트 컬 : 모발에 제1액을 도포하고 와인딩 후 시간이 경과하면 스트랜드를 정해 로드를 풀어 웨이브의 정도를 확인한다. 웨이브의 탄력이 부족할 경우에는 다시 말고 프로세싱을 계속한다.

(6) 중간 린스(플레인 린스)

프로세싱이 끝난 후 제2액의 산화작용이 잘 되도록 물로 제1액을 씻어내는 작업으로 미지근한 물로 헹구어 낸다.

(7) 제2액의 도포(산화작용)

제2액은 제1액의 작용을 중지시켜 웨이브 형태를 고정하는 역할을 한다. 제2액(산화제)을 도포하고 5~10분 정도 방치한 후 마지막으로 플레인 린스를 한다.

(8) 퍼머넌트 웨이브 형성이 안 되는 경우

① 저항성모나 발수성모일 경우

② 극손상모이거나 탄력이 없는 경우

③ 경수로 샴푸했을 경우

④ 금속성 염모제를 사용했을 경우

⑤ 산화된 제1액을 사용했을 경우

제2절 베이직 헤어펌

❶ 베이직 헤어펌 준비

(1) 베이직 헤어펌에 필요한 도구

① 고무줄(Rubber Band)과 타이머(Timer) : 고무줄은 와인딩한 로드를 두피에 고정시키는 데 사용되고, 타이머는 헤어퍼머넌트 웨이브의 작용 시간을 체크하는 데 사용한다.

② 꼬리 빗(Comb)과 엔드 페이퍼(End Paper) : 꼬리 빗은 블로킹과 섹션을 나누고 와인딩을 위해 패널을 빗거나, 모발의 끝이 꺾이지 않고 로드를 감싸며 회전할 수 있도록 하는 작업에 사용한다. 엔드 페이퍼는 모발의 끝이 로드에서 빠지지 않도록 잡아 주어 와인딩 작업을 수월하게 하고, 약제 도포나 시술 과정에서 발생할 수 있는 모발 끝의 손상을 보호하는 역할을 한다.

③ 스틱(Stick)과 핀셋(Clip) : 스틱은 로드를 고정하기 위해 사용한 고무줄의 자국이나 밴드가 모근을 눌러 머리카락이 끊어지는 등의 이상현상을 예방하기 위해 사용한다. 핀셋은 블로킹된 모발을 고정할 때 사용한다.

④ 볼(Bowl)과 어플리케이터(Applicator) : 퍼머넌트 웨이브제를 덜어서 사용하거나 전처리 과정에 필요한 헤어 케어 제품을 덜어서 사용한다.

⑤ 미용 장갑(Gloves)과 비닐 캡(Vinyl Cap) : 미용 장갑은 시술자의 손을 화학제품의 자극으로부터 보호할 목적으로 사용하고, 비닐 캡은 두피 및 가온기에 의한 열을 보온하여 열이 로드에 전도되도록 하는 역할과 함께 모발에 도포된 환원제가 산화, 건조되는 것을 방지하기 위해 사용한다.

⑥ 헤어밴드(Hair Band)와 타월(Towel) : 헤어밴드는 퍼머넌트 웨이브제가 얼굴과 목에 흘러내리는 것을 방지하여 고객의 피부를 보호한다. 타월은 웨이브제로부터 고객의 피부를 보호하는 목적과 함께 가온기의 열로부터 비닐 캡을 보호하고, 캡 안의 온도를 보온할 목적으로 사용한다.

⑦ 열기구(가온기)와 이동식 작업대(Tray/Wagon) : 열기구는 히팅 캡에서 롤러 볼에 이르기까지 다양한 종류가 있으며, 와인딩된 로드 하나하나에 열이 전도되어 퍼머넌트 웨이브제의 화학작용을 활성화시키는 역할을 한다. 이동식 작업대는 시술에 필요한 도구 및 제품을 사용하기 편리하게 정리할 수 있다.

(2) 헤어펌의 원리

① 헤어펌은 모발의 측쇄결합 중 황결합으로 만들어진 시스틴의 환원과 산화에 의해 가능하다.

② 모발의 모피질에 비교적 많은 시스틴은 환원제에 의해 환원되어 시스테인이 된다. 이것을 산화제로 산화시켜 다시 시스틴으로 만들어 준다.

③ 이러한 원리를 바탕으로 펌 1제를 도포하고 환원작용되고 있는 모발에 여러 가지 와인딩 기법과 다양한 로드 등의 물리적 방법을 사용하여 모발의 모양을 변형시킨다.

④ 이후에 펌 2제를 도포하면 산화작용에 의해 시스테인이 새로운 시스틴으로 재결합되면서 다양한 모양의 헤어펌이 형성되는 것이다.

2 헤어펌제의 구성과 분류

(1) 헤어펌제의 구성

① 환원제 : 환원제인 펌 1제는 티오글라이콜산이나 시스테인이 주성분으로 사용된다. pH 조절을 위한 알칼리제로는 암모니아수, 모노에탄올아민 등을 사용한다. 보조 성분으로 정제수, 습윤제, pH 조절제, 금속 이온 봉쇄제, 점성제, 향료, 보존제 등이 있다.

② 산화제 : 산화제인 펌 2제는 브로민산나트륨이나 과산화수소가 주성분으로 사용된다. 보조 성분으로 정제수, pH 조절제, 컨디셔닝제, 금속 이온 봉쇄제, 점성제, 향료, 보존제 등이 있다.

▌ 헤어펌제의 구성

구 분	1제 환원제	2제 산화제
주성분	티오글라이콜산 또는 시스테인	브로민산나트륨 또는 과산화수소
보조성분	정제수, pH 조절제, 습윤제, 금속 이온 봉쇄제, 점성제, 향료, 보존제	정제수, pH 조절제, 컨디셔닝제, 금속 이온 봉쇄제, 점성제, 향료, 보존제

(2) 환원제(1제) 작용 원리와 도포방법

① 환원제는 모발의 시스틴 결합을 절단시키고 구조를 변화시키는 작용을 한다. 자연모발 또는 경모인 경우에는 와인딩 전 환원제를 도포하여 모발을 연화시키는 과정을 거친다.

② 와인딩 후 환원제를 도포하는 것은 환원제의 작용시간을 균일하게 적용시켜 모발 손상을 최소화할 수 있기 때문이다.

③ 약액은 와인딩된 모발에 골고루 도포하는 것이 중요하고 모발에 잘 스며들 수 있도록 약액을 로드에 바르듯이 도포한다.

④ 환원제의 방치시간은 온도와 모발의 상태에 따라 다르게 적용하나 일반적으로 10~20분을 넘지 않도록 한다.

(3) 산화제(2제) 작용 원리와 도포방법

① 산화제는 환원된 모발의 변형된 구조를 재결합시키는 작용을 하여 형성된 웨이브를 고정하는 역할을 한다.

② 산화제는 중화제라고도 하며, 퍼머넌트 웨이브의 결과를 확인한 후 환원제를 세척한 모발에 도포한다. 이때 모발의 수분함량에 따라 산화제의 작용효과가 달라질 수 있기 때문에 세척한 모발의 수분함량을 최소화하고 산화제를 충분하게 도포하는 것이 매우 중요하다.

③ 산화제의 방치시간은 약제의 주성분 및 모발의 상태에 따라 다르게 적용하는데, 평균 10~15분을 넘지 않도록 하여 5~7분 간격으로 2회 나누어 재도포하는 것이 효과적이다.

안심Touch

3 헤어펌 방법

(1) 9등분 와인딩

① 9등분 와인딩은 가장 기초적인 방법으로 일반 미용사 국가고시에서 제시하는 헤어펌 과제 중에 하나이다.

② 블로킹을 할 때는 두상을 앞머리에서부터 뒷머리로 등분을 나눠 내려가며 9등분을 만든다.

③ 와인딩은 크로키놀식 기법이며, 뒷머리의 아래 가운데에서부터 시작하여 위로 올라가며 앞머리를 가장 마지막에 와인딩을 한다.

(2) 5등분 와인딩

① 5등분 와인딩은 기초적인 방법으로 직각 패턴 와인딩이다.

② 블로킹을 할 때는 두상을 앞머리에서부터 뒷머리로 연결하여 중앙을 나누고 좌우를 구분하여 세로로 5등분을 나누면 직각 패턴이 된다.

③ 와인딩은 크로키놀식 기법이며, 앞머리부터 뒤쪽으로 와인딩해 내려가며, 주로 위쪽에서 아래쪽으로 와인딩해 간다.

(3) 세로 와인딩

① 세로 와인딩은 세로 말기이며 '다데'라고도 한다. 크로키놀식 기법으로 와인딩을 한다.

② 긴 머리에 적용하면 웨이브가 세로로 만들어져 비교적 느슨하고 부드럽게 형성되며 모발 숱이 많은 경우에 적합하다. 짧은 머리에 적용하면 방향감을 만들 수 있다.

③ 긴 머리의 경우 블로킹은 가로로 4등분 또는 5등분을 나누고, 와인딩은 두상의 아래쪽에서 위쪽으로 와인딩해 올라가며 완성한다.

(4) 윤곽 패턴 와인딩

① 윤곽 패턴 와인딩은 두상의 측면 전체를 반타원형으로 블록을 나눠서 웨이브 흐름이 뒤쪽을 향해 넘어가도록 와인딩을 하는 것이다.

② 크로키놀식 기법으로 와인딩을 하며 비교적 짧은 머리에 적용했을 때 효과적이다.

③ 웨이브가 두상의 곡면을 타고 돌아 뒤쪽으로 넘어가고 귀 뒷면부터는 얼굴 쪽을 향해 밀착되는 컬을 만들기에 적합하다.

④ 긴 머리의 경우 옆머리는 리버스 컬을 만든다. 두상의 위쪽에서부터 아래쪽으로 내려가며 와인딩을 완성한다.

(5) 벽돌 쌓기 와인딩

① 벽돌 쌓기 와인딩은 두상 전체에 벽돌을 쌓은 것과 같은 모양으로 베이스와 베이스 사이가 틈이 없이 연결되도록 와인딩을 하는 것이다.

② 크로키놀식 기법으로 와인딩을 하며 짧은 머리에 적용했을 때 효과적이다.

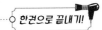

③ 웨이브가 두상의 전체에서 서로 겹쳐져 갈라짐이 없고 볼륨 있는 컬을 만들기에 적합하다.

④ 두상의 전체가 하나의 블록이며 위쪽에서부터 아래쪽으로 내려가며 와인딩을 완성한다.

(6) 오블롱 패턴 와인딩

① 오블롱 패턴 와인딩은 가로로 긴 블록에 45°의 사선으로 베이스를 나눠서 와인딩을 하는 것이다.

② 크로키놀식 기법으로 와인딩을 하며 모발 길이에 상관없이 사용된다.

③ 일반적으로 위와 아래의 와인딩 방향이 반대가 되며, 비교적 일정한 방향의 웨이브를 만들기에 적합하다.

④ 블로킹은 가로로 4등분 또는 5등분을 나눈다. 와인딩은 긴 머리는 두상의 아래에서 위로, 짧은 머리는 위에서 아래로 와인딩을 완성한다.

(7) 아웃 컬 와인딩

① 아웃 컬 와인딩은 인덴테이션 와인딩이라고도 하며, 바깥말음이 되도록 와인딩을 하는 것이다.

② 크로키놀식 기법으로 와인딩을 하며 짧은 머리에 적용했을 때 효과적이다.

③ 웨이브가 밖으로 뻗치는 컬을 만들기에 적합하며, 모발 길이에 따라서 와인딩 순서를 선택하여 완성한다.

(8) 혼합형 와인딩

① 일반 미용사 국가고시에서 제시하는 헤어펌 과제 중 하나로, 혼합형 와인딩은 오블롱 패턴과 벽돌 쌓기 와인딩이 혼합되어 있다.

② 블로킹을 할 때는 두상을 앞머리에서부터 뒷머리로 내려가며 가로로 4등분을 나눈다.

③ 와인딩을 할 때는 앞머리에서부터 시작하여 측두선까지 오블롱 패턴으로 와인딩하고 뒷머리 아래는 벽돌 쌓기로 와인딩을 완성한다.

(9) 트위스트 와인딩

① 트위스트 와인딩은 모발을 꼬면서 감는 것이다. 스파이럴식 기법으로 와인딩을 하며 긴 머리에 적용한다.

② 웨이브가 세로로 만들어지며 비교적 강하고 일정하게 형성된다. 트위스트 와인딩을 할 때 두피 쪽에서 모발 끝 쪽으로 하거나, 모발 끝에서 두피 쪽으로 와인딩을 할 수 있다.

③ 블로킹은 가로로 4등분 또는 5등분을 나누고 와인딩은 두상의 아래쪽에서 위쪽으로 올라가며 와인딩을 완성한다.

4 헤어펌 마무리 방법

(1) 헤어펌 와인딩 풀기

① 헤어펌 와인딩 풀기는 로드-오프 또는 로드 아웃이라고도 한다. 헤어펌 웨이브를 고정하는 산화작용 시간이 끝나면 모발에서 로드를 풀어서 제거한다.

② 와인딩을 풀 때 긴 머리는 두상의 아래에서 위로 풀어 간다. 짧은 머리는 위와 아래 어느 곳에서부터 풀어도 상관없다. 로드를 풀 때는 약액이 튀지 않도록 주의한다.

③ 긴 머리를 크로키놀식 와인딩을 두피 쪽까지 해서 모발의 겹침이 많은 경우에는 산화작용 과정에서 모발 끝까지 2제가 충분히 도포되지 않았을 수 있다. 그러므로 로드를 풀고 난 후에 모발 끝부분에 산화제를 다시 도포하고 2~3분 후에 샴푸를 한다.

(2) 마무리 세척

① 마무리 세척은 사후 샴푸를 의미한다. 로드를 풀고 나서 모발에 도포한 펌제를 깨끗하게 씻어내기 위한 것이다.

② 미지근한 물을 사용하여 펌제를 충분히 헹구고 컨디셔너제를 모발 끝부터 바른 후에 손가락 끝을 사용하여 두피 지압을 한다. 경우에 따라서는 산성 샴푸제로 샴푸를 하고 나서 컨디셔너제를 바르고 두피 지압 후에 헹구기도 한다.

③ 마무리 세척은 펌제로 인해 팽윤, 연화된 모발을 약산성의 등전점으로 빠르게 돌려줘 모발 손상을 예방하기 위한 것이므로 충분한 헹굼과 처치가 중요하다.

(3) 헤어펌 디자인에 따른 수분함량 조절

① 마무리 샴푸를 한 후에는 충분한 타월 드라이와 함께 드라이어를 이용한 건조가 이루어진다.

② 타월 드라이 후에 드라이어의 열풍과 냉풍을 사용해 가며 헤어펌 디자인에 따른 방향감과 볼륨 등을 고려하여 모발을 건조시킨다.

③ 타월 드라이가 충분하지 않을 때부터 드라이어를 사용해 모발 건조를 하면 모발 손상과 함께 시술자의 손도 함께 건조해져 거칠어진다.

④ 헤어펌 디자인에 따른 헤어스타일링은 헤어펌 디자인에 따라 달라진다.

제3절 매직 스트레이트 헤어펌

1 매직 스트레이트 헤어펌 방법

(1) 매직 스트레이트 헤어펌의 특징

① 전열식 아이론을 사용하여 웨이브나 컬이 있는 모발을 스트레이트 형태의 직모나 C컬의 볼륨을 만드는 열펌이다.

② 매직 스트레이트 헤어펌을 하기 위해서 모발에 펌 1제를 도포하여 연화 시간을 처리하고 헹군다.

(2) 매직 스트레이트 헤어펌의 방법

① 시술에 필요한 도구로 매직 전용 파마제, 타월, 어깨보, 비닐 캡, 플랫 아이론, 핀셋, 꼬리 빗을 준비한다.

② 시술 전 모발과 두피의 오염 물질을 제거하기 위해 사전 샴푸를 한다.

③ 고객의 모발을 보호하기 위해 모발 상태에 따라 시술 전 모발 케어를 한다.

④ 모발의 연화 작업을 위해 건강한 모발은 두피에서 1cm 정도 띄고 모발 전체에 환원제를 도포한 후 전체 모발을 랩으로 감싼다.

⑤ 모발을 랩으로 감싼 후에는 열처리 10분과 자연 방치를 5~10분간 하여 모발을 연화한다.
　　㉠ 염색 모발 또는 손상 모발의 연화는 먼저 신생모 부분에 환원제를 도포한다.
　　㉡ 환원제를 도포한 후 열처리를 10분간 하고, 나머지 부분의 모발에 다시 환원제를 도포한 후 3~5분간 자연 방치하여 연화한다.

⑥ 모발의 연화 상태를 테스트하기 위해 모발 끝을 엄지와 검지로 잡고 가볍게 당겼을 때 0.5~1cm 이상 늘어나는지를 확인한다.

⑦ 모발의 연화 작업이 끝나면 모발을 맑은 물로 세척(Water Rinse)한다.

⑧ 세척이 끝나면 크림이나 오일 등 매직 전용 클리닉 제품을 모발에 도포한 후 드라이어를 이용하여 건조시킨다.

⑨ 플랫 아이론을 이용하여 네이프를 시작으로 톱과 사이드의 순서로 프레스한다.

⑩ 플랫 아이론의 온도는 160~180℃로 하여 프레스한다.

⑪ 프레스 작업은 모근에서 모발 끝으로 진행하고 모발 끝부분이 꺾이지 않도록 한다.

⑫ 플랫 아이론의 열이 두피에 전달되지 않도록 꼬리 빗을 모근 쪽에 먼저 대고 프레스한다.

⑬ 네이프와 골든, 사이드 부분의 시술 각도는 두피에서 수평으로 유지한다.

⑭ 톱 부분은 두피에서 수직으로(90°) 작업해서 볼륨을 유지한다.

⑮ 시술이 끝나면 모발 전체에 산화제를 도포하여 중화한다.

⑯ 모발을 깨끗이 헹구고 타월 드라이 후 드라이어의 찬 바람을 이용하여 건조시킨다.

⑰ 매직 스트레이트는 열을 이용한 파마이므로 시술 후 모발이 건조하지 않도록 에센스로 마무리한다.

2 매직 스트레이트 헤어펌 마무리와 홈케어

(1) 헤어펌 마무리

① 헤어스타일링을 위해 모발을 건조시킨다.

② 헤어스타일링 제품을 용도에 맞게 선택하여 사용한다.

③ 고객에게 사후 손질방법을 설명한다.

④ 고객에게 헤어 파마의 결과에 대한 만족 여부를 확인한다.

⑤ 고객에게 평소 모발 관리의 불편한 점이나 어려운 점을 확인한다.

(2) 홈케어 제품 제안

① 고객의 모발 상태를 확인한 후 필요한 경우 케어 제품을 안내한다.

② 헤어 케어 제품과 스타일링 제품의 사용 목적과 방법을 설명한다.

③ 스타일링에 필요한 헤어 제품의 사용법을 시연하고 효능을 설명한다.

④ 고객에게 정확한 가격을 안내한다.

⑤ 고객에게 구매 의사를 확인한다.

04 ✂ 헤어세팅 및 컬러링

제1절 헤어스타일 연출

1 헤어세팅의 기초이론

미용에서 세트는 모발형(헤어스타일)을 만들어 마무리하는 것으로 헤어세트는 크게 오리지널 세트와 리셋으로 구분한다.

(1) 오리지널 세트(Original Set)

기초가 되는 세트로 헤어파팅, 헤어셰이핑, 헤어롤링, 헤어웨이빙 등이 있다.

(2) 리셋(Reset)

오리지널 세트된 형태에서 다시 손질하여 원하는 형태로 다시 세트하는 것이며 브러싱, 콤 아웃, 백 코밍 등이 있다.

2 헤어세팅 작업

(1) 헤어파팅(Hair Parting)

헤어파팅이란 '모발을 나누다'라는 의미로 모발의 흐름, 머리의 형태, 헤어스타일, 얼굴형 및 자연적인 가르마에 따라서 다양한 종류가 있다.

센터 파트	전두부의 헤어라인 중심에서 직선 방향으로 나눈 가르마(가운데 가르마)
사이드 파트	전두부와 측두부를 나누는 경계선으로 앞 헤어라인 지점부터 뒤쪽으로 수평하게 직선으로 나눈 가르마(옆 가르마)
라운드 사이드 파트	사이드 파트를 곡선으로 나눈 가르마
업 다이애거널 파트	사이드 파트의 분할선을 뒤쪽에서 위로 나눈 가르마
다운 다이애거널 파트	사이드 파트의 분할선을 뒤쪽에서 아래로 나눈 가르마
크라운 투 이어 파트	사이드 파트의 뒷부분으로부터 귀 윗부분을 향해 수직으로 나눈 가르마
이어 투 이어 파트	이어 포인트에서 톱 포인트를 지나 반대편 이어 포인트로 나눈 가르마
센터 백 파트	후두부를 정중선으로 나눈 가르마
렉탱귤러 파트	이마의 양각에서 사이트 파트하여 두정부에서 직사각형으로 나눈 가르마
스퀘어 파트	두정부에서 이마의 헤어라인에 수평으로 나눈 가르마
V 파트	두정부 중심에서 V 모양으로 연결한 가르마(머릿결이 갈라지는 것을 방지)
카울릭 파트	두정부의 가마로부터 방사선 형태로 나눈 가르마(가장 자연스러운 파팅법)

(2) 헤어셰이핑(Hair Shaping)

'모발의 결(흐름)을 갖추다' 또는 '모양을 만들다'라는 의미로 헤어커팅과 헤어세팅의 두 가지 의미가 있다. 웨이브의 흐름을 결정하는 역할을 하며 원하는 스타일의 웨이브와 컬을 만들고 모발의 흐름을 정리한다.

(3) 헤어컬링(Hair Curling)

① 컬의 정의 : 핀컬이라고도 하며 한 묶음의 모발을 안에서부터 둥글게 말아 고리 모양으로 만든 형태이다.

② 컬의 목적 : 웨이브와 볼륨을 주고 모발 끝에 변화를 주는 것이다(웨이브, 볼륨, 플러프).

③ 컬의 명칭

    ㉠ 루프 : 원형으로 말려진 컬이다.

    ㉡ 베이스 : 컬 스트랜드의 근원이다.

    ㉢ 피벗 포인트 : 회전점이라고도 하며, 컬이 말리기 시작한 시점이다.

    ㉣ 컬 스템 : 베이스에서 피벗 포인트까지이다.

    ㉤ 엔드 오브 컬 : 모발 끝을 말한다.

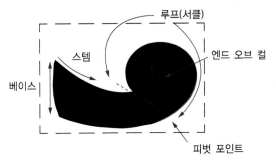

┃ 컬의 명칭

④ 컬의 구성요소

> **Hair 핵심플러스!**
>
> **컬의 3요소**
> 베이스(Base), 스템(Stem), 루프(Loop)

    ㉠ 스템의 방향

풀 스템(Full Stem)	컬의 형태와 방향을 결정하며 컬의 움직임이 가장 크다.
하프 스템(Half Stem)	반 정도의 스템에 의해 서클이 베이스로부터 어느 정도 움직임을 갖고 있다.
논 스템(Non Stem)	컬의 움직임이 가장 작으며 루프가 베이스에 들어가 있어 오래 지속된다.

    ㉡ 베이스(Base) : 컬 스트랜드의 밑부분이다.

오블롱 베이스	장방형 베이스로 베이스가 길어 헤어라인부터 떨어진 웨이브를 만들며 측두부에 주로 사용한다.
스퀘어 베이스	정방형 베이스로 평균적인 컬이나 웨이브를 만들 때 주로 사용한다.
아크 베이스	후두부에 웨이브를 만들 때 사용하며 오른쪽 말기와 왼쪽 말기가 있다.
트라이앵귤러 베이스	삼각형 베이스로 콤 아웃 시 모발이 갈라지는 것을 방지하기 위해 이마의 헤어라인에 주로 사용한다.

⑤ 컬의 종류

스탠드 업 컬	루프가 두피에 90°로 세워진 컬(볼륨을 줄 때 사용)	포워드 스탠드 업 컬 : 루프가 얼굴 앞쪽으로 말린 컬이다.
		리버스 스탠드 업 컬 : 루프가 얼굴 뒤쪽으로 말린 컬이다.
플랫 컬	루프가 두피에 0°로 각도 없이 평평하게 형성된 컬	스컬프처 컬 : 모발 끝이 컬의 중심이 된 컬이며 스킵 웨이브나 플러프에 사용한다.
		핀 컬(메이폴 컬) : 전체적인 웨이브보다 부분적인 나선형 컬이고, 모발 끝의 컬이 바깥쪽으로 형성된다.

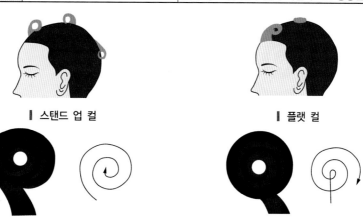

┃ 스탠드 업 컬   ┃ 플랫 컬

┃ 스컬프처 컬   ┃ 핀 컬(메이폴 컬)

⑥ 컬을 마는 방향에 따른 분류

클록 와이즈 와인드 컬(C컬)	모발을 시계 방향(오른쪽)으로 만다.
카운터 클록 와이즈 와인드 컬(CC컬)	모발을 시계 반대 방향(왼쪽)으로 만다.
포워드 스탠드 업 컬	컬이 귀 방향(얼굴쪽)으로 말린 스탠드 업 컬이다.
리버스 스탠드 업 컬	컬이 귀 반대 방향(얼굴 뒤쪽)으로 말린 스탠드 업 컬이다.

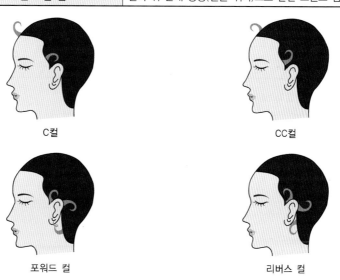

C컬   CC컬

포워드 컬   리버스 컬

┃ 방향에 따른 컬

⑦ 컬 피닝(Curl Pinning) : 컬을 완성해서 핀이나 클립으로 적당한 위치에 고정시키는 것이다.

사선 고정	실핀, 싱글핀, W핀
수평 고정	실핀, 싱글핀, W핀
교차 고정	U핀

㉠ 핀 고정방법

사선 고정   수평 고정   교차 고정

▎핀 고정방법

㉡ 컬의 종류에 따른 컬 피닝방법

스탠드 업 컬의 피닝	각도가 90°인 스탠드 업 컬은 베이스의 중심에 단단하게 고정시키고 루프에 직각으로 피닝한다.
핀 컬(메이폴 컬)의 피닝	U핀을 루프의 내부에 양면 꽂기를 하고, 다시 이것과 X자형으로 교차시켜 U핀을 꽂아 루프의 바깥쪽을 고정한다.
스컬프처 컬의 피닝	셰이핑의 경우 : 루프의 중심으로부터 핀을 넣고 피벗 포인트에서 고정시켜 스템과 루프를 같이 고정한다.
	패널의 경우 : 스템 쪽에서 핀을 넣어 루프를 양면 꽂기로 집거나 그 반대쪽에서 핀을 넣어 루프를 양면 꽂기로 고정한다.

(4) 롤러 컬(Roll Curl)

롤은 둥근 원통형이며 롤러를 이용하여 자연스러운 웨이브를 형성하고 볼륨을 살릴 때 사용한다.

① 롤러 컬의 종류

논 스템 롤러 컬	전방 45°, 후방 120~135°로 셰이프하여 모발 끝에서부터 말아서 베이스 가운데에 위치하며 볼륨감이 가장 크다.
하프 스템 롤러 컬	90°로 셰이프하고 적당한 볼륨감이 있다.
롱 스템 롤러 컬	후방 45°로 셰이프하고 롱 스템이라고도 한다. 네이프에 많이 사용되며 볼륨감이 적다.

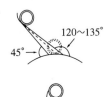

▎논 스템 롤러 컬   ▎하프 스템 롤러 컬   ▎롱 스템 롤러 컬

② 롤러 컬의 와인딩

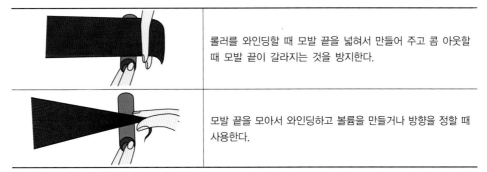

	롤러를 와인딩할 때 모발 끝을 넓혀서 만들어 주고 콤 아웃할 때 모발 끝이 갈라지는 것을 방지한다.
	모발 끝을 모아서 와인딩하고 볼륨을 만들거나 방향을 정할 때 사용한다.

(5) 헤어웨이빙(Hair Waving)

물결 모양을 이루는 S자 형태의 웨이브이며 헤어웨이빙에는 핑거 웨이브, 컬 웨이브, 아이론 웨이브 등이 있다.

① 웨이브의 각부 명칭 : 시작점(비기닝), 정상(크레스트), 융기점(리지), 골(트로프), 끝점(엔딩)

> **Hair 핵심플러스!**
>
> **핑거 웨이브의 3대 요소**
> 정상(크레스트), 융기점(리지), 골(트로프)

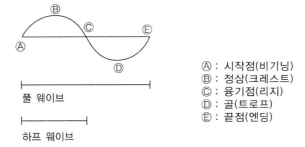

Ⓐ : 시작점(비기닝)
Ⓑ : 정상(크레스트)
Ⓒ : 융기점(리지)
Ⓓ : 골(트로프)
Ⓔ : 끝점(엔딩)

▎핑거 웨이브의 명칭

② 웨이브의 분류

모양에 따른 분류	와이드 웨이브 : 크레스트가 가장 뚜렷한 웨이브이다.
	섀도 웨이브 : 크레스트가 뚜렷하지 않아서 자연스러운 웨이브이다.
	내로 웨이브 : 물결상이 극단적으로 많은 웨이브이다.
위치에 따른 분류	버티컬 웨이브 : 웨이브의 리지가 수직으로 되어 있는 웨이브이다.
	호리존탈 웨이브 : 웨이브의 리지가 수평으로 되어 있는 웨이브이다.
	다이애거널 웨이브 : 웨이브의 리지가 사선 방향으로 되어 있는 웨이브이다.
만드는 방법에 따른 분류	마샬 웨이브 : 아이론의 열에 의해 형성되는 웨이브이다.
	컬 웨이브 : 컬링 로드를 사용하여 형성하는 웨이브이다.
	핑거 웨이브 : 모발에 세팅로션을 도포해 손과 빗으로 형성하는 웨이브이다.

| 버티컬 웨이브 | 호리존탈 웨이브 | 다이애거널 웨이브 |

❚ 웨이브의 위치에 따른 분류

(6) 오리지널 세트(Original Set)

① 뱅 : 이마에 내려뜨린 앞머리를 말하며 헤어스타일에 맞게 적절한 분위기를 연출할 수 있다.

② 뱅의 종류

플러프 뱅	볼륨을 주어 컬을 부풀려 컬이 자연스럽게 보이는 뱅이다.
롤 뱅	롤로 형성한 뱅이다.
웨이브 뱅	풀 웨이브(Full Wave) 또는 하프 웨이브(Half Wave)로 형성된 뱅이며 모발 끝을 라운드 플러프로 형성한 뱅이다.
프렌치 뱅	뱅 부분을 위로 빗질하고 모발 끝부분을 헝클어진 모양으로 부풀리는 플러프 처리를 한 뱅이다.
프린지 뱅	가르마 가까이에 작게 낸 뱅이다.

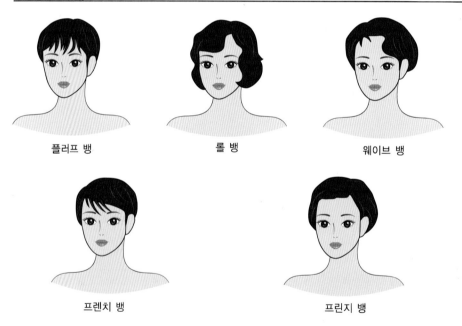

❚ 여러 가지 뱅의 모양

(7) 헤어아이론(Hair Iron)

1875년 프랑스의 마샬 그라또에 의해 창안되었으며 아이론의 열을 이용하여 일시적으로 웨이브를 형성하는 방법이다.

① 아이론의 구조와 명칭

　㉠ 그루브 : 홈이 파져 있는 반원형으로 프롱과 그루브 사이에 모발을 끼워 형태를 만든다.

　㉡ 프롱 : 모발이 감기는 둥근 부분으로 그루브와 모발의 형태를 만든다.

　㉢ 핸들(손잡이) : 그루브와 프롱에 각각 연결된 손잡이 부분이다.

② 아이론 사용법 및 유의사항

　㉠ 그루브를 아래, 프롱을 위로 하여 그루브 핸들을 엄지와 검지 사이에 쥐고 프롱 핸들을 약지와 소지 사이의 세 번째 관절에 끼운다.

　㉡ 시술 시 시술자의 가슴 정도 높이에서 수평이 되게 위치하여야 하고 손등을 수평하게 유지하도록 한다.

　㉢ 아이론의 적정 온도인 120~140℃로 일정하게 유지하여야 정확한 웨이브를 형성할 수 있다.

　㉣ 모발이 젖어 있는 상태에서는 사용하지 않는다.

(8) 블로 드라이(Blow Dry)

두발에 열풍을 가하여 일시적으로 헤어스타일에 변화를 줄 때 사용한다.

① 헤어드라이어의 명칭

　㉠ 노즐 : 드라이어에서 바람이 나오는 입구

　㉡ 모터 : 팬을 돌려주는 원동력

　㉢ 보디 : 드라이어의 몸통

　㉣ 팬 : 바람을 만드는 역할

　㉤ 핸들 : 드라이어의 손잡이

　㉥ 변환 스위치(컨트롤러) : 바람의 강약·냉온조절을 하는 스위치

② 블로 드라이의 각도

0~90°	스트랜드와 평행하게 드라이어를 대는 것으로 모발이 흩어지는 것을 방지한다.
90~180°	스트랜드에 직각으로 드라이어를 대는 것으로 볼륨을 줄 때 사용한다.
180~270°	모발의 아랫부분에 드라이어를 대는 것으로 모발 끝에 탄력을 준다.

③ 드라이어 사용 시 주의사항

　㉠ 모발에 습기가 많거나 완전히 건조한 상태에서는 드라이의 효과가 떨어지므로 적당한 수분을 유지해야 한다.

　㉡ 뜨거운 바람이 모발에 직접 닿지 않아야 하며 바람이 두피에서 모발 끝을 향해야 한다.

　㉢ 드라이어의 전기선이 손님에게 닿지 않도록 한다.

　㉣ 드라이어의 팬 부분이 머리에 닿지 않도록 한다.

　㉤ 모발 손상을 방지하기 위해 모발 보호제를 사용하도록 한다.

제 2 절 · 기초 드라이

1 스트레이트 드라이

(1) 도구 선택

모발 상태와 헤어 디자인에 따라 블로 드라이어, 헤어 아이론, 헤어브러시 등의 기기 및 도구를 선정할 수 있다.

(2) 원리와 방법

① 모발에 적정 수분을 유지하며 4등분 블로킹한 후 후두부(네이프에서 크라운으로) → 측두부(하단에서 상단으로) → 전두부 순으로 시술한다.

② 모발의 길이를 고려하여 롤브러시를 선정한다.

③ 네이프에서 시작하여 톱으로 향하면서 시술한다.

④ 롤브러시의 너비 80%가량의 모발을 가로로 슬라이스한다.

⑤ 블로 드라이어와 롤브러시로 후두부 네이프의 첫 단부터 '펴기'를 시술한다. 스트랜드(Strand)를 가볍게 훑듯이 스트레이트로 펴 준다.

⑥ 모발 끝까지 롤링하면서 열을 가해 뜸을 들이며 롤 아웃한다.

⑦ 전체 모발에 같은 방법으로 시술하여 마무리한다.

> **Hair 핵심플러스!**
>
> **블로 드라이 원리**
> 수소결합은 모발의 결합 중 가장 많은 부분을 차지하며, 수분에 의해 결합이 절단되고 재결합되는 과정에서 형태를 만들게 된다. 모발이 마른 상태이거나 너무 젖은 상태에서 블로 드라이를 시술할 경우 수소결합이 원활하지 않아 헤어스타일 연출이 어렵다. 때문에 블로 드라이 작업 전 적정 수분 함유량은 20~25%(약간 눅눅한 느낌)가 좋다. 또한 헤어스타일 연출 후에 모발 자체 수분 함유량이 10% 이하가 되면 오버 드라이(Over Dry)로 모발이 정전기가 잘 발생하며 윤기 없이 푸석하게 보이므로 헤어스타일을 완성한 후에도 모발의 수분 함유량은 10~15%를 유지하도록 한다.

2 C컬 드라이

(1) 도구 선택

드라이어는 연모나 숱이 보통 또는 적은 퍼머넌트 웨이브 모발에 효과적이고, 아이론은 머리숱이 많고 굵으며 강한 곱슬머리 또는 생머리에 적합하다. 대부분 1개 이상의 기기를 적절하게 병행하여 헤어스타일을 연출한다.

(2) 원리와 방법

① 모발에 적정 수분을 유지하며 4등분 블로킹한다.

② 모발의 길이와 연출하고자 하는 웨이브 굵기를 고려하여 롤브러시를 선정한다.

③ 네이프에서 시작하여 톱으로 향하면서 시술한다.

④ 롤브러시의 너비 80%가량의 모발을 가로로 슬라이스한다.

⑤ 스트랜드(Strand)를 가볍게 훑듯이 스트레이트로 펴 준다.

⑥ ⑤의 모발 끝부분을 롤브러시에 안으로 감아 준다. 모발 끝이 꺾이지 않게 처음 감을 때 최대한 롤브러시를 당기듯 감아 준다. 이때 롤브러시에 감기는 회전 바퀴가 많아지면 웨이브가 생기므로 최대 한 바퀴 반 이내가 되도록 한다.

⑦ ⑥의 감은 모발의 구부러지는 지점을 중심으로 열풍을 쏘여 준다.

⑧ 열풍이 고객 피부에 직접 닿거나 향하지 않도록 주의한다.

⑨ ⑦의 모발에 찬 바람 또는 자연풍으로 3초 정도 열을 식힌다.

⑩ ⑨의 식힌 롤브러시를 자연스럽게 빼면서 모발을 풀어 준다.

⑪ 전체 모발에 같은 방법으로 시술하여 마무리한다.

제 3 절 | 헤어컬러 기초이론

1 색채이론

(1) 3원색

① 무채색 : 백색, 회색, 흑색

② 유채색 : 무채색을 제외한 색

③ 색의 3원색 : 마젠타(Magenta), 시안(Cyan), 노랑(Yellow)

(2) 색의 혼합

① 1차색 : 색의 삼원색[마젠타(Magenta), 시안(Cyan), 노랑(Yellow)]

② 2차색 : 1차색을 혼합하여 만들어지는 색

③ 3차색 : 2차색을 혼합하여 만들어지는 색

④ 보색 : 색상환에서 서로 반대쪽에 있는 색으로 혼합 시 무채색(검정)으로 중화

⑤ 가법혼합 : 색을 혼합하면 더 밝아지는 색

⑥ 감법혼합 : 색을 혼합하면 더 어두워지는 색

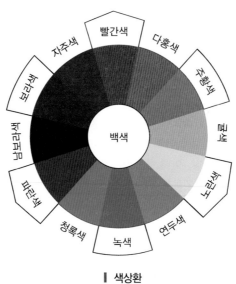

| 색상환

2 탈색이론 및 방법

(1) 탈색의 정의

모발에 존재하는 멜라닌색소를 산화시켜 자연적, 인공적 색채를 탈색시키는 것이다.

(2) 탈색제의 종류

액상 블리치	모발에 대한 탈색작용이 빠르고 원하는 시간에 중지할 수 있다.
호상 블리치(크림)	양 조절이 쉬우나 탈색의 진행 정도를 알기 어렵다.
파우더 블리치(분말)	탈색을 빠르고 가장 밝게 할 수 있으며 일반적으로 사용하는 방법이다.

(3) 탈색방법

① 제1액(알칼리제) : 암모니아, 모노에탄올아민

② 제2액(산화제) : 과산화수소

③ 제1액은 모발을 팽창시키고, 제2액은 산소를 발생시킬 수 있도록 작용하여 멜라닌색소를 분해한다.

④ 제1액 : 제2액(6% 과산화수소) = 1 : 3의 비율을 갖는다.

⑤ 제2액의 과산화수소 비율이 높을수록 탈색력이 강하다.

⑥ 온도가 높으면 탈색력은 강하나 모발 손상도가 높다.

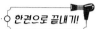

(4) 과산화수소(산화제) 농도

① 과산화수소(산화제) 3% : 10볼륨

② 과산화수소(산화제) 6% : 20볼륨

③ 과산화수소(산화제) 9% : 30볼륨

④ 과산화수소(산화제) 12% : 40볼륨

(5) 시술과정

상담 → 패치테스트 → 모발진단 → 고객카드 → 모발염색 결정

(6) 탈색 시 주의사항

① 제1액과 제2액 혼합 후 즉시 도포한다.

② 시술용 장갑을 꼭 착용한다.

③ 샴푸 후 산성 린스를 사용한다.

④ 제품은 서늘한 곳에 보관한다.

⑤ 두피 질환이 있는 경우 시술하지 않는다.

3 염색이론 및 방법

(1) 일시적 염모제

① 모표피에 색을 흡착시켜 샴푸 1회로 색을 쉽게 지울 수 있는 염모제로, 모발 손상 없이 다양하게 컬러 변화를 줄 수 있으나 모발을 밝게 하지는 못한다.

② 컬러 스프레이, 컬러무스, 컬러샴푸, 컬러젤, 컬러왁스 등이 있다.

③ **작용 원리** : 일시적 염모제는 색소 분자가 커서 모발 내부에는 침투하지 못하고 색소가 모표피 사이사이에 일시적으로 붙어 있게 된다.

(2) 반영구적 염모제

① 모표피 안층과 겉층에 색을 흡착시켜 4~6주 정도 유지되며, 선명한 색상을 표현하면서 피부 자극 없이 염색하고자 할 때 사용한다.

② 일시적 염모제와 동일하게 모발을 밝게 하지는 못하며, 매니큐어, 코팅, 왁싱 등이 있다.

③ **작용 원리** : 반영구 염모제는 이온 결합에 의해 염색이 이루어진다. 음이온(−)을 지닌 산성염료가 양이온(+)으로 대전된 모발에 흡착되어 이루어진다.

(3) 영구적 염모제

① 모표피부터 모피질까지 색을 흡착시켜 6주 이상 유지되는 염모제로, 산화 염모제와 비산화 염모제로 나눈다.

② 작용 원리

　㉠ 모발에 염모제를 도포하면 제1제의 알칼리 성분이 모표피를 팽윤시킨다. 팽윤된 모표피를 통과하여 모피질 속으로 들어간 염모제는 제2제인 과산화수소의 분해작용에 의해 멜라닌 색소가 파괴되면서 탈색이 일어난다.

　㉡ 과산화수소로부터 분리된 유리 산소는 모피질에 침투되어 있는 무색의 색소와 산화 중합반응을 하여 유색의 큰 입자를 형성하며 영구적으로 착색된다.

③ 분 류

식물성 염모제(헤나)	• 식물의 뿌리, 꽃잎, 줄기를 이용한다. • pH가 5.5로 손상이 가장 적다. • 염색 시간이 길고 색상이 한정적이다.
금속성 염모제	• 철, 은, 납, 구리, 니켈 등에 질산은과 식초산염 등을 혼합한다. • 염색 후 생긴 금속피막과 독성은 파마를 했을 때 모발 손상이 크다(현재 많이 사용하지는 않음).
유기합성 염모제 (산화 염모제, 알칼리 염모제)	• 제1액(알칼리제) : 암모니아(pH 6~8) • 제2액(산화제) : 과산화수소 6% • 제1액과 제2액을 혼합해서 사용한다(현재 가장 많이 사용). • 탈색과 발색이 같이 이루어진다. • 알레르기 반응을 일으킬 수 있다.

(4) 염모제의 번호체계

① 염모제 용기에 표기되어 있는 숫자는 명도와 색상을 의미한다.

② 일반적으로 X-XX, X/XX, X.XX와 같이 표기하며, 알파벳과 숫자를 혼용하여 표기하기도 한다. 예를 들어, 8-10 염모제라면 8은 명도로 고객이 원하는 밝기를 의미하고 10은 색상을 의미한다. 이 색상은 제조사별로 차이가 있으므로 사용 전 설명서를 자세히 읽고 확인하도록 한다.

$$\underset{\text{명 도}}{8} . \underset{\text{반사빛}}{7}$$

$$\underset{\text{명 도}}{8} . \underset{\substack{\text{1차}\\\text{반사빛}}}{1}\ \underset{\substack{\text{2차}\\\text{반사빛}}}{7}$$

❚ 염모제의 번호체계

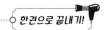

(5) 염색 시 주의사항

① **패치테스트** : 염색 전에 하는 알레르기 검사이다. 시술 전 사용하고자 하는 염색제를 귀 뒤나 팔 안쪽에 바른 후 48시간이 지났을 때 반응을 확인하는 테스트를 한다. 물집이나 통증이 있을 경우에는 시술이 불가능하다.

② **스트랜드 테스트** : 원하는 색상이 모발에 발색되는지 여부를 확인해 보기 위해 염색 전 안쪽 스트랜드 (적게 나누어 떠낸 모발)에 미리 염색약을 도포해 테스트하는 방법이다.

③ **테스트 컬러** : 약제 도포 후 원하는 색상이 나왔는지 확인하는 것이다.

> **Hair 핵심플러스!**
>
> **다이 터치 업**
> 염색 후 자란 모발 부분(모근)에 염색하는 것을 다이 터치 업(리터치)이라고 한다.

제4절 베이직 헤어컬러

1 헤어컬러제의 종류

구 분	일시적 염모제	반영구적 염모제	영구적 염모제
유지기간	샴푸 1~2회	2~4주	6주 이상
pH	산 성	산 성	알칼리성
염 료	유성염료, 산성염료	산성염료	산화염료
작용시간	도포 즉시 착색	20~30분 후 열처리와 자연 방치 후 착색	20~40분 자연 방치 후 발색(산화제에 따라 다름)
작용 깊이	모표피	모표피+모피질 외각	모피질+모수질
도포방법	특별한 기술이 필요 없음	두피에 묻지 않도록 주의하여 도포	모발 상태에 따라 다양함
특 징	원하는 부분만 염색하는 데 효과적	밝게 된 모발에서 선명한 색상 표현에 효과적	다양한 밝기와 색상 표현 가능

2 헤어컬러 방법

(1) 염모제 도포방법

① 염모제는 모발 길이와 모발의 각화 정도가 달라 약제의 침투와 발색에 영향을 받으므로 도포방법을 달리할 필요가 있다.

② 붓의 각도에 따라 염모제 양의 조절이 가능하고 도포할 부분이 달라진다. 붓을 90°에 가깝게 세웠을 때에는 소량을 빗질하듯이 도포할 수 있고, 섬세하게 원하는 부분만 바를 수 있다.

③ 붓을 낮은 각도로 눕혔을 때에는 도포할 염모제 양을 늘려 넓은 부분을 빠르게 도포할 수 있다.

> **Hair 핵심플러스!**
>
> **붓으로 조절하는 염모제의 양과 도포 부위**
> - 모근 가까이 1cm 미만의 부분을 도포할 때 → 붓 면적의 1/3 지점에만 소량의 염모제를 덜어 내어 도포한다.
> - 모근 쪽 3cm 미만의 부분을 도포할 때 → 붓 면적의 1/2 지점까지 염모제를 덜어 내어 도포한다.
> - 모근 가까이를 제외한 넓은 부분을 도포할 때 → 붓 면적의 2/3 지점까지 염모제를 덜어 내어 도포한다.

(2) 원터치(One Touch) 기법

① 모근에서 모발 끝까지 한 번에 도포하는 것을 말한다.

② 고객의 희망 색이 자연 모발과 같은 어두운 색이거나 모발 전체를 고명도로 하기 원할 때 사용한다. 또 산성염모제 도포에도 많이 사용한다.

(3) 투터치(Two Touch) 기법

① 전체 길이가 25cm 미만인 모발을 두 번에 나누어 도포하는 것을 말한다.

② 모근에 새로 자라난 신생부와 기염부의 명도를 맞추는 경우에 사용하며, 두피 쪽 모발과 모발 끝의 온도 차이에 의한 염모제의 반응 속도가 다르므로 얼룩 없이 균일한 컬러를 얻기 위해 사용하는 도포법이다.

(4) 스리터치(Three Touch) 기법

전체 길이가 25cm 이상인 모발을 균일한 색상으로 밝게 염색할 때 또는 신생부와 기염부의 명도를 맞추면서 기염부 모발 끝부분이 색소의 과잉 침투로 인해 균일한 컬러 결과를 얻기 어려울 때 사용하는 도포법이다.

(5) 리터치(Retouch)

① 기염부와 신생모를 연결하는 것을 리터치라고 한다.

② 신생모를 기염부의 염색보다 밝게 염색할 때는 리터치-톤업, 기염부의 명도 변화 없이 신생모의 색상만 바꿔 주는 것을 리터치-톤온톤, 기염부의 명도보다는 어둡고 신생모보다는 밝게 하는 것을 리터치-톤다운이라고 한다.

3 베이직 헤어컬러 마무리

(1) 염모제를 제거하기 위한 샴푸

산성염모제 제거 샴푸	산화염모제 제거 샴푸
① 유화를 하지 않고 장갑을 착용한 상태에서 모발에 남은 산성염모제를 흐르는 물로 충분히 제거한다. ② 장갑을 착용한 상태에서 첫 번째 샴푸제를 두피에 묻혀 거품을 풍성하게 만들어 모발을 세정하고, 두 번째 샴푸는 두피부터 깨끗이 세정을 한다. ③ 모발에 트리트먼트를 도포하고 가볍게 매니플레이션을 한 후 헹군다.	① 헤어라인에서부터 1~2cm 간격의 슬라이스로 유화용 트리트먼트를 도포한다. ② 헤어라인부터 엄지손가락을 이용하여 부드럽게 원을 그리듯이 매니플레이션을 한다. ③ 두상 전체를 손가락을 이용하여 매니플레이션을 한다. ④ 두상 전체를 4등분하여 모근부 쪽부터 전체적으로 부드럽게 주무르기 기법으로 매니플레이션을 한다. ⑤ 모발을 문지르며 가볍게 헤어컬러제를 제거한다. ⑥ 미온수로 충분히 헹구고 목선에 염모제가 남아 있지 않도록 주의한다. ⑦ 헤어라인의 잔류 색소를 리무버(크림)로 지운다. ⑧ 컬러 전용 샴푸를 두피에 도포한 후 거품을 충분히 내고 잔여물을 제거한다. ⑨ 모발에 트리트먼트를 도포하고 가볍게 매니플레이션을 한 후 헹군다.

(2) 헤어컬러 시술 마무리

① 고객을 거울 앞으로 안내하여 의자에 앉힌다.
② 고객의 헤어라인에 헤어컬러제가 남은 부분에 탈지면이나 화장 솜에 리무버(크림)를 묻혀 가볍게 두드리면서 색소를 제거한다.
③ 젖은 수건을 이용하여 피부에 남은 리무버를 부드럽게 닦는다.
④ 고객의 의복을 점검하고 드라이 보를 착용한다.
⑤ 모발을 감싼 수건을 풀고, 모발에 물기를 제거한다.
⑥ 모발 상태에 맞는 에센스를 이용하여 모발 끝부분부터 전체를 바른다.
⑦ 핸드 드라이어를 사용하여 모발을 건조시킨다.

05 헤어미용 전문제품 사용

제 1 절 제품 사용

1 헤어전문제품의 종류

분 류	종 류	특 징
세정 및 케어용	헤어샴푸	모발을 청결하게 하고 모공을 막고 있는 피지 등 노폐물을 제거하여 모공에 원활한 산소 공급을 도와 모발과 두피를 건강하게 하는 것에 그 목적이 있다.
	헤어트리트먼트	펌제 및 염모제 등 화학적 손상으로 인해 모발 내부의 간충물질이 유실된 손상모에 모발과 유사한 성분으로 배합된 물질을 공급하여 모발에 탄력과 광택을 준다.
	헤어컨디셔너	• 샴푸의 마지막 헹굼단계에서 사용하며, 샴푸로 과다하게 제거된 모발 등에 유분을 보급하여 부드러운 광택과 촉감을 준다. • pH를 조절하여 모발의 등전점 유지, 정전기 방지, 모발 표면 상태를 매끈하게 정돈하는 등의 역할을 한다.
헤어스타일링용	헤어스프레이	분사 후 건조될 때 필름을 형성하여 헤어 디자인 형태를 고정하고 유지시킬 때 사용한다.
	헤어무스	스타일링과 함께 헤어 케어의 기능이 있으며, 세팅력, 헤어 케어, 광택을 목적으로 하는 제품이 있다.
	헤어젤	헤어스타일 유지를 위해 모발을 고정시키고자 할 경우 사용한다.
	왁 스	바셀린 베이스의 유연제로 유성 성분이 많기 때문에 딱딱하게 굳지 않아서 웨이브나 자연스러운 헤어스타일 연출에 좋다.
	헤어오일	광택, 유연성, 모발 보호 및 헤어스타일을 목적으로 할 때 사용된다.
	헤어세럼	모발에 영양을 주는 성분이 함유되어 있어 염·탈색과 퍼머넌트 등의 화학적 서비스에 의해 손상된 모발, 건조모, 절모 등의 스타일링에 사용된다.
	헤어에센스	모발에 윤기, 광택을 주며 자연스런 유연성, 빗질을 용이하게 한다.
헤어컬러용	영구 염모제	산화제(제2제)와 함께 사용하며 모피질 내로 침투하여 모발을 탈색시키고 새로운 색소를 입히는 과정을 통해 모발의 색을 영구적으로 변화시킬 수 있다.
	반영구 염모제	• 산성염모제, 코팅제 또는 헤어 매니큐어 등으로 불린다. • 산화제를 사용하지 않으므로 모발 탈색작용을 하지 않아 영구 염모제에 비해 모발 손상이 적다. • 유지력은 평균 30일 정도로 짧다.
	일시적 염모제	• 색소의 크기가 크고 암모니아 및 산화제가 들어 있지 않아 모발에 화학적 변화를 일으키지 않으므로 모표피의 최외각층 표면에 안료 또는 염료를 흡착만 시킨다. • 1회 샴푸로 색소가 탈락된다.

분 류	종 류	특 징
헤어 퍼머넌트용	헤어퍼머넌트 웨이브제 (콜드 퍼머넌트)	• 모발의 결합을 영구적으로 변화시켜 웨이브를 연출한다. • 주제품은 시스테인 및 티오글라이콜산을 주원료로 하는 환원제(제1제)와 브롬산 나트륨 및 과산화수소수를 주원료로 하는 산화제(제2제)로 구성된다. • 제1제는 웨이브에 관여하는 모발의 시스틴 결합을 끊는 역할을 하고, 제2제는 끊어진 시스틴 결합을 재결합하여 원하는 웨이브 형태로 고정시킨다.
	스트레이트 퍼머넌트제	모발의 형태에 웨이브를 형성시키는 것이 아니라 곱슬거리는 모발을 펴서 직선이 되게 하는 방법이다.
탈모 방지용		• 탈모 증상 완화에 도움을 주는 탈모 방지용 제품은 그 효과에 따라 전문의약품, 일반의약품, 기능성 화장품으로 구분된다. • 헤어미용 분야에서는 피부나 모발의 기능 약화로 인한 건조함, 갈라짐, 빠짐, 각질화 등을 방지하거나 개선하는 데 도움을 주는 기능성화장품의 탈모 방지용 제품을 취급할 수 있다.

2 세정 및 케어제품 선택

(1) 헤어샴푸 사용

① 헤어커트 전에는 일반 샴푸제, 헤어컬러와 퍼머넌트 전에는 중성 샴푸제 또는 프레샴푸를 진행한다.

② 화상 방지를 위해 찬물을 먼저 틀고 난 다음에 뜨거운 물을 틀어서 물의 온도를 맞춘다. 물의 온도를 맞출 때에는 고객의 모발에 물을 분사하기 전 시술자의 손목 안쪽에서 물의 적정 온도를 확인한다.

③ 고객의 헤어미용 서비스 목적에 알맞은 샴푸를 손바닥에 덜어 비빈 후 두피와 모발에 골고루 도포하여 거품을 충분히 낸다.

④ 충분히 거품이 나면 모공의 노폐물을 뺀다는 느낌으로 지문을 이용해 두피를 문지르며 사용한다.

⑤ 물로 깨끗하게 헹구어 샴푸 잔여물이 남지 않도록 한다. 이때 화학적 서비스(헤어컬러 또는 헤어퍼머넌트) 전이라면 이후 단계는 생략한다.

(2) 세정용 제품 사용

① 헤어커트 후에는 일반 샴푸제와 컨디셔너를 사용하여 모발의 엉킴을 방지하고 윤기를 부여한다.

② 헤어컬러 후에는 산성 샴푸제나 컬러 전용 샴푸제를 사용한다. 린스 또는 컨디셔너도 동일하게 선택한다.

③ 헤어퍼머넌트 후에는 산성 샴푸제나 컬 전용 샴푸제를 사용한다. 린스 또는 컨디셔너도 동일하게 선택한다.

제 2 절 | 헤어전문제품의 사용방법

1 헤어컬러 제품 사용방법

(1) 제품 선택

① 고객이 모발 손상을 최소화하면서 일회성으로 컬러 표현을 원할 때에는 일시적 염모제(컬러 스프레이, 컬러 파우더, 컬러 스틱, 컬러린스 등)를 선택한다.

② 4~6주 동안의 염색 지속 기간을 원하면서 윤기가 없고 다공성 모발인 경우 반영구 염모제(산성 컬러, 헤어 매니큐어, 비산화 염모제)를 선택한다. 비산화 염모제는 필요한 양을 염색 볼에 덜어서 바로 모발에 도포한다.

③ 모발 자연 색상을 밝게 하고 염색이 오래 지속되기를 원하는 경우 영구적 염모제를 선택한다.

(2) 염모제 사용 시 주의사항

① 영구 염모제 제품에 표시된 전(全) 성분을 확인하여 알레르기 유발물질이 있는지 확인한다.

② 고객이 원하는 염색을 위해서는 염색 전 패치테스트를 진행한다.

③ 스트랜드 테스트를 통해 고객의 모발이 염색에 적합한지를 판단한다.

④ 염색이 가능한 모발이면 필요한 양을 배합하여 사용한다. 영구 염모제는 산화 염모제로 반드시 1제와 2제를 섞어서 사용해야 한다. 혼합 비율은 각 염모제 제조사에 따르므로 제품 사용 전 사용법을 숙지한 후 사용할 수 있도록 한다.

⑤ 평균 35분의 방치시간 후에 원하는 컬러가 표현되었는지를 확인한다.

2 헤어퍼머넌트 웨이브 제품 사용방법

고객의 모발 및 두피 상태에 따라 알맞은 헤어퍼머넌트 웨이브 제품을 선택한다. 일반적으로 2욕식 콜드 퍼머넌트 웨이브 방법(제1제, 제2제)이 사용된다.

(1) 제1제 선택

① 버진 헤어, 경모, 강모인 경우 일반적으로 헤어퍼머넌트 웨이브 전문제품 제1제는 티오글라이콜산을 사용한다. 경모 중에서도 웨이브가 잘 형성되지 않는 모발은 암모늄염 타입의 제품을 사용할 수 있도록 한다.

② 손상모, 염색모, 얇은 모발에는 시스테인을 사용한다.

(2) 제2제 선택

헤어퍼머넌트 웨이브 전문제품 제2제로는 과산화수소수와 브롬산나트륨을 사용한다. 중화 시간이 오래 걸리지만 모발이 탈색되는 부작용을 예방하려면 과산화수소수보다 브롬산나트륨을 선택한다.

3 손상모발 복구용 제품 사용방법

(1) 제품 선택

화학적 헤어미용 서비스 후 손상된 모발을 복구시키기 위해 모발의 주성분인 아미노산류(케라틴 PPT, 콜라젠 PPT)로 이루어진 제품을 선택한다.

(2) 사용방법

① 샴푸 후 젖은 모발에 충분히 도포한 후 드라이어로 70% 정도 가온 건조한다.

② 건조 시 냉풍 가온 30~60초 후 온풍 가온으로 바꿔 가온 처리해 준다.

③ 손상도가 심할 때에는 2~3회 반복하여 진행한다.

4 헤어스타일링 제품 사용방법

(1) 스프레이 타입 제품

모발이 가늘고 양이 많지 않아 가라앉는 경우에는 모근의 볼륨감을 유지할 수 있도록 스프레이를 사용한다.

① 볼륨을 주고자 하는 부분의 모근에 드라이어를 사용하여 볼륨을 준다.

② 고객의 얼굴을 보호하고 볼륨이 고정되도록 스프레이를 분사한다.

    ㉠ 전체적으로 헤어스타일링을 고정하며 마무리하는 목적일 경우에는 고객의 얼굴에서 30~35cm 떨어진 거리에서 전체적으로 분사한다.

    ㉡ 특정 부분의 모발을 고정하기 위해서는 10cm 정도 근접한 거리에서 집중 분사한다.

③ 드라이어의 미열로 제품을 굳힌다.

④ 볼륨을 준 곳에 다시 한 번 스프레이 제품으로 고정한다.

(2) 왁스 또는 젤 타입 제품

모발 끝의 움직임을 강조하는 스타일을 위해 헤어 왁스 또는 젤 타입의 제품을 사용한다.

① 손바닥에 헤어 왁스, 젤 등을 덜어 낸다.

② 덜어 낸 제품을 손바닥의 열로 고르게 펴주어 바르기 편한 상태로 만든다.

③ 모발 전체에 제품이 골고루 묻도록 가볍게 바른다.

④ 스타일링이 필요한 부분의 모발 끝을 움켜쥐듯 '잡았다 놓았다'를 반복하여 집중 도포한다.

⑤ 원하는 느낌이 연출되었는지 확인한다.

(3) 검 타입 제품

자연스러운 헤어스타일을 원하면서 제품을 골고루 도포하는 경우 검 타입의 제품을 사용한다.

① 손바닥에 검 타입의 제품을 50원 동전 크기의 반 정도만큼 덜어 낸다.

② 손바닥에 덜어 낸 검 타입의 제품을 잘 비빈다.

③ 고객의 두상 위에서 양손을 25~30cm 간격으로 박수 치듯 맞춰 친다.

④ 양손 사이에서 생성된 거미줄 같은 검이 모발 위에 골고루 얹어질 수 있도록 한다.

⑤ 거미줄 형태로 모발 위에 얹어진 검을 모발과 함께 움켜쥐듯 하며 스타일을 연출한다.

(4) 스틱·세럼·에센스 타입 제품

① 스틱 타입

　㉠ 모발이 흘러내리지 않도록 두피에 밀착 고정하는 경우 사용한다.

　㉡ 스틱 타입의 제품을 사용하기 좋은 곳 : 가르마, 네이프, 사이드와 구레나룻

② 세럼 타입

　㉠ 긴 머리는 모발 끝을 차분하게 정리할 수 있는 세럼 타입의 제품을 사용한다.

　㉡ 샴푸 후 타월 드라이 후 30~40% 정도의 수분이 남아 있는 상태에서 모발의 끝부분에 세럼을 도포한다.

③ 에센스 타입

　㉠ 자연스러운 느낌을 연출할 때 사용한다.

　㉡ 모발 상태에 따라 스프레이 타입, 로션 타입, 크림 타입, 밤 타입, 오일 타입 중 적합한 형태를 선택한다.

1 모발 상태와 디자인에 따른 사전 준비

(1) 업스타일 사전 작업

직모는 고정한 핀(Pin)이 흘러내리거나, 잔머리가 튀어 나오기 쉬우며 스타일도 제한적이다. 보다 우아하고 다양한 스타일을 위해 업스타일 전에 헤어드라이어, 헤어 마샬기, 헤어 세트롤러 등을 활용하여 웨이브를 만들어 주는 것이 좋다.

(2) 블로 드라이어 세팅

손상 모발이나 퍼머넌트 웨이브가 있는 모발, 숱이 적고 층이 있는 모발에 적합하며 블로 드라이어와 롤브러시로 웨이브를 형성한다.

(3) 헤어 마샬기 세팅

강한 직모에 적합하며 일자형 또는 원형 헤어 마샬기로 웨이브를 형성한다.

(4) 헤어 세트롤러 세팅

전열식 헤어 세트롤러를 주로 사용한다.

2 헤어 세트롤러의 종류

분 류	구 분	도 구	특 징
재질에 의한 분류	플라스틱		• 젖은 모발에 와인딩한 후 열풍으로 건조하는 방식 • 건조하는 데 긴 시간이 필요함(사용 빈도 낮음) • 모발 손상이 거의 없음
	벨크로		• 일명 '찍찍이'라고 불리는 헤어 세트롤러 • 금속 위에 벨크로 처리하여 세팅력을 강화한 제품도 있음 • 젖은 또는 마른 모발에 와인딩한 후 건조하는 방식 • 짧은 헤어퍼머넌트 웨이브 모발에 효과적
	고 무		• 스파이럴 컬에 효과적 • 별도로 고정 장치 없어도 사용 가능

분류	구분	도구	특징
모양에 의한 분류	원형		• 롤(Roll) 형태로 가장 전형적인 형태 • 주로 컬이나 웨이브를 연출하거나 볼륨을 형성할 때 사용 • 굵기와 너비가 다양
	원추형		• 한쪽은 좁은 지름, 또 다른 한쪽은 넓은 지름 • 곡선형 또는 서로 다른 굵기의 웨이브 연출에 적합
	스파이럴형		• 긴 모발에 적합 • 전용 고리로 모발을 당겨서 사용
열에 의한 분류	일반 세트롤러		• 적당하게 젖은 모발에 사용 • 와인딩 전에 세팅력 강화를 위한 제품 사용 가능 • 완전 건조 후 롤을 풀어서 스타일을 연출
	전기 세트롤러		• 반드시 마른 모발에 사용 • 비교적 짧은 시간에 웨이브를 연출할 수 있음 • 감전과 화상에 유의

출처 : 교육부(2015). 헤어스타일 연출(LM1201010111_14v2). 한국직업능력개발원. pp.38-39.

3 헤어 세트롤러의 사용방법

(1) 헤어 세트롤러 활용기법

① 고객의 얼굴형, 연령, 모발 길이, 사용 도구, 희망 헤어스타일 등에 따라 헤어 세트롤러의 활용기법이 다양하다.

② 일반적으로 고려해야 할 것은 헤어 세트롤러의 크기와 굵기, 베이스(Base) 너비와 폭, 각도와 볼륨, 텐션, 방향 등이다.

(2) 헤어 세트롤러 크기와 굵기

헤어 세트롤러의 지름이 클수록 컬이 굵어지고 지름이 작을수록 컬이 작아진다.

(3) 헤어 세트롤러 베이스 너비와 폭

① 베이스의 너비는 헤어 세트롤러 지름의 80% 정도가 이상적이다. 베이스가 너무 넓으면 작업 과정에서 모발이 헤어 세트롤러 밖으로 튀어 나가고, 너무 좁으면 작업 시간이 길어지기 때문이다.

② 베이스의 폭은 헤어 세트롤러의 지름과 1 : 1 정도가 적절하며 굵은 웨이브를 원하면 폭을 넓게, 작은 웨이브를 원하면 폭을 좁게 잡는 것도 요령이다.

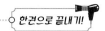

(4) 헤어 세트롤러 각도와 볼륨

각도는 볼륨과 관련이 있는데 모발을 120° 이상 들어 와인딩하면 컬의 볼륨이 크고, 움직임도 자유롭다. 반면 60° 이하로 들고 와인딩하면 컬의 볼륨이 작고 움직임도 제한적이다.

(5) 헤어 세트롤러의 텐션

① 텐션(Tension)이란 모발을 잡아당기는 일정한 힘을 의미하며, 헤어 세트롤러를 와인딩할 때 모발의 끝이 꺾이지 않고 탄력 있는 웨이브가 형성될 수 있도록 와인딩해야 한다.

② 적당한 텐션으로 와인딩하되, 고객이 통증을 느낄 만큼 강하게 당기지 않도록 주의한다.

제2절 베이직 업스타일 진행 및 마무리

1 업스타일 도구의 종류와 사용법

(1) 브러시의 종류와 특징

브러시는 업스타일 작업 과정 중 모발의 면을 정리하여 디자인의 선과 면, 볼륨, 광택 등을 표현하는 역할을 한다.

분 류		모 양	특 징
재질에 의한 분류	돈 모		• 업스타일용으로 사용되는 평면 돈모 브러시 • 정전기가 발생하지 않으며, 모발을 일정한 방향으로 정리하는 데 용이
	플라스틱		빗살 간격이 엉성하며 주로 스타일 마무리용으로 사용
	금 속		효율적인 열전도성으로 빠른 세팅 효과를 원할 때 사용
형태에 의한 분류	원 형		롤(Roll, Circular, Round)브러시이며, 주로 컬이나 웨이브를 형성할 때 사용
	반원형		쿠션(Cushion), 덴맨(Denman) 브러시로 볼륨 형성이나 모류 방향성 부여 및 보브(Bob) 스타일을 연출할 때 사용
			벤트(Vent, Skeleton) 브러시는 컬 형성보다 모류 방향성을 부여하기 위해 또는 자연스러운 스타일을 신속하게 연출할 때 사용

출처 : 교육부(2015). 헤어스타일 연출(LM1201010111_14v2). 한국직업능력개발원. p.5.

(2) 빗의 종류와 특징

빗은 업스타일 작업 과정 중 블로킹, 섹션 등을 나누고 백콤이나 모발의 방향을 만드는 역할을 한다.

분 류	모 양		특 징
재질에 의한 분류	플라스틱		가볍고 경제적이며 가장 일반적으로 다양하게 사용됨
	나무 동물 뼈		• 내열성이 요구되는 헤어 마샬 웨이브와 같은 작업에 사용 • 모발을 보호하는 역할
형태에 의한 분류	꼬리 빗		• 가장 일반적이며 다양한 용도로 사용 • 덕 테일 콤(Duck Tail Comb)이라고도 함
	빗살 간격 좁은 빗/넓은 빗		• 좁은 빗은 모발을 곱게 빗을 때 사용 • 넓은 빗은 웨이브 모발 또는 엉킨 모발을 정돈할 때 사용
	스타일링 콤		백콤을 넣거나 완성된 상태의 형을 잡을 때 사용

출처 : 교육부(2015). 헤어스타일 연출(LM1201010111_14v2). 한국직업능력개발원. p.5.

(3) 업스타일 핀의 종류와 특징

분 류	모 양	특 징
핀 셋		• 블로킹을 하거나 형태를 임시로 고정할 때 사용 • 집게나 톱니 형태의 핀셋도 있음
핀컬 핀		• 부분적으로 임시 고정할 때 사용 • 금속이나 플라스틱 재질이며 핀셋보다 작은 형태
웨이브 클립		• 리지 간격을 고려하여 집게로 집듯 사용 • 웨이브의 리지를 강조할 때 효과적
실 핀		• 가장 일반적으로 많이 사용하는 핀 • 벌어진 핀은 사용하지 않음
대 핀		• 강하게 고정할 때 사용하는 핀 • 녹슬지 않도록 보관에 주의
U핀		• 임시로 고정하거나 면과 면을 연결할 때 사용 • 가볍게 컬을 고정하거나 망과 토대를 고정시킬 때 사용 • 고정력은 실핀이나 대핀에 비해 약함

출처 : 교육부(2015). 헤어스타일 연출(LM1201010111_14v2). 한국직업능력개발원. pp.50-51.

2 모발 상태와 디자인에 따른 업스타일 방법

(1) 땋기(Braid) 기법

① 가장 일반적인 방법은 '세 가닥 안땋기'로 세 가닥 중 가운데 가닥 위로 좌우 가닥이 올라가며 땋는 형태이다.

② 응용 기법으로 양쪽의 모발을 집어 연결하면서 땋을 수 있는데, 이러한 기법을 일명 디스코 땋기(세 가닥 집어 안땋기, Invisible Braid)라 한다. 가운데 매듭이 안으로 감추어진 것이 특징이며, 매듭이 밖으로 돌출한 형태는 콘로 땋기(Cornrow, 세 가닥 집어 겉땋기, Visible Braid)라 한다. 그 외 세 가닥 이상의 스트랜드로 땋기, 한쪽만 집어 땋기, 실이나 스카프를 넣고 땋기 등 다양한 기법으로 연출할 수 있다.

(2) 꼬기(Twist) 기법

① 가장 일반적인 방법은 한 가닥의 스트랜드를 오른쪽 또는 왼쪽의 한 방향으로 꼬는 '한 가닥 꼬기'이다.

② 그 외 두 가닥 꼬기, 집어 꼬기, 실이나 스카프를 넣고 꼬기 등 다양한 기법으로 연출할 수 있다.

(3) 매듭(Knot) 기법

가장 일반적인 방법은 '두 가닥 매듭'으로, 두 가닥의 모발을 교차하여 묶기를 연속하여 반복하는 것이다. 또 한 가닥만으로 연속하여 묶을 수도 있다.

(4) 롤링(Rolling) 기법

패널을 크게 감아서 말아 주는 형태로 크게 수직 말기(롤링)와 수평 말기(롤링)가 있다.

(5) 겹치기(Overlap) 기법

① 생선 가시 모양과 비슷하다고 해서 피시본(Fish Bone) 헤어라고 하며, 2개의 스트랜드를 서로 교차하는 방식으로 땋기와 다른 느낌으로 표현된다.

② 네이프에서 톱 또는 톱에서 네이프로 향하게 겹칠 수도 있고, 한 가닥에서 서로 겹칠 수도 있다.

(6) 고리(Loop) 기법

① 모발을 구부려서 둥글게 감아 루프를 만드는 방식이다.

② 토대의 위치, 루프의 크기나 개수 및 방향 등에 따라 느낌이 다양하게 연출된다.

3 베이직 업스타일 마무리

(1) 제품 선택

업스타일 작업의 마무리 단계에서 형태를 고정시키거나 모발 표면에 광택을 부여하기 위해 헤어 고정 스프레이, 헤어 광택 스프레이, 왁스 등의 제품을 사용한다.

(2) 업스타일 디자인 확인과 보정

① 헤어스타일링 제품을 사용하여 업스타일을 마무리한다.

② 일반적으로 헤어스프레이를 사용하여 업스타일의 형태를 고정시킨다.

③ 손과 꼬리 빗을 이용하여 모류의 흐름을 살리면서 헤어스프레이로 잔머리를 고정시켜 마무리한다.

④ 전체적인 디자인을 점검하고 디자인을 보정한다.

⑤ 전면, 측면, 후면에서의 디자인 형태를 확인하고 전체적인 균형에 맞게 보정한다.

⑥ 고객의 만족을 확인하고 디자인을 조화롭게 보정해야 한다.

07 ✂ 가발 헤어스타일 연출

제1절 | 토털 코디네이션

1 토털 뷰티코디네이션

(1) 토털 뷰티코디네이션의 정의

토털 뷰티코디네이션이란 헤어스타일, 메이크업, 의상, 액세서리, 소품 등을 적절히 배치하고 분류하여 하나의 통일된 스타일로 조화를 이루는 것이다.

(2) 연령별 코디네이션

10대 여성(스쿨 걸)	청소년층(14~18세)으로 캐주얼하고 스포티한 패션을 선호한다.
20대 여성(컬리지 걸)	대학생층으로 유행하는 패션 포인트가 있고 트렌드에 민감하다.
30대 여성	자신의 스타일과 개성을 찾아 세련되게 연출한다.
40대 여성	체형을 보완해 주는 기능과 심플함과 고급스러움을 추구한다.
50~60대 여성	완숙미를 표현하고 정적이며 부드럽고 우아하게 연출한다.

(3) 이미지에 따른 코디네이션

엘레강스	우아하고 세련된 이미지
캐주얼	실용 위주의 디자인을 추구하며 형식적인 부분을 배제한 자유로운 이미지
로맨틱	사랑스럽고 귀여운 느낌의 이미지
클래식	고전적이고 격조 있는 이미지
내추럴	소박하고 심플한 자연적인 이미지
모던	간결하고 현대적·도시적인 이미지
아방가르드	실험적이고 독창적인 이미지
에스닉	민속적인 이미지

2 가 발

(1) 가발의 역사

고대 이집트 시대(BC 5000년)부터 태양열로부터 두부를 보호하고 장식하기 위해 착용하였다.

(2) 가발의 사용 목적

트렌드와 스타일 변화에 따른 용도로 사용한다. 탈모환자 등 모발 숱이 적거나 손상된 경우 결점을 보완하기 위해 사용한다.

(3) 가발의 종류와 특성

분 류	종 류	용 도
전체 가발	위그(Wig)	• 두상 전체에 쓰는 가발로, 두상의 90% 이상을 감싸는 전체 가발 • 유전이나 질병으로 탈모 면적이 넓거나 모발의 양이 매우 적은 고객들이 새로운 스타일로 빠르게 변화할 수 있음
부분 가발	위글렛(Wiglet)	• 둥글고 납작한 베이스에 6인치(15.24cm)보다 짧은 모발을 이용하여 제작된 부분 가발 • 두상의 톱과 크라운 지역에 풍성함과 높이를 형성하기 위하여 사용
	캐스케이드(Cascade)	• 긴 장방형 모양의 베이스에 긴 모발이 부착된 부분 가발 • 모발을 풍성하게 표현하고자 할 때 사용
	폴(Fall)	• 두상의 후두부(크라운, 백, 네이프)를 감싸는 크기의 부분 가발 • 보통 12인치에서 24인치(30.48~60.96cm) 사이의 다양한 길이가 있음
	스위치(Switch)	• 1~3가닥의 긴 모발을 땋은 모발이나 묶은 모발의 형태로 제작 • 두상에 매달거나 업스타일 등의 스타일링을 할 때 사용
	시뇽(Chignon)	• 와이어에 고정된 고리 모양의 길고 풍성한 부분 가발 • 대부분 특별한 형태로 제작되어 크라운과 네이프에 주로 사용
	브레이드(Braid)	3가닥의 모발을 땋은 형태의 부분 가발
	투페(Toupee)	• 남성의 탈모 부분이나 모량이 적은 부분을 가리는 부분 가발 • 주로 두상의 톱 부분에 사용

출처 : 교육부(2015). 헤어스타일 연출(LM1201010111_14v2). 한국직업능력개발원. pp.50-51.

(4) 가발 사용법

클립 고정법	• 가발 둘레에 클립을 부착하여 고객의 모발에 고정하는 방법 • 가장 많이 사용하는 방법으로 가발을 쓰고 벗은 것이 자유로움 • 클립의 탈부착이 가능하고 가발의 수명이 긺 • 장기간 사용 시 클립을 고정하는 부분의 힘 때문에 모발과 두피의 손상이 생길 수 있음
테이프 고정법	• 테이프를 이용해 고객의 탈모 부위에 가발을 부착하는 방법 • 밀착력이 뛰어나 가발과 본 머리 사이의 들뜸 현상으로 인한 불안감이 적음 • 땀과 피지 때문에 접착력이 약해질 수 있음

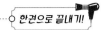

특수 접착법	• 고객의 탈모 부분의 모발의 제거하고 그 부분에 특수 접착제를 이용하여 가발을 부착하는 방법 • 접착력이 우수하여 격렬한 운동 가능 • 땀과 피지로 접착력이 약해질 수 있음 • 민감한 피부는 알레르기 증상에 유의해야 함
결속식 고정법 (반영구 부착법)	• 가발과 고객의 모발을 미세하게 엮어서 부착하는 방법 • 통풍이 잘되고 고정력이 뛰어나서 잘 벗겨지지 않음 • 과격한 운동 가능 • 고객의 모발이 자라면 가발과 밀착력이 약해짐 • 고정 부분의 부분성 탈모가 진행될 수 있음
증모술	• 모발의 가닥과 인조모를 자연스럽게 연결하여 모발의 숱이 많아 보이거나 길어 보이게 하는 방법 • 가발을 실제로 착용하지 않아서 편함 • 머리카락이 없는 부분은 증모가 어렵고 주기적인 작업이 필요함

(5) 가발 세정법

① 인모가발인 경우 2~3주에 한 번씩 샴푸를 하여야 하며 드라이 샴푸를 하는 것이 좋다.

② 부드럽게 브러싱하여 그늘에서 말려야 한다.

③ 플레인 샴푸를 할 경우 38℃의 미지근한 물로 세정한다.

④ 가발이 엉켰을 경우 네이프 쪽의 모발 끝부터 모근 쪽으로 빗질해야 한다.

(6) 가발 치수 측정

① 길이 : 이마 정중선의 헤어라인에서 네이프의 헤어라인까지의 길이를 잰다.

② 높이 : 좌측 이어 톱 부분의 헤어라인에서 우측 이어 톱 헤어라인까지의 길이를 잰다.

③ 둘레 : 페이스 라인을 거쳐 귀 뒤 1cm 부분을 지나 네이프 미디엄 위치의 둘레를 잰다.

④ 이마 폭 : 페이스 헤어라인의 양쪽 끝에서 끝까지의 길이를 잰다.

⑤ 네이프 폭 : 네이프 양쪽의 사이드 코너에서 코너까지의 길이를 잰다.

제2절 헤어 익스텐션

1 헤어 익스텐션 방법

붙임머리	테이프	• 가모의 테이프 부분을 모발에 부착하고 열을 전도하여 고정하는 방법 • 시술이 간단하고 시간이 적게 소요
	클립	• 헤어피스에 클립이 부착된 형태로 두상의 둘레에 맞게 피스의 폭이 다양하게 제작 • 클립으로 손쉽게 탈부착 가능
	링	• 링에 연결된 헤어피스를 붙임머리용 전용 집게를 이용하여 모발에 부착하는 방법 • 접착제를 사용하지 않으므로 모발 손상이 적음
	팁	• 접착제(실리콘 단백질 글루)를 이용하여 헤어피스를 모발에 직접 부착하는 방법 • 모발이 자라면 접착 부분이 보일 수 있고 열에 녹을 수 있음
	고무줄	• 2가닥 트위스트와 3가닥 브레이드 기법으로 모발을 연장한 다음, 고무실로 본 모발과 가모를 고정하는 방법 • 가장 자연스럽게 연결됨
	실	• 본 머리를 콘로 스타일로 마무리한 다음 그 위에 헤어피스를 부착하여 바느질하는 방법 • 실을 이용하여 연출하는 붙임머리는 주로 흑인들이 많이 사용
특수머리	트위스트	• 밧줄 모양과 같이 모발의 꼬인 형태 • 본 머리 또는 헤어피스를 연결하여 연출하는 스타일
	콘로	• 세 가닥 땋기 기법을 두피에 밀착하여 표현하는 스타일 • 안으로 집어 땋기보다 바깥으로 거꾸로 땋아서 입체감 표현
	브레이즈	세 가닥 땋기를 기본으로 하여 모발을 교차하거나 가늘고 길게 여러 가닥으로 늘어뜨려 연출하는 헤어스타일
	드레드	• 곱슬머리에 가모를 이용하여 마치 엉켜 있는 모발 다발을 연출하는 스타일 • 흑인머리 형태에서 많음

2 헤어 익스텐션 관리

(1) 붙임머리 관리

① 일주일에 2~3회 샴푸를 시술한다.

② 두피 상태에 따라 샴푸의 횟수는 조절할 수 있다.

③ 샴푸 전에는 항상 모발이 엉키지 않도록 충분히 빗질한다.

④ 미지근한 물로 가볍게 마사지하듯이 샴푸하고, 붙임머리 피스 부분에는 컨디셔너 또는 트리트먼트 제품을 사용하여 부드러운 머릿결을 유지할 수 있도록 한다.

⑤ 도포 후에는 다시 두피를 중심으로 건조하고, 모발 부분은 따뜻한 바람과 차가운 바람을 번갈아 가며 위에서 아래 방향으로 건조한다.

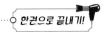

(2) **특수머리 관리**

① 드레드, 브레이즈 등의 헤어스타일은 샴푸할 때 두피 가까이 물을 적시고, 샴푸 제품은 파트와 파트 사이의 두피에 직접 도포하여 손가락으로 문지르면서 샴푸한다.

② 모발 부분은 거품을 낸 샴푸로 가볍게 헹구어 준다.

③ 다량의 모발이 연결되어 있는 디자인이므로 모발의 수분이 많아지면 모발이 팽창하여 연장한 부분이 느슨해지거나 디자인의 변형이 생길 수 있으므로 유의한다.

④ 샴푸 후에는 타월로 충분히 물기를 제거하고 두피 위주로 먼저 건조시킨다.

⑤ 두피가 습하면 세균 번식, 비듬 유발, 두피 염증 등 트러블의 원인이 되기 때문에 완전 건조가 필수적이다.

02 ✂ 적중예상문제

01 패치테스트에 대한 설명 중 틀린 것은?

① 처음 염색할 때 실시하여 반응의 증상이 없을 때는 그 후 계속해서 패치테스트를 생략해도 된다.

② 테스트할 부위는 귀 뒤나 팔꿈치 안쪽이 적당하다.

③ 테스트에 쓸 염모제는 실제로 사용할 염모제와 동일하게 조합한다.

④ 반응의 증상이 심할 경우에는 피부전문의에게 진료하도록 하여야 한다.

해설
패치테스트는 염색 전에 하는 알레르기 검사로, 시술 전 사용하고자 하는 염모제를 귀 뒤나 팔 안쪽에 바르고 48시간 후 반응을 확인하는 테스트이다.

02 핑거 웨이브의 종류 중 큰 움직임을 보는 듯한 웨이브는?

① 스월 웨이브(Swirl Wave)

② 스윙 웨이브(Swing Wave)

③ 하이 웨이브(High Wave)

④ 덜 웨이브(Dull Wave)

해설
② 스윙 웨이브 : 큰 움직임을 보는 듯한 웨이브
① 스월 웨이브 : 물결이 소용돌이치는 듯한 웨이브
③ 하이 웨이브 : 융기점이 높고, 웨이브 형성이 강한 웨이브
④ 덜 웨이브 : 융기점이 분명하지 않으며 느슨한 웨이브

03 컬이 오래 지속되며 움직임을 가장 적게 해주는 것은?

① 논 스템(Non Stem)

② 하프 스템(Half Stem)

③ 풀 스템(Full Stem)

④ 컬 스템(Curl Stem)

해설
① 논 스템 : 오래 지속되며 움직임이 가장 적은 컬
② 하프 스템 : 움직임이 보통인 컬
③ 풀 스템 : 움직임이 가장 큰 컬
④ 컬 스템 : 베이스에서 피벗 포인트까지의 컬

04 신징(Singeing)의 목적에 해당하지 않는 것은?

① 불필요한 두발을 제거하고 건강한 두발의 순조로운 발육을 조장한다.

② 잘라지거나 갈라진 두발로부터 영양물질이 흘러나오는 것을 막는다.

③ 양이 많은 두발에 숱을 쳐내는 것이다.

④ 온열자극에 의해 두부의 혈액순환을 촉진시킨다.

해설
양이 많은 두발에 숱을 쳐내는 것은 테이퍼링이다.

1 ① 2 ② 3 ① 4 ③ **Answer**

05 원랜스(One Length) 커트형에 해당되지 않는 것은?

① 평행보브형(Parallel Bob Style)
② 이사도라형(Isadora Style)
③ 스패니얼형(Spaniel Style)
④ 레이어형(Layer Style)

해설
원랜스 커트는 층을 내지 않는 커트로 이사도라 커트, 패럴렐 보브 커트, 스패니얼 커트가 해당된다. 레이어 커트는 모발에 전체적으로 층을 주는 커트이다.

06 마샬 웨이브에서 건강모인 경우에 아이론의 적정 온도는?

① 80~100℃   ② 100~120℃
③ 120~140℃   ④ 140~160℃

해설
마샬 웨이브에서 아이론의 적정 온도는 120~140℃이다.

07 퍼머넌트 웨이브 시술 시 산화제의 역할이 아닌 것은?

① 퍼머넌트 웨이브의 작용을 계속 진행시킨다.
② 제1액의 작용을 멈추게 한다.
③ 시스틴 결합을 재결합시킨다.
④ 제1액이 작용한 형태의 컬로 고정시킨다.

해설
퍼머넌트 웨이브의 제1액(환원제)은 시스틴 결합을 끊어 일시적인 웨이브를 형성시켜 주며, 퍼머넌트 웨이브의 제2액(산화제)은 제1액의 작용을 중지시켜 시스틴 결합을 재결합(산화작용)하여 형성된 웨이브를 고정시켜 준다.

08 빗을 천천히 위쪽으로 이동시키면서 가위의 개폐를 재빨리 하여 빗에 끼어 있는 두발을 자르는 커팅기법은?

① 싱글링(Shingling)
② 시닝(Thinning)
③ 테이퍼링(Tapering)
④ 슬리더링(Slithering)

해설
① 싱글링 : 빗을 천천히 위쪽으로 이동시키면서 가위의 개폐를 재빨리 하여 빗에 끼어 있는 두발을 자르는 커팅기법
② 시닝 : 모발의 길이는 유지하고 모량을 조절하는 커팅기법
③ 테이퍼링 : 모발 끝을 가늘게 질감처리하는 커팅기법
④ 슬리더링 : 가위를 사용하여 머리숱을 감소시키는 커팅기법

09 주로 짧은 헤어스타일의 커트 시 두부 상부에 있는 두발은 길고 하부로 갈수록 짧게 커트해서 두발의 길이에 작은 단차가 생기게 한 커트기법은?

① 스퀘어 커트(Square Cut)
② 원랜스 커트(One Length Cut)
③ 레이어 커트(Layer Cut)
④ 그러데이션 커트(Gradation Cut)

해설
그러데이션 커트는 목덜미(Nape)에서 정수리(Back) 쪽으로 올라가면서 두발에 단차를 주는 커트이며 두부 상부에 있는 두발은 길고 하부로 갈수록 짧게 커트해서 두발의 길이에 작은 단차가 생긴다.

10 누에고치에서 추출한 성분과 난황 성분을 함유한 샴푸제로서 모발에 영양을 공급해 주는 샴푸는?

① 산성 샴푸(Acid Shampoo)
② 컨디셔닝 샴푸(Conditioning Shampoo)
③ 프로테인 샴푸(Protein Shampoo)
④ 드라이 샴푸(Dry Shampoo)

해설
프로테인 샴푸는 난황 성분을 함유한 단백질 샴푸로서 다공성모와 극손상모에 영양을 공급한다.

11 다음 중 스퀘어 파트에 대하여 설명한 것은?

① 이마의 양쪽은 사이드 파트를 하고, 두정부 가까이에서 얼굴의 두발이 난 가장자리와 수평이 되도록 모나게 가르마를 타는 것
② 이마의 양각에서 나누어진 선이 두정부에서 함께 만난 세모꼴의 가르마를 타는 것
③ 사이드(Side) 파트로 나눈 것
④ 파트의 선이 곡선으로 된 것

해설
• 스퀘어 파트 : 두정부에서 이마의 헤어라인에 수평으로 나눈 가르마
• V 파트 : 두정부 중심에서 V 모양으로 연결한 가르마(머릿결이 갈라지는 것을 방지)
• 라운드 사이드 파트 : 사이드 파트를 곡선으로 나눈 가르마

12 건강모발의 pH 범위는?

① pH 3~4
② pH 4.5~5.5
③ pH 6.5~7.5
④ pH 8.5~9.5

해설
건강모발의 범위는 pH 4.5~5.5로 약산성이다.

13 다음은 모발의 구조와 성질을 설명한 내용이다. 맞지 않는 것은?

① 두발은 주요 부분을 구성하고 있는 모표피, 모피질, 모수질 등으로 이루어졌으며, 주로 탄력성이 풍부한 단백질로 이루어져 있다.
② 케라틴은 다른 단백질에 비하여 유황의 함유량이 많은데, 황(S)은 시스틴(Cystine)에 함유되어 있다.
③ 시스틴 결합(-s-s)은 알칼리에는 강한 저항력을 갖고 있으나 물, 알코올, 약산성, 소금류에 대해서 약하다.
④ 케라틴의 폴리펩타이드는 쇠사슬 구조로서, 두발의 장축방향(長軸方向)으로 배열되어 있다.

14 과산화수소(산화제) 6%는 몇 볼륨인가?

① 10볼륨
② 20볼륨
③ 30볼륨
④ 40볼륨

해설
• 과산화수소(산화제) 3% : 10볼륨
• 과산화수소(산화제) 6% : 20볼륨
• 과산화수소(산화제) 9% : 30볼륨
• 과산화수소(산화제) 12% : 40볼륨

10 ③ 11 ① 12 ② 13 ③ 14 ② **Answer**

15 다음 중 염색 시술 시 모표피의 안정과 염색의 퇴색을 방지하기 위해 가장 적합한 것은?

① 샴푸(Shampoo)
② 플레인 린스(Plain Rinse)
③ 알칼리 린스(Akali Rinse)
④ 논 스트리핑 샴푸제(Non Stripping Shampoo)

해설
논 스트리핑 샴푸제는 pH 4~5로 약산성이고 자극이 적어서 손상모나 염색모발에 사용하는 샴푸제이다.

16 두피에 지방이 부족하여 건조한 경우에 하는 스캘프 트리트먼트는?

① 플레인 스캘프 트리트먼트
② 오일리 스캘프 트리트먼트
③ 드라이 스캘프 트리트먼트
④ 댄드러프 스캘프 트리트먼트

해설
③ 드라이 스캘프 트리트먼트 : 건성두피
① 플레인 스캘프 트리트먼트 : 정상두피(건강 두피)
② 오일리 스캘프 트리트먼트 : 지성두피
④ 댄드러프 스캘프 트리트먼트 : 비듬성두피

17 다음 중 스탠드 업 컬에 있어 루프가 귓바퀴 반대 방향으로 말린 컬은?

① 플랫 컬
② 포워드 스탠드 업 컬
③ 리버스 스탠드 업 컬
④ 스컬프처 컬

해설
③ 리버스 스탠드 업 컬 : 루프가 두피에 90°로 세워져 있으며 귓바퀴 반대 방향으로 말린 컬
① 플랫 컬 : 루프가 0°로 납작하게 형성된 컬
② 포워드 스탠드 업 컬 : 루프가 두피에 90°로 세워져 있으며 귓바퀴를 따라 말린 컬
④ 스컬프처 컬 : 모발 끝이 서클의 안쪽에 있는 형태로 두발 끝이 컬 루프의 중심이 된 컬

18 원랭스 커트의 방법 중 틀린 것은?

① 동일 선상에서 자른다.
② 커트라인에 따라 이사도라, 스패니얼, 패럴렐 등의 유형이 있다.
③ 짧은 단발의 경우 손님의 머리를 숙이게 하고 정리한다.
④ 짧은 머리에만 주로 적용한다.

해설
원랭스 커트는 동일 선상의 외측과 내측에 단차를 주지 않고 일직선상으로 자른 형태로, 단발이나 긴 머리에 사용된다.

19 파마약의 제1액 중 티오글라이콜산의 적정 농도는?

① 1~2% ② 2~7%
③ 8~12% ④ 15~20%

해설
제1액의 주성분은 티오글라이콜산이며 6% 정도가 적당하다.

20 헤어블리치제의 산화제로 오일 베이스제는 무엇에 유황유가 혼합된 것인가?

① 과붕산나트륨 ② 탄산마그네슘
③ 라놀린 ④ 과산화수소수

해설
헤어블리치제의 산화제는 과산화수소수 6%이다.

21 다음 중 비듬 제거 샴푸로서 가장 적당한 것은?

① 핫 오일 샴푸 ② 드라이 샴푸
③ 댄드러프 샴푸 ④ 플레인 샴푸

해설
③ 댄드러프 샴푸 : 비듬 제거 샴푸
① 핫 오일 샴푸 : 지방을 공급해 주는 샴푸
② 드라이 샴푸 : 물을 사용하지 않는 샴푸
④ 플레인 샴푸 : 일반적인 샴푸로 중성세제 등을 사용하여 세척하는 것

22 다음 중 퍼머넌트 웨이브 후 두발이 자지러지는 원인이 아닌 것은?

① 사전 커트 시 두발 끝을 심하게 테이퍼링한 경우
② 너무 가는 로드를 사용한 경우
③ 와인딩 시 텐션을 주지 않고 느슨하게 한 경우
④ 오버프로세싱을 하지 않은 경우

해설
오버프로세싱이란 프로세싱 타임 이상으로 모발을 방치하는 것으로 모발 끝이 손상되고 자지러진다.

23 브러시의 종류에 따른 사용 목적이 틀린 것은?

① 덴맨 브러시는 열에 강하여 모발에 텐션과 볼륨감을 주는 데 사용한다.
② 롤브러시는 롤의 크기가 다양하고 웨이브를 만들기에 적합하다.
③ 스켈톤 브러시는 여성 헤어스타일이나 긴 머리 헤어스타일 정돈에 주로 사용된다.
④ S브러시는 바람머리 같은 방향성을 살린 헤어스타일 정돈에 적합하다.

해설
스켈톤 브러시는 머리 엉킴 방지 및 남성의 머리에 주로 사용된다.

19 ② 20 ④ 21 ③ 22 ④ 23 ③ **Answer**

24 마샬 웨이브 시술에 관한 설명 중 틀린 것은?

① 프롱은 아래쪽, 그루브는 위쪽을 향하도록 한다.
② 아이론의 온도는 120~140℃를 유지시킨다.
③ 아이론을 회전시키기 위해서는 먼저 아이론을 정확하게 쥐고 반대쪽에 45°로 위치시킨다.
④ 아이론의 온도가 균일할 때 웨이브가 일률적으로 완성된다.

해설
그루브는 홈이 파져 있는 반원형으로 프롱 사이에 모발을 끼워 형태를 만들고, 프롱은 모발이 감기는 부분으로 둥근 모양이며 모발을 위에서 누르는 작용을 한다.

25 헤어파팅(Hair Parting) 중 후두부를 정중선(正中線)으로 나눈 파트는?

① 센터 파트(Center Part)
② 스퀘어 파트(Square Part)
③ 카울릭 파트(Cowlick Part)
④ 센터 백 파트(Center Back Part)

해설
① 센터 파트 : 전두부의 헤어라인 중심에서 직선방향으로 나눈 선
② 스퀘어 파트 : 두정부에서 이마의 헤어라인에 수평으로 나눈 가르마
③ 카울릭 파트 : 두정부의 가마로부터 방사선 형태로 나눈 가르마

26 콜드 웨이브의 제2액에 관한 설명 중 옳은 것은?

① 두발의 구성물질을 환원시키는 작용을 한다.
② 약액은 티오글라이콜산염이다.
③ 형성된 웨이브를 고정시켜 준다.
④ 시스틴의 구조를 변화시켜 거의 갈라지게 한다.

해설
콜드 웨이브의 제2액은 산화작용을 해서 형성된 웨이브를 고정시켜 준다(시스틴 재결합).

27 염모제에 대한 설명 중 틀린 것은?

① 제1액의 알칼리제로는 휘발성이라는 점에서 암모니아가 사용된다.
② 염모제 제1액은 제2액 산화제(과산화수소)를 분해하여 발생기 수소를 발생시킨다.
③ 과산화수소는 모발의 색소를 분해하여 탈색한다.
④ 과산화수소는 산화염료를 산화해서 발색시킨다.

해설
제1액은 모발을 팽창시키고 제2액은 산소를 발생시킬 수 있도록 작용하여 멜라닌색소를 분해한다.
염모제
• 제1액(알칼리제) : 암모니아, 모노에탄올아민
• 제2액(산화제) : 과산화수소

28 파마 제2액의 브로민산염류의 농도로 맞는 것은?

① 1~2% ② 3~5%
③ 6~7.5% ④ 8~9.5%

해설
제2액인 브로민산나트륨과 브로민산칼륨의 농도는 3~5% 정도가 적당하다.

29 1940년대에 유행했던 스타일로, 네이프 선까지 가지런히 정돈하여 묶어 청순한 이미지를 부각시킨 스타일이며 아르헨티나의 영부인이었던 에바 페론의 헤어스타일로 유명한 업스타일은?

① 링고 스타일
② 시뇽 스타일
③ 킨키 스타일
④ 퐁파두르 스타일

해설
시뇽 스타일은 네이프 선까지 가지런히 정돈하여 묶어 청순한 이미지를 부각시킨 스타일이다.

30 스캘프 트리트먼트의 목적이 아닌 것은?

① 원형 탈모증 치료
② 두피 및 모발을 건강하고 아름답게 유지
③ 혈액순환 촉진
④ 비듬방지

해설
원형 탈모증 치료는 모발질환으로서 스캘프 트리트먼트(두피관리)와는 관련이 없다.

31 콜드 퍼머넌트 웨이브(Cold Permanent Wave) 시 제1액의 주성분은?

① 과산화수소
② 브로민산나트륨
③ 티오글라이콜산
④ 과붕산나트륨

해설
제1액(환원제)은 모발을 팽윤시키고 연화시켜 모발의 시스틴 결합을 환원작용한다. 티오글라이콜산이 주성분이며 환원제의 pH는 9.0~9.6이다.

32 모발의 결합 중 수분에 의해 일시적으로 변형되며, 드라이어의 열을 가하면 다시 재결합되어 형태가 만들어지는 결합은 무엇인가?

① s-s 결합
② 펩타이드 결합
③ 수소결합
④ 염결합

해설
수소결합은 수분에 의해 일시적으로 변형되며 드라이어의 열을 가하면 다시 재결합되어 형태가 만들어지는 결합이다.

28 ② 29 ② 30 ① 31 ③ 32 ③ **Answer**

33 다음 샴푸 시술 시의 주의사항으로 틀린 것은?

① 손님의 의상이 젖지 않게 신경을 쓴다.
② 두발을 적시기 전에 물의 온도를 체크한다.
③ 손톱으로 두피를 문지르며 비빈다.
④ 다른 손님에게 사용한 타월은 쓰지 않는다.

해설
샴푸 시술 시 손톱으로 두피를 문지르고 비비면 두피에 상처가 날 수 있으므로 손가락 끝으로 가볍게 마사지하듯 샴푸를 해 준다.

34 두발을 윤곽 있게 살려 목덜미(Nape)에서 정수리(Back) 쪽으로 올라가면서 두발에 단차를 주어 커트하는 것은?

① 원랭스 커트
② 쇼트 헤어커트
③ 그러데이션 커트
④ 스퀘어 커트

해설
그러데이션 커트는 목덜미(Nape)에서 정수리(Back) 쪽으로 올라가면서 두발에 단차를 주는 커트로, 두부 상부에 있는 두발은 길고 하부로 갈수록 짧게 커트하여 작은 단차가 생긴다.

35 콜드 퍼머넌트 웨이빙(Cold Permanent Waving) 시 비닐캡(Vinyl Cap)을 씌우는 목적 및 이유에 해당되지 않는 것은?

① 라놀린(Lanolin)의 약효를 높여주므로 제1액의 피부염 유발을 줄인다.
② 체온의 방산(放散)을 막아 솔루션(Solution)의 작용을 촉진한다.
③ 퍼머넌트액의 작용이 두발 전체에 골고루 진행되도록 돕는다.
④ 휘발성 알칼리(암모니아 가스)의 산일(散逸)작용을 방지한다.

해설
라놀린(Lanolin)은 헤어트리트먼트제의 원료로 사용한다.

36 베이스(Base)는 컬 스트랜드의 근원에 해당된다. 다음 중 오블롱(Oblong) 베이스는 어느 것인가?

① 오형 베이스
② 정방형 베이스
③ 장방형 베이스
④ 아크 베이스

해설
오블롱(Oblong) 베이스는 장방형 베이스이다.

37 파마(Perm)의 제1액이 웨이브(Wave)의 형성을 위해 주로 적용되는 부위는?

① 모수질(Medulla)
② 모근(Hair Root)
③ 모피질(Cortex)
④ 모표피(Cuticle)

해설
모피질 속의 간충물질이 제1액의 웨이브 형성에 적용된다.

38 저항성 두발을 염색하기 전에 행하는 기술에 대한 내용 중 틀린 것은?

① 염모제 침투를 돕기 위해 사전에 두발을 연화시킨다.
② 과산화수소 30mL, 암모니아수 0.5mL 정도를 혼합한 연화제를 사용한다.
③ 사전 연화기술을 프레-소프트닝(Pre-softening)이라고 한다.
④ 50~60분 정도 방치한 후 드라이어로 건조시킨다.

해설
방치시간은 35~40분으로, 40분 이상을 넘지 않도록 한다.

39 다음 중 두발의 볼륨을 주지 않기 위한 컬 기법은?

① 스탠드 업 컬(Stand Up Curl)
② 플랫 컬(Flat Curl)
③ 리프트 컬(Lift Curl)
④ 논 스템 롤러 컬(Non Stem Roller Curl)

해설
① 스탠드 업 컬 : 루프가 두피에 90°로 세워진 컬이다.
③ 리프트 컬 : 루프가 두피에 45°로 세워진 컬이다.
④ 논 스템 롤러 컬 : 전방 45°, 후방 120~135°의 각도로 셰이프하여 모발 끝에서부터 말아서 베이스 가운데에 위치하며 볼륨감이 가장 크다.

40 다음 중 네이프에서 톱 부분으로 올라갈수록 모발의 길이가 점점 짧아지는 커트는 무엇인가?

① 레이어 커트
② 원랭스 커트
③ 그러데이션 커트
④ 스퀘어 커트

41 헤어커팅 시 두발의 양이 적을 때나 두발 끝을 테이퍼해서 표면을 정돈할 때, 스트랜드의 1/3 이내의 두발 끝을 테이퍼하는 것은?

① 노멀 테이퍼(Normal Taper)
② 엔드 테이퍼(End Taper)
③ 딥 테이퍼(Deep Taper)
④ 미디엄 테이퍼(Medium Taper)

해설
② 엔드 테이퍼 : 모발 끝부분에서 1/3 정도 테이퍼링
① 노멀 테이퍼 : 모발 끝부분에서 1/2 정도 테이퍼링
③ 딥 테이퍼 : 모발 끝부분에서 2/3 정도 테이퍼링

38 ④ 39 ② 40 ① 41 ② **Answer**

42 다음 중 스캘프 매니플레이션의 방법으로, 압력을 주지 않으면서 원을 그리듯 가볍게 문지르는 방법은 무엇인가?

① 경찰법　　② 강찰법
③ 유연법　　④ 진동법

해설
스캘프 매니플레이션의 방법
- 경찰법 : 압력을 주지 않으면서 원을 그리듯 가볍게 문지르는 방법이다.
- 강찰법 : 손가락과 손바닥에 압력을 가하여 자극을 주는 방법이다.
- 유연법 : 손으로 근육을 쥐었다가 다시 가볍게 주무르면서 풀어주는 기법이다.
- 진동법 : 손을 밀착하여 진동을 주는 방법이다.
- 고타법 : 손을 이용하여 두드려 주는 방법이다.

44 뱅(Bang)의 설명 중 잘못된 것은?

① 플러프 뱅 – 부드럽게 꾸밈없이 볼륨을 준 앞머리
② 포워드 롤 뱅 – 포워드 방향으로 롤을 이용하여 만든 뱅
③ 프린지 뱅 – 가르마 가까이에 작게 낸 뱅
④ 프렌치 뱅 – 풀(Full) 혹은 하프(Half) 웨이브로 만든 뱅

해설
프렌치 뱅은 이마에 내린 짧은 모발 끝을 부풀린 형태이다. 풀 혹은 하프 웨이브를 형성하여 모발 끝을 라운드 플러프로 처리한 것은 웨이브 뱅이다.

43 두피 상태에 따른 스캘프 트리트먼트(Scalp Treatment)의 시술방법이 잘못된 것은?

① 지방이 부족한 두피 – 드라이 스캘프 트리트먼트
② 지방이 과잉된 두피 – 오일리 스캘프 트리트먼트
③ 비듬이 많은 두피 – 핫 오일 스캘프 트리트먼트
④ 정상두피 – 플레인 스캘프 트리트먼트

해설
- 댄드러프 스캘프 트리트먼트 : 비듬성두피
- 드라이 스캘프 트린트먼트 : 건성두피
- 오일리 스캘프 트린트먼트 : 지성두피
- 플레인 스캘프 트린트먼트 : 정상두피(건강 두피)

45 정상적인 두발 상태와 온도 조건에서 콜드 웨이빙 시술 시 프로세싱(Processing)의 가장 적당한 방치 시간은?

① 5분 정도
② 10~15분 정도
③ 20~30분 정도
④ 30~40분 정도

해설
프로세싱은 와인딩이 끝나고 제1액을 도포한 후 캡을 씌운 후부터 10~15분 정도가 적당하다.

46 프레 커트(Pre-cut)에 해당되는 것은?

① 두발의 상태가 커트하기에 용이하게 되어 있는 상태를 말한다.
② 퍼머넌트 웨이브 시술 전의 커트이다.
③ 손상모 등을 간단하게 추려내기 위한 커트를 말한다.
④ 퍼머넌트 웨이브 시술 후의 커트이다.

해설
프레 커트는 파마 시술에 앞서서 미리 원하는 스타일로 커트하는 기법이다.

48 논 스트리핑 샴푸제의 특징은?

① pH가 낮은 산성이며 두발을 자극하지 않는다.
② 징크피리티온이 함유되어 비듬 치료에 효과적이다.
③ 알칼리성 샴푸제로 pH가 7.5~8.5이다.
④ 지루성 피부형에 적합하며 유분함량이 적고 탈지력이 강하다.

해설
논 스트리핑 샴푸제는 약산성이며 자극이 적어서 손상모나 염색모발에 사용된다.

49 헤어세팅에 있어 오리지널 세트의 주요한 요소에 해당되지 않는 것은?

① 헤어웨이빙　② 헤어컬링
③ 콤 아웃　④ 헤어파팅

해설
오리지널 세트의 주요한 요소로 헤어셰이핑, 헤어컬링, 헤어파팅, 헤어웨이빙, 헤어롤링이 있다.

47 헤어샴푸의 목적으로 거리가 가장 먼 것은?

① 두피와 두발에 영양 공급
② 헤어트리트먼트를 쉽게 할 수 있는 기초
③ 두발의 건강한 발육 촉진
④ 청결한 두피와 두발을 유지

해설
헤어샴푸의 목적은 모발과 두피의 때, 먼지, 비듬, 이물질을 제거하여 청결함과 상쾌함을 유지하고 두피의 혈액순환과 신진대사를 잘되게 하여 모발 성장에 도움을 주는 것이다.

50 스컬프처 컬(Sculpture Curl)에 관한 설명으로 옳은 것은?

① 두발 끝이 컬의 바깥쪽이 된다.
② 두발 끝이 컬의 좌측이 된다.
③ 두발 끝이 컬 루프의 중심이 된다.
④ 두발 끝이 컬의 우측이 된다.

해설
스컬프처 컬은 모발 끝이 서클의 안쪽에 있는 형태로, 두발 끝이 컬 루프의 중심이 된다.

51 로드(Rod)를 말기 쉽도록 두상을 나누어 구획하는 작업은?

① 블로킹(Blocking)
② 와인딩(Winding)
③ 베이스(Base)
④ 스트랜드(Strand)

해설
① 블로킹 : 두상을 나누어 구획하는 작업
② 와인딩 : 로드에 모발을 마는 작업
④ 스트랜드 : 적게 나누어 떠낸 모발

52 컬의 목적이 아닌 것은?

① 플러프(Fluff)를 만들기 위해서
② 웨이브(Wave)를 만들기 위해서
③ 컬러의 표현을 원활하게 하기 위해서
④ 볼륨을 만들기 위해서

해설
컬은 웨이브와 볼륨을 만들기 위한 목적이다.

53 두상의 특정한 부분에 볼륨을 주기 원할 때 사용되는 헤어피스(Hair Piece)는?

① 위글렛(Wiglet)
② 스위치(Switch)
③ 폴(Fall)
④ 위그(Wig)

해설
위글렛은 부분 가발로서 특정 부위에 볼륨을 줄 때 사용된다.

54 클리퍼 커트방법 중 하이 그래쥬에이션 커트 시 빗의 각도는?

① 30°
② 45°
③ 65°
④ 90°

해설
• 로 그래쥬에이션 커트 시 빗의 각도 : 30°
• 미디엄 그래쥬에이션 커트 시 빗의 각도 : 45°
• 하이 그래쥬에이션 커트 시 빗의 각도 : 65°
• 레이어 커트 시 빗의 각도 : 90°

55 헤어컨디셔너제의 사용 목적이 아닌 것은?

① 시술과정에서 두발이 손상되는 것을 막아 주고 이미 손상된 두발을 완전히 치유해 준다.
② 두발에 윤기를 주는 보습역할을 한다.
③ 퍼머넌트 웨이브, 염색, 블리치 후 pH 농도를 중화시켜 두발의 산성화를 방지하는 역할을 한다.
④ 상한 두발의 표피층을 부드럽게 해 주어 빗질을 용이하게 한다.

해설
헤어컨디셔너제는 이미 손상된 두발을 완전히 치유해 주지 않는다.

56 다음 중 이미지에 따른 코디네이션으로 적합하지 않은 것은?

① 엘레강스 – 우아하고 세련된 이미지
② 캐주얼 – 실용 위주의 디자인을 추구하며 형식적인 부분을 배제한 자유로운 이미지
③ 클래식 – 소박하고 심플한 이미지
④ 모던 – 간결하고 현대적이며 도시적인 이미지

해설
클래식은 고전적이고 격조 있는 이미지이며, 내추럴은 소박하고 심플한 자연적인 이미지이다.

57 루프가 귓바퀴를 따라 말리고 두피에 90°로 세워져 있는 컬은 무엇인가?

① 리버스 스탠드 업 컬
② 포워드 스탠드 업 컬
③ 스컬프처 컬
④ 플랫 컬

해설
② 포워드 스탠드 업 컬 : 루프가 두피에 90°로 세워져 있으며 귓바퀴를 따라 말린 컬
① 리버스 스탠드 업 컬 : 루프가 두피에 90°로 세워져 있으며 귓바퀴 반대 방향으로 말린 컬
③ 스컬프처 컬 : 모발 끝이 서클의 안쪽에 있는 형태로 두발 끝이 컬 루프의 중심인 컬
④ 플랫 컬 : 루프가 0°로 납작하게 형성된 컬

58 핑거 웨이브의 3대 요소가 아닌 것은?

① 스템(Stem)
② 크레스트(Crest)
③ 리지(Ridge)
④ 트로프(Trough)

해설
핑거 웨이브 3대 요소는 크레스트(정상), 리지(융기), 트로프(골)이다.

59 다음에서 고객에게 시술한 커트에 대한 알맞은 명칭은?

> 퍼머넌트를 하기 위해 찾은 고객에게 먼저 커트(Cut)를 시술하고 퍼머넌트를 한 후 손상모와 삐져나온 불필요한 모발을 다시 가볍게 잘라 주었다.

① 프레 커트(Pre-cut),
　트리밍(Trimming)
② 애프터 커트(After-cut),
　시닝(Thinning)
③ 프레 커트(Pre-cut),
　슬리더링(Slithering)
④ 애프터 커트(After-cut),
　테이퍼링(Tapering)

해설
프레 커트는 퍼머넌트를 하기 위해 찾은 고객에게 먼저 커트하는 기법이며, 트리밍은 퍼머넌트를 한 후 최종적으로 손상모와 삐져나온 불필요한 모발을 다시 가볍게 커트하는 방법이다.

60 알칼리성 비누로 샴푸한 모발에 가장 적당한 린스방법은?

① 레몬 린스(Lemon Rinse)
② 플레인 린스(Plain Rinse)
③ 컬러 린스(Color Rinse)
④ 알칼리성 린스(Alkali Rinse)

해설
알칼리성 비누를 중화시키기 위해 레몬 린스를 사용하여 pH를 조절한다.

61 웨트 커팅(Wet Cutting)의 설명으로 적합한 것은?

① 손상모를 손쉽게 추려낼 수 있다.
② 웨이브나 컬이 심한 모발에 적합한 방법이다.
③ 길이 변화를 많이 주지 않을 때 이용한다.
④ 두발의 손상을 최소화할 수 있다.

해설
웨트 커팅이란 젖은 모발에 커트하는 것으로 모발 손상이 적고 정확하게 커트하는 방법이다.

62 모발의 구성 중 피부 밖으로 나와 있는 부분은?

① 피지선   ② 모표피
③ 모 구   ④ 모유두

해설
모발의 모간 부분에서 밖으로 나와 있는 부분은 모표피이다.

63 정사각형의 의미와 직각의 의미로 커트하는 기법은?

① 블런트 커트(Blunt Cut)
② 스퀘어 커트(Square Cut)
③ 롱 스트로크 커트(Long Stroke Cut)
④ 체크 커트(Check Cut)

해설
스퀘어 커트는 박스형으로 각지게 연출해 주는 커트로, 커트를 할 때 라인을 사각형으로 만들어 주는 커트이다.

64 그러데이션 커트 업 스타일에 퍼머넌트 웨이브의 와인딩 시 로드 크기의 사용 기준으로 가장 옳은 것은?

① 두부의 네이프에는 소형의 로드를 사용한다.
② 모발이 두꺼운 경우는 직경이 큰 로드를 사용한다.
③ 두부의 몸에서 크라운 앞부분에는 중형 로드를 사용한다.
④ 두부의 크라운 뒷부분에서 네이프 앞쪽까지는 대형 로드를 사용한다.

해설
두부의 네이프에는 소형의 로드를 사용하여 모발이 늘어지는 것을 방지한다.

65 헤어트리트먼트(두발손질)의 종류가 아닌 것은?

① 헤어리컨디셔닝(Hair Reconditioning)
② 틴닝(Thinning)
③ 클리핑(Clipping)
④ 헤어팩(Hair Pack)

해설
틴닝(시닝)은 모발의 길이는 유지하면서 숱을 감소시키는 방법이다.

68 헤어틴트 시 패치테스트를 반드시 해야 하는 염모제는?

① 글리세린이 함유된 염모제
② 합성왁스가 함유된 염모제
③ 파라페닐렌다이아민이 함유된 염모제
④ 과산화수소가 함유된 염모제

해설
파라페닐렌다이아민은 알레르기를 일으킬 수 있으므로 패치테스트를 해야 한다.

66 다음 중 헤어세팅의 컬에 있어 루프가 두피에 45°로 세워진 것은?

① 플랫 컬
② 스컬프처 컬
③ 메이폴 컬
④ 리프트 컬

해설
리프트 컬은 루프가 두피에 45°로 세워진 컬이다.

67 모발에 도포한 약액이 쉽게 침투되게 하여 시술 시간을 단축하고자 할 때에 필요하지 않은 것은?

① 스팀타월
② 헤어스티머
③ 신 징
④ 히팅 캡

해설
신징은 모발을 불로 태워 불필요한 부분을 제거하는 기법이다.

69 염색한 두발에 가장 적합한 샴푸제는?

① 댄드러프 샴푸제
② 논 스트리핑 샴푸제
③ 프로테인 샴푸제
④ 약용 샴푸제

해설
논 스트리핑 샴푸제는 약산성이며 자극이 적어서 손상모나 염색모발에 사용된다.

65 ② 66 ④ 67 ③ 68 ③ 69 ② **Answer**

70 두발을 롤러에 와인딩할 때 스트랜드를 베이스에 대하여 수직으로 잡아 올려서 와인딩하는 롤러 컬은?

① 롱 스템 롤러 컬
② 하프 스템 롤러 컬
③ 논 스템 롤러 컬
④ 쇼트 스템 롤러 컬

해설
② 하프 스템 롤러 컬 : 90°로 셰이프하며, 볼륨감이 적당하다.
① 롱 스템 롤러 컬 : 후방 45°로 셰이프하며, 볼륨이 낮다.
③ 논 스템 롤러 컬 : 전방 45°, 후방 120~135°로 셰이프하며, 볼륨감이 적다.

71 플러프 뱅(Fluff Bang)에 관한 설명으로 옳은 것은?

① 포워드 롤을 뱅에 적용시킨 것이다.
② 컬이 부드럽고 아무런 꾸밈도 없는 듯이 모이도록 볼륨을 주는 것이다.
③ 가르마 가까이에 작게 낸 뱅이다.
④ 뱅 부분의 두발을 업 콤하여 두발 끝을 플러프해서 내린 것이다.

해설
뱅의 종류
• 플러프 뱅 : 컬이 부드럽고 아무런 꾸밈이 없는 듯이 모이도록 볼륨을 주는 뱅
• 웨이브 뱅 : 풀 웨이브 또는 하프 웨이브로 형성된 것으로, 모발 끝을 라운드 플러프로 처리한 뱅
• 프렌치 뱅 : 모발 끝부분을 헝클어진 모양으로 부풀리는 플러프 처리를 한 뱅
• 프린지 뱅 : 가르마 가까이에 작게 낸 뱅
• 롤 뱅 : 롤로 형성한 뱅

72 퍼머넌트 웨이브의 제2액 주제로서 브로민산나트륨과 브로민산칼륨은 몇 %의 적정 수용액을 만들어서 사용하는가?

① 1~2%   ② 3~5%
③ 5~7%   ④ 7~9%

해설
• 제1액 : 티오글라이콜산
• 제2액 : 브로민산나트륨, 브로민산칼륨(3~5%의 수용액 사용)

73 물결상이 극단적으로 많은 웨이브로 곱슬곱슬하게 된 퍼머넌트의 두발에서 주로 볼 수 있는 것은?

① 와이드 웨이브   ② 섀도 웨이브
③ 내로 웨이브   ④ 마샬 웨이브

해설
③ 내로 웨이브 : 물결상이 극단적으로 많은 웨이브
① 와이드 웨이브 : 크레스트가 가장 뚜렷한 웨이브
② 섀도 웨이브 : 크레스트가 뚜렷하지 않아서 자연스러운 웨이브
④ 마샬 웨이브 : 아이론의 열에 의해 형성되는 웨이브

74 헤어컬러링 시 활용되는 색상환에 있어 적색의 보색은?

① 보라색　　② 청 색
③ 녹 색　　④ 황 색

해설
색상환에서 적색의 보색은 녹색으로 컬러링 시 붉은 계열을 없애고 싶을 때 녹색 계열을 사용하면 중화된다.

76 다음 중 색의 삼원색으로 묶인 것은?

① 빨강, 노랑, 초록
② 백색, 회색, 흑색
③ 주황, 파랑, 노랑
④ 빨강, 노랑, 파랑

75 헤어블리치 시술상의 주의사항에 해당하지 않는 것은?

① 미용사의 손을 보호하기 위하여 장갑을 반드시 낀다.
② 시술 전 샴푸를 할 경우 브러싱을 하지 않는다.
③ 두피에 질환이 있는 경우 시술하지 않는다.
④ 사후손질로서 헤어리컨디셔닝은 가급적 피하도록 한다.

해설
헤어블리치 시술상의 주의사항
• 제1액과 제2액은 혼합 후 즉시 도포한다.
• 시술용 장갑을 꼭 착용한다.
• 샴푸 후 산성 린스를 사용한다.
• 제품은 서늘한 곳에 보관한다.
• 두피에 질환이 있는 경우 시술하지 않는다.

77 다음 중 퍼머넌트 웨이브가 잘 나오지 않은 경우가 아닌 것은?

① 와인딩 시 텐션을 주어 말았을 경우
② 사전 샴푸 시 비누와 경수로 샴푸하여 두발에 금속염이 형성된 경우
③ 두발이 저항모이거나 불수성모로 경모인 경우
④ 오버프로세싱으로 시스틴이 지나치게 파괴된 경우

해설
와인딩 시 텐션을 주어 말았을 경우 웨이브가 잘 형성된다.

78 헤어샴푸 중 드라이 샴푸방법이 아닌 것은?

① 리퀴드 드라이 샴푸
② 핫 오일 샴푸
③ 파우더 드라이 샴푸
④ 에그 파우더 샴푸

해설
핫 오일 샴푸는 모발과 두피에 지방을 공급해 주는 웨트 샴푸이다.

80 다음 그림과 같이 와인딩했을 때 웨이브의 형상은?

두피

①   ②

③   ④

해설
모발을 모아서 와인딩하면 모발 끝에 방향을 줄 수 있다.

79 헤어커팅의 방법 중 테이퍼링(Tapering)에는 3가지의 종류가 있다. 이 중에서 노멀 테이퍼(Normal Taper)는?

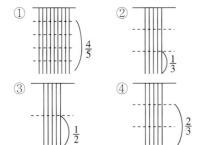

해설
• 노멀 테이퍼 : 모발 끝부분에서 1/2 정도 테이퍼링하는 것이다.
• 엔드 테이퍼 : 모발 끝부분에서 1/3 정도 테이퍼링하는 것이다.
• 딥 테이퍼 : 모발 끝부분에서 2/3 정도 테이퍼링하는 것이다.

81 다음 중 커트를 하기 위한 순서로 가장 옳은 것은?

① 위그 → 수분 → 빗질 → 블로킹 → 슬라이스 → 스트랜드
② 위그 → 수분 → 빗질 → 블로킹 → 스트랜드 → 슬라이스
③ 위그 → 수분 → 슬라이스 → 빗질 → 블로킹 → 스트랜드
④ 위그 → 수분 → 스트랜드 → 빗질 → 블로킹 → 슬라이스

해설
커트를 하기 위한 순서는 위그 → 수분 → 빗질 → 블로킹 → 슬라이스 → 스트랜드 순이다.

82 두발을 밝은 갈색으로 염색한 후 다시 자라난 두발에 염색을 하는 것을 무엇이라 하는가?

① 영구적 염색
② 패치테스트
③ 스트랜드 테스트
④ 리터치

해설
리터치(다이 터치 업)는 염색 후 다시 자라난 두발에 염색을 하는 기법이다.

83 콜드 웨이브에 있어 제2액의 작용에 해당되지 않는 것은?

① 산화작용　　② 정착작용
③ 중화작용　　④ 환원작용

해설
환원작용은 제1액의 작용이다.

84 다음 중 컬을 구성하는 요소로 가장 거리가 먼 것은?

① 헤어셰이핑(Hair Shaping)
② 헤어파팅(Hair Parting)
③ 슬라이싱(Slicing)
④ 스템(Stem)의 방향

해설
헤어파팅이란 '모발을 나누다'라는 의미로 모발의 흐름, 머리의 형태, 헤어스타일, 얼굴형 및 자연적인 가르마에 따라서 다양한 종류가 있다.

85 다음 헤어린스(Hair Rinse)의 역할에 대한 설명 중 가장 거리가 먼 것은?

① 세정력과 탈지효과
② 엉킴 방지
③ 샴푸제의 잔여물 중화
④ 방수막 형성

해설
세정력과 탈지효과는 샴푸의 효과이다.

86 다음 파마(Perm)의 일반적인 과정에서 모발의 상태 혹은 제품에 따라 생략될 수 있는 과정은?

① 제1액 도포　　② 열처리
③ 중간 린스　　④ 제2액 도포

해설
모발의 손상도나 제품에 따라 열처리 과정은 생략될 수 있다.

82 ④　83 ④　84 ②　85 ①　86 ②　**Answer**

87 헤어스타일의 다양한 변화를 위해 사용되는 헤어피스가 아닌 것은?

① 폴(Fall)
② 위글렛(Wiglet)
③ 스위치(Switch)
④ 위그(Wig)

해설
위그는 전체 가발로 모발 전체를 덮는 가발을 말하며, 숱이 적거나 탈모가 많을 때 사용한다.

88 가발 손질법 중 틀린 것은?

① 스프레이가 없으면 얼레빗을 사용하여 컨디셔너를 골고루 바른다.
② 두발이 빠지지 않도록 차분하게 모근 쪽에서 두발 끝 쪽으로 서서히 빗질을 해 나간다.
③ 두발에만 컨디셔너를 바르고 파운데이션에는 바르지 않는다.
④ 열을 가하면 두발의 결이 변형되거나 윤기가 없어지기 쉽다.

해설
두발이 빠지지 않도록 차분하게 모발 끝에서 모근 쪽으로 서서히 빗질을 해야 한다.

89 다음 중 원랭스 커트에 대한 설명으로 옳지 않은 것은?

① 일직선의 동일 선상에서 같은 길이가 되도록 커트하는 방법이다.
② 네이프의 길이가 길고 톱으로 갈수록 짧아지면서 모발에 층이 없이 동일 선상으로 자르는 커트 스타일이다.
③ 자연 시술 각도 0°를 적용한 커트이다.
④ 면을 강조하는 스타일로 무게감이 최대에 이르고 질감이 매끄럽다.

해설
원랭스 커트 : 네이프의 길이가 짧고 톱으로 갈수록 길어지면서, 모발에 층이 없이 동일 선상으로 자르는 커트 스타일이다.

90 원랭스 커트의 종류별 특징으로 잘못 연결된 것은 무엇인가?

① 패럴렐 보브형 커트 - 평행 보브(Parallel Bob), 스트레이트 보브(Straight Bob), 수평 보브(Horizontal Bob)라고도 한다.
② 스패니얼 보브형 커트 - 전체적인 커트 형태 선이 A라인을 이루어 콘케이브 모양이 되는 스타일이다.
③ 이사도라 보브형 커트 - 앞쪽으로 진행될수록 짧아져 전체적인 커트 형태 선이 둥근 V라인 또는 U라인을 이루어 콘벡스 모양이 되는 스타일이다.
④ 머시룸 커트 - 뒤내림형 커트이며 커트 선이 바닥면과 평행인 스타일이다.

해설
머시룸 커트 : 네이프 포인트에서 0°로 떨어져 시작된 커트 선이 앞쪽으로 진행될수록 짧아지며 얼굴 정면의 짧은 머리끝과 후두부의 머리끝이 연결되어 전체적인 커트 형태 선이 양송이버섯 모양이다[V(U)라인].

91 다음은 스패니얼 보브형(Spaniel Bob Style)의 커트 순서이다. 빈칸에 공통으로 들어갈 내용으로 알맞은 것은 무엇인가?

> ① 모발의 수분 함량을 조절한다.
> ② 4등분 블로킹을 한 후 네이프에서 2cm 간격으로 (　　) 섹션으로 나누고 정중선에서 좌우 1cm를 평행으로 커트하여 가이드라인을 설정한다.
> ③ 가이드라인에 맞추어 자연 시술 각도 0°로 하여 (　　)으로 커트한다.
> ④ 사이드를 커트할 때에는 E.P 모발의 가이드와 섹션 라인에 맞추어 (　　)으로 커트한다.
> ⑤ 앞머리는 정중선의 모발까지 텐션 없이 빗질한 후 F.S.P에서 가볍게 잡고 자연 시술 각도 0°로 가이드라인에 맞추어 커트한다.
> ⑥ 커트 완성 후 빗질로 마무리한다.

① A라인
② U라인
③ V라인
④ 평행라인

해설
스패니얼 보브형(Spaniel Bob Style) 커트
• 모발의 수분 함량을 조절한다.
• 4등분 블로킹을 한 후 네이프에서 2cm 간격으로 A라인 섹션으로 나누고 정중선에서 좌우 1cm를 평행으로 커트하여 가이드라인을 설정한다.
• 가이드라인에 맞추어 자연 시술 각도 0°로 하여 A라인으로 커트한다.
• 사이드를 커트할 때에는 E.P 모발의 가이드와 섹션 라인에 맞추어 A라인으로 커트한다.
• 앞머리는 정중선의 모발까지 텐션 없이 빗질한 후 F.S.P에서 가볍게 잡고 자연 시술 각도 0°로 가이드라인에 맞추어 커트한다.
• 커트 완성 후 빗질로 마무리한다.

92 원랭스 커트의 수정·보완에 대한 설명으로 옳지 않은 것은?

① 볼륨이 필요한 곳은 패널을 약 90° 이상 들어 올려 블로 드라이한다.
② 수정 및 보정 커트는 마무리 시 반드시 해야 한다.
③ 드라이기를 사용하여 모발을 건조한다.
④ 후두부의 블로킹은 세로로 3등분하여 가운데 등분의 아래에서부터 블로 드라이한다.

해설
② 필요한 경우 수정 및 보정 커트한다.

93 그래쥬에이션 헤어커트에 대한 설명으로 옳지 않은 것은?

① 그래쥬에이션 헤어커트는 그러데이션 (Gradation) 커트라고도 하며, 그 의미는 단계적 변화, 점진적인 단차(층)를 뜻한다.
② 그래쥬에이션 커트는 두상에서 아래가 짧고 위로 올라갈수록 모발이 길어지며 층이 나는 스타일이다.
③ 두상이 튀어나온 부분이나 얼굴형이 통통한 경우를 보완하며 날렵하고 날씬하게 만들고 싶을 때와 비교적 경쾌하고 발랄한 이미지를 나타내고자 할 때 많이 이용된다.
④ 레이어보다 층이 낮기 때문에 아래에서 위로 올라갈수록 모발 길이가 길어지며, 서로 겹쳐지면서 두께가 생기고 부피가 만들어져 입체적으로 보인다.

해설
그래쥬에이션 헤어커트 : 두상의 함몰된 부분이나 얼굴에 살이 없거나 뾰족하여 날카로운 인상을 보완하며, 통통하고 부드럽게 만들고 싶을 때와 비교적 차분한 이미지를 나타내고 싶을 때 많이 이용된다.

94 미디엄 그래쥬에이션 커트방법에 대한 설명으로 잘못된 것은 무엇인가?

① 4등분 블로킹 후 네이프에서 약 2cm 폭으로 평행 슬라이스 라인으로 섹션을 나누고 커트하여 가이드라인을 설정한다.

② 2cm 폭, 평행 슬라이스 라인으로 섹션을 나눈다. 정중선에서부터 좌우 약 2cm를 취하여 너비 약 4cm를 잡아 다운 오프 더 베이스에 자연 시술 각도 약 45°로 빗질하여 가로로 커트한다.

③ T.P에서 방사상 섹션으로 다운 오프 더 베이스에 자연 시술 각도 약 45°로 빗질하여 가로로 커트한다.

④ 사이드를 커트할 때에는 E.P의 모발을 가이드로 하여 다운 오프 더 베이스에 자연 시술 각도 약 90°로 빗질하여 가로로 커트한다.

해설
사이드를 커트할 때에는 E.P의 모발을 가이드로 하여 다운 오프 더 베이스에 자연 시술 각도 약 45°로 빗질하여 가로로 커트한다.

95 그래쥬에이션 커트 마무리 시 수정 · 보완에 대한 설명으로 옳지 않은 것은?

① 필요한 경우 수정 및 보정 커트를 한다.

② 롤브러시를 사용하여 후두부 중앙의 아래 네이프에서부터 모발을 가볍게 편다.

③ 볼륨이 필요한 곳은 패널을 약 120° 이상 들어 올려 블로 드라이한다.

④ 그래쥬에이션 커트를 블로 드라이로 마무리한다.

해설
볼륨이 필요한 곳은 패널을 약 90° 이상 들어 올려 블로 드라이한다.

96 다음 중 레이어 커트에 대한 설명으로 알맞은 것은?

① 90° 이상의 높은 시술 각도가 적용되는 커트 스타일로, 시술각으로 층이 조절된다.

② 두상에서 아래가 짧고 위로 올라갈수록 모발이 길어지며 층이 나는 스타일이다.

③ 두께에 의한 부피감과 입체감에 의해 풍성하게 보이며 매끄러운 질감도 함께 나타난다.

④ 두상의 함몰된 부분이나 얼굴에 살이 없거나 뾰족하여 날카로운 인상을 보완하며, 통통하고 부드럽게 만들고 싶을 때와 비교적 차분한 이미지를 나타내고 싶을 때 많이 이용된다.

해설
② 시술각이 높을수록 단층이 많이 생겨 두상의 톱 부분 모발에서 네이프로 갈수록 길어져 모발이 겹치는 부분이 없어지는 무게감이 없는 커트 스타일이 된다.
③ 커트 단면이 모두 드러나 거칠어 보이며 밖으로 뻗치는 힘이 강한 특징이 있다.
④ 두상이 튀어나온 부분이나 얼굴형이 통통한 경우를 보완하며 날렵하고 날씬하게 만들고 싶을 때와 비교적 경쾌하고 발랄한 이미지를 나타내고자 할 때 많이 이용된다.

97 세임 레이어 커트방법으로 잘못된 것은 무엇인가?

① 4등분 블로킹 후 네이프에서 약 2cm 간격으로 평행 슬라이스 라인을 나누고 커트하여 가이드라인을 설정한다.

② 세로 폭 3cm, 평행으로 섹션을 나누고, 정중선에서부터 좌우 약 1.5cm를 취하여 너비 약 3cm를 잡아 온 더 베이스에 두상 시술 각도 90°로 빗질하여 세로로 커트한다.

③ T.P에서 방사상 섹션으로 온 더 베이스에 두상 시술 각도 90°로 빗질하여 세로로 커트한다.

④ 사이드를 커트할 때에는 E.P의 모발을 가이드로 하여 오프 더 베이스에 두상 시술 각도 120°로 빗질하여 세로로 커트한다. 가로 섹션으로 나누어 오프 더 베이스 베이스로 빗질하여 가로로 커트하여도 무방하다.

해설
사이드를 커트할 때에는 E.P의 모발을 가이드로 하여 온 더 베이스에 두상 시술 각도 90°로 빗질하여 세로로 커트한다. 가로 섹션으로 나누어 온 더 베이스로 빗질하여 가로로 커트하여도 무방하다.

98 쇼트 커트방법 중 싱글링 헤어커트에 대한 설명으로 잘못된 것은?

① 쇼트 헤어커트의 한 방법으로 네이프와 사이드 부분의 모발을 짧게 커트하는 방법이다.

② 커트를 할 때 손으로 모발을 잡고 가위를 이용해 아래 모발을 짧게 자르고 위쪽으로 올라갈수록 길어지게 커트한다.

③ 빗으로 커트할 모발의 방향성을 잡아 주고 빗으로 들어 올린 모발을 가위의 정인은 빗 위에 고정하고 동인만 개폐시켜 커트하는 기법이다.

④ 시저 오버 콤(Scissor Over Comb)이라고도 한다.

해설
커트를 할 때 손으로 모발을 잡지 않고 가위와 빗을 이용해 아래 모발을 짧게 자르고 위쪽으로 올라갈수록 길어지게 커트한다.

99 쇼트 커트방법 중 댄디(Dandy) 헤어스타일에 대한 설명으로 알맞은 것은?

① 기본 레이어나 그래쥬에이션 쇼트 헤어커트에 싱글링 기법을 적용하여 톱 부분에 볼륨감을 형성하고, 사이드는 깔끔하게 정돈하여 보이시한 스타일을 연출한다.

② 네이프와 사이드 부분의 모발을 짧게 커트하는 방법이다.

③ 톱 부분과 사이드 부분의 구분 차이를 명확하게 하기 위해서 디스커넥션 기법을 사용하기도 한다.

④ 톱 부분으로 갈수록 점차 길어진 쇼트 스타일이다.

해설

댄디(Dandy) 헤어스타일

• 기본 레이어나 그래쥬에이션 쇼트 헤어커트에 싱글링 기법을 적용하여 톱 부분에 볼륨감을 형성하고 사이드는 깔끔하게 정돈하여 보이시한 댄디 스타일을 연출한다.

• 기본 헤어커트는 가로 섹션, 세로 섹션, 사선 섹션을 이용하여 각도에 따라 톱 부분에 볼륨감과 형태를 만들어 내고 네이프에는 싱글링 기법을 사용해 짧게 커트하여 톱 부분의 볼륨감을 상승하게 한다.

100 쇼트 커트의 종류별 특징으로 알맞게 연결된 것은?

① 싱글링 헤어커트 – 톱 부분에 볼륨감을 형성하고 사이드는 깔끔하게 정돈하여 보이시한 스타일을 연출

② 댄디 헤어스타일 – 톱 부분으로 갈수록 점차 길어진 쇼트 스타일

③ 투–블록 스타일 – 톱 부분과 사이드 부분의 구분 차이를 명확하게 하기 위해서 디스커넥션 기법을 사용

④ 모히칸 스타일 – 쇼트 헤어커트의 한 방법으로 네이프와 사이드 부분의 모발을 짧게 커트하는 방법

해설

① 싱글링 헤어커트 : 쇼트 헤어커트의 한 방법으로 네이프와 사이드 부분의 모발을 짧게 커트하는 방법이다.

② 댄디 헤어스타일 : 기본 레이어나 그래쥬에이션 쇼트 헤어커트에 싱글링 기법을 적용하여 톱 부분에 볼륨감을 형성하고 사이드는 깔끔하게 정돈하여 보이시한 댄디 스타일을 연출한다.

④ 모히칸 스타일 : 톱 부분으로 갈수록 점차 길어진 쇼트 스타일이다.

101 클리퍼로 아웃라인을 정리하는 방법으로 옳지 않은 것은?

① 네이프 주변에서 네이프 쪽으로 클리퍼 끝 날을 밀면서 정리한다.
② 네이프에서 이어 포인트 가장자리를 클리퍼 끝 날을 이용해 정리한다.
③ 이어 포인트 주변은 클리퍼 끝 날을 굴리면서 정리한다.
④ 마지막 단계에서 균형과 정확성을 주는 것으로, 커트 섹션의 반대 위치에서 행한다.

해설
④는 쇼트 커트 마무리 시 보정 커트에 대한 설명이다.

102 쇼트 커트의 수정 · 보완에 대한 설명으로 잘못된 것은?

① 보정 커트(Cross Checking)는 커트 마지막 단계에서 균형과 정확성을 주는 것으로, 커트 섹션의 반대 위치에서 행해진다.
② 드라이 커트(Dry Cut)는 커트의 특성을 잘 드러나게 해 주는 마지막 단계로, 질감 처리와 커트 선의 가장자리 처리를 모발이 마른 상태에서 작업해 나간다.
③ 고객의 만족도를 파악하여 필요한 경우 보정 커트와 드라이 커트를 수행한다.
④ 아웃라인 정리(Outlining)는 모발에 볼륨을 주어 율동감이 생긴다.

해설
• 아웃라인 정리(Outlining) : 헤어라인을 정리해 주는 과정이다. 쇼트 헤어커트에서 아웃라인 정리는 커트 형태를 나타내는 꼭 필요한 작업이다.
• 질감 처리(Texturizing) : 쇼트 헤어커트에서 질감 처리는 모발에 볼륨을 주어 율동감이 생긴다.

103 베이직 헤어펌에 필요한 도구에 대한 설명으로 잘못된 것은?

① 고무줄은 와인딩한 로드를 두피에 고정시키는 데 사용되고, 타이머는 헤어퍼머넌트 웨이브의 작용 시간을 체크하는 데 사용한다.
② 꼬리 빗은 블로킹과 섹션을 나누고 와인딩을 위해 패널을 빗거나, 모발의 끝이 꺾이지 않고 로드를 감싸며 회전할 수 있도록 하는 작업에 사용한다.
③ 스틱은 퍼머넌트 웨이브제를 덜어서 사용하거나 전처리 과정에 필요한 헤어 케어 제품을 덜어서 사용할 때 쓴다.
④ 미용 장갑은 화학제품의 자극으로부터 보호할 목적으로 사용한다.

해설
스틱은 로드를 고정하기 위해 사용한 고무줄의 자국이나 밴드가 모근을 눌러 머리카락이 끊어지는 등의 이상현상을 예방하기 위해 사용한다.

104 다음 중 원랭스 커트가 아닌 것은?

① 패럴렐 보브형 커트
② 머시룸 커트
③ 그래쥬에이션 커트
④ 이사도라 보브형 커트

해설
원랭스 커트는 패럴렐 보브형 커트, 스패니얼 보브형 커트, 이사도라 보브형 커트, 머시룸 커트로 분류할 수 있다.

105 다음에서 설명하는 베이직 헤어펌에 필요한 도구로 알맞은 것은?

> 와인딩된 로드 하나하나에 열이 전도되어 퍼머넌트 웨이브제의 화학작용을 활성화시키는 역할을 한다.

① 비닐 캡
② 열기구(가온기)
③ 헤어미스트기
④ 이동식 작업대

해설
열기구는 히팅 캡에서 롤러 볼에 이르기까지 다양한 종류가 있으며, 와인딩된 로드 하나하나에 열이 전도되어 퍼머넌트 웨이브제의 화학작용을 활성화시키는 역할을 한다.

106 헤어펌의 원리에 대한 설명으로 옳지 않은 것은?

① 헤어펌은 모발의 측쇄결합 중 황결합으로 만들어진 시스틴의 환원과 산화에 의해 가능하다.
② 모발의 모피질에 비교적 많은 시스틴은 환원제에 의해 환원되어 시스테인이 된다. 이것을 산화제로 산화시켜 다시 시스틴으로 만들어 준다.
③ 펌 1제를 도포하고 중화작용되고 있는 모발에 여러 가지 와인딩 기법과 다양한 로드 등의 물리적 방법을 사용하여 모발의 모양을 변형시킨다.
④ 펌 2제를 도포하면 산화작용에 의해 시스테인이 새로운 시스틴으로 재결합되면서 다양한 모양의 헤어펌이 형성된다.

해설
펌 1제를 도포하고 환원작용되고 있는 모발에 여러 가지 와인딩 기법과 다양한 로드 등의 물리적 방법을 사용하여 모발의 모양을 변형시킨다.

107 헤어펌제 중 환원제에 대한 설명으로 옳은 것은?

① 환원제는 2제이다.
② 티오글라이콜산이나 시스테인이 주성분으로 사용된다.
③ 보조 성분으로 정제수, pH 조절제, 컨디셔닝제, 금속 이온 봉쇄제, 점성제, 향료, 보존제 등이 있다.
④ 환원된 모발의 변형된 구조를 재결합시키는 작용을 하여 형성된 웨이브를 고정하는 역할을 한다.

해설
환원제인 펌 1제는 티오글라이콜산이나 시스테인이 주성분으로 사용된다. pH 조절을 위한 알칼리제로는 암모니아수, 모노에탄올아민 등을 사용한다. 보조 성분으로 정제수, 습윤제, pH 조절제, 금속 이온 봉쇄제, 점성제, 향료, 보존제 등이 있다.

108 헤어펌제 중 산화제에 대한 설명이 잘못된 것은?

① 산화제는 2제이다.
② 브로민산나트륨이나 과산화수소가 주성분으로 사용된다.
③ 모발의 시스틴 결합을 절단시키고 구조를 변화시키는 작용을 한다.
④ 보조 성분으로 정제수, pH 조절제, 컨디셔닝제, 금속 이온 봉쇄제, 점성제, 향료, 보존제 등이 있다.

해설
산화제(2제)는 환원된 모발의 변형된 구조를 재결합시키는 작용을 하여 형성된 웨이브를 고정하는 역할을 한다.

109 환원제(1제)의 작용 원리와 도포방법에 대한 설명으로 옳은 것은?

① 환원된 모발의 변형된 구조를 재결합시키는 작용을 하여 형성된 웨이브를 고정하는 역할을 한다.
② 중화제라고도 한다.
③ 퍼머넌트 웨이브의 결과를 확인한 후 세척한 모발에 도포한다.
④ 약액은 와인딩된 모발에 골고루 도포하는 것이 중요하고 모발에 잘 스며들 수 있도록 약액을 로드에 바르듯이 도포한다.

해설
환원제(1제)는 모발의 시스틴 결합을 절단시키고 구조를 변화시키는 작용을 한다. 자연모발 또는 경모인 경우에는 와인딩 전 환원제를 도포하여 모발을 연화시키는 과정을 거친다. 와인딩 후 환원제를 도포하는 것은 환원제의 작용시간을 균일하게 적용시켜 모발 손상을 최소화할 수 있기 때문이다. 약액은 와인딩된 모발에 골고루 도포하는 것이 중요하고 모발에 잘 스며들 수 있도록 약액을 로드에 바르듯이 도포한다. 환원제의 방치시간은 온도와 모발의 상태에 따라 다르게 적용하나, 일반적으로 10~20분을 넘지 않도록 한다.

110 헤어펌 방법 중 9등분 와인딩에 대한 설명으로 옳지 않은 것은?

① 9등분 와인딩은 가장 기초적인 방법으로 일반 미용사 국가고시에서 제시하는 헤어펌 과제 중 하나이다.
② 블로킹을 할 때는 두상을 앞머리에서부터 뒷머리로 등분을 나눠 내려가며 9등분을 만든다.
③ 와인딩은 스파이럴식 기법이다.
④ 뒷머리의 아래 가운데에서부터 시작하여 위로 올라가며 앞머리를 가장 마지막에 와인딩을 한다.

해설
9등분 와인딩은 가장 기초적인 방법으로 일반 미용사 국가고시에서 제시하는 헤어펌 과제 중 하나이다. 블로킹을 할 때는 두상을 앞머리에서부터 뒷머리로 등분을 나눠 내려가며 9등분을 만든다. 와인딩은 크로키놀식 기법이며, 뒷머리의 아래 가운데에서부터 시작하여 위로 올라가며 앞머리를 가장 마지막에 와인딩을 한다.

111 오블롱 패턴 와인딩에 대한 설명이 잘못된 것은?

① 오블롱 패턴 와인딩은 가로로 긴 블록에 90°로 베이스를 나눠서 와인딩을 하는 것이다.
② 크로키놀식 기법으로 와인딩을 하며 모발 길이에 상관없이 사용된다.
③ 일반적으로 위와 아래의 와인딩 방향이 반대가 된다.
④ 블로킹은 가로로 4등분 또는 5등분을 나누고 와인딩은 긴 머리는 두상의 아래에서 위로, 짧은 머리는 위에서 아래로 와인딩을 완성한다.

해설
오블롱 패턴 와인딩은 가로로 긴 블록에 45°의 사선으로 베이스를 나눠서 와인딩을 하는 것이다.

112 헤어펌의 방법에 대한 설명으로 연결이 잘못된 것은?

① 5등분 와인딩 - 5등분 와인딩은 기초적인 방법으로 직각 패턴 와이딩이다. 블로킹을 할 때는 두상을 앞머리에서부터 뒷머리로 연결하여 중앙을 나누고 좌우를 구분하여 세로로 5등분을 나누면 직각 패턴이 된다.

② 세로 와인딩 - 세로 말기이며 '다데'라고도 한다. 긴 머리에 적용하면 웨이브가 세로로 만들어져 비교적 느슨하고 부드럽게 형성되며 모발 숱이 많은 경우에 적합하다.

③ 벽돌 쌓기 - 두상의 측면 전체를 반타원형으로 블록을 나눠서 웨이브 흐름이 뒤쪽을 향해 넘어가도록 와인딩을 하는 것이다.

④ 트위스트 와인딩 - 트위스트 와인딩은 모발을 꼬면서 감는 것이다. 스파이럴식 기법으로 와인딩을 하며 긴 머리에 적용한다.

해설

③은 윤곽 패턴 와인딩의 설명이다.

벽돌 쌓기 와인딩

두상 전체에 벽돌을 쌓은 것과 같은 모양으로 베이스와 베이스 사이가 틈이 없이 연결되도록 와인딩을 하는 것이다. 크로키놀식 기법으로 와인딩을 하며 짧은 머리에 적용했을 때 효과적이다. 웨이브가 두상의 전체에서 서로 겹쳐져 갈라짐이 없고 볼륨 있는 컬을 만들기에 적합하다. 두상의 전체가 하나의 블록이며 위쪽에서부터 아래쪽으로 내려가며 와인딩을 완성한다.

113 다음에서 설명하는 와인딩 기법은 무엇인가?

> 인덴테이션 와인딩이라고도 하며, 바깥말음이 되도록 와인딩을 하는 것이다. 크로키놀식 기법으로 와인딩을 하며 짧은 머리에 적용했을 때 효과적이다. 웨이브가 밖으로 뻗치는 컬을 만들기에 적합하며, 모발 길이에 따라서 와인딩 순서를 선택하여 완성한다.

① 윤곽 패턴 와인딩
② 오블롱 패턴 와인딩
③ 아웃 컬 와인딩
④ 혼합형 와인딩

해설

윤곽 패턴 와인딩	• 두상의 측면 전체를 반타원형으로 블록을 나눠서 웨이브 흐름이 뒤쪽을 향해 넘어가도록 와인딩을 하는 것 • 크로키놀식 기법으로 와인딩을 하며 비교적 짧은 머리에 적용했을 때 효과적
오블롱 패턴 와인딩	• 가로로 긴 블록에 45°의 사선으로 베이스를 나눠서 와인딩을 하는 것 • 크로키놀식 기법으로 와인딩을 하며 모발 길이에 상관없이 사용
아웃 컬 와인딩	• 인덴테이션 와인딩이라고도 하며, 바깥말음이 되도록 와인딩을 하는 것 • 크로키놀식 기법으로 와인딩을 하며 짧은 머리에 적용했을 때 효과적
혼합형 와인딩	오블롱 패턴과 벽돌 쌓기 와인딩이 혼합된 방법

114 다음 중 스파이럴 기법에 속하는 와인딩은 무엇인가?

① 세로 와인딩
② 오블롱 패턴 와인딩
③ 아웃 컬 와인딩
④ 트위스트 와인딩

해설
트위스트 와인딩은 모발을 꼬면서 감는 것이다. 스파이럴식 기법으로 와인딩을 하며 긴 머리에 적용한다. 웨이브가 세로로 만들어지며 비교적 강하고 일정하게 형성된다. 트위스트 와인딩을 할 때 두피 쪽에서 모발 끝 쪽으로 하거나, 모발 끝에서 두피 쪽으로 와인딩을 할 수 있다.

115 헤어펌 와인딩 풀기에 대한 설명으로 잘못된 것은?

① 헤어펌 와인딩 풀기는 로드-오프 또는 로드 아웃이라고도 한다.
② 헤어펌 웨이브를 고정하는 산화작용 시간이 끝나면 모발에서 로드를 풀어서 제거한다.
③ 와인딩을 풀 때 긴 머리는 두상의 위에서 아래로 풀어 간다. 짧은 머리는 위와 아래 어느 곳에서부터 풀어도 상관없다.
④ 긴 머리를 크로키놀식 와인딩을 두피 쪽까지 하여 모발의 겹침이 많은 경우에는 로드를 풀고 난 후에 모발 끝부분에 산화제를 다시 도포하고 2~3분 후에 샴푸를 한다.

해설
와인딩을 풀 때 긴 머리는 두상의 아래에서 위로 풀어 간다.

116 헤어펌 마무리 세척에 대한 설명으로 옳지 않은 것은?

① 마무리 세척은 사후 헤어트리트먼트를 의미한다.
② 로드를 풀고 나서 모발에 도포한 펌제를 깨끗하게 씻어내기 위한 것이다.
③ 미지근한 물을 사용하여 펌제를 충분히 헹구고 컨디셔너제를 모발 끝부터 바른 후에 손가락 끝을 사용하여 두피 지압을 한다.
④ 마무리 세척은 펌제로 인해 팽윤·연화된 모발을 약산성의 등전점으로 빠르게 돌려줘 모발 손상을 예방하기 위한 것이므로 충분한 헹굼과 처치가 중요하다.

해설
마무리 세척은 사후 샴푸를 의미한다.

117 매직 스트레이트 헤어펌 시술 시 사용하는 플랫 아이론의 온도로 가장 알맞은 것은?

① 130~150℃
② 160~180℃
③ 190~200℃
④ 200~210℃

해설
플랫 아이론의 온도는 160~180℃로 하여 프레스한다.

118 다음은 매직 스트레이트 헤어펌의 방법이다. ㉠에 들어갈 과정으로 알맞은 것은?

> ① 모발의 연화 작업을 위해 건강한 모발은 두피에서 1cm 정도 띄고 모발 전체에 환원제(1제)를 도포한 후 전체 모발을 랩으로 감싼다.
> ② 모발을 랩으로 감싼 후에는 열처리 10분과 자연 방치를 5~10분간 하여 모발을 연화한다.
> ③ (㉠)
> ④ 모발의 연화 작업이 끝나면 모발을 맑은 물로 세척(Water Rinse)한다.
> ⑤ 세척이 끝나면 크림이나 오일 등 매직 전용 클리닉 제품을 모발에 도포한 후 드라이어를 이용하여 건조시킨다.
> ⑥ 플랫 아이론을 이용하여 네이프를 시작으로 톱과 사이드의 순서로 프레스한다.
> ⑦ 시술이 끝나면 모발 전체에 산화제(2제)를 도포하여 중화한다.
> ⑧ 모발을 깨끗이 헹구고 타월 드라이 후 드라이어의 찬 바람을 이용하여 건조시킨다.

① 시술 전 모발과 두피의 오염 물질을 제거하기 위해 사전 샴푸를 한다.
② 시술에 필요한 도구로 매직 전용 파마제, 타월, 어깨보, 비닐 캡, 플랫 아이론, 핀셋, 꼬리 빗을 준비한다.
③ 모발의 연화 상태를 테스트하기 위해 모발 끝을 엄지와 검지로 잡고 가볍게 당겼을 때 0.5~1cm 이상 늘어나는지를 확인한다.
④ 매직 스트레이트는 열을 이용한 파마이므로 시술 후 모발이 건조하지 않도록 에센스로 마무리한다.

119 매직 스트레이트 헤어펌 마무리에 대한 설명으로 옳지 않은 것은?

① 헤어스타일링을 위해 모발을 50%만 건조시킨다.
② 헤어스타일링 제품을 용도에 맞게 선택하여 사용한다.
③ 고객에게 사후 손질방법을 설명한다.
④ 고객에게 헤어 파마의 결과에 대한 만족 여부를 확인한다.

해설
매직 스트레이트 헤어펌 마무리 과정
• 헤어스타일링을 위해 모발을 건조시킨다.
• 헤어스타일링 제품을 용도에 맞게 선택하여 사용한다.
• 고객에게 사후 손질방법을 설명한다(고객의 홈케어를 위해 모발 손질방법 설명).
• 고객에게 헤어 파마의 결과에 대한 만족 여부를 확인한다.
• 고객에게 평소 모발 관리의 불편한 점이나 어려운 점을 확인한다.

120 매직 스트레이트 헤어펌 마무리 시 홈케어 제품 제안과 관련한 시술자의 태도로 잘못된 것은?

① 고객의 모발 상태를 확인한 후 필요한 경우 케어 제품을 안내한다.
② 헤어 케어 제품과 스타일링 제품의 사용 목적과 방법을 설명한다.
③ 스타일링에 필요한 헤어 제품의 사용법을 시연하고 효능을 설명한다.
④ 고객에게 가격은 안내하지 않는다.

해설
고객에게 정확한 가격을 안내한다.

121 모발의 결합 중 블로 드라이와 가장 밀접한 결합은 무엇인가?

① 이온결합
② 수소결합
③ 시스틴 결합
④ 폴리펩타이드 결합

해설

수소결합은 모발의 결합 중 가장 많은 부분을 차지하며, 수분에 의해 결합이 절단되고 재결합되는 과정에서 형태를 만들게 된다. 모발이 마른 상태이거나 너무 젖은 상태에서 블로 드라이를 시술할 경우 수소결합이 원활하지 않아 헤어스타일 연출이 어렵다. 때문에 블로 드라이 작업 전 적정 수분 함유량은 20~25%(약간 눅눅한 느낌)가 좋다.

122 다음 중 스트레이트 드라이 방법으로 잘못된 것은?

① 모발에 적정 수분을 유지하며 4등분 블로킹한 후 후두부(네이프에서 크라운으로) → 측두부(하단에서 상단으로) → 전두부 순으로 시술한다.
② 롤브러시의 너비 95%가량의 모발을 가로로 슬라이스한다.
③ 블로 드라이어와 롤브러시로 후두부 네이프의 첫 단부터 '펴기'를 시술한다. 스트랜드(Strand)를 가볍게 훑듯이 스트레이트로 펴 준다.
④ 모발의 길이를 고려하여 롤브러시를 선정한다.

해설

롤브러시의 너비 80%가량의 모발을 가로로 슬라이스한다.

123 C컬 드라이 방법으로 옳지 않은 것은?

① 모발에 적정 수분을 유지하며 4등분 블로킹한다.
② 모발의 길이와 연출하고자 하는 웨이브 굵기를 고려하여 롤브러시를 선정한다.
③ 모발 끝이 꺾이지 않게 처음 감을 때 최대한 롤브러시를 당기듯 감아 준다. 이때 롤브러시에 감기는 회전 바퀴가 많아지면 웨이브가 생기므로 최대 두 바퀴가 되도록 한다.
④ 열풍이 고객 피부에 직접 닿거나 향하지 않도록 주의한다.

해설

③ 모발 끝이 꺾이지 않게 처음 감을 때 최대한 롤브러시를 당기듯 감아 준다. 이때 롤브러시에 감기는 회전 바퀴가 많아지면 웨이브가 생기므로 최대 한 바퀴 반 이내가 되도록 한다.

124 다음 중 일시적 염모제에 대한 설명으로 잘못된 것은?

① 모표피에 색을 흡착시켜 샴푸 1회로 색을 쉽게 지울 수 있는 염모제로, 모발 손상이 없다.
② 다양하게 컬러 변화를 줄 수 있으며 모발을 밝게 할 수 있다.
③ 컬러 스프레이, 컬러무스, 컬러샴푸, 컬러젤, 컬러왁스 등이 있다.
④ 색소 분자가 커서 모발 내부에는 침투하지 못하고 색소가 모표피 사이사이에 일시적으로 붙어 있게 된다.

해설

다양하게 컬러 변화를 줄 수 있으나 모발을 밝게 하지는 못한다.

121 ② 122 ② 123 ③ 124 ② **Answer**

125 반영구 염모제에 대한 설명으로 옳은 것은?

① 반영구 염모제는 이온 결합에 의해 염색이 이루어진다.
② 6주 이상 유지되는 염모제이다.
③ 모발을 밝게 할 수 있다.
④ 모표피부터 모피질까지 색을 흡착시킨다.

해설
반영구 염모제 : 모표피 안층과 겉층에 색을 흡착시켜 4~6주 정도 유지되며, 선명한 색상을 표현하면서 피부 자극 없이 염색을 원할 때 사용한다. 모발을 밝게 하지 못하며, 매니큐어, 코팅, 왁싱 등이 있다. 반영구 염모제는 이온 결합에 의해 염색이 이루어진다. 음이온(−)을 지닌 산성염료가 양이온(+)으로 대전된 모발에 흡착되어 이루어진다.

126 영구적 염모제의 작용 원리에 대한 설명으로 옳지 않은 것은?

① 모발에 염모제를 도포하면 제1제의 알칼리 성분이 모표피를 팽윤시킨다.
② 팽윤된 모표피를 통과하여 모피질 속으로 들어간 염모제는 제2제인 과산화수소의 분해작용에 의해 멜라닌 색소가 파괴되면서 탈색이 일어난다.
③ 음이온을 지닌 산성염료가 양이온으로 대전된 모발에 흡착되어 이루어진다.
④ 과산화수소로부터 분리된 유리 산소는 모피질에 침투되어 있는 무색의 색소와 산화 중합반응을 하여 유색의 큰 입자를 형성하며 영구적으로 착색된다.

해설
③은 반영구 염모제의 작용 원리이다.

127 다음 중 염모제 도포방법에 대한 설명으로 잘못된 것은?

① 염모제는 모발 길이와 모발의 각화 정도가 달라 약제의 침투와 발색에 영향을 받으므로 도포방법을 달리할 필요가 있다.
② 붓의 각도에 따라 도포할 염모제 양의 조절이 가능하고 도포할 부분이 달라진다.
③ 붓을 45°에 가깝게 세웠을 때에는 소량을 빗질하듯이 도포할 수 있고, 섬세하게 원하는 부분만 바를 수 있다.
④ 붓을 낮은 각도로 눕혔을 때에는 도포할 염모제 양을 늘려 넓은 부분을 빠르게 도포할 수 있다.

해설
붓을 90°에 가깝게 세웠을 때에는 소량을 빗질하듯이 도포할 수 있고, 섬세하게 원하는 부분만 바를 수 있다.

128 전체 길이가 25cm 미만인 모발을 두 번에 나누어 도포하는 것은 염색의 어떤 기법에 대한 설명인가?

① 원터치 기법
② 투터치 기법
③ 스리터치 기법
④ 리터치 기법

해설
투터치(Two Touch) 기법
전체 길이가 25cm 미만인 모발을 두 번에 나누어 도포하는 것을 말한다. 모근에 새로 자라난 신생부와 기염부의 명도를 맞추는 경우에 사용하며, 두피 쪽 모발과 모발 끝의 온도 차이에 의한 염모제의 반응속도가 다르므로 얼룩 없이 균일한 컬러를 얻기 위해 사용하는 도포법이다.

129 기염부와 신생모를 연결할 때 사용하는 염색 기법은 무엇인가?

① 원터치 기법
② 투터치 기법
③ 스리터치 기법
④ 리터치 기법

해설

기염부와 신생모를 연결하는 것을 리터치(Retouch)라고 한다. 신생모를 기염부의 염색보다 밝게 염색할 때는 리터치-톤업, 기염부의 명도 변화 없이 신생모의 색상만 바꿔 주는 것을 리터치-톤온톤, 기염부의 명도보다는 어둡고 신생모보다는 밝게 하는 것을 리터치-톤다운이라고 한다.

130 다음 중 염색 기법과 특징이 바르게 연결되지 않은 것은?

① 원터치 기법 – 신생부와 기염부의 명도를 맞추면서 기염부 모발 끝부분이 색소의 과잉 침투로 인해 균일한 컬러 결과를 얻기 어려울 때 사용하는 도포법
② 투터치 기법 – 모근에 새로 자라난 신생부와 기염부의 명도를 맞추는 경우에 사용하는 도포법
③ 스리터치 기법 – 전체 길이가 25cm 이상인 모발을 균일한 색상으로 밝게 염색할 때 사용하는 도포법
④ 리터치 기법 – 기염부와 신생모를 연결할 때 사용하는 도포법

해설

원터치(One Touch) 기법

모근에서 모발 끝까지 한 번에 도포하는 것을 말하며, 고객의 희망 색이 자연 모발과 같은 어두운 색이거나 모발 전체를 고명도로 하기 원할 때 사용하는 도포법이다. 또 산성염모제 도포에도 많이 사용한다.

131 산성염모제를 제거하기 위한 샴푸 방법으로 적당하지 않은 것은?

① 유화를 하지 않고 장갑을 착용한 상태에서 모발에 남은 염모제를 흐르는 물로 충분히 제거한다.
② 장갑을 착용한 상태에서 첫 번째 샴푸제를 두피에 묻혀 거품을 풍성하게 만들어 모발을 세정하고, 두 번째 샴푸는 두피부터 깨끗이 세정을 한다.
③ 헤어라인부터 엄지손가락을 이용하여 부드럽게 원을 그리듯이 매니플레이션을 한다.
④ 모발에 트리트먼트를 도포하고 가볍게 매니플레이션을 한 후 헹군다.

해설

산성염모제를 제거하기 위한 샴푸 방법은 ① → ② → ④이다.

산화염모제를 제거하기 위한 샴푸 방법

• 헤어라인에서부터 1~2cm 간격의 슬라이스로 유화용 트리트먼트를 도포한다.
• 헤어라인부터 엄지손가락을 이용하여 부드럽게 원을 그리듯이 매니플레이션을 한다.
• 두상 전체를 손가락을 이용하여 매니플레이션을 한다.
• 두상 전체를 4등분하여 모근부 쪽부터 전체적으로 부드럽게 주무르기 기법으로 매니플레이션을 한다.
• 모발을 문지르며 가볍게 헤어컬러제를 제거한다.
• 미온수로 충분히 헹구고 목선에 염모제가 남아 있지 않도록 주의한다.
• 헤어라인의 잔류 색소를 리무버(크림)를 이용하여 지운다.
• 컬러 전용 샴푸를 두피에 도포한 후 거품을 충분히 내고 잔여물을 제거한다.
• 모발에 트리트먼트를 도포하고 가볍게 매니플레이션을 한 후 헹군다.

132 헤어컬러 시술 마무리 과정에 대한 설명으로 잘못된 것은?

① 고객의 헤어라인에 헤어컬러제가 남은 부분에 알코올솜으로 가볍게 두드리면서 색소를 제거한다.
② 젖은 수건을 이용하여 피부에 남은 리무버를 부드럽게 닦는다.
③ 고객의 의복을 점검하고 드라이 보를 착용한다.
④ 모발 상태에 맞는 에센스를 이용하여 모발 끝부분부터 전체를 바른다.

해설
고객의 헤어라인에 헤어컬러제가 남은 부분에 탈지면이나 화장 솜에 리무버(크림)를 묻혀 가볍게 두드리면서 색소를 제거한다.

134 다음 중 헤어퍼머넌트 웨이브제(콜드 퍼머넌트)에 대한 설명으로 옳지 않은 것은?

① 모발의 결합을 영구적으로 변화시켜 웨이브를 연출한다.
② 제1제는 끊어진 시스틴 결합을 재결합하여 원하는 웨이브 형태로 고정하고, 제2제는 웨이브에 관여하는 모발의 시스틴 결합을 끊는 역할을 한다.
③ 환원제(제1제)의 주원료는 시스테인 및 티오글라이콜산이다.
④ 산화제(제2제)의 주원료는 브롬산나트륨 및 과산화수소수이다.

해설
제1제는 웨이브에 관여하는 모발의 시스틴 결합을 끊는 역할을 하고, 제2제는 끊어진 시스틴 결합을 재결합하여 원하는 웨이브 형태로 고정시킨다.

133 헤어전문제품의 종류 중 세정 및 케어용이 아닌 것은 무엇인가?

① 헤어샴푸
② 헤어트리트먼트
③ 헤어에센스
④ 헤어컨디셔너

해설
헤어에센스는 헤어스타일링용 제품이다.

135 모발이 가늘고 양이 많지 않아 가라앉는 경우 모근의 볼륨감을 유지할 수 있도록 사용하는 헤어스타일링 제품은 무엇인가?

① 헤어무스
② 헤어젤
③ 왁 스
④ 헤어스프레이

해설
헤어스프레이는 분사 후 건조될 때 필름을 형성하여 헤어 디자인 형태를 고정하고 유지시킬 때 사용한다.

136 헤어 세트롤러의 종류 중 반드시 마른 모발에 사용하며 비교적 짧은 시간에 웨이브를 연출할 수 있는 것은 무엇인가?

① 스파이럴형 세트롤러
② 원추형 세트롤러
③ 전기 세트롤러
④ 벨크로 세트롤러

해설
전기 세트롤러
• 반드시 마른 모발에 사용
• 비교적 짧은 시간에 웨이브를 연출할 수 있음
• 감전과 화상에 유의

137 헤어 세트롤러의 사용방법에 대한 설명으로 잘못된 것은?

① 헤어 세트롤러의 지름이 클수록 컬이 굵어지고 지름이 작을수록 컬이 작아진다.
② 베이스의 너비는 헤어 세트롤러 지름의 80% 정도가 이상적이다. 베이스가 너무 넓으면 작업 과정에서 모발이 헤어 세트롤러 밖으로 튀어 나가고, 너무 좁으면 작업 시간이 길어지기 때문이다.
③ 각도는 볼륨과 관련이 있는데, 모발을 50° 이상 들어 와인딩하면 컬의 볼륨이 크고 움직임도 자유롭다.
④ 텐션(Tension)이란 모발을 잡아당기는 일정한 힘을 의미하며, 헤어 세트롤러를 와인딩할 때 모발의 끝이 꺾이지 않고 탄력 있는 웨이브가 형성될 수 있도록 와인딩한다.

해설
60° 이하로 들고 와인딩하면 컬의 볼륨이 작고 움직임도 제한적이다.

138 업스타일 브러시 중 정전기가 발생하지 않으며, 모발을 일정한 방향으로 정리하는 데 용이한 것은?

① 돈 모
② 플라스틱
③ 금 속
④ 원 형

해설
업스타일용으로 사용되는 평면 돈모 브러시는 정전기가 발생하지 않으며, 모발을 일정한 방향으로 정리하는 데 용이하다.

139 업스타일 작업 시 사용하는 빗의 종류별 특징으로 연결이 잘못된 것은?

① 플라스틱 – 가볍고 경제적이며 가장 일반적으로 다양하게 사용
② 나무, 동물 뼈 – 엉킨 모발을 정돈할 때 사용
③ 꼬리 빗 – 가장 일반적이며 다양한 용도로 사용되며, 덕 테일 콤(Duck Tail Comb)이라고도 함
④ 스타일링 콤 – 백콤을 넣거나 완성된 상태의 형을 잡을 때 사용

해설
나무 동물 뼈 : 내열성이 요구되는 헤어 마셀 웨이브와 같은 작업에 사용, 모발을 보호하는 역할

136 ③ 137 ③ 138 ① 139 ② **Answer**

140 업스타일 핀의 종류와 특징으로 알맞게 연결된 것은?

① 핀셋 – 리지 간격을 고려하여 집게로 집듯 사용
② 핀컬 핀 – 부분적으로 임시 고정할 때 사용
③ 웨이브 클립 – 블로킹을 하거나 형태를 임시로 고정할 때 사용
④ U핀 – 실핀, 대핀에 비해 고정력이 강함

해설
업스타일 핀의 특징

핀 셋	• 블로킹을 하거나 형태를 임시로 고정할 때 사용 • 집게나 톱니 형태의 핀셋도 있음
핀컬 핀	• 부분적으로 임시 고정할 때 사용 • 금속이나 플라스틱 재질이며 핀셋보다 작은 형태
웨이브 클립	• 리지 간격을 고려하여 집게로 집듯 사용 • 웨이브의 리지를 강조할 때 효과적
실 핀	• 가장 일반적으로 많이 사용하는 핀 • 벌어진 핀은 사용하지 않음

141 업스타일 핀 중 가볍게 컬을 고정하거나 망과 토대를 고정시킬 때 사용하는 것은?

① 실 핀
② 대 핀
③ 핀컬 핀
④ U핀

해설
U핀
• 임시로 고정하거나 면과 면을 연결할 때 사용
• 가볍게 컬을 고정하거나 망과 토대를 고정시킬 때 사용
• 고정력은 실핀이나 대핀에 비해 약함

142 다음에서 설명하는 업스타일 기법은 무엇인가?

> 생선 가시 모양과 비슷하다고 해서 피시본(Fish Bone) 헤어라고 하며, 2개의 스트랜드를 서로 교차하는 방식으로 땋기와 다른 느낌으로 표현된다.

① 매듭(Knot) 기법
② 꼬기(Twist) 기법
③ 겹치기(Overlap) 기법
④ 고리(Loop) 기법

해설
겹치기(Overlap) 기법
생선 가시 모양과 비슷하다고 해서 피시본(Fish Bone) 헤어라고 하며, 2개의 스트랜드를 서로 교차하는 방식으로 땋기와 다른 느낌으로 표현된다. 네이프에서 톱 또는 톱에서 네이프로 향하게 겹칠 수도 있고, 한 가닥에서 서로 겹칠 수도 있다.

143 업스타일 디자인 마무리에 대한 설명으로 옳지 않은 것은?

① 일반적으로 헤어젤을 사용하여 업스타일의 형태를 고정시킨다.
② 손과 꼬리 빗을 이용하여 모류의 흐름을 살리면서 헤어스프레이로 잔머리를 고정시켜 마무리한다.
③ 전체적인 디자인을 점검하고 디자인을 보정한다.
④ 전면, 측면, 후면에서의 디자인 형태를 확인하고 전체적인 균형에 맞게 보정한다.

해설
일반적으로 헤어스프레이를 사용하여 업스타일의 형태를 고정시킨다.

144 가발 사용법에 대한 설명이 알맞게 연결된 것은?

① 클립 고정법 – 통풍이 잘되고 고정력이 뛰어나서 잘 벗겨지지 않음
② 테이프 고정법 – 땀과 피지 때문에 접착력이 약해질 수 있지만, 밀착력이 뛰어나 가발과 본 머리 사이의 들뜸 현상으로 인한 불안감이 적은 편
③ 특수 접착법 – 모발의 가닥과 인조모를 자연스럽게 연결하여 모발의 숱이 많아 보이거나 길어 보이게 하는 방법
④ 결속식 고정법 – 가장 많이 사용하는 방법으로 가발을 쓰고 벗은 것이 자유로움

해설
① 클립 고정법 : 가발 둘레에 클립을 부착하여 고객의 모발에 고정하는 방법
③ 특수 접착법 : 고객의 탈모 부분의 모발의 제거하고 그 부분에 특수 접착제를 이용하여 가발을 부착하는 방법
④ 결속식 고정법(반영구 부착법) : 가발과 고객의 모발을 미세하게 엮어서 부착하는 방법

145 붙임머리 관리에 대한 설명으로 잘못된 것은?

① 일주일에 2~3회 샴푸를 시술한다.
② 샴푸 전에는 항상 모발이 엉키지 않도록 충분히 빗질한다.
③ 미지근한 물로 가볍게 마사지하듯이 샴푸하고 붙임머리 피스 부분에는 컨디셔너 또는 트리트먼트 제품을 사용한다.
④ 두피보다 모발을 중심으로 건조하고, 모발 부분은 따뜻한 바람으로 건조한다.

해설
두피를 중심으로 건조하고, 모발 부분은 따뜻한 바람과 차가운 바람을 번갈아 가며 위에서 아래 방향으로 건조한다.

146 헤어 익스텐션 방법 중 특수머리의 종류별 특징의 연결이 옳은 것은?

① 트위스트 – 세 가닥 땋기를 기본으로 하여 모발을 교차하거나 가늘고 길게 여러 가닥으로 늘어뜨려 연출하는 헤어스타일
② 콘로 – 밧줄 모양과 같이 모발의 꼬인 형태를 말하며 본 머리 또는 헤어피스를 연결하여 연출하는 스타일
③ 브레이즈 – 세 가닥 땋기 기법을 두피에 밀착하여 표현하는 스타일로, 안으로 집어 땋기보다 바깥으로 거꾸로 땋아서 입체감 표현
④ 드레드 – 곱슬머리에 가모를 이용하여 마치 엉켜 있는 모발 다발을 연출하는 스타일

해설
① 트위스트 : 밧줄 모양과 같이 모발의 꼬인 형태를 말하며 본 머리 또는 헤어피스를 연결하여 연출하는 스타일
② 콘로 : 세 가닥 땋기 기법을 두피에 밀착하여 표현하는 스타일로, 안으로 집어 땋기보다 바깥으로 거꾸로 땋아서 입체감 표현
③ 브레이즈 : 세 가닥 땋기를 기본으로 하여 모발을 교차하거나 가늘고 길게 여러 가닥으로 늘어뜨려 연출하는 헤어스타일

144 ② 145 ④ 146 ④ **Answer**

147 헤어 익스텐션 방법 중 붙임머리에 대한 설명으로 옳지 않은 것은?

① 테이프 – 가모의 테이프 부분을 모발에 부착하고 열을 전도하여 고정하는 방법이다.

② 링 – 링에 연결된 헤어피스를 붙임머리용 전용 집게를 이용하여 모발에 부착하는 방법이다.

③ 팁 – 접착제(실리콘 단백질 글루)를 이용하여 헤어피스를 모발에 직접 부착하는 방법이다.

④ 실 – 2가닥 트위스트와 3가닥 브레이드 기법으로 모발을 연장한 다음, 고무실로 본 모발과 가모를 고정하는 방법이다.

해설
• 고무줄 : 2가닥 트위스트와 3가닥 브레이드 기법으로 모발을 연장한 다음, 고무로 본 모발과 가모를 고정하는 방법
• 실 : 본 머리를 콘로 스타일로 마무리한 다음 그 위에 헤어피스를 부착하여 바느질하는 방법

148 특수머리 관리에 대한 설명으로 옳지 않은 것은?

① 드레드, 브레이즈 등의 헤어스타일은 샴푸할 때 두피 가까이 물을 적시고 샴푸 제품은 파트와 파트 사이의 두피에 직접 도포하여 손가락으로 문지르면서 샴푸한다.

② 다량의 모발이 연결되어 있는 디자인이므로 모발의 수분이 적어지면 모발이 팽창하여 연장한 부분이 느슨해지거나 디자인의 변형이 있을 수 있으므로 적당한 수분량을 유지하도록 한다.

③ 샴푸 후에는 타월로 충분히 물기를 제거하고 두피 위주로 먼저 건조시킨다.

④ 두피가 습하면 세균 번식, 비듬 유발, 두피 염증 등 트러블의 원인이 되기 때문에 완전 건조가 필수적이다.

해설
다량의 모발이 연결되어 있는 디자인이므로 모발의 수분이 많아지면 모발이 팽창하여 연장한 부분이 느슨해지거나 디자인의 변형이 생길 수 있으므로 유의한다.

MEMO

HAIR
DRESSER

PART **3**

공중위생관리

미용사(일반)

필기 한권으로 끝내기!

01 ✂ 공중보건

제1절 공중보건 기초

1 공중보건학의 개념

(1) 공중보건학의 목표

지역사회주민의 집단건강을 보호하고 증진시키기 위한 조직적인 노력과 방법이다.

(2) 윈슬로(C. E. A. Winslow)의 공중보건학 정의

조직화된 지역사회의 노력을 통하여 질병을 예방하고, 수명을 연장하며, 건강과 능률을 증진시키는 과학이자 기술이다. 모든 사람이 자신의 건강 유지에 적합한 생활수준을 보장받도록 사회제도 발전 및 개선시키는 것 등의 노력이 필요하다(C. E. A. Winslow, 1920).

(3) 공중보건학의 범위

환경보건 분야	환경위생, 식품위생, 환경보전과 공해문제, 산업환경 등
질병관리 분야	역학, 감염병관리, 기생충 질병관리, 성인병관리 등
보건관리 분야	보건행정, 보건영양, 영유아보건, 가족보건, 모자보건, 학교보건, 보건교육, 정신보건, 의료보장제도, 사고관리, 가족계획 등

2 건강과 질병

(1) 세계보건기구(WHO)의 건강 정의

건강이란 "단순히 질병이 없고, 허약하지 않은 상태만을 의미하는 것이 아니고 육체적, 정신적 건강과 사회적으로 안녕이 완전한 상태"를 뜻한다(1948년, 보건헌장).

(2) 세계보건기구(WHO)의 종합건강지표

① 대표적인 3대 지표(한 나라의 건강수준을 표시하여 다른 국가들과 비교할 수 있는 지표)
② 보건수준을 나타내는 대표적 지표 : 비례사망지수, 평균수명, 조사망률

> **Hair 핵심플러스!**
>
> **세계보건기구(WHO)의 보건수준을 나타내는 대표적 지표**
> 비례사망지수, 평균수명, 조사망률
>
> **국가 간(지역사회 간)의 보건수준을 비교하는 보건지표**
> 비례사망지수, 평균수명, 영아사망률

　㉠ 비례사망지수 : 50세 이상의 사망자수 / 연간 전체 사망자수 × 100
　㉡ 평균수명 : 출생 후 평균 생존기간의 수준을 설명하는 지표(기대수명)
　㉢ 영아사망률 : 출산아 1,000명당 1년 미만 사망아수
　　• 출생 후 1년 미만의 영아사망수 / 1년간 출생아수 × 1,000
　　　→ 영아사망률 감소는 그 지역의 사회적, 경제적, 생물학적 수준 향상을 의미한다.

> **Hair 핵심플러스!**
>
> **국세조사(인구통계조사)**
> 1925년에 처음 실시 – 매년 5년마다 실시 – 전국적인 규모로 조사

(3) 질병 발생 원인 및 예방

　① 질병 발생과 관련한 3대 요인은 병인, 숙주, 환경이다.

　② 질병 예방단계
　　㉠ 질병상태 : 병인, 숙주, 환경 3가지 요인의 상호작용이 인간(숙주)에게 불리하게 작용되었을 때 질병상태에 놓이게 된다.
　　㉡ 1차적 예방단계(질병 발생 전 단계) : 생활환경 개선, 건강증진 활동, 안전관리 및 예방접종(질병 발생의 억제가 필요한 단계)을 한다.
　　㉢ 2차적 예방단계(조기발견과 조기치료 단계) : 숙주의 병적 변화시기로 질병의 조기발견, 조기치료, 악화방지를 위한 치료활동이 필요한 시기이다.
　　㉣ 3차적 예방단계(불구 예방 및 사회복귀 단계) : 질병의 재발방지, 잔여기능의 최대화, 재활활동, 사회복귀 활동이 필요한 단계이다.

3 인구보건 및 보건지표

(1) 인 구

일정한 시점에 일정한 지역에서 거주하는 사람들의 집단이다.

(2) 인구증가의 문제점

　① 3P : 인구(Population), 환경오염(Pollution), 빈곤(Poverty)
　② 3M : 영양불량(Malnutrition), 질병증가(Morbidity), 사망증가(Mortality)

(3) 보건지표

영아사망률, 평균수명, 비례사망지수

(4) 인구 구성형태(5대 기본형)

피라미드형	출생률이 증가하고, 사망률이 낮은 형태(후진국형, 인구증가형) → 14세 이하 인구가 65세 이상 인구의 2배 이상	
종 형	출생률과 사망률이 모두 낮은 형태(인구정지형) → 14세 이하 인구가 65세 이상 인구의 2배 정도	
항아리형 (방추형)	출생률이 사망률보다 낮은 형태(선진국형, 인구감소형) → 14세 이하 인구가 65세 이상 인구의 2배 이하	
별 형	생산연령 인구가 많이 유입되는 형태(도시형, 인구유입형) → 생산인구가 증가하는 형으로 생산층(15~49세) 인구가 전체 인구의 50% 이상	
호로형 (표주박형)	생산층 인구가 많이 유출되는 형태(농촌형, 인구유출형) → 15~49세의 생산층 인구가 전체 인구의 50% 미만	

제 2 절 질병관리

1 역 학

특정 인간집단이나 지역에서 질병 발생 현상과 분포를 관찰하고 원인을 탐구하여 질병관리의 예방대책을 강구하는 학문이다.

(1) 질병 발생의 인자

질병(유행)의 발생을 설명하는 모형이다.

① 삼각형 모형(3대 요인설)

> **Hair 핵심플러스!**
>
> **3대 요인설(John Gordon)**
> 병인적 인자(직업병), 숙주적 인자(성인병), 환경적 인자(감염병)

② **거미줄 모형** : 원인 물질과 여러 관련 요인들이 얽혀 질병이 발생한다. 질병 혹은 유행은 특정 요인에 의해 이루어지는 것이 아니라, 병원체의 존재하에 여러 가지 관련 요인들이 거미줄 모형과 같은 상호작용을 하여 발생하므로 복합 원인에 의한 것이라는 설이다.

③ **수레바퀴 모형** : 숙주와 환경 간의 관계를 설명하는 모형으로 병원체 요인은 고려하지 않는다. 수레바퀴의 중심은 유전적 소인을 가진 숙주가 있고, 그 숙주를 둘러싸고 있는 환경은 생물학적, 화학적, 사회적 환경으로 구분되며, 질병의 종류에 따라 바퀴를 구성하는 각 부분의 크기는 달라진다.

(2) 감염병 발생단계

병원체 → 병원소 → 병원소로부터 병원체의 탈출 → 병원체의 전파 → 새로운 숙주로 침입 → 감수성 있는 숙주의 감염

※ 한 단계라도 거치지 않으면 감염은 형성되지 않는다.

(3) 병원체의 종류

① **세균(Bacteria)** : 콜레라, 장티푸스, 디프테리아, 결핵, 한센병, 세균성 이질, 성병 등
② **바이러스(Virus)** : 소아마비, 홍역, 유행성 이하선염, 일본뇌염, 후천성 면역결핍증(AIDS), 광견병, 간염 등
③ **리케차(Rickettsia)** : 발진티푸스, 발진열, 쯔쯔가무시증 등
④ **원충류(Parasite)** : 회충, 구충, 말라리아, 유구조충 등

(4) 병원소의 종류

① **병원소** : 병원체가 생활하고 증식하면서 다른 숙주에 전파시킬 수 있는 상태로 저장되어 있는 장소이다.
   ㉠ 인간 병원소(환자, 보균자)
     • 환자 : 병원체에 감염되어 자각적 또는 타각적으로 임상증상이 있는 모든 사람을 말한다.
     • 보균자 : 자각적으로나 타각적으로 임상증상이 없는 병원체 보유자로서 감염원으로 작용하는 감염자이다.
     • 무증상감염자 : 임상증상이 아주 미약하여 간과되기 쉬운 환자이다. 무증상 감염을 일으키는 질병으로는 장티푸스, 세균성 이질, 콜레라, 성홍열 등이 있다.
   ㉡ 동물 병원소 : 동물이 병원체를 보유, 인간숙주에게 감염시키는 감염원이다(동물이 감염된 질병 중에서 2차적으로 인간숙주에게 감염되어 질병을 일으킬 수 있는 경우).
     • 소 : 결핵, 탄저, 파상열, 살모넬라증
     • 돼지 : 탄저, 일본뇌염

- 양 : 탄저, 파상열, 보툴리즘
- 개 : 광견병, 톡소플라스마증
- 말 : 탄저, 유행성 뇌염, 살모넬라증
- 쥐 : 페스트, 발진열, 살모넬라증, 렙토스피라증
- 고양이 : 살모넬라증, 톡소플라스마증

> **Hair 핵심플러스!**
> - 인수공통감염병 : 동물과 사람 사이에 상호 전파되는 병원체에 의해 감염된다.
> - 공수병(광견병) - 개, 페스트 - 쥐, 탄저 - 양, 말, 소

ⓒ 토양 : 무생물이면서 병원소 역할(파상풍, 히스토플라스마병 등)

(5) 병원소로부터 병원체의 탈출 경로

① 호흡기계로부터 탈출 : 기침, 대화, 재채기 → 결핵, 감기, 천연두, 백일해, 수두 등

② 소화기계로부터 탈출 : 분변, 토사물 → 콜레라, 장티푸스, 폴리오, 세균성 이질

③ 비뇨, 생식기관으로부터 탈출 : 소변, 성기 분비물을 통해 배출 → 매독, 임질

④ 상처 부위에서 직접 탈출 : 신체 표면의 피부병 등 → 농양, 파상풍

⑤ 기계적 탈출 : 곤충의 흡혈, 주사기 → 말라리아, 발진티푸스, 간염

(6) 전파방법

배출된 병원체가 새로운 숙주에 운반되는 과정이다.

① 직접전파 : 숙주에서 다른 숙주로 병원체가 직접적으로 전달되는 것이다.
  ㉠ 신체적 접촉감염 : 성병, 피부질환
  ㉡ 재채기, 기침 : 결핵, 홍역, 인플루엔자

② 간접전파 : 중간매개체(사람의 손, 파리, 음식)를 통해 전파된다. 병원체를 옮기는 매개체가 존재하고 병원체가 병원소 밖으로 탈출 시 일정 기간 생존능력이 있을 때 가능한 방식이다.

(7) 숙주의 대책

예방접종, 영양관리, 휴식과 운동, 충분한 수면

(8) 면역의 종류 및 분류

> **Hair 핵심플러스!**
> 면역 ┬ 선천적 면역 ── 종족, 인종, 개인 특성에 따라 변함
> │
> └ 후천적 면역 ┬ 능동면역 ┬ 자연능동면역 : 질병이환 후 획득하는 면역
> │ └ 인공능동면역 : 예방접종 후 획득하는 면역
> └ 수동면역 ┬ 자연수동면역 : 모체로부터 태반, 수유를 통해 얻는 면역
> └ 인공수동면역 : 인공제제를 주사하여 항체를 얻는 면역

① 능동면역 : 숙주 스스로가 면역체를 형성하여 면역을 지니게 되는 것으로 어떤 항원의 자극에 의하여 항체가 형성되어 있는 상태이다.

ⓐ 자연능동면역 : 감염병에 감염된 후 형성되는 면역이다.

ⓑ 인공능동면역 : 생균백신, 사균백신 등 예방접종으로 감염을 일으켜 얻어지는 면역이다.

② 수동면역 : 다른 숙주에 의하여 형성된 면역체(항체)를 받아서 면역력을 지니게 되는 경우이다.

ⓐ 자연수동면역 : 신생아가 모체로부터 태반, 수유를 통해 얻는 면역이다.

ⓑ 인공수동면역 : 인공제제를 주사하여 항체를 얻는 방법이다.

❷ 감염병 관리

(1) 절족동물(해충)에 의한 매개 감염병

모 기	말라리아, 일본뇌염, 황열, 뎅기열
파 리	장티푸스, 파라티푸스, 콜레라, 식중독, 이질, 결핵, 디프테리아
쥐	페스트, 서교열, 살모넬라증, 쯔쯔가무시증
바퀴벌레	세균성 이질, 콜레라, 결핵, 살모넬라, 디프테리아, 회충
이	발진티푸스

(2) 감염병 분류

소화기계 감염병	세균성 이질, 파라티푸스, 폴리오, 장티푸스
호흡기계 감염병	유행성 이하선염, 백일해, 인플루엔자, 풍진, 홍역
절족동물매개 감염병	발진티푸스, 말라리아, 일본뇌염, 페스트
동물매개 감염병	공수병, 탄저병, 브루셀라증

(3) 법정 감염병(감염병의 예방 및 관리에 관한 법률 제2조)

① 제1급 감염병 : 생물테러감염병 또는 치명률이 높거나 집단 발생의 우려가 커서 발생 또는 유행 즉시 신고하여야 하고, 음압격리와 같은 높은 수준의 격리가 필요한 감염병을 말한다. 다만, 갑작스러운 국내 유입 또는 유행이 예견되어 긴급한 예방·관리가 필요하여 질병관리청장이 보건복지부장관과 협의하여 지정하는 감염병을 포함한다.

② 제2급 감염병 : 전파 가능성을 고려하여 발생 또는 유행 시 24시간 이내에 신고하여야 하고, 격리가 필요한 감염병을 말한다. 다만, 갑작스러운 국내 유입 또는 유행이 예견되어 긴급한 예방·관리가 필요하여 질병관리청장이 보건복지부장관과 협의하여 지정하는 감염병을 포함한다.

③ 제3급 감염병 : 그 발생을 계속 감시할 필요가 있어 발생 또는 유행 시 24시간 이내에 신고하여야 하는 감염병을 말한다. 다만, 갑작스러운 국내 유입 또는 유행이 예견되어 긴급한 예방·관리가 필요하여 질병관리청장이 보건복지부장관과 협의하여 지정하는 감염병을 포함한다.

④ 제4급 감염병 : 제1급 감염병부터 제3급 감염병까지의 감염병 외에 유행 여부를 조사하기 위하여 표본감시 활동이 필요한 감염병을 말한다.

⑤ 기생충감염병 : 기생충에 감염되어 발생하는 감염병 중 질병관리청장이 고시하는 감염병을 말한다.

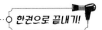

분류	제1급 감염병	제2급 감염병	제3급 감염병	제4급 감염병
종류	• 에볼라바이러스병 • 마버그열 • 라싸열 • 크리미안콩고출혈열 • 남아메리카출혈열 • 리프트밸리열 • 두 창 • 페스트 • 탄 저 • 보툴리눔독소증 • 야토병 • 신종감염병증후군 • 중증급성호흡기증후군 　(SARS) • 중동호흡기증후군 　(MERS) • 동물인플루엔자 인체 　감염증 • 신종인플루엔자 • 디프테리아	• 결 핵 • 수 두 • 홍 역 • 콜레라 • 장티푸스 • 파라티푸스 • 세균성 이질 • 장출혈성대장균감염증 • A형간염 • 백일해 • 유행성 이하선염 • 풍 진 • 폴리오 • 수막구균 감염증 • b형헤모필루스인플루 　엔자 • 폐렴구균 감염증 • 한센병 • 성홍열 • 반코마이신내성황색포 　도알균(VRSA) 감염증 • 카바페넴내성장내세균 　속균종(CRE) 감염증 • E형간염	• 파상풍 • B형간염 • 일본뇌염 • C형간염 • 말라리아 • 레지오넬라증 • 비브리오패혈증 • 발진티푸스 • 발진열 • 쯔쯔가무시증 • 렙토스피라증 • 브루셀라증 • 공수병 • 신증후군출혈열 • 후천성면역결핍증 　(AIDS) • 크로이츠펠트-야콥병 　(CJD) 및 변종크로이 　츠펠트-야콥병(vCJD) • 황 열 • 뎅기열 • 큐 열 • 웨스트나일열 • 라임병 • 진드기매개뇌염 • 유비저 • 치쿤구니야열 • 중증열성혈소판감소 　증후군(SFTS) • 지카바이러스 감염증	• 인플루엔자 • 매 독 • 회충증 • 편충증 • 요충증 • 간흡충증 • 폐흡충증 • 장흡충증 • 수족구병 • 임 질 • 클라미디아감염증 • 연성하감 • 성기단순포진 • 첨규콘딜롬 • 반코마이신내성장알균 　(VRE) 감염증 • 메티실린내성황색포도 　알균(MRSA) 감염증 • 다제내성녹농균(MRPA) 　감염증 • 다제내성아시네토박터 　바우마니균(MRAB) 　감염증 • 장관감염증 • 급성호흡기감염증 • 해외유입기생충감염증 • 엔테로바이러스감염증 • 사람유두종바이러스 　감염증
신 고	즉 시	24시간 이내	24시간 이내	7일 이내

3 기생충 질환관리

(1) 매개물에 의한 기생충 분류

① 물, 채소 매개 : 회충, 십이지장충, 요충, 동양모양선충, 이질아메바 등

② 어패류 매개

　㉠ 간흡충(간디스토마) : 제1중간숙주 - 우렁이, 제2중간숙주 - 민물고기

　㉡ 폐흡충(폐디스토마) : 제1중간숙주 - 다슬기, 제2중간숙주 - 게, 가재

　㉢ 황천흡충(요코가와흡충) : 제1중간숙주 - 다슬기, 제2중간숙주 - 은어

　㉣ 긴촌충(광절열두조충) : 제1중간숙주 - 물벼룩, 제2중간숙주 - 송어, 연어

③ 육류 매개
  ㉠ 무구조충 : 소고기
  ㉡ 유구조충 : 돼지고기
  ㉢ 선모충 : 개, 돼지
④ 토양 매개 : 오염된 토양을 감염원으로 하는 기생충 → 회충, 십이지장충, 양모양선충 등
⑤ 모기 매개성 기생충 : 말라리아
⑥ 접촉매개 : 요충

(2) 기생충 예방대책

① 소독실시 : 식물, 음용수 등
② 위생상태 개선
③ 식생활 개선 : 생식을 금하며 요리기구 소독
④ 유행지역의 역학조사와 생태 파악

4 성인병 관리

(1) 성인병 원인

40세 이후 발병률이 높으며 내분비 계통의 이상 및 변화, 잘못된 식습관과 생활습관으로 발병하게 된다.

(2) 고혈압

고혈압은 혈압이 정상 범위보다 높은 질환(정상 혈압은 80~120mmHg)이며, 혈압이 120~140mmHg 이상이면 고혈압이라고 한다.

(3) 당뇨병

인슐린 분비량이 부족하여 혈중 포도당의 농도가 높은 고혈당이 특징이다(췌장에서 분비되는 인슐린의 부족).

(4) 동맥경화

혈관에 지방, 콜레스테롤 등이 침착되어 혈관 내강을 좁게 하고 탄력을 잃어 혈액의 운반을 원활하게 하지 못하게 한다.

(5) 뇌졸중

뇌의 혈액순환 장애로 일어나는 증상으로 뇌동맥 이상으로 혈관이 파괴되어 발생한다.

5 정신보건

(1) 정신보건의 개념

정신질환을 예방하고 자주적, 독립적인 일상생활을 할 수 있으며 질병에 대한 저항력이 있어 정신건강을 도모하기 위한 원리나 지식을 말한다.

(2) 정신보건 사업의 목표

① 건전한 정신기능을 유지시킨다.

② 정신질환을 예방한다.

③ 정신질환자를 조기발견하고 치료하여 사회복귀를 도모한다.

> **Hair 핵심플러스!**
>
> **우리나라의 정신보건 사업**
> 1995년 정신보건법 제정 → 2017년 정신건강증진 및 정신질환자 복지서비스 지원에 관한 법률로 명칭 변경

제3절 가족 및 노인보건

1 가족보건

(1) 가족계획

① 가족계획의 개념 : 계획적인 가족 형성으로 알맞은 수의 자녀를 적당한 터울로 낳아서 양육하여 잘 살 수 있도록 하는 것이 목적이다.

② 가족계획사업의 필요성(목적) : 모자보건 향상, 양육능력 조절, 여성 해방, 경제적 능력 조절, 인구 조절, 출산자녀 양육

③ 가족계획의 방법(피임의 방법)

  ㉠ 생존기간 : 난자 24시간, 정자 2~3일

  ㉡ 이상적인 피임의 조건 : 피임효과, 안전성, 복원성, 수용성, 경제성

④ 피임방법의 분류

  ㉠ 영구피임 : 난관수술, 정관수술

  ㉡ 일시적 피임 : 콘돔 착용, 월경주기법, 기초체온법, 경구피임법

(2) 모자보건

① 모성보건 관리의 대상 : 모성은 넓은 의미로 전 여성에 걸쳐 사용하는 언어로, 모성보건 관리의 대상도 2차 성징이 나타나는 시기에서 폐경기에 이르는 모든 여성(15~49세)이 해당한다.

② 모성 사망(임산부 사망)의 원인

 ㉠ 임신, 분만, 산욕 등의 합병증으로 야기되는 사망이다.

 ㉡ 직접 모성 사망 : 고혈압성 질환(임신중독증, 임신성 고혈압, 임산부의 5~7%), 출혈성 질환, 임신(유산), 감염증(패혈증, 산욕열)

③ 임신중독증

 ㉠ 3대 증상 : 고혈압, 부종, 단백뇨

 ㉡ 예방대책 : 단백질·비타민의 충분한 공급, 당질·지방질의 과다 섭취 금지, 적당한 휴식, 정기적인 건강진단, 혈압을 낮추는 음식(녹황색 채소, 해조류 등) 섭취 등

④ 임신기간에 따른 분만의 분류

 ㉠ 유산 : 20주 이전에 임신이 종결되는 것이다.

 ㉡ 조산 : 임신 20~36주까지의 분만이다.

 ㉢ 사산 : 자궁 안에서 이미 사망한 경우이다.

 ㉣ 정상 분만 : 임신 37~42주의 분만이다.

Hair 핵심플러스!

모자보건지표 수준
출생률, 사망률, 신생아(4주 이내) 사망률, 영아(12개월 미만) 사망률, 모성사망률

---

2 노인보건

(1) 노인보건의 목적

65세 이상의 노인에 대한 적합한 건강검진사업을 통해 질병예방 및 건강 유지, 사회보장 등의 프로그램을 통하여 노후의 생활안정 및 신체적 기능상태를 증진시킨다.

(2) 노인의 사망 원인

암, 당뇨병, 심장질환, 뇌혈관질환 등이다.

(3) 노인보건의 방안

의료보장, 복지시설 확충, 기본소득 보장, 사회활동을 보장한다.

(4) 노인의 3대 문제

경제능력 부족문제, 질병문제, 소외문제가 발생한다.

제**4**절 **환경보건**

1 환경보건의 개념

(1) 환경위생의 정의

세계보건기구(WHO)에 따르면 환경위생이란 인간의 신체발육, 건강 및 생존에 유해한 영향을 미치거나 미칠 가능성이 있는 인간의 물리적 환경에 있어서의 제반요소를 통제하는 것이다.

(2) 환경위생학의 영역

① 자연적 환경
  ㉠ 물리, 화학적 환경 : 기후, 공기, 물, 토양, 광선 등
  ㉡ 생물학적 환경 : 동물, 식물, 위생곤충, 위생해충 등
② 사회적 환경 : 의복, 식생활, 위생시설, 정치, 사회, 종교, 문화산업시설 등

(3) 기후요소

기후를 구성하는 기온, 기습, 기압, 강우, 강설, 복사량, 일조량, 구름 등을 말한다.

> **Hair** 핵심플러스!
>
> **기후의 3대 요소**
> 기온, 기습, 기류

① 기온 : 실내의 적정 온도 및 활동에 적합한 거실의 보건적 온도는 18℃이며, 침실은 15℃, 병실의 최적온도는 21℃이다.
② 기습 : 대기 중에 포함된 수분량에 의해 결정되며 기온에 따라 변화한다. 일정 온도의 공기 중에 수증기가 포함될 수 있는 정도로서 일반적으로 상대습도이다. → 가장 쾌적한 것은 40~70%의 범위이며, 습도가 높으면 피부질환, 낮을 때는 호흡기질환에 걸릴 수 있다.
③ 기류 : 바람이라 하며, 주로 기압의 차와 온도의 차이에 의해 생성된다.
  ㉠ 무풍 : 0.1m/sec
  ㉡ 쾌감기류 : 0.2~0.3m/sec(실내), 1m/sec 전후(실외)

> **Hair** 핵심플러스!
>
> **불쾌지수(DI ; Discomfort Index)**
> • 기온과 기습의 영향에 의해 인체가 느끼는 불쾌감을 표시한 것
> • 불쾌지수(실내) = (건구온도 + 습구온도) × 0.72 + 40.6
>   − 70 이상 : 다소 불쾌(약 10%의 사람들이 불쾌)
>   − 75 이상 : 50% 정도 불쾌
>   − 80 이상 : 거의 모두 불쾌
>   − 85 이상 : 거의 모두 매우 불쾌(모든 사람들이 견딜 수 없을 정도의 불쾌한 상태)

2 대기환경

(1) 공기의 구성

공기는 질소 78.1%, 산소 20.93%, 아르곤 0.93%, 이산화탄소 0.03% 등으로 이루어져 있다.

질소(N_2)	• 고기압 상태 시 질소는 중추신경계에 마취작용을 한다. • 잠함병 : 고기압 상태에서 저기압 상태로 갑자기 복귀할 때, 체액 및 지방조직에 질소가스가 주원인이 되어 발생한다.
산소(O_2)	저산소증 : 대기 중 산소 농도가 15% 이하 시 발생하고, 10% 이하일 때 호흡곤란을 느끼며, 7% 이하일 때 질식사한다.
이산화탄소(CO_2)	• 무색, 무취, 비독성 가스, 약산성이다. • 실내공기의 오염지표로 사용한다. • 중독 : 3% 이상일 때 불쾌감을 느끼고 호흡이 빨라지고, 7%일 때 호흡혼란을 느끼며, 10% 이상일 때 의식상실 및 질식사한다.
일산화탄소(CO)	• 무색, 무취, 무자극성, 맹독성 가스이다. • 중독 : CO는 헤모글로빈의 산소결합능력을 빼앗아 혈중 O_2의 농도를 저하시키고 조직세포에 공급할 산소의 부족을 초래한다. • 증상 : 신경이상, 시력장애, 보행장애 등
아황산가스(SO_2)	대기오염의 지표 및 대기오염의 주원인이다.

> **Hair 핵심플러스!**
>
> **공기의 자정작용**
> 희석작용, 세정작용, 산화작용, CO_2와 O_2의 교환작용, 살균작용
>
> **군집독**
> 일정한 공간에 다수의 사람이 장시간 밀폐된 실내에 있을 때 공기의 물리적, 화학적 조건이 문제가 되어 발생하는 불쾌감, 두통, 현기증, 구토, 식욕저하 등의 생리적 현상이다.
>
> **기온역전**
> 대기층의 온도는 100m 상승할 때마다 1℃씩 낮아지나, 상부기온이 하부기온보다 높을 때 발생하며 공기의 수직 확산이 일어나지 않게 되어서 대기오염이 심화된다.

3 수질환경

(1) 수질오염

공장폐수, 화학약품, 생활 오염물 등으로 오염되어 감염을 초래한다.

① 수질오염지표 : 생물학적 산소요구량(BOD), 용존산소량(DO), 부유물질의 양, 대장균수 등으로 측정한다.

② 대장균 : 음용수 오염의 생물학적 지표이다.

　㉠ 대장균 검출기준 : 100cc 중 미검출 → 수질오염의 지표로 삼는다.

　㉡ 최확수법 : 검수 100mL당 대장균군의 수치 산출 방식이다.

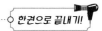

(2) 수인성 감염병

오염된 물에 의해 매개되는 감염병으로 장티푸스, 파라티푸스, 콜레라, 이질, 유행성 간염 등이 해당된다.

(3) 수질오염에 따른 인체 질환

① 미나마타병 : 수은 중독현상으로 산업폐수에 오염된 어패류 섭취 시 주로 나타나며 신경마비, 언어장애, 시력 약화, 팔다리 통증, 근육위축 증상 등을 일으킨다.

② 이타이이타이병 : 카드뮴이 지하수를 오염시켜 축적되어 흡수되면 카드뮴 중독이 되는데 전신권태, 호흡기능 저하, 신장기능 장애, 피로감, 골연화증 등이 빌병한다.

(4) 상수도

① 상수의 처리방법 : 침사 → 침전 → 여과 → 소독

    ㉠ 침사 : 가라앉기 쉬운 토사나 모래 등을 제거한다.

    ㉡ 침전 : 부유물 중에서 중력에 의해서 제거될 수 있는 침전성 고형물을 제거하는 것이다.

    ㉢ 여과 : 부유물질과 불순물, 특히 세균을 제거하는 과정(완속여과법, 급속여과법)이다.

    ㉣ 소독 : 침전이나 여과과정에 의해 세균의 95% 이상이 제거되지만 병원성 미생물 제거를 위해 소독은 필수이다.

> **Hair 핵심플러스!**
>
> **화학적 소독법(염소소독)**
> 상수도 소독에 가장 많이 쓰이며 살균력이 좋고 잔류효과도 좋으나 냄새가 강하며 독성이 있다.

(5) 하수도

① 하수처리방법 : 예비처리 → 본처리 → 오니처리

    ㉠ 예비처리 : 침사법, 침전법

    ㉡ 본처리 : 호기성 분해처리, 혐기성 분해처리

    ㉢ 오니처리 : 소각처리, 소화법, 육상투기

② 수질오염지표

    ㉠ 생물학적 산소요구량(BOD) : 물속에 유기물질이 호기성 미생물에 의해 산화되고 분해될 때 필요한 산소량 → 수질오염을 나타내는 대표적인 지표

    ㉡ 용존산소량(DO) : 물 1L에 녹아 있는 유리산소량

    ㉢ BOD 요구량이 높을수록 DO가 낮을 경우 오염도는 높다(오염된 물).

    ㉣ BOD 요구량이 낮을수록 DO가 높을 경우 오염도는 낮다(깨끗한 물).

4 주거 및 의복환경

(1) 주거환경

① 주택의 기본 조건 : 건강성, 쾌적성, 안전성, 기능성

② 적정한 실내환경 : 일반 가정집 거실 및 이·미용업소의 실내온도는 18±2℃, 실내습도는 40~70%를 유지하여야 적당하다.

③ 채광조건
  ⊙ 주택 방향은 남향이 좋다.
  ⓛ 창의 면적은 거실 면적의 1/7~1/5 정도가 적당하다.
  ⓒ 입사각은 28° 이상이어야 하고, 개각은 4~5°이어야 한다.
  ⓔ 거실 안쪽의 길이는 창틀 위까지 1.5배 이하인 것이 좋다.

④ 인공조명
  ⊙ 미용실 조명 : 75lx(lx : 조도의 단위)
  ⓛ 보통작업 시 : 80~120lx
  ⓒ 정밀작업 시 : 300lx 이상

(2) 의복환경

① 의복의 기능 : 의복은 체온조절(신체보호 기능), 장식기능, 개성표현, 직업적인 활동 등을 위해서 필요하다.

② 의복의 조건 : 흡수성, 보온성, 통기성, 신축성, 함기성, 내열성

제 **5** 절 **식품위생과 영양**

1 식품위생의 개념

(1) 식품위생의 목적 및 정의

① 식품위생의 목적 : 식품으로 인한 위생상의 위해를 방지하고 식품영양의 질적 향상을 도모하며 식품에 관한 올바른 정보를 제공하여 국민보건의 증진에 이바지함을 목적으로 한다(식품위생법 제1조).

② WHO의 정의(환경위생전문위원회, 1955) : 식품의 재배, 수확, 생산, 제조, 가공으로부터 시작하여 생산, 저장, 판매 등의 유통단계를 거쳐 최종적으로 소비자가 섭취하기까지의 모든 단계에 걸친 식품에 요구되는 위생적인 안전성, 식품성분상의 완전 무결성, 품질상의 건전성의 유지와 향상을 확보하기 위한 모든 필요한 수단을 의미한다.

③ 우리나라 식품위생법의 정의 : 식품, 식품첨가물, 기구 또는 용기·포장을 대상으로 하는 음식에 관한 위생을 말한다(식품위생법 제2조제11호).

(2) 식품위생관리

식품으로 인한 위생상의 위해를 방지하고 식품영양의 질적 향상을 도모하기 위한 방법이나 수단의 총칭이다. 사람의 생명과 건강 유지에 직결되기 때문에 모든 보건행정 중에서 가장 중요하다.

① **식품위생관리제도** : 영업허가(신고), 품목제조 보고, 영업자의 준수사항, 식품위생관리인 선임, 건강진단 및 위생교육, 자기품질검사, 품질관리 및 보고, 식품 등의 자진회수(Recall), 위생등급(우수업소, 모범업소), 식품안전관리인증기준(HACCP) 등이다.

② **식품안전관리인증기준**(HACCP ; Hazard Analysis and Critical Control Point)

　㉠ 정의 : 식품의 원료, 제조, 가공 및 유통의 전 과정에서 위해물질이 해당 식품에 혼합되거나 오염되는 것을 사전에 막기 위해 각 과정을 중점적으로 관리하는 기준이다.

　㉡ HACCP의 효과 : 예방적인 위생관리 시스템, 식품의 안전성 도모, 사업체 및 조직의 의식구조 개선의 동기부여, 품질과 안전비용 감소로 경쟁력 강화, 안전성의 지속적 유지, 기업의 신뢰성 향상, 소비자의 안전식품 선택 확보 등이다.

(3) 식품의 변질

① **부패** : 식품에 미생물이 증식하여 단백질을 분해하여 악취와 유해물질을 생성한다.

② **변질** : 어떤 요인에 의해 식품의 외관과 내용이 변하여 섭취할 수 없는 상태이다.

③ **변패** : 식품에 미생물이 증식하여 식품 중의 당질, 지질을 분해한다.

④ **발효** : 탄수화물이 산소가 없는 상태에서 미생물 작용을 받아 분해되어 그 생산물이 일상생활에 유용하게 이용되는 경우이다.

⑤ **산패** : 지방이 분해되어 독성물질이나 악취를 발생시키는 경우이다.

(4) 식중독

① **식중독의 정의** : 식품 섭취로 인하여 인체에 유해한 미생물 또는 유독물질에 의하여 발생하였거나 발생한 것으로 판단되는 감염성 질환 또는 독소형 질환을 말한다(식품위생법 제2조제14호).

　㉠ 집단식중독 : 역학조사 결과 식품 또는 물이 질병의 원인으로 확인된 경우로서 동일한 식품이나 공급원의 물을 섭취한 후 단체에 유사한 질병을 경험한 사건이다.

　㉡ 식중독의 대표적인 증상 : 복통, 구토, 설사

② 식중독의 분류

종 류	구 분	원 인
세균성 식중독	감염형	살모넬라균, 장염 비브리오균, 병원성 대장균
	독소형	황색포도상구균, 보툴리누스균
화학성 식중독	유독, 유해 화학물질에 의한 것	• 유해식품, 첨가물에 의한 식중독 • 농약에 의한 식중독 • 식품 변질에 의한 식중독 • 사고에 의해 침입된 유해중금속에 의해 일어나는 식중독 • 조리기구 및 포장용기에 있는 유해물질에 의한 식중독
자연독 식중독	식물성 독소	독버섯, 청매, 독미나리 등
	동물성 독소	복어, 모시조개 등
	곰팡이 독(Mycotoxin) 중독	황변미독, 아플라톡신

③ 세균성 식중독의 종류

　㉠ 감염형 식중독(원인균 자체로 인하여 증상을 일으키는 식중독)

　　• 살모넬라 식중독(발병률 75% 이상이나 치명률 낮음) : 감염된 사람 또는 동물의 분변이나 식품, 물 또는 직접 접촉을 통해 다른 사람과 동물에게 전파된다.

　　　– 원인균 : 장염균, 콜레라균 등

　　• 장염 비브리오 식중독(우리나라 1962년 최초 보고) : 다른 식중독균에 비해 증식능력이 크기 때문에 식중독을 일으키는 균량까지 도달하는 시간이 매우 짧다.

　㉡ 독소형 식중독(균이 분비하는 독소가 원인이 되는 식중독) : 식품에 들어 있던 균이 증식하면서 독소를 생산하고, 그 식품을 섭취함으로써 독소에 의한 중독증상을 일으킨다.

　　• 포도상구균 식중독(치명률 1% 이하) : 화농성 질환의 대표적 원인균으로, 120℃에서 20분간 가열해도 거의 파괴되지 않으나, 218~248℃에서 30분 만에 파괴되고, 감염된 손으로 음식 조리 시 인체에 감염되는 균이다.

　　　– 동물, 사람, 환경에 널리 분포하고, 내열성이다. 여름철에 많이 발생하며 120℃로 가열해도 파괴되지 않으므로 보통조리법으로 불가능하고 식중독을 일으킬 때가 많다.

　　• 보툴리누스균 식중독 : 세균성 식중독에서 가장 치명률이 높다(약 25%).

　　　– 통조림, 소시지 등

④ 화학적 식중독

　㉠ 비소 : 농작물에 잔류되어 중독되며, 소량에 의한 중독은 구토 및 쌀뜨물과 같은 변 등의 증상이 있으며 심한 경우 경련, 심장마비로 수일 후 사망한다.

　㉡ 수은 : 유기수은에 오염된 식품 섭취 시 시력감퇴, 말초신경마비, 보행곤란, 구토 등의 증상을 일으킨다.

　㉢ 납 : 용기 및 기구에서 유래되며, 통조림관의 땜납, 납관(상수도 파이프)을 통해 수돗물 오염에 중독된다. 또한 급성 시 구토, 복통, 인사불성, 사지마비를 일으키고 만성 중독 시 빈혈, 배뇨장애, 감각장애 등이 발생한다. → 미나마타병

　㉣ 카드뮴 : 맹독성으로 원인은 금속, 식품의 용기나 기계를 통해 중독되며, 구토, 복통, 설사, 의식불명을 일으키고 만성 중독 시 신경장애를 일으킨다. → 이타이이타이병

⑤ **자연독 식중독** : 자연식품 자체가 내포하고 있는 유독물질의 섭취로 발생되는 식중독이다.

    ㉠ 복어 중독 : 독성분은 테트로도톡신(Tetrodotoxin)이며, 내열성이다. 복어의 난소, 고환, 위장에 많이 함유되어 있다. → 구토, 호흡장애, 근육마비 현상 등

    ㉡ 조개류 중독 : 모시조개, 굴 중독으로 독성분은 베네루핀이다. → 초기 불쾌감, 구역, 구토, 두통, 배, 목, 다리 등에 피하출혈, 황달 등

    ㉢ 독버섯 식중독 : 유독성분은 주로 무스카리딘, 무스카린, 팔린, 필지오린 등이다. → 위장장애, 황달, 혈뇨, 환각, 경련, 혼수 등

    ㉣ 감자중독 : 감자의 발아 부위에 있는 솔라닌이라는 독성분을 농축, 섭취 시 중독된다. → 복통, 설사, 위장장애, 두통, 현기증

⑥ **식품 보전방법**

    ㉠ 물리적 방법 : 냉장법(0~4℃ 보존), 냉동법(0℃ 이하 보존), 탈수법, 가열법

    ㉡ 화학적 방법 : 절임법(염장법, 당장법, 산장법), 훈연법, 방부제

    ㉢ 생물학적 방법 : 유산균, 효모의 작용으로 식품을 저장

2 영양소

(1) 영양소의 구성

구성영양소	열량영양소	조절영양소
• 신체조직을 구성 • 단백질, 지방, 무기질, 물	• 에너지로 사용 • 탄수화물, 지방, 단백질	• 대사조절과 생리기능 조절 • 비타민, 무기질, 물

(2) 영양소의 종류

3대 영양소	단백질, 탄수화물, 지방
5대 영양소	단백질, 탄수화물, 지방, 무기질, 비타민
6대 영양소	단백질, 탄수화물, 지방, 무기질, 비타민, 물

(3) 영양소의 특징

탄수화물	• 탄소(C), 수소(H), 산소(O)의 3원소로 구성 • 1g당 4kcal 열량 • 에너지 공급원이며, 과잉 섭취 시 지방으로 전환되어 저장
단백질	• 신체조직을 구성 • 1g당 4kcal의 열량
지 방	• 지방산과 글리세린이 결합한 상태 • 지용성 비타민(A, D, E, K)의 흡수 촉진 • 피부의 건강과 재생
무기질	• 체내의 기능을 조절(효소와 호르몬) • 철(Fe) : 혈액의 구성 성분(간, 노른자, 고기) • 인(P) : 치아와 뼈의 주성분 • 아이오딘(요오드, I) : 갑상선 기능 유지
비타민	• 음식을 통해 섭취(인체 내에서 생성되지 않음) • 지용성(A, D, E, K)과 수용성(C, B 복합체)이 있음 • 열에 쉽게 파괴

(4) 영양상태 판정 및 영양장애

종 류	이 름	결핍증	함유 식품
지용성 비타민	비타민 A	야맹증	버터, 간유, 우유 등
	비타민 D	구루병	간유, 달걀노른자, 버섯 등
	비타민 E	불임, 노화 촉진	버터, 채소류 등
	비타민 K	혈액응고 지연	채소류, 청국장 등
	비타민 F	피부병, 성장지연	식물성 기름, 아몬드 등
수용성 비타민	비타민 B_1	각기병	현미, 돼지고기 등
	비타민 B_2	구순염, 구각염	우유, 치즈 등
	비타민 B_6	피부염, 빈혈	밀, 효모, 간 등
	비타민 B_{12}	악성빈혈	간, 굴 등
	비타민 C	괴혈병	채소, 과일 등

제 6 절 보건행정

1 보건행정의 정의 및 체계

(1) 보건행정의 정의

국민의 건강 유지와 증진을 위한 공적인 활동을 말하며 공공의 책임으로 국가나 지방자치단체가 주도하여 국민의 보건 향상을 위해 시행하는 행정활동을 말한다.

(2) 보건행정의 분류

일반보건행정	일반주민 대상 : 감염병, 모자보건행정, 예방보건행정, 기생충질환
산업보건행정	산업체 근로자 대상 : 산업재해 예방, 근로자복지시설 관리 및 안전교육
학교보건행정	학생, 교직원 대상 : 학교급식, 건강교육, 학교보건사업

2 사회보장과 국제보건기구

(1) 사회보장제도

우리나라의 사회보장 범위는 공적부조, 사회보험, 사회복지서비스 및 관련 복지제도로 규정하고 있다.

> **Hair 핵심플러스!**
>
> **의료보험사업**
> 1976년 12월에 공포 → 1977년 7월 사업 실시

(2) 국제보건기구

① 세계보건기구(WHO)
  ㉠ 1948년 4월 7일에 창설하였다.
  ㉡ 본부는 스위스 제네바이다.
  ㉢ 우리나라는 1949년 8월 17일 65번째 회원국으로 가입하였다.

② 주요 기능
  ㉠ 국제적인 보건사업과 보건문제의 협의, 규제와 권고안을 제정
  ㉡ 보건서비스 강화를 위한 각국 정부의 요청에 대해 환경위생, 산업보건의 개선사업을 지원
  ㉢ 각국 정부의 요청 시 적정한 보건시술 지원과 응급상황 발생 시 필요한 서비스 제공
  ㉣ 감염병 및 질병의 예방과 검역관리 지원
  ㉤ 필요시 식품위생, 주택, 위생, 오락, 경제, 환경위생 및 직업 등의 기술자, 전문가와의 협력 지원
  ㉥ 보건 향상, 재해 예방과 모자보건 향상을 위한 기술협력사업 개발
  ㉦ 보건, 의학과 사회보장 향상을 위한 교육, 통계자료 수집과 의학적인 조사연구사업을 추진

02 ✂ 소 독

제1절 소독의 정의 및 분류

① 소독 관련 용어 정의

(1) 소독 관련 용어

멸 균	병원균이나 포자까지 완전히 사멸시켜 제거한다.
살 균	미생물을 물리적, 화학적으로 급속히 죽이는 것(내열성 포자 존재)이다.
소 독	유해한 병원균 증식과 감염의 위험성을 제거한다(포자는 제거되지 않음). → 병원성 미생물의 생활력을 파괴 또는 멸살시켜 감염되는 증식물을 없애는 것이다.
방 부	병원성 미생물의 발육을 정지시켜 음식의 부패나 발효를 방지한다.

> **Hair 핵심플러스!**
>
> **소독력 크기**
> 멸균 > 살균 > 소독 > 방부

② 소독기전

(1) 살균(소독)기전

① 산화작용 : 과산화수소, 염소, 오존

② 탈수작용 : 설탕, 식염, 알코올

③ 가수분해 작용 : 강알칼리, 강산

④ 균체 단백질 응고작용 : 크레졸, 알코올, 석탄산

⑤ 균체 효소의 불활성화 작용 : 석탄산, 알코올, 중금속

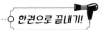

❸ 소독법의 분류

물리적 소독법	건열 멸균법	화염멸균법 : 물체에 직접 열을 가해 미생물을 태워 사멸한다.
		소각법 : 오염된 대상을 불에 태워 멸균한다(가장 안전).
		건열멸균법 : 건열멸균기를 이용하는 방법으로 보통 멸균기 내의 온도 160~180℃에서 1~2시간 가열한다. 유리제품, 금속류, 사기그릇 등의 멸균에 이용한다(미생물과 포자를 사멸).
	습열 멸균법	자비소독법 : 100℃의 끓는 물에 15~20분 가열한다(포자는 죽이지 못함). → 의류, 식기, 도자기 등
		고압증기멸균법 : 2기압 121℃의 고온 수증기를 15~20분 이상 가열한다(포자까지 사멸). → 고무 제품, 기구, 약액 등
		저온살균법 : 62~65℃의 낮은 온도 상태에서 30분간 소독한다. → 우유, 술, 주스 등
화학적 소독법		알코올 : 70% 에탄올 사용 → 미용도구, 손 소독
		과산화수소 : 3% 수용액 사용 → 피부상처 소독
		승홍수 : 0.1% 수용액 사용 → 화장실, 쓰레기통, 도자기류 소독
		석탄산 : 고온일수록 효과가 높으며 살균력과 냄새가 강하고 독성이 있다. 3% 수용액을 사용하며 금속을 부식시킨다.
		생석회 : 화장실, 하수도 소독 시 사용하며, 가격이 저렴하다.
		크레졸 : 3% 수용액 사용
		염소 : 살균력이 강하고 경제적이며 잔류효과가 크나 냄새가 강하다.
		폼알데하이드 : 금속소독 시 사용한다.
		역성비누 : 무색 액체로 살균작용을 하는 양이온 계면활성제이며 기구, 식기, 손 등에 적당하다.

Hair 핵심플러스!

그 외 물리적 소독법
- 에틸렌옥사이드 가스멸균법(EO) : 50~60℃ 저온에서 멸균하는 방법으로 EO가스의 폭발 위험이 있어서 프레온가스 또는 이산화탄소를 혼합 사용한다. → 고무장갑, 플라스틱
- 무가열소독법
  - 자외선멸균법 : 파장 2,650Å으로 살균, 디프테리아, 결핵균 등에 2~3시간 살균 → 무균실, 수술실, 약제실
  - 일광소독법 : 태양광선 중 자외선을 이용해 살균 → 의류, 침구류 소독
  - 초음파멸균법 : 8,800Hz의 음파, 20,000Hz 이상의 진동으로 살균
  - 방사선살균법 : 감마선을 이용해 살균, 플라스틱 · 알루미늄까지 투과 → 포장된 제품에 살균

---

(1) 물리적 소독법

① 건열멸균법 : 화염멸균법, 소각법, 건열멸균법

② 습열멸균법 : 자비소독법, 고압증기멸균법, 저온살균법

(2) 화학적 소독법

① 소독약의 조건

㉠ 살균력이 있어야 한다.

㉡ 인체에 독성이 없어야 한다.

㉢ 대상물을 손상시키지 말아야 한다.

㉣ 부식 및 표백이 되지 않아야 한다.

㉤ 빠르게 침투하여 소독효과가 우수해야 한다.

㉥ 안정성 및 용해성이 있어야 한다.

㉦ 사용법이 간단하고 경제적이어야 한다.

㉧ 환경오염을 유발하지 않아야 한다.

② 소독약 종류 : 알코올, 과산화수소, 승홍수, 석탄산, 생석회, 크레졸, 염소 등

4 소독인자

수 분	물에 젖은 균체와의 접촉 후 균막을 통해 균체에 용해되어 들어가 단백질을 변성시킨다.
시 간	물리적 소독과 화학적 소독은 일정 시간이 필요하다.
온 도	소독 대상물의 증식 환경에 맞는 적정 온도를 이용해야 한다.
농 도	소독력에 따라 적당한 유효농도를 선택해야 살균효과가 보장된다.

제 2 절　미생물 총론

1 미생물의 정의

육안으로는 식별이 불가능하고 현미경으로 관찰되는 0.1mm 이하의 미세한 생물체이다. 단일세포이고 숙주에 붙어 기생한다. 단세포이거나 다세포일지라도 형태적 분화가 미미한 생물의 무리이다.

2 미생물의 역사

안톤 반 레벤훅 (1632~1723, 네덜란드)	• 1673년 현미경 최초 발명 • 자신이 고안한 렌즈 현미경으로 살아 있는 미생물을 최초로 관찰
루이 파스퇴르 (1822~1895, 프랑스)	• 저온멸균법, 간헐멸균법, 고압증기멸균법, 건열멸균법 등을 발견 • 포도주와 맥주의 발효, 효모균, 젖산균을 발견 • 탄저병 예방법, 광견병 백신 등을 개발
로버트 코흐 (1843~1910, 독일)	• "병원균 설"을 확립 • 세균의 순수배양법을 발견 • 결핵균, 콜레라균 발견 • 1905년 노벨 생리학, 의학상 수상

3 미생물의 분류

(1) 세균(Bacteria)

단세포 생물로서 0.2~2.0μm 정도 미세한 크기이며 감염과 질병의 가장 큰 원인으로 유해물질을 발생시켜 빠르게 번식한다.

① 구균 : 구형 또는 타원형 → 포도상구균, 쌍구균, 연쇄상구균

② 간균 : 막대 모양의 길고 가는 것(막대형) → 디프테리아, 결핵균, 콜레라, 파상풍균

③ 나선균 : 가늘고 길게 굴곡이 져 있는 코일 모양(나선형) → 콜레라, 매독

구균(Coccus)	간균(Bacillus)	나선균(Spirillum)

(2) 바이러스(Virus)

크기가 가장 작은 미생물로서 살아 있는 세포 내에만 존재하고 동식물이나 세균에 기생하며 살아간다. → 수두, 인플루엔자, 천연두, 폴리오, 후천성 면역결핍증(AIDS)

(3) 곰팡이(Molds)

발효식품이나 항생물질에 이용되며 포자가 발아 후 균사체를 형성하여 발육하는 사상균으로 식품에서 증식한다. → 누룩곰팡이, 털곰팡이, 푸른곰팡이

(4) 효모(Yeast)

단세포의 미생물로서 대형(5~10µm)의 구형 또는 타원형으로 출아·증식하는 것으로 제빵, 양조, 메주 등의 발효식품에 이용되며 25~30℃가 최적온도이다.

(5) 리케차(Rickettsia)

세균과 바이러스의 중간에 속하는 미생물로서 발진티푸스, 발진열의 원인이 된다.

4 미생물의 증식

(1) 습 도

세균의 발육 증식에 필요한 영양소는 보통 물에 녹기 때문에 많은 수분을 필요로 한다.

(2) 온 도

① 저온성균 : 증식 가능 온도 0~25℃, 최적온도 15~20℃

② 중온성균 : 증식 가능 온도 15~50℃, 최적온도 30~37℃

③ 고온성균 : 증식 가능 온도 40~70℃, 최적온도 50~60℃

(3) 수소이온농도

세균이 잘 자라는 수소이온농도는 pH 6.5~7.5가 적당하다.

① 호기성균 : 산소가 필요한 세균으로 결핵균, 디프테리아균 등이 있다.

② 혐기성균 : 산소가 없어야 하는 균으로 파상풍균, 보툴리누스균 등이 있다.

③ 통성호기성균 : 산소의 유무와 관계없는 균으로 살모넬라균, 포도상구균 등이 있다.

(4) 영양과 신진대사

물, 질소, 탄소 및 유기물질이 필요하다.

(5) 광 선

직사광선은 부분 세균을 몇 분 또는 몇 시간 안에 죽이며, 자외선이 살균작용을 한다.

제3절 병원성 미생물

1 병원성 미생물의 분류

(1) 세균류

① 0.5~2μm로 현미경상에서만 관찰이 가능하다.

② 원핵 생물계에 속하는 단세포 생물이다.

③ 세포벽이 있다.

④ 종속 영양체로서 유기화합물로부터 에너지를 획득한다.

⑤ 사람과 공생하는 비병원성균이 병원성균에 비해 많다.

(2) 진균류

① 진정 핵을 갖는 진핵생물이다.

② 세균보다 크기가 크다(2~10μm).

③ 형태에 따라 균사(Hyphae)를 형성하는 사상균, 아포(Spore)를 형성하는 효모가 있다.

④ 다분열(Multiple Division)로 증식한다.

(3) 원충류

① 단세포로서 진핵생물이다.

② 아메바, 사상충 등의 병원성으로 이질, 사상충증, 말라리아, 수면병 등의 병원체가 있다.

③ 편모의 존재로 활발한 운동을 한다.

④ 2분열로 증식한다.

(4) 바이러스

① 세포생물은 아니다.

② 다른 미생물과 달리 핵산 DNA나 RNA 중 어느 하나만을 갖는다.

③ 절대 기생체로서 살아 있는 세포에서만 증식한다.

2 병원성 미생물의 특성

(1) 동물이나 사람에 감염되어 질병을 일으키는 병원성을 가진 미생물이다.

(2) 부패, 감염병의 원인이며 발효에도 이용된다.

(3) 병원성 미생물은 식중독이나 각종 질병을 유발하는 병원성을 띤 미생물을 가리킨다.

(4) 분 류

곰팡이, 효모, 세균, 조류, 바이러스

> **Hair 핵심플러스!**
>
> **미생물의 크기**
> 곰팡이 > 효모 > 세균 > 리케차 > 바이러스

제4절 소독방법

1 소독도구 및 기기

(1) 자외선소독기

미용용구 및 도구를 소독하는 기기로, 플라스틱도 가능하다.

(2) 고압증기멸균기

고압의 수증기를 사용하는 멸균장치이며 121℃에서 15~20분간 멸균한다(포자, 미생물 멸균).

2 소독 시 유의사항

(1) 소독 시 유의사항

① 소독할 제품에 따라 적당한 용량과 사용법을 지켜서 사용한다.

② 소독액은 미리 만들어 놓지 말고 필요한 양만큼 만들어 사용한다.

③ 소독제는 햇빛이 들어오지 않는 서늘한 곳에 보관하고 유통기한 내에 사용하도록 한다.

④ 소독 시 사용한 기구는 세척한 후 소독한다.

(2) 소독제 조건

① 강한 살균작용력을 가질 것

② 석탄산계수가 높을 것

③ 부식성과 표백성이 없을 것

④ 경제적이고 사용이 용이할 것

⑤ 독성이 낮을 것

⑥ 높은 안정성과 용해성을 가질 것

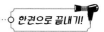

3 대상별 살균력 평가

(1) 살균력 평가

① 석탄산계수
  ⊙ 석탄산계수(페놀계수) = 소독제의 희석배수/석탄산의 희석배수
  ⓒ 석탄산계수가 클수록 살균력이 크다. → 석탄산계수가 2.0이라면 살균력이 석탄산의 2배

② 고압증기멸균기 시간 및 온도
  ⊙ 10Lbs : 115℃ → 30분간
  ⓒ 15Lbs : 121℃ → 20분간
  ⓒ 20Lbs : 126℃ → 15분간

(2) 소독기준(공중위생관리법 시행규칙 [별표 3])

크레졸 소독	크레졸 3% + 물 97%의 수용액에 10분 이상 담가 둔다.
석탄산 소독	석탄산 3% + 물 97%의 수용액에 10분 이상 담가 둔다.
에탄올 소독	에탄올이 70%의 수용액에 10분 이상 담가 두거나 에탄올 수용액을 머금은 면 또는 거즈로 기구의 표면을 닦아 준다.
자외선 소독	1cm²당 85μW 이상의 자외선을 20분 이상 쬐어 준다.
증기 소독	100℃ 이상의 습한 열에 20분 이상 쬐어 준다.
건열멸균 소독	100℃ 이상의 건조한 열에 20분 이상 쬐어 준다.
열탕 소독	100℃ 이상의 물속에 10분 이상 끓여 준다.

(3) 소독대상별 방법

고무제품, 피혁, 모피	석탄산수, 크레졸수, 포르말린수 등
대소변, 배설물, 토사물	소각법, 생석회, 석탄산수, 크레졸수
하수구, 쓰레기통, 분변	분변 : 생석회, 화장실 : 석탄산수, 크레졸수, 포르말린수
도자기, 유리기구, 목죽제품	석탄산수, 크레졸수, 포르말린수 등
의복, 침구	일광소독, 자비소독, 증기소독, 크레졸수, 석탄산수 등
환자 및 접촉자	손 : 석탄산수, 크레졸수, 승홍수, 역성비누 등
미용실 실내소독	크레졸, 포르말린
미용실 기구소독	크레졸, 석탄산

제5절 분야별 위생 · 소독

1 실내환경 위생 · 소독

(1) 실내조건

① 냉수와 온수시설을 갖추어야 하며 화장실은 일회용 종이수건, 펌프식 물비누, 소독제를 갖추고 휴지통은 뚜껑이 있는 것을 설치한다.

② 소독을 한 기구와 소독을 하지 않은 기구로 분리하여 보관하고, 일회용품은 손님 1인에 한하여 사용한다.

③ 실내에 환풍기를 설치하고, 공기를 자주 환기시킨다.

④ 모든 전기제품은 6개월마다 안전점검을 한다.

⑤ 고객용 가운과 유니폼은 청결하게 보관한다.

(2) 미용실

① 소독기, 자외선 살균기 등 이 · 미용기구를 소독하는 장비를 갖추어야 한다.

② 영업장 안의 조명도는 75lx 이상이 되도록 유지해야 한다.

2 도구 및 기기 위생 · 소독

(1) 피부샵

① 의료기구와 의약품을 사용하지 아니한 순수한 화장 또는 피부미용 화장품을 사용한다.

② 피부미용 도구 · 기기, 베드는 사용 전과 후에 소독한다.

(2) 헤어샵

① 가위는 사용 후에 70%의 알코올로 닦은 후 자외선소독기에 보관한다.

② 일회용 시술기구(비닐캡, 비닐장갑, 면도날)는 1인에 한하여 사용한다.

③ 빗은 세제액으로 세척하거나 70%의 알코올로 닦은 후 자외선소독기에 보관한다.

④ 클리퍼는 천으로 닦은 후 70%의 알코올로 닦아 낸다.

03 ✂ 공중위생관리법규

1 목적 및 정의

(1) 공중위생관리법의 목적(법 제1조)

공중이 이용하는 영업의 위생관리 등에 관한 사항을 규정함으로써 위생수준을 향상시켜 국민의 건강증진에 기여함을 목적으로 한다.

(2) 공중위생관리법의 정의(법 제2조)

① **공중위생영업** : 다수인을 대상으로 위생관리서비스를 제공하는 영업으로서 숙박업·목욕장업·이용업·미용업·세탁업·건물위생관리업을 말한다.

② **숙박업** : 손님이 잠을 자고 머물 수 있도록 시설 및 설비 등의 서비스를 제공하는 영업을 말한다. 다만, 농어촌에 소재하는 민박 등 대통령령이 정하는 경우를 제외한다.

③ **목욕장업** : 다음의 어느 하나에 해당하는 서비스를 손님에게 제공하는 영업을 말한다. 다만, 숙박업 영업소에 부설된 욕실 등 대통령령이 정하는 경우를 제외한다.

   ㉠ 물로 목욕을 할 수 있는 시설 및 설비 등의 서비스

   ㉡ 맥반석, 황토, 옥 등을 직접 또는 간접 가열하여 발생되는 열기 또는 원적외선 등을 이용하여 땀을 낼 수 있는 시설 및 설비 등의 서비스

④ **이용업** : 손님의 머리카락 또는 수염을 깎거나 다듬는 등의 방법으로 손님의 용모를 단정하게 하는 영업을 말한다.

⑤ **미용업** : 손님의 얼굴·머리·피부 및 손톱·발톱 등을 손질해 손님의 외모를 아름답게 꾸미는 영업을 말한다.

⑥ **세탁업** : 의류 기타 섬유제품이나 피혁제품 등을 세탁하는 영업을 말한다.

⑦ **건물위생관리업** : 공중이 이용하는 건축물·시설물 등의 청결유지와 실내공기정화를 위한 청소 등을 대행하는 영업을 말한다.

제 **2** 절 **영업의 신고 및 폐업**

1 영업의 신고 및 폐업신고

(1) 영업신고(법 제3조)

공중위생영업을 하고자 하는 자는 공중위생영업의 종류별로 보건복지부령이 정하는 시설 및 설비를 갖추고 시장·군수·구청장(자치구의 구청장에 한한다)에게 신고하여야 한다. 보건복지부령이 정하는 중요사항을 변경하고자 하는 때에도 또한 같다.

> **Hair 핵심플러스!**
>
> **영업신고 시 제출할 서류(시행규칙 제3조)**
> • 공중위생영업의 신고를 하려는 자가 제출해야 하는 서류
> – 영업시설 및 설비개요서
> – 교육수료증(미리 교육을 받은 경우에만 해당한다)
> – 국유재산 사용허가서(국유철도 정거장 시설 또는 군사시설에서 영업하려는 경우에만 해당한다)
> – 철도사업자와 체결한 철도시설 사용계약에 관한 서류(국유철도 외의 철도 정거장 시설에서 영업하려고 하는 경우에만 해당한다)
> • 공중위생영업의 신고를 하려는 자가 제출하지 않아도 되는 서류(담당공무원 확인)
> – 건축물대장(국유재산 사용허가서를 제출한 경우에는 제외한다)
> – 토지이용계획확인서(국유재산 사용허가서를 제출한 경우에는 제외한다)
> – 전기안전점검확인서(전기안전점검을 받아야 하는 경우에만 해당한다)
> – 액화석유가스 사용시설 완성검사증명서(액화석유가스 사용시설의 완성검사를 받아야 하는 경우만 해당한다)
> – 소방본부장 또는 소방서장이 발급하는 안전시설 등 완비증명서(목욕장업을 하려는 경우에만 해당한다)
> – 면허증(이용업·미용업의 경우에만 해당한다)

(2) 변경신고(시행규칙 제3조의2)

① 변경신고 대상(보건복지부령이 정하는 중요사항)
  ㉠ 영업소의 명칭 또는 상호
  ㉡ 영업소의 주소
  ㉢ 신고한 영업장 면적의 1/3 이상의 증감
  ㉣ 대표자의 성명 또는 생년월일
  ㉤ 미용업 업종 간 변경

② 변경신고를 하려는 자는 영업신고사항 변경신고서(전자문서로 된 신고서를 포함한다)에 영업신고증(신고증을 분실하여 영업신고사항 변경신고서에 분실 사유를 기재하는 경우 첨부하지 아니 한다), 변경사항을 증명하는 서류를 첨부하여 시장·군수·구청장에게 제출하여야 한다.

> **Hair 핵심플러스!**
>
> 규정에 의한 변경신고를 아니한 자는 6월 이하의 징역 또는 5백만원 이하의 벌금에 처한다.

(3) 폐업신고(법 제3조)

① 규정에 의하여 공중위생영업의 신고를 한 자(이하 "공중위생영업자"라 한다)는 공중위생영업을 폐업한 날부터 20일 이내에 시장·군수·구청장에게 신고하여야 한다. 다만, 제11조에 따른 영업정지 등의 기간 중에는 폐업신고를 할 수 없다.

② 시장·군수·구청장은 공중위생영업자가 「부가가치세법」 제8조에 따라 관할 세무서장에게 폐업신고를 하거나 관할 세무서장이 사업자등록을 말소한 경우에는 신고 사항을 직권으로 말소할 수 있다.

③ 규정에 의한 신고의 방법 및 절차 등에 관하여 필요한 사항은 보건복지부령으로 정한다.

❷ 영업의 승계

(1) 공중위생영업의 승계(법 제3조의2)

① 공중위생영업자가 그 공중위생영업을 양도하거나 사망한 때 또는 법인의 합병이 있을 때에는 그 양수인·상속인 또는 합병 후 존속하는 법인이나 합병에 의하여 설립되는 법인은 그 공중위생영업자의 지위를 승계한다.

② 「민사집행법」에 의한 경매, 「채무자 회생 및 파산에 관한 법률」에 의한 환가나 「국세징수법」·「관세법」 또는 「지방세징수법」에 의한 압류재산의 매각 그 밖에 이에 준하는 절차에 따라 공중위생영업 관련 시설 및 설비의 전부를 인수한 자는 이 법에 의한 그 공중위생업자의 지위를 승계한다.

③ ① 또는 ②의 규정에 불구하고 이용업 또는 미용업의 경우에는 제6조의 규정에 의한 면허를 소지한 자에 한하여 공중위생영업자의 지위를 승계할 수 있다.

④ ① 또는 ②의 규정에 의하여 공중위생영업자의 지위를 승계한 자는 1월 이내에 보건복지부령이 정하는 바에 따라 시장·군수 또는 구청장에게 신고하여야 한다.

> **Hair 핵심플러스!**
>
> 규정에 의한 지위승계신고를 하지 아니한 자는 6월 이하의 징역 또는 5백만원 이하의 벌금에 처한다.

(2) 영업자의 지위승계신고(시행규칙 제3조의4)

① 법 제3조의2제4항에 따라 영업자의 지위승계신고를 하려는 자는 영업자지위승계신고서에 다음의 구분에 따른 서류를 첨부하여 시장·군수·구청장에게 제출해야 한다.

　㉠ 영업양도의 경우 : 양도·양수를 증명할 수 있는 서류 사본

　㉡ 상속의 경우 : 상속인임을 증명할 수 있는 서류(가족관계등록전산정보만으로 상속인임을 확인할 수 있는 경우는 제외한다)

　㉢ ㉠ 및 ㉡ 외의 경우 : 해당 사유별로 영업자의 지위를 승계하였음을 증명할 수 있는 서류

② ①에 따라 신고서(상속의 경우로 한정한다)를 제출받은 시장·군수·구청장은 「전자정부법」에 따른 행정정보의 공동이용을 통하여 신고인의 가족관계등록전산정보를 확인해야 한다. 다만, 신고인이 확인에 동의하지 않는 경우에는 가족관계증명서를 첨부하도록 해야 한다.

③ ①에 따른 지위승계신고를 하려는 자가 「부가가치세법」에 따른 폐업신고를 같이 하려는 때에는 지위승계신고서에 「부가가치세 시행규칙」 별지 제9호서식의 폐업신고서를 함께 제출해야 한다. 이 경우 시장·군수·구청장은 함께 제출받은 폐업신고서를 지체 없이 관할 세무서장에게 송부(정보통신망을 이용한 송부를 포함한다)해야 한다.

제3절 영업자 준수사항

① 위생관리

(1) 이용업자가 준수해야 할 위생관리기준(시행규칙 [별표 4])

① 이용기구 중 소독을 한 기구와 소독을 하지 아니한 기구는 각각 다른 용기에 넣어 보관하여야 한다.

② 1회용 면도날은 손님 1인에 한하여 사용하여야 한다.

③ 영업장 안의 조명도는 75lx 이상이 되도록 유지하여야 한다.

④ 영업소 내부에 이용업 신고증 및 개설자의 면허증 원본을 게시하여야 한다.

⑤ 영업소 내부에 부가가치세, 재료비 및 봉사료 등이 포함된 요금표(이하 "최종지급요금표"라 한다)를 게시 또는 부착하여야 한다.

⑥ ⑤에도 불구하고 신고한 영업장 면적이 66m² 이상인 영업소의 경우 영업소 외부(출입문, 창문, 외벽면 등을 포함한다)에도 손님이 보기 쉬운 곳에 「옥외광고물 등 관리법」에 적합하게 최종지급요금표를 게시 또는 부착하여야 한다. 이 경우 최종지급요금표에는 일부 항목(3개 이상)만을 표시할 수 있다.

⑦ 3가지 이상의 이용서비스를 제공하는 경우에는 개별 이용서비스의 최종 지불가격 및 전체 이용서비스의 총액에 관한 내역서를 이용자에게 미리 제공하여야 한다. 이 경우 이용업자는 해당 내역서 사본을 1개월간 보관하여야 한다.

(2) 미용업자가 준수해야 할 위생관리기준(시행규칙 [별표 4])

① 점 빼기·귓볼 뚫기·쌍꺼풀수술·문신·박피술 그 밖에 이와 유사한 의료행위를 하여서는 아니 된다.

② 피부미용을 위하여 「약사법」에 따른 의약품 또는 「의료기기법」에 따른 의료기기를 사용하여서는 아니 된다.

③ 미용기구 중 소독을 한 기구와 소독을 하지 아니한 기구는 각각 다른 용기에 넣어 보관하여야 한다.

④ 1회용 면도날은 손님 1인에 한하여 사용하여야 한다.

⑤ 영업장 안의 조명도는 75lx 이상이 되도록 유지하여야 한다.

⑥ 영업소 내부에 미용업 신고증 및 개설자의 면허증 원본을 게시하여야 한다.

⑦ 영업소 내부에 최종지급요금표를 게시 또는 부착하여야 한다.

⑧ ⑦에도 불구하고 신고한 영업장 면적이 66m² 이상인 영업소의 경우 영업소 외부에도 손님이 보기 쉬운 곳에 「옥외광고물 등 관리법」에 적합하게 최종지급요금표를 게시 또는 부착하여야 한다. 이 경우 최종지급요금표에는 일부 항목(5개 이상)만을 표시할 수 있다.

⑨ 3가지 이상의 미용서비스를 제공하는 경우에는 개별 미용서비스의 최종 지불가격 및 전체 미용서비스의 총액에 관한 내역서를 이용자에게 미리 제공하여야 한다. 이 경우 미용업자는 해당 내역서 사본을 1개월간 보관하여야 한다.

제4절 면 허

1 면허발급 및 취소

(1) 이용사 및 미용사의 면허 등(법 제6조제1항)

이용사 또는 미용사가 되고자 하는 자는 다음의 어느 하나에 해당하는 자로서 보건복지부령이 정하는 바에 의하여 시장·군수·구청장의 면허를 받아야 한다.

① 전문대학 또는 이와 같은 수준 이상의 학력이 있다고 교육부장관이 인정하는 학교에서 이용 또는 미용에 관한 학과를 졸업한 자

② 「학점인정 등에 관한 법률」제8조에 따라 대학 또는 전문대학을 졸업한 자와 같은 수준 이상의 학력이 있는 것으로 인정되어 같은 법 제9조에 따라 이용 또는 미용에 관한 학위를 취득한 자

③ 고등학교 또는 이와 같은 수준의 학력이 있다고 교육부장관이 인정하는 학교에서 이용 또는 미용에 관한 학과를 졸업한 자

④ 초·중등교육법령에 따른 특성화고등학교, 고등기술학교나 고등학교 또는 고등기술학교에 준하는 각종 학교에서 1년 이상 이용 또는 미용에 관한 소정의 과정을 이수한 자

⑤ 「국가기술자격법」에 의한 이용사 또는 미용사 자격을 취득한 자

(2) 이용사 및 미용사의 면허 결격사유(법 제6조제2항)

다음의 어느 하나에 해당하는 자는 이용사 또는 미용사의 면허를 받을 수 없다.

① 피성년후견인

② 「정신건강증진 및 정신질환자 복지서비스 지원에 관한 법률」제3조제1호에 따른 정신질환자 (다만, 전문의가 이용사 또는 미용사로 적합하다고 인정하는 사람은 그러하지 아니하다)

③ 공중의 위생에 영향을 미칠 수 있는 감염병환자로서 보건복지부령이 정하는 자

④ 마약, 기타 대통령령으로 정하는 약물중독자(대마 또는 향정신성의약품의 중독자)

⑤ 면허가 취소된 후 1년이 경과되지 아니한 자

> **Hair 핵심플러스!**
>
> **면허증의 반납 등(시행규칙 제12조)**
> • 면허가 취소되거나 면허의 정지명령을 받은 자는 지체없이 관할 시장·군수·구청장에게 면허증을 반납하여야 한다.
> • 면허의 정지명령을 받은 자가 규정에 의하여 반납한 면허증은 그 면허정지기간 동안 관할 시장·군수·구청장이 이를 보관하여야 한다.

(3) 면허증의 재발급 등(시행규칙 제10조)

① 이용사 또는 미용사는 면허증의 기재사항에 변경이 있는 때, 면허증을 잃어버린 때 또는 면허증이 헐어 못쓰게 된 때에는 면허증의 재발급을 신청할 수 있다.

② ①에 따른 면허증의 재발급 신청을 하려는 자는 신청서(전자문서로 된 신청서를 포함한다)에 다음의 서류(전자문서를 포함한다)를 첨부하여 시장·군수·구청장에게 제출해야 한다.

　㉠ 면허증 원본(기재사항이 변경되거나 헐어 못쓰게 된 경우에 한한다)

　㉡ 사진 1장 또는 전자적 파일 형태의 사진

(4) 이용사 및 미용사의 면허취소 등(법 제7조)

① 시장·군수·구청장은 이용사 또는 미용사가 다음의 하나에 해당하는 때에는 그 면허를 취소하거나 6월 이내의 기간을 정하여 그 면허의 정지를 명할 수 있다. 다만, ㉠, ㉡, ㉣, ㉯ 또는 ㉅에 해당하는 경우에는 그 면허를 취소하여야 한다.

　㉠ 피성년후견인일 때 : 면허취소

　㉡ (2) 이용사 및 미용사의 면허 결격사유의 ② 내지 ④에 해당하게 된 때 : 면허취소

　㉢ 면허증을 다른 사람에게 대여한 때

　㉣ 「국가기술자격법」에 따라 자격이 취소된 때 : 면허취소

　㉤ 「국가기술자격법」에 따라 자격정지처분을 받은 때(「국가기술자격법」에 따른 자격정지처분 기간에 한정한다)

　㉯ 이중으로 면허를 취득한 때(나중에 발급받은 면허를 말한다) : 면허취소

　㉅ 면허정지처분을 받고도 그 정지기간 중에 업무를 한 때 : 면허취소

　㉇ 「성매매알선 등 행위의 처벌에 관한 법률」이나 「풍속영업의 규제에 관한 법률」을 위반하여 관계 행정기관의 장으로부터 그 사실을 통보받은 때

② ①의 규정에 의한 면허취소·정지처분의 세부적인 기준은 그 처분의 사유와 위반의 정도 등을 감안하여 보건복지부령으로 정한다.

❷ 면허수수료

(1) 수수료(시행령 제10조의2)

수수료는 지방자치단체의 수입증지 또는 정보통신망을 이용한 전자화폐·전자결제 등의 방법으로 시장·군수·구청장에게 납부하여야 하며, 그 금액은 다음과 같다.

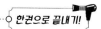

① 이용사 또는 미용사 면허를 신규로 신청하는 경우 : 5,500원
② 이용사 또는 미용사 면허증을 재교부 받고자 하는 경우 : 3,000원

제5절　업 무

❶ 이·미용사의 업무

(1) 이용사 및 미용사의 업무범위 등(법 제8조)

① 이용사 또는 미용사의 면허를 받은 자가 아니면 이용업 또는 미용업을 개설하거나 그 업무에 종사할 수 없다. 다만, 이용사 또는 미용사의 감독을 받아 이용 또는 미용업무의 보조를 행하는 경우에는 그러하지 아니하다.

② 이용 및 미용의 업무는 영업소 외의 장소에서 행할 수 없다. 다만, 보건복지부령이 정하는 특별한 사유가 있는 경우에는 그러하지 아니하다.

③ ①의 규정에 의한 이용사 및 미용사의 업무범위와 이용·미용의 업무보조 범위에 관하여 필요한 사항은 보건복지부령으로 정한다.

(2) 영업소 외에서의 이용 및 미용업무(시행규칙 제13조)

"보건복지부령이 정하는 특별한 사유"란 다음의 사유를 말한다.

① 질병·고령·장애나 그 밖의 사유로 영업소에 나올 수 없는 자에 대하여 이용 또는 미용을 하는 경우

② 혼례나 그 밖의 의식에 참여하는 자에 대하여 그 의식 직전에 이용 또는 미용을 하는 경우

③ 「사회복지사업법」에 따른 사회복지시설에서 봉사활동으로 이용 또는 미용을 하는 경우

④ 방송 등의 촬영에 참여하는 사람에 대하여 그 촬영 직전에 이용 또는 미용을 하는 경우

⑤ ①부터 ④까지의 경우 외에 특별한 사정이 있다고 시장·군수·구청장이 인정하는 경우

(3) 이용사의 업무 범위(시행규칙 제14조제1항)

이발, 아이론, 면도, 머리피부손질, 머리카락염색 및 머리감기

(4) 미용업의 세분(법 제2조)

① 미용업(일반) : 파마·머리카락 자르기·머리카락 모양내기·머리피부손질·머리카락염색·머리감기, 의료기기나 의약품을 사용하지 아니하는 눈썹손질을 하는 영업

② 미용업(피부) : 의료기기나 의약품을 사용하지 아니하는 피부상태분석·피부관리·제모·눈썹손질을 하는 영업

③ 미용업(손톱·발톱) : 손톱과 발톱을 손질·화장(化粧)하는 영업
④ 미용업(화장·분장) : 얼굴 등 신체의 화장, 분장 및 의료기기나 의약품을 사용하지 아니하는 눈썹손질을 하는 영업
⑤ 미용업(종합) : ①부터 ④까지의 업무를 모두 하는 영업

제6절 행정지도감독

1 영업소 출입·검사

(1) 보고 및 출입·검사(법 제9조)

① 특별시장·광역시장·도지사(이하 "시·도지사"라 한다) 또는 시장·군수·구청장은 공중위생관리상 필요하다고 인정하는 때에는 공중위생영업자에 대하여 필요한 보고를 하게 하거나 소속공무원으로 하여금 영업소·사무소 등에 출입하여 공중위생영업자의 위생관리의무 이행 등에 대하여 검사하게 하거나 필요에 따라 공중위생영업장부나 서류를 열람하게 할 수 있다.
② 시·도지사 또는 시장·군수·구청장은 공중위생영업자의 영업소에 설치가 금지되는 카메라나 기계장치가 설치되었는지를 검사할 수 있다. 이 경우 공중위생영업자는 특별한 사정이 없으면 검사에 따라야 한다.
③ ②의 경우에 시·도지사 또는 시장·군수·구청장은 관할 경찰관서의 장에게 협조를 요청할 수 있다.
④ ②의 경우에 시·도지사 또는 시장·군수·구청장은 영업소에 대하여 검사 결과에 대한 확인증을 발부할 수 있다.
⑤ ① 및 ②의 경우에 관계공무원은 그 권한을 표시하는 증표를 지녀야 하며, 관계인에게 이를 내보여야 한다.

2 영업제한

(1) 영업의 제한(법 제9조의2)

시·도지사는 공익상 또는 선량한 풍속을 유지하기 위하여 필요하다고 인정하는 때에는 공중위생영업자 및 종사원에 대하여 영업시간 및 영업행위에 관한 필요한 제한을 할 수 있다.

3 영업소 폐쇄

(1) 공중위생영업소의 폐쇄 등(법 제11조)

① 시장·군수·구청장은 공중위생영업자가 다음의 어느 하나에 해당하면 6월 이내의 기간을 정하여 영업의 정지 또는 일부 시설의 사용중지를 명하거나 영업소 폐쇄 등을 명할 수 있다. 다만, 관광숙박업의 경우에는 해당 관광숙박업의 관할 행정기관의 장과 미리 협의하여야 한다.

　㉠ 제3조제1항(공중위생영업의 신고 및 폐업신고) 전단에 따른 영업신고를 하지 아니하거나 시설과 설비기준을 위반한 경우

　㉡ 제3조제1항(공중위생영업의 신고 및 폐업신고) 후단에 따른 변경신고를 하지 아니한 경우

　㉢ 제3조의2제4항(공중위생영업의 승계)에 따른 지위승계신고를 하지 아니한 경우

　㉣ 제4조(공중위생영업자의 위생관리의무 등)에 따른 공중위생영업자의 위생관리의무 등을 지키지 아니한 경우

　㉤ 제5조(공중위생영업자의 불법카메라 설치 금지)를 위반하여 카메라나 기계장치를 설치한 경우

　㉥ 제8조제2항(이용사 및 미용사의 업무범위 등)을 위반하여 영업소 외의 장소에서 이용 또는 미용업무를 한 경우

　㉦ 제9조(보고 및 출입·검사)에 따른 보고를 하지 아니하거나 거짓으로 보고한 경우 또는 관계 공무원의 출입, 검사 또는 공중위생영업 장부 또는 서류의 열람을 거부·방해하거나 기피한 경우

　㉧ 제10조(위생지도 및 개선명령)에 따른 개선명령을 이행하지 아니한 경우

　㉨ 「성매매알선 등 행위의 처벌에 관한 법률」, 「풍속영업의 규제에 관한 법률」, 「청소년 보호법」, 「아동·청소년의 성보호에 관한 법률」 또는 「의료법」을 위반하여 관계 행정기관의 장으로부터 그 사실을 통보받은 경우

② 시장·군수·구청장은 ①에 따른 영업정지처분을 받고도 그 영업정지 기간에 영업을 한 경우에는 영업소 폐쇄를 명할 수 있다.

③ 시장·군수·구청장은 다음의 어느 하나에 해당하는 경우에는 영업소 폐쇄를 명할 수 있다.

　㉠ 공중위생영업자가 정당한 사유 없이 6개월 이상 계속 휴업하는 경우

　㉡ 공중위생영업자가 「부가가치세법」 제8조에 따라 관할세무서장에게 폐업신고를 하거나 관할 세무서장이 사업자 등록을 말소한 경우

④ ①에 따른 행정처분의 세부기준은 그 위반행위의 유형과 위반 정도 등을 고려하여 보건복지부령으로 정한다.

⑤ 시장·군수·구청장은 공중위생영업자가 ①의 규정에 의한 영업소 폐쇄명령을 받고도 계속하여 영업을 하는 때에는 관계공무원으로 하여금 해당 영업소를 폐쇄하기 위하여 다음의 조치를 하게 할 수 있다. 제3조제1항(공중위생영업의 신고 및 폐업신고) 전단을 위반하여 신고를 하지 아니하고 공중위생영업을 하는 경우에도 또한 같다.

　㉠ 해당 영업소의 간판 기타 영업표지물의 제거

　㉡ 해당 영업소가 위법한 영업소임을 알리는 게시물 등의 부착

　㉢ 영업을 위하여 필수불가결한 기구 또는 시설물을 사용할 수 없게 하는 봉인

⑥ 시장·군수·구청장은 ⑤의 ㉢에 따른 봉인을 한 후 봉인을 계속할 필요가 없다고 인정되는 때와 영업자 등이나 그 대리인이 해당 영업소를 폐쇄할 것을 약속하는 때 및 정당한 사유를 들어 봉인의 해제를 요청하는 때에는 그 봉인을 해제할 수 있다. ⑤의 ㉡에 따른 게시물 등의 제거를 요청하는 경우에도 또한 같다.

4 공중위생감시원

(1) 공중위생감시원의 자격 및 임명(시행령 제8조)

① 시·도지사 또는 시장·군수·구청장은 다음에 해당하는 소속공무원 중에서 공중위생감시원을 임명한다.
  ㉠ 위생사 또는 환경기사 2급 이상의 자격증이 있는 사람
  ㉡ 「고등교육법」에 따른 대학에서 화학·화공학·환경공학 또는 위생학 분야를 전공하고 졸업한 사람 또는 법령에 따라 이와 같은 수준 이상의 학력이 있다고 인정되는 사람
  ㉢ 외국에서 위생사 또는 환경기사의 면허를 받은 사람
  ㉣ 1년 이상 공중위생 행정에 종사한 경력이 있는 사람
② 시·도지사 또는 시장·군수·구청장은 공중위생감시원의 인력확보가 곤란하다고 인정되는 때에는 공중위생 행정에 종사하는 사람 중 공중위생감시에 관한 교육훈련을 2주 이상 받은 사람을 공중위생 행정에 종사하는 기간 동안 공중위생감시원으로 임명할 수 있다.

(2) 공중위생감시원의 업무범위(시행령 제9조)

① 시설 및 설비의 확인
② 공중위생영업 관련 시설 및 설비의 위생상태 확인·검사, 공중위생영업자의 위생관리의무 및 영업자 준수사항 이행 여부의 확인
③ 위생지도 및 개선명령 이행 여부의 확인
④ 공중위생영업소의 영업의 정지, 일부 시설의 사용중지 또는 영업소 폐쇄명령 이행 여부의 확인
⑤ 위생교육 이행 여부의 확인

(3) 명예공중위생감시원의 자격 등(시행령 제9조의2제1항)

명예공중위생감시원(이하 "명예감시원"이라 한다)은 시·도지사가 다음에 해당하는 자 중에서 위촉한다.
① 공중위생에 대한 지식과 관심이 있는 자
② 소비자단체, 공중위생 관련 협회 또는 단체의 소속직원 중에서 해당 단체 등의 장이 추천하는 자

(4) 명예공중위생감시원의 업무(시행령 제9조의2제2항)

① 명예공중위생감시원(명예감시원)의 업무는 다음과 같다.
  ㉠ 공중위생감시원이 행하는 검사대상물의 수거 지원

           ⓒ 법령 위반행위에 대한 신고 및 자료 제공

           ⓒ 그 밖에 공중위생에 관한 홍보·계몽 등 공중위생관리업무와 관련하여 시·도지사가 따로 정하여 부여하는 업무

  ② 시·도지사는 명예공중위생감시원의 활동지원을 위하여 예산의 범위 안에서 시·도지사가 정하는 바에 따라 수당 등을 지급할 수 있다.

  ③ 명예감시원의 운영에 관하여 필요한 사항은 시·도지사가 정한다.

제 7 절   업소 위생등급

1 위생평가

(1) 위생서비스수준의 평가(법 제13조)

① 시·도지사는 공중위생영업소(관광숙박업 제외)의 위생관리수준을 향상시키기 위하여 위생서비스평가계획(이하 "평가계획"이라 한다)을 수립하여 시장·군수·구청장에게 통보하여야 한다.

② 시장·군수·구청장은 평가계획에 따라 관할지역별 세부평가계획을 수립한 후 공중위생영업소의 위생서비스수준을 평가(이하 "위생서비스평가"라 한다)하여야 한다.

③ 시장·군수·구청장은 위생서비스평가의 전문성을 높이기 위하여 필요하다고 인정하는 경우에는 관련 전문기관 및 단체로 하여금 위생서비스평가를 실시하게 할 수 있다.

④ ① 내지 ③의 규정에 의한 위생서비스평가의 주기·방법, 위생관리등급의 기준, 기타 평가에 관하여 필요한 사항은 보건복지부령으로 정한다.

(2) 위생서비스수준의 평가(시행규칙 제20조)

공중위생영업소의 위생서비스수준 평가는 2년마다 실시하되, 공중위생영업소의 보건·위생관리를 위하여 특히 필요한 경우에는 보건복지부장관이 정하여 고시하는 바에 따라 공중위생영업의 종류 또는 제21조(위생관리등급의 구분 등)에 따른 위생관리등급별로 평가주기를 달리할 수 있다. 다만, 공중위생영업자가 「부가가치세법」에 따른 휴업신고를 한 경우 해당 공중위생영업소에 대해서는 위생서비스평가를 실시하지 않을 수 있다.

2 위생등급

(1) 위생관리등급의 공표 등(법 제14조)

① 시장·군수·구청장은 보건복지부령이 정하는 바에 의하여 위생서비스평가의 결과에 따른 위생관리등급을 해당 공중위생영업자에게 통보하고 이를 공표하여야 한다.

② 공중위생영업자는 ①의 규정에 의하여 시장·군수·구청장으로부터 통보받은 위생관리등급의 표지를 영업소의 명칭과 함께 영업소의 출입구에 부착할 수 있다.

③ 시·도지사 또는 시장·군수·구청장은 위생서비스평가의 결과 위생서비스의 수준이 우수하다고 인정되는 영업소에 대하여 포상을 실시할 수 있다.

④ 시·도지사 또는 시장·군수·구청장은 위생서비스평가의 결과에 따른 위생관리등급별로 영업소에 대한 위생감시를 실시하여야 한다. 이 경우 영업소에 대한 출입·검사와 위생감시의 실시주기 및 횟수 등 위생관리등급별 위생감시기준은 보건복지부령으로 정한다.

(2) 위생관리등급 구분 등(시행규칙 제21조)

① 법 제13조제4항의 규정에 의한 위생관리등급의 구분은 다음과 같다.
- ㉠ 최우수업소 : 녹색등급
- ㉡ 우수업소 : 황색등급
- ㉢ 일반관리대상 업소 : 백색등급

② ①의 규정에 의한 위생관리등급의 판정을 위한 세부항목, 등급결정 절차와 기타 위생서비스평가에 필요한 구체적인 사항은 보건복지부장관이 정하여 고시한다.

제8절 위생교육

1 영업자 위생교육

(1) 위생교육(법 제17조)

① 공중위생영업자는 매년 위생교육을 받아야 한다.

② 공중위생영업의 신고를 하고자 하는 자는 미리 위생교육을 받아야 한다. 다만, 보건복지부령으로 정하는 부득이한 사유로 미리 교육을 받을 수 없는 경우에는 영업개시 후 6개월 이내에 위생교육을 받을 수 있다.

③ ① 및 ②의 규정에 따른 위생교육을 받아야 하는 자 중 영업에 직접 종사하지 아니하거나 2 이상의 장소에서 영업을 하는 자는 종업원 중 영업장별로 공중위생에 관한 책임자를 지정하고 그 책임자로 하여금 위생교육을 받게 하여야 한다.

④ ①부터 ③까지의 위생교육은 보건복지부장관이 허가한 단체 또는 공중위생영업자단체가 실시할 수 있다.

⑤ ①부터 ④까지의 위생교육의 방법·절차 등에 관하여 필요한 사항은 보건복지부령으로 정한다.

2 위생교육기관

(1) 위생교육(시행규칙 제23조)

① 위생교육은 3시간으로 한다.

② 위생교육의 내용은 공중위생관리법 및 관련 법규, 소양교육(친절 및 청결에 관한 사항을 포함한다), 기술교육, 그 밖에 공중위생에 관하여 필요한 내용으로 한다.

③ 동일한 공중위생영업자가 둘 이상의 미용업을 같은 장소에서 하는 경우에는 그중 하나의 미용업에 대한 위생교육을 받으면 나머지 미용업에 대한 위생교육도 받은 것으로 본다.

④ 위생교육 대상자 중 보건복지부장관이 고시하는 섬·벽지지역에서 영업을 하고 있거나 하려는 자에 대하여는 ⑦에 따른 교육교재를 배부하여 이를 익히고 활용하도록 함으로써 교육에 갈음할 수 있다.

⑤ 위생교육 대상자 중 「부가가치세법」에 따른 휴업신고를 한 자에 대해서는 휴업신고를 한 다음 해부터 영업을 재개하기 전까지 위생교육을 유예할 수 있다.

⑥ 법 제17조제2항 단서에 따라 영업신고 전에 위생교육을 받아야 하는 자 중 다음의 어느 하나에 해당하는 자는 영업신고를 한 후 6개월 이내에 위생교육을 받을 수 있다.
ㄱ 천재지변, 본인의 질병·사고, 업무상 국외출장 등의 사유로 교육을 받을 수 없는 경우
ㄴ 교육을 실시하는 단체의 사정 등으로 미리 교육을 받기 불가능한 경우

⑦ 법 제17조제2항에 따른 위생교육을 받은 자가 위생교육을 받은 날부터 2년 이내에 위생교육을 받은 업종과 같은 업종의 영업을 하려는 경우에는 해당 영업에 대한 위생교육을 받은 것으로 본다.

⑧ 법 제17조제4항에 따른 위생교육을 실시하는 단체(이하 "위생교육 실시단체"라 한다)는 보건복지부장관이 고시한다.

⑨ 위생교육 실시단체는 교육교재를 편찬하여 교육대상자에게 제공하여야 한다.

⑩ 위생교육 실시단체의 장은 위생교육을 수료한 자에게 수료증을 교부하고, 교육실시 결과를 교육 후 1개월 이내에 시장·군수·구청장에게 통보하여야 하며, 수료증 교부대장 등 교육에 관한 기록을 2년 이상 보관·관리하여야 한다.

⑪ ①부터 ⑧까지의 규정 외에 위생교육에 관하여 필요한 세부사항은 보건복지부장관이 정한다.

제**9**절   **벌 칙**

---

1 위반자에 대한 벌칙, 과징금

(1) 벌칙(법 제20조)

① 1년 이하의 징역 또는 1천만원 이하의 벌금
ㄱ 공중위생영업의 신고를 하지 아니한 자

ⓛ 영업정지명령 또는 일부 시설의 사용중지명령을 받고도 그 기간 중에 영업을 하거나 그 시설을 사용한 자 또는 영업소 폐쇄명령을 받고도 계속하여 영업을 한 자

② 6월 이하의 징역 또는 500만원 이하의 벌금

　ⓐ 변경신고를 하지 아니한 자

　ⓛ 공중위생영업자의 지위를 승계한 자로서 신고를 하지 아니한 자

　ⓒ 건전한 영업 질서를 위하여 공중위생영업자가 준수하여야 할 사항을 준수하지 아니한 자

③ 300만원 이하의 벌금

　ⓐ 다른 사람에게 이용사 또는 미용사의 면허증을 빌려주거나 빌린 사람

　ⓛ 이용사 또는 미용사의 면허증을 빌려주거나 빌리는 것을 알선한 사람

　ⓒ 면허의 취소 또는 정지 중에 이용업 또는 미용업을 한 사람

　ⓔ 면허를 받지 아니하고 이용업 또는 미용업을 개설하거나 그 업무에 종사한 사람

(2) 과징금처분(법 제11조의2)

① 시장·군수·구청장은 영업정지가 이용자에게 심한 불편을 주거나 그 밖에 공익을 해할 우려가 있는 경우에는 영업정지 처분에 갈음하여 1억원 이하의 과징금을 부과할 수 있다. 다만, 「성매매알선 등 행위의 처벌에 관한 법률」, 「아동·청소년의 성보호에 관한 법률」, 「풍속영업의 규제에 관한 법률」 제3조의 어느 하나에 해당하거나 또는 이에 상응하는 위반행위로 인하여 처분을 받게 되는 경우를 제외한다.

② ①의 규정에 의한 과징금을 부과하는 위반행위의 종별·정도 등에 따른 과징금의 금액 등에 관하여 필요한 사항은 대통령령으로 정한다.

③ 시장·군수·구청장은 ①의 규정에 의한 과징금을 납부하여야 할 자가 납부기한까지 이를 납부하지 아니한 경우에는 대통령령으로 정하는 바에 따라 ①에 따른 과징금 부과처분을 취소하고, 제11조제1항(공중위생영업소의 폐쇄 등)에 따른 영업정지 처분을 하거나 「지방행정제재·부과금의 징수 등에 관한 법률」에 따라 이를 징수한다.

④ ① 및 ③의 규정에 의하여 시장·군수·구청장이 부과·징수한 과징금은 해당 시·군·구에 귀속된다.

⑤ 시장·군수·구청장은 과징금의 징수를 위하여 필요한 경우에는 다음의 사항을 기재한 문서로 관할 세무관서의 장에게 과세정보의 제공을 요청할 수 있다.

　ⓐ 납세자의 인적사항

　ⓛ 사용 목적

　ⓒ 과징금 부과기준이 되는 매출금액

(3) 과징금의 부과 및 납부(시행령 제7조의3)

① 시장·군수·구청장은 법 제11조의2의 규정에 따라 과징금을 부과하고자 할 때에는 그 위반행위의 종별과 해당 과징금의 금액 등을 명시하여 이를 납부할 것을 서면으로 통지하여야 한다.

② ①의 규정에 따라 통지를 받은 자는 통지를 받은 날부터 20일 이내에 과징금을 시장·군수·구청장이 정하는 수납기관에 납부하여야 한다. 다만, 천재·지변 그 밖에 부득이한 사유로 인하여 그 기간 내에 과징금을 납부할 수 없는 때에는 그 사유가 없어진 날부터 7일 이내에 납부하여야 한다.

③ ②의 규정에 따라 과징금의 납부를 받은 수납기관은 영수증을 납부자에게 교부하여야 한다.

④ 과징금의 수납기관은 ②의 규정에 따라 과징금을 수납한 때에는 지체없이 그 사실을 시장·군수·구청장에게 통보하여야 한다.

⑤ 시장·군수·구청장은 과징금을 부과 받은 자(이하 "과징금납부의무자"라 한다)가 납부해야 할 과징금의 금액이 100만원 이상인 경우로서 다음의 어느 하나에 해당하는 사유로 과징금의 전액을 한꺼번에 납부하기 어렵다고 인정될 때에는 과징금납부의무자의 신청을 받아 12개월의 범위에서 분할 납부의 횟수를 3회 이내로 정하여 분할 납부하게 할 수 있다.
 ㉠ 재해 등으로 재산에 현저한 손실을 입은 경우
 ㉡ 사업 여건의 악화로 사업이 중대한 위기에 있는 경우
 ㉢ 과징금을 한꺼번에 납부하면 자금사정에 현저한 어려움이 예상되는 경우
 ㉣ 그 밖에 ㉠부터 ㉢까지의 규정에 준하는 사유가 있다고 인정되는 경우

⑥ 과징금납부의무자는 ⑤에 따라 과징금을 분할 납부하려는 경우에는 그 납부기한의 10일 전까지 ⑤의 사유를 증명하는 서류를 첨부하여 시장·군수·구청장에게 과징금의 분할 납부를 신청해야 한다.

⑦ 시장·군수·구청장은 과징금납부의무자가 다음의 어느 하나에 해당하는 경우에는 분할 납부 결정을 취소하고 과징금을 한꺼번에 징수할 수 있다.
 ㉠ 분할 납부하기로 결정된 과징금을 납부기한까지 내지 않은 경우
 ㉡ 강제집행, 경매의 개시, 파산선고, 법인의 해산, 국세 또는 지방세의 체납처분을 받은 경우 등 과징금의 전부 또는 잔여분을 징수할 수 없다고 인정되는 경우

⑧ 과징금의 징수절차는 보건복지부령으로 정한다.

2 과태료, 양벌규정

(1) 과태료(법 제22조)

① 300만원 이하의 과태료
 ㉠ 보고를 하지 아니하거나 관계공무원의 출입·검사 기타 조치를 거부·방해 또는 기피한 자
 ㉡ 개선명령에 위반한 자
 ㉢ 이용업 신고를 하지 아니하고 이용업소표시 등을 설치한 자

② 200만원 이하의 과태료
 ㉠ 이·미용업소의 위생관리 의무를 지키지 아니한 자
 ㉡ 영업소 외의 장소에서 이용 또는 미용업무를 행한 자
 ㉢ 위생교육을 받지 아니한 자

③ 제19조의3(같은 명칭의 사용금지) 규정을 위반하여 위생사의 명칭을 사용한 자에게는 100만원 이하의 과태료를 부과한다.

④ 과태료는 대통령령으로 정하는 바에 따라 보건복지부장관 또는 시장·군수·구청장이 부과·징수한다.

(2) 양벌규정(법 제21조)

법인의 대표자나 법인 또는 개인의 대리인, 사용인, 그 밖의 종업원이 그 법인 또는 개인의 업무에 관하여 제20조(벌칙)의 위반행위를 하면 그 행위자를 벌하는 외에 그 법인 또는 개인에게도 해당 조문의 벌금형에 과(科)한다. 다만, 법인 또는 개인이 그 위반행위를 방지하기 위하여 해당 업무에 관하여 상당한 주의와 감독을 게을리하지 아니한 경우에는 그러하지 아니하다.

3 행정처분

(1) 행정처분기준(시행규칙 [별표 7])

① 위반행위가 2 이상인 경우로서 그에 해당하는 각각의 처분기준이 다른 경우에는 그중 중한 처분기준에 의하되, 2건 이상의 처분기준이 영업정지에 해당하는 경우에는 가장 중한 정지처분기간에 나머지 각각의 정지처분기간의 2분의 1을 더하여 처분한다.

② 행정처분을 하기 위한 절차가 진행되는 기간 중에 반복하여 같은 사항을 위반한 때에는 그 위반횟수마다 행정처분기준의 2분의 1씩 더하여 처분한다.

③ 위반행위의 차수에 따른 행정처분기준은 최근 1년간(「성매매알선 등 행위의 처벌에 관한 법률」 제4조를 위반하여 관계 행정기관의 장이 행정처분을 요청한 경우에는 최근 3년간) 같은 위반행위로 행정처분을 받은 경우에 이를 적용한다. 이 경우 기간의 계산은 위반행위에 대하여 행정처분을 받은 날과 그 처분 후 다시 같은 위반행위를 하여 적발된 날(수거검사에 의한 경우에는 해당 검사결과를 처분청이 접수한 날을 말한다)을 기준으로 한다.

④ ③에 따라 가중된 행정처분을 하는 경우 가중처분의 적용 차수는 그 위반행위 전 행정처분 차수(③에 따른 기간 내에 행정처분이 둘 이상 있었던 경우에는 높은 차수를 말한다)의 다음 차수로 한다.

⑤ 행정처분권자는 위반사항의 내용으로 보아 그 위반 정도가 경미하거나 해당 위반사항에 관하여 검사로부터 기소유예의 처분을 받거나 법원으로부터 선고유예의 판결을 받은 때에는 개별기준에 불구하고 그 처분기준을 다음의 구분에 따라 경감할 수 있다.
　　㉠ 영업정지 및 면허정지의 경우에는 그 처분기준 일수의 2분의 1의 범위 안에서 경감할 수 있다.
　　㉡ 영업장 폐쇄의 경우에는 3월 이상의 영업정지처분으로 경감할 수 있다.

⑥ 영업정지 1월은 30일을 기준으로 하고, 행정처분기준을 가중하거나 경감하는 경우 1일 미만은 처분기준 산정에서 제외한다.

제 10 절 시행령 및 시행규칙 관련 사항

❶ 공중위생관리법 시행령 [시행 2020.6.4.]

(1) 제1조(목적)

이 영은 「공중위생관리법」에서 위임된 사항과 그 시행에 관하여 필요한 사항을 규정함을 목적으로 한다.

(2) 제6조(마약 외의 약물 중독자)

법 제6조제2항제4호에서 "기타 대통령령으로 정하는 약물중독자"라 함은 대마 또는 향정신성의약품의 중독자를 말한다.

(3) 제7조의2(과징금을 부과할 위반행위의 종별과 과징금의 금액)

① 법 제11조의2제2항의 규정에 따라 부과하는 과징금의 금액은 위반행위의 종별·정도 등을 감안하여 보건복지부령이 정하는 영업정지기간에 과징금 산정기준을 적용하여 산정한다.

② 시장·군수·구청장(자치구의 구청장을 말한다)은 공중위생영업자의 사업규모·위반행위의 정도 및 횟수 등을 고려하여 ①에 따른 과징금의 금액의 2분의 1 범위에서 과징금을 늘리거나 줄일 수 있다. 이 경우 과징금을 늘리는 때에도 그 총액은 1억원을 초과할 수 없다.

(4) 제8조(공중위생감시원의 자격 및 임명)

① 법 제15조에 따라 특별시장·광역시장·도지사(이하 "시·도지사"라 한다) 또는 시장·군수·구청장은 다음에 해당하는 소속공무원 중에서 공중위생감시원을 임명한다.
   ㉠ 위생사 또는 환경기사 2급 이상의 자격증이 있는 사람
   ㉡ 「고등교육법」에 따른 대학에서 화학·화공학·환경공학 또는 위생학 분야를 전공하고 졸업한 사람 또는 법령에 따라 이와 같은 수준 이상의 학력이 있다고 인정되는 사람
   ㉢ 외국에서 위생사 또는 환경기사의 면허를 받은 사람
   ㉣ 1년 이상 공중위생 행정에 종사한 경력이 있는 사람

② 시·도지사 또는 시장·군수·구청장은 ①에 해당하는 사람만으로는 공중위생감시원의 인력확보가 곤란하다고 인정되는 때에는 공중위생 행정에 종사하는 사람 중 공중위생 감시에 관한 교육훈련을 2주 이상 받은 사람을 공중위생 행정에 종사하는 기간 동안 공중위생감시원으로 임명할 수 있다.

(5) 제9조(공중위생감시원의 업무범위)

법 제15조에 따른 공중위생감시원의 업무는 다음과 같다.

① 법 제3조제1항의 규정에 의한 시설 및 설비의 확인

② 법 제4조의 규정에 의한 공중위생영업 관련 시설 및 설비의 위생상태 확인·검사, 공중위생영업자의 위생관리의무 및 영업자준수사항 이행 여부의 확인

③ 법 제10조의 규정에 의한 위생지도 및 개선명령 이행 여부의 확인

④ 법 제11조의 규정에 의한 공중위생영업소의 영업의 정지, 일부 시설의 사용중지 또는 영업소 폐쇄명령 이행 여부의 확인

⑤ 법 제17조의 규정에 의한 위생교육 이행 여부의 확인

(6) 제9조의2(명예공중위생감시원의 자격 등)

① 법 제15조의2제1항의 규정에 의한 명예공중위생감시원(이하 "명예감시원"이라 한다)은 시·도지사가 다음에 해당하는 자 중에서 위촉한다.

   ㉠ 공중위생에 대한 지식과 관심이 있는 자

   ㉡ 소비자단체, 공중위생관련 협회 또는 단체의 소속직원 중에서 해당 단체 등의 장이 추천하는 자

② 명예감시원의 업무는 다음과 같다.

   ㉠ 공중위생감시원이 행하는 검사대상물의 수거 지원

   ㉡ 법령 위반행위에 대한 신고 및 자료 제공

   ㉢ 그 밖에 공중위생에 관한 홍보·계몽 등 공중위생관리업무와 관련하여 시·도지사가 따로 정하여 부여하는 업무

③ 시·도지사는 명예감시원의 활동지원을 위하여 예산의 범위 안에서 시·도지사가 정하는 바에 따라 수당 등을 지급할 수 있다.

④ 명예감시원의 운영에 관하여 필요한 사항은 시·도지사가 정한다.

(7) 제10조의2(수수료)

법 제19조의2의 규정에 따른 수수료는 지방자치단체의 수입증지 또는 정보통신망을 이용한 전자화폐·전자결제 등의 방법으로 시장·군수·구청장에게 납부하여야 하며, 그 금액은 다음과 같다.

① 이용사 또는 미용사 면허를 신규로 신청하는 경우 : 5,500원

② 이용사 또는 미용사 면허증을 재교부 받고자 하는 경우 : 3,000원

(8) 제10조의3(민감정보 및 고유식별정보의 처리)

① 보건복지부장관(법 제6조의2제3항에 따라 보건복지부장관의 업무를 위탁받은 자를 포함한다)은 다음의 사무를 수행하기 위하여 불가피한 경우 「개인정보 보호법」 제23조에 따른 건강에 관한 정보, 같은 법 시행령 제19조제1호 또는 제4호에 따른 주민등록번호 또는 외국인등록번호가 포함된 자료를 처리할 수 있다.

   ㉠ 법 제6조의2에 따른 위생사 면허 및 위생사 국가시험에 관한 사무

   ㉡ 법 제7조의2에 따른 위생사 면허의 취소 및 면허 재부여에 관한 사무

   ㉢ 법 제12조제3호에 따른 청문에 관한 사무

② 시·도지사 또는 시장·군수·구청장(시·도지사는 제5호의 사무만 해당하며, 해당 권한이 위임·위탁된 경우에는 그 권한을 위임·위탁받은 자를 포함한다)은 다음의 사무를 수행하기 위하여 불가피한 경우 「개인정보 보호법」 제23조에 따른 건강에 관한 정보, 같은 법 시행령 제19조제1호 또는 제4호에 따른 주민등록번호 또는 외국인등록번호가 포함된 자료를 처리할 수 있다.

　　㉠ 법 제3조에 따른 공중위생영업의 신고·변경신고 및 폐업신고에 관한 사무

　　㉡ 법 제3조의2에 따른 공중위생영업자의 지위승계 신고에 관한 사무

　　㉢ 법 제6조에 따른 이용사 및 미용사 면허신청 및 면허증 발급에 관한 사무

　　㉣ 법 제7조에 따른 이용사 및 미용사의 면허취소 등에 관한 사무

　　㉤ 법 제10조에 따른 위생지도 및 개선명령에 관한 사무

　　㉥ 법 제11조에 따른 공중위생업소의 폐쇄 등에 관한 사무

　　㉦ 법 제11조의2에 따른 과징금의 부과·징수에 관한 사무

　　㉧ 법 제12조제1호·제2호 및 제4호에 따른 청문에 관한 사무

(9) 제11조(과태료의 부과)

① 일반기준

　㉠ 보건복지부장관 또는 시장·군수·구청장은 다음의 어느 하나에 해당하는 경우에는 ②의 개별기준에 따른 과태료 금액의 2분의 1 범위에서 그 금액을 줄일 수 있다. 다만, 과태료를 체납하고 있는 위반행위자에 대해서는 그렇지 않다.

　　• 위반행위자가 「질서위반행위규제법 시행령」 제2조의2제1항 각 호의 어느 하나에 해당하는 경우

　　• 위반행위가 사소한 부주의나 오류로 발생한 것으로 인정되는 경우

　　• 위반의 내용·정도가 경미하다고 인정되는 경우

　　• 위반행위자가 법 위반상태를 시정하거나 해소하기 위해 노력한 것이 인정되는 경우

　　• 그 밖에 위반행위의 정도, 위반행위의 동기와 그 결과 등을 고려하여 과태료 금액을 줄일 필요가 있다고 인정되는 경우

　㉡ 보건복지부장관 또는 시장·군수·구청장은 다음의 어느 하나에 해당하는 경우에는 ②의 개별기준에 따른 과태료 금액의 2분의 1 범위에서 그 금액을 늘려 부과할 수 있다. 다만, 늘려 부과하는 경우에도 규정에 따른 과태료 금액의 상한을 넘을 수 없다.

　　• 위반의 내용 및 정도가 중대하여 이로 인한 피해가 크다고 인정되는 경우

　　• 법 위반상태의 기간이 6개월 이상인 경우

　　• 그 밖에 위반행위의 정도, 위반행위의 동기와 그 결과 등을 고려하여 가중할 필요가 있다고 인정되는 경우

② 개별기준

위반행위	근거 법조문	과태료
법 제4조제3항 각 호 및 제7항을 위반하여 이용업소의 위생관리 의무를 지키지 않은 경우	법 제22조제2항제1호	80만원
법 제4조제4항 각 호 및 제7항을 위반하여 미용업소의 위생관리 의무를 지키지 않은 경우	법 제22조제2항제2호	80만원
법 제8조제2항을 위반하여 영업소 외의 장소에서 이용 또는 미용업무를 행한 경우	법 제22조제2항제5호	80만원
법 제9조에 따른 보고를 하지 않거나 관계공무원의 출입·검사, 기타 조치를 거부·방해 또는 기피한 경우	법 제22조제1항제4호	150만원
법 제10조에 따른 개선명령에 위반한 경우	법 제22조제1항제5호	150만원
법 제11조의5를 위반하여 이용업소표시 등을 설치한 경우	법 제22조제1항제6호	90만원
법 제17조제1항을 위반하여 위생교육을 받지 않은 경우	법 제22조제2항제6호	60만원

2 공중위생관리법 시행규칙 [시행 2021.7.7.]

(1) 제1조(목적)

이 규칙은 「공중위생관리법」 및 같은 법 시행령에서 위임된 사항과 그 시행에 관하여 필요한 사항을 규정함을 목적으로 한다.

(2) 제2조(시설 및 설비기준)

「공중위생관리법」(이하 "법"이라 한다) 제3조제1항에 따른 공중위생영업의 종류별 시설 및 설비기준은 다음과 같다.

① 일반기준

    ㉠ 공중위생영업장은 독립된 장소이거나 공중위생영업 외의 용도로 사용되는 시설 및 설비와 분리(벽이나 층 등으로 구분하는 경우) 또는 구획(칸막이·커튼 등으로 구분하는 경우)되어야 한다.

    ㉡ ㉠에도 불구하고 다음에 해당하는 경우에는 공중위생영업장을 별도로 분리 또는 구획하지 않아도 된다.

        • 법 제2조제1항제5호 각 목에 해당하는 미용업을 2개 이상 함께 하는 경우(해당 미용업자의 명의로 각각 영업신고를 하거나 공동신고를 하는 경우를 포함한다)로서 각각의 영업에 필요한 시설 및 설비기준을 모두 갖추고 있으며, 각각의 시설이 선·줄 등으로 서로 구분될 수 있는 경우

        • 그 밖에 별도로 분리 또는 구획하지 않아도 되는 경우로서 보건복지부장관이 인정하는 경우

② 개별기준

이용업	• 이용기구는 소독을 한 기구와 소독을 하지 아니한 기구를 구분하여 보관할 수 있는 용기를 비치하여야 한다. • 소독기·자외선살균기 등 이용기구를 소독하는 장비를 갖추어야 한다. • 영업소 안에는 별실 그 밖에 이와 유사한 시설을 설치하여서는 아니 된다.
미용업	• 미용기구는 소독을 한 기구와 소독을 하지 아니한 기구를 구분하여 보관할 수 있는 용기를 비치하여야 한다. • 소독기·자외선살균기 등 미용기구를 소독하는 장비를 갖추어야 한다.

(3) 제3조(공중위생영업의 신고)

① 법 제3조제1항에 따라 공중위생영업의 신고를 하려는 자는 제2조에 따른 공중위생영업의 종류별 시설 및 설비기준에 적합한 시설을 갖춘 후 신고서(전자문서로 된 신고서를 포함한다)에 다음의 서류를 첨부하여 시장·군수·구청장(자치구의 구청장을 말한다)에게 제출해야 한다.

㉠ 영업시설 및 설비개요서

㉠의2. 영업시설 및 설비의 사용에 관한 권리를 확보하였음을 증명하는 서류, 「집합건물의 소유 및 관리에 관한 법률」 제3조에 따른 공용부분에서 사건·사고 등 발생 시 영업자의 배상책임을 담보하는 보험증서 또는 영업자의 배상책임 부담에 관한 공증서류[건물의 일부를 대상으로 숙박업 영업신고를 하는 경우(「집합건물의 소유 및 관리에 관한 법률」의 적용을 받는 경우를 말하며, 이하 같다)에만 해당한다]

㉡ 교육수료증(법 제17조제2항에 따라 미리 교육을 받은 경우에만 해당한다)

㉢ 「국유재산법 시행규칙」 제14조제3항에 따른 국유재산 사용허가서(국유철도 정거장 시설 또는 군사시설에서 영업하려는 경우에만 해당한다)

㉣ 철도사업자(도시철도사업자를 포함한다)와 체결한 철도시설 사용계약에 관한 서류(국유철도 외의 철도 정거장 시설에서 영업하려고 하는 경우에만 해당한다)

② ①에 따라 신고서를 제출받은 시장·군수·구청장은 「전자정부법」 제36조제1항에 따른 행정정보의 공동이용을 통하여 다음의 서류를 확인해야 한다. 다만, ㉢·㉢의2·㉢의3 및 ㉣의 경우 신고인이 확인에 동의하지 아니하는 경우에는 그 서류를 첨부하도록 해야 한다.

㉠ 건축물대장(제1항제4호에 따른 국유재산 사용허가서를 제출한 경우에는 제외한다)

㉠의2. 토지 등기사항증명서 및 건물 등기사항증명서(건물의 일부를 대상으로 숙박업 영업신고를 하는 경우에만 해당한다)

㉡ 토지이용계획확인서(국유재산 사용허가서를 제출한 경우에는 제외한다)

㉢ 전기안전점검확인서(「전기사업법」 제66조의2제1항에 따른 전기안전점검을 받아야 하는 경우에만 해당한다)

㉢의2. 액화석유가스 사용시설 완성검사증명서(「액화석유가스의 안전관리 및 사업법」 제44조제2항에 따라 액화석유가스 사용시설의 완성검사를 받아야 하는 경우만 해당한다)

㉢의3. 「다중이용업소의 안전관리에 관한 특별법」 제9조제5항에 따라 소방본부장 또는 소방서장이 발급하는 안전시설 등 완비증명서(「다중이용업소의 안전관리에 관한 특별법 시행령」 제2조제4호에 해당하는 목욕장업을 하려는 경우에만 해당한다)

㉣ 면허증(이용업·미용업의 경우에만 해당한다)

③ ①에 따른 신고를 받은 시장·군수·구청장은 즉시 영업신고증을 교부하고, 신고관리대장(전자문서를 포함한다)을 작성·관리하여야 한다.

④ ①에 따른 신고를 받은 시장·군수·구청장은 해당 영업소의 시설 및 설비에 대한 확인이 필요한 경우에는 영업신고증을 교부한 후 30일 이내에 확인하여야 한다.

⑤ 법 제3조제1항에 따라 공중위생영업의 신고를 한 자가 ③에 따라 교부받은 영업신고증을 잃어버렸거나 헐어 못 쓰게 되어 재교부 받으려는 경우에는 영업신고증 재교부신청서를 시장·군수·구청장에게 제출하여야 한다. 이 경우 영업신고증이 헐어 못쓰게 된 경우에는 못 쓰게 된 영업신고증을 첨부하여야 한다.

(4) 제3조의2(변경신고)

① 법 제3조제1항 후단에서 "보건복지부령이 정하는 중요사항"이란 다음의 사항을 말한다.
    ㉠ 영업소의 명칭 또는 상호
    ㉡ 영업소의 주소
    ㉢ 신고한 영업장 면적의 3분의 1 이상의 증감. 다만, 건물의 일부를 대상으로 숙박업 영업신고를 한 경우에는 3분의 1 미만의 증감도 포함한다.
    ㉣ 대표자의 성명 또는 생년월일
    ㉤ 「공중위생관리법 시행령」(이하 "영"이라 한다) 제4조제1호에 따른 숙박업 업종 간 변경
    ㉥ 법 제2조제1항제5호에 따른 미용업 업종 간 변경

② 법 제3조제1항 후단에 따라 변경신고를 하려는 자는 영업신고사항 변경신고서(전자문서로 된 신고서를 포함한다)에 다음의 서류를 첨부하여 시장·군수·구청장에게 제출하여야 한다.
    ㉠ 영업신고증(신고증을 분실하여 영업신고사항 변경신고서에 분실 사유를 기재하는 경우에는 첨부하지 아니한다)
    ㉡ 변경사항을 증명하는 서류

③ ②에 따라 변경신고서를 제출받은 시장·군수·구청장은 「전자정부법」 제36조제1항에 따른 행정정보의 공동이용을 통하여 다음의 서류를 확인해야 한다. 다만, ㉢·㉢의2·㉢의3 및 ㉣의 경우 신고인이 확인에 동의하지 않는 경우에는 그 서류를 첨부하도록 해야 한다.
    ㉠ 건축물대장(국유재산 사유허가서를 제출한 경우 제외)
    ㉠의2. 토지 등기사항증명서 및 건물 등기사항증명서(건물의 일부를 대상으로 숙박업 영업신고를 하는 경우에만 해당한다)
    ㉡ 토지이용계획확인서(국유재산 사유허가서를 제출한 경우 제외)
    ㉢ 전기안전점검확인서(「전기사업법」 제66조의2제1항에 따른 전기안전점검을 받아야 하는 경우에만 해당한다)
    ㉢의2. 액화석유가스 사용시설 완성검사증명서(「액화석유가스의 안전관리 및 사업법」 제44조제2항에 따라 액화석유가스 사용시설의 완성검사를 받아야 하는 경우만 해당한다)
    ㉢의3. 「다중이용업소의 안전관리에 관한 특별법」 제9조제5항에 따라 소방본부장 또는 소방서장이 발급하는 안전시설 등 완비증명서(「다중이용업소의 안전관리에 관한 특별법 시행령」 제2조제4호에 해당하는 목욕장업을 하려는 경우에만 해당한다)
    ㉣ 면허증(이용업 및 미용업의 경우에만 해당한다)

④ ②에 따른 신고를 받은 시장·군수·구청장은 영업신고증을 고쳐 쓰거나 재교부해야 한다. 다만, 변경신고사항이 ①의 ㉃, ㉁ 또는 ㉂에 해당하는 경우에는 변경신고한 영업소의 시설 및 설비 등을 변경신고를 받은 날부터 30일 이내에 확인해야 한다.

(5) 제3조의3(공중위생영업의 폐업신고)

① 법 제3조제2항 본문에 따라 폐업신고를 하려는 자는 신고서(전자문서로 된 신고서를 포함한다)를 시장·군수·구청장에게 제출하여야 한다.

② ①에 따른 폐업신고를 하려는 자가 「부가가치세법」 제8조제7항에 따른 폐업신고를 같이 하려는 경우에는 ①에 따른 폐업신고서에 「부가가치세법 시행규칙」 폐업신고서를 함께 제출하여야 한다. 이 경우 시장·군수·구청장은 함께 제출받은 폐업신고서를 지체 없이 관할 세무서장에게 송부(정보통신망을 이용한 송부를 포함한다)하여야 한다.

③ 관할 세무서장이 「부가가치세법 시행령」 제13조제5항에 따라 같은 조 제1항에 따른 폐업신고를 받아 이를 해당 시장·군수·구청장에게 송부한 경우에는 제1항에 따른 폐업신고서가 제출된 것으로 본다.

(6) 제3조의4(영업자의 지위승계신고)

① 법 제3조의2제4항에 따라 영업자의 지위승계신고를 하려는 자는 영업자지위승계신고서에 다음의 구분에 따른 서류를 첨부하여 시장·군수·구청장에게 제출해야 한다.
  ㉠ 영업양도의 경우 : 양도·양수를 증명할 수 있는 서류 사본
  ㉡ 상속의 경우 : 상속인임을 증명할 수 있는 서류(가족관계등록전산정보만으로 상속인임을 확인할 수 있는 경우는 제외한다)
  ㉢ ㉠ 및 ㉡ 외의 경우 : 해당 사유별로 영업자의 지위를 승계하였음을 증명할 수 있는 서류

② 신고서(상속의 경우로 한정한다)를 제출받은 시장·군수·구청장은 「전자정부법」 제36조제1항에 따른 행정정보의 공동 이용을 통하여 신고인의 가족관계등록전산정보를 확인해야 한다. 다만, 신고인이 확인에 동의하지 않는 경우에는 가족관계증명서를 첨부하도록 해야 한다.

③ 지위승계신고를 하려는 자가 「부가가치세법」 제8조제7항에 따른 폐업신고를 같이 하려는 때에는 지위승계신고서에 「부가가치세법 시행규칙」 별지 제9호서식의 폐업신고서를 함께 제출해야 한다. 이 경우 시장·군수·구청장은 함께 제출 받은 폐업신고서를 지체 없이 관할 세무서장에게 송부(정보통신망을 이용한 송부를 포함한다)해야 한다.

(7) 제9조(이용사 및 미용사의 면허)

① 법 제6조제1항에 따라 이용사 또는 미용사의 면허를 받으려는 자는 면허 신청서(전자문서로 된 신청서를 포함한다)에 다음의 서류를 첨부하여 시장·군수·구청장에게 제출해야 한다.
  ㉠ 법 제6조제1항제1호 및 제2호에 해당하는 자 : 졸업증명서 또는 학위증명서 1부
  ㉡ 법 제6조제1항제3호에 해당하는 자 : 이수를 증명할 수 있는 서류 1부
  ㉢ 법 제6조제2항제2호 본문에 해당되지 아니함을 증명하는 최근 6개월 이내의 의사의 진단서 또는 같은 호 단서에 해당하는 경우에는 이를 증명할 수 있는 전문의의 진단서 1부

ⓔ 법 제6조제2항제3호 및 제4호에 해당되지 아니함을 증명하는 최근 6개월 이내의 의사의 진단서 1부

ⓜ 사진(신청 전 6개월 이내에 모자 등을 쓰지 않고 촬영한 천연색 상반신 정면사진으로 가로 3.5cm, 세로 4.5cm의 사진) 1장 또는 전자적 파일 형태의 사진

② ①에 따라 신청을 받은 시장·군수·구청장은 「전자정부법」 제36조제1항에 따른 행정정보의 공동 이용을 통하여 다음의 서류를 확인하여야 한다. 다만, 신청인이 확인에 동의하지 아니하는 경우에는 해당 서류를 첨부하도록 하여야 한다.

ⓐ 학점은행제학위증명(신청인이 법 제6조제1항제1호의2에 해당하는 사람인 경우에만 해당한다)

ⓑ 국가기술자격취득사항확인서(신청인이 법 제6조제1항제4호에 해당하는 사람인 경우에만 해당한다)

③ 법 제6조제2항제3호에서 "보건복지부령이 정하는 자"란 「감염병의 예방 및 관리에 관한 법률」 제2조제3호가목에 따른 결핵(비감염성인 경우는 제외한다)환자를 말한다.

④ 시장·군수·구청장은 ①에 따라 이용사 또는 미용사 면허증발급신청을 받은 경우에는 그 신청내용이 법 제6조에 따른 요건에 적합하다고 인정되는 경우에는 면허증을 교부하고, 면허등록관리대장(전자문서를 포함한다)을 작성·관리하여야 한다.

(8) 제14조(업무범위)

① 이용사의 업무범위는 이발·아이론·면도·머리피부손질·머리카락염색 및 머리감기로 한다.

② 미용사의 업무범위는 다음과 같다.

ⓐ 법 제6조제1항제1호부터 제3호까지에 해당하는 자와 2007년 12월 31일 이전에 같은 항 제4호에 따라 미용사자격을 취득한 자로서 미용사면허를 받은 자 : 법 제2조제1항제5호에 따른 영업에 해당하는 모든 업무

ⓑ 2008년 1월 1일부터 2015년 4월 16일까지 법 제6조제1항제4호에 따라 미용사(일반)자격을 취득한 자로서 미용사 면허를 받은 자 : 파마·머리카락 자르기·머리카락 모양내기·머리피부손질·머리카락염색·머리감기, 의료기기나 의약품을 사용하지 않는 눈썹손질, 얼굴의 손질 및 화장, 손톱과 발톱의 손질 및 화장

ⓒ 2015년 4월 17일부터 2016년 5월 31일까지 법 제6조제1항제4호에 따라 미용사(일반)자격을 취득한 자로서 미용사 면허를 받은 자 : 파마·머리카락 자르기·머리카락 모양내기·머리피부손질·머리카락염색·머리감기, 의료기기나 의약품을 사용하지 않는 눈썹손질, 얼굴의 손질 및 화장

ⓒ의2. 2016년 6월 1일 이후 법 제6조제1항제4호에 따라 미용사(일반)자격을 취득한 자로서 미용사 면허를 받은 자 : 파마·머리카락 자르기·머리카락 모양내기·머리피부손질·머리카락염색·머리감기, 의료기기나 의약품을 사용하지 아니하는 눈썹손질.

ⓓ 법 제6조제1항제4호에 따라 미용사(피부)자격을 취득한 자로서 미용사 면허를 받은 자 : 의료기기나 의약품을 사용하지 아니하는 피부상태분석·피부관리·제모·눈썹손질

ⓔ 법 제6조제1항제4호에 따라 미용사(네일)자격을 취득한 자로서 미용사 면허를 받은 자 : 손톱과 발톱의 손질 및 화장

ⓕ 법 제6조제1항제4호에 따라 미용사(메이크업)자격을 취득한 자로서 미용사 면허를 받은 자 : 얼굴 등 신체의 화장·분장 및 의료기기나 의약품을 사용하지 아니하는 눈썹손질

③ 이용·미용의 업무보조 범위
    ㉠ 이용·미용 업무를 위한 사전 준비에 관한 사항
    ㉡ 이용·미용 업무를 위한 기구·제품 등의 관리에 관한 사항
    ㉢ 영업소의 청결 유지 등 위생관리에 관한 사항
    ㉣ 그 밖에 머리감기 등 이용·미용 업무의 보조에 관한 사항

(9) 제15조(검사의뢰)

특별시장·광역시장·도지사(이하 "시·도지사"라 한다) 또는 시장·군수·구청장은 법 제9조제1항에 따라 소속 공무원이 공중위생영업소의 위생관리 실태를 검사하기 위하여 검사대상물을 수거한 경우에는 수거증을 공중위생영업자에게 교부하고, 다음의 기관에 검사를 의뢰하여야 한다.

① 특별시·광역시·도의 보건환경연구원
①의2.「국가표준기본법」제23조의 규정에 의하여 인정을 받은 시험·검사기관
② 시·도지사 또는 시장·군수·구청장이 검사능력이 있다고 인정하는 검사기관

(10) 제16조(공중위생영업소 출입·검사 등)

법 제9조제2항의 규정에 의한 관계공무원의 권한을 표시하는 증표는 공중위생감시원증에 의한다.

(11) 제17조(개선기간)

① 법 제10조에 따라 시·도지사 또는 시장·군수·구청장은 공중위생영업자에게 법 제3조제1항·법 제4조 및 법 제5조의 위반사항에 대한 개선을 명하고자 하는 때에는 위반사항의 개선에 소요되는 기간 등을 고려하여 즉시 그 개선을 명하거나 6개월의 범위에서 기간을 정하여 개선을 명하여야 한다.

② 법 제10조에 따라 시·도지사 또는 시장·군수·구청장으로부터 개선명령을 받은 공중위생영업자는 천재·지변 기타 부득이한 사유로 인하여 ①의 규정에 의한 개선기간 이내에 개선을 완료할 수 없는 경우에는 그 기간이 종료되기 전에 개선기간의 연장을 신청할 수 있다. 이 경우 시·도지사 또는 시장·군수·구청장은 6개월의 범위에서 개선기간을 연장할 수 있다.

(12) 제19조(행정처분기준)

법 제7조제1항 및 제11조제1항부터 제3항까지의 규정에 의한 행정처분의 기준은 다음과 같다.

위반행위	근거 법조문	행정처분기준			
		1차 위반	2차 위반	3차 위반	4차 이상 위반
가. 법 제3조제1항 전단에 따른 영업신고를 하지 않거나 시설과 설비기준을 위반한 경우	법 제11조 제1항제1호				
1) 영업신고를 하지 않은 경우		영업장 폐쇄명령			
2) 시설 및 설비기준을 위반한 경우		개선명령	영업정지 15일	영업정지 1월	영업장 폐쇄명령

위반행위	근거 법조문	행정처분기준			
		1차 위반	2차 위반	3차 위반	4차 이상 위반
나. 법 제3조제1항 후단에 따른 변경신고를 하지 않은 경우	법 제11조 제1항제2호				
1) 신고를 하지 않고 영업소의 명칭 및 상호, 법 제2조제1항제5호 각 목에 따른 미용업 업종 간 변경을 하였거나 영업장 면적의 3분의 1 이상을 변경한 경우		경고 또는 개선명령	영업정지 15일	영업정지 1월	영업장 폐쇄명령
2) 신고를 하지 않고 영업소의 소재지를 변경한 경우		영업정지 1월	영업정지 2월	영업장 폐쇄명령	
다. 법 제3조의2제4항에 따른 지위승계신고를 하지 않은 경우	법 제11조 제1항제3호	경 고	영업정지 10일	영업정지 1월	영업장 폐쇄명령
라. 법 제4조에 따른 공중위생영업자의 위생관리의 무 등을 지키지 않은 경우	법 제11조 제1항제4호				
1) 소독을 한 기구와 소독을 하지 않은 기구를 각각 다른 용기에 넣어 보관하지 않거나 1회용 면도 날을 2인 이상의 손님에게 사용한 경우		경 고	영업정지 5일	영업정지 10일	영업장 폐쇄명령
2) 피부미용을 위하여 「약사법」에 따른 의약품 또는 「의료기기법」에 따른 의료기기를 사용한 경우		영업정지 2월	영업정지 3월	영업장 폐쇄명령	
3) 점빼기·귓볼뚫기·쌍꺼풀수술·문신·박피 술 그 밖에 이와 유사한 의료행위를 한 경우		영업정지 2월	영업정지 3월	영업장 폐쇄명령	
4) 미용업 신고증 및 면허증 원본을 게시하지 않거나 업소 내 조명도를 준수하지 않은 경우		경고 또는 개선명령	영업정지 5일	영업정지 10일	영업장 폐쇄명령
5) 별표 4 제4호자목 전단을 위반하여 개별 미용 서비스의 최종 지불가격 및 전체 미용서비스 의 총액에 관한 내역서를 이용자에게 미리 제공하지 않은 경우		경 고	영업정지 5일	영업정지 10일	영업정지 1월
마. 법 제5조를 위반하여 카메라나 기계장치를 설치 한 경우	법 제11조 제1항제4호의2	영업정지 1월	영업정지 2월	영업장 폐쇄명령	
바. 법 제7조제1항의 어느 하나에 해당하는 면허 정 지 및 면허 취소 사유에 해당하는 경우	법 제7조 제1항				
1) 법 제6조제2항제1호부터 제4호까지에 해당 하게 된 경우		면허취소			
2) 면허증을 다른 사람에게 대여한 경우		면허정지 3월	면허정지 6월	면허취소	
3) 「국가기술자격법」에 따라 자격이 취소된 경우		면허취소			
4) 「국가기술자격법」에 따라 자격정지처분을 받은 경우(「국가기술자격법」에 따른 자격정 지처분 기간에 한정한다)		면허정지			
5) 이중으로 면허를 취득한 경우(나중에 발급받 은 면허를 말한다)		면허취소			
6) 면허정지처분을 받고도 그 정지 기간 중 업무 를 한 경우		면허취소			
사. 법 제8조제2항을 위반하여 영업소 외의 장소에 서 미용 업무를 한 경우	법 제11조 제1항제5호	영업정지 1월	영업정지 2월	영업장 폐쇄명령	

위반행위	근거 법조문	행정처분기준			
		1차 위반	2차 위반	3차 위반	4차 이상 위반
아. 법 제9조에 따른 보고를 하지 않거나 거짓으로 보고한 경우 또는 관계 공무원의 출입, 검사 또는 공중위생영업 장부 또는 서류의 열람을 거부· 방해하거나 기피한 경우	법 제11조 제1항제6호	영업정지 10일	영업정지 20일	영업정지 1월	영업장 폐쇄명령
자. 법 제10조에 따른 개선명령을 이행하지 않은 경우	법 제11조 제1항제7호	경 고	영업정지 10일	영업정지 1월	영업장 폐쇄명령
차. 「성매매알선 등 행위의 처벌에 관한 법률」, 「풍속 영업의 규제에 관한 법률」, 「청소년 보호법」, 「아 동·청소년의 성보호에 관한 법률」 또는 「의료법」 을 위반하여 관계 행정기관의 장으로부터 그 사실 을 통보받은 경우	법 제11조 제1항제8호				
1) 손님에게 성매매알선 등 행위 또는 음란행위를 하게 하거나 이를 알선 또는 제공한 경우					
가) 영업소		영업정지 3월	영업장 폐쇄명령		
나) 미용사		면허정지 3월	면허취소		
2) 손님에게 도박 그 밖에 사행행위를 하게 한 경우		영업정지 1월	영업정지 2월	영업장 폐쇄명령	
3) 음란한 물건을 관람·열람하게 하거나 진열 또는 보관한 경우		경 고	영업정지 15일	영업정지 1월	영업장 폐쇄명령
4) 무자격안마사로 하여금 안마사의 업무에 관 한 행위를 하게 한 경우		영업정지 1월	영업정지 2월	영업장 폐쇄명령	
카. 영업정지처분을 받고도 그 영업정지 기간에 영업 을 한 경우	법 제11조 제2항	영업장 폐쇄명령			
타. 공중위생영업자가 정당한 사유 없이 6개월 이상 계속 휴업하는 경우	법 제11조 제3항제1호	영업장 폐쇄명령			
파. 공중위생영업자가 「부가가치세법」 제8조에 따 라 관할 세무서장에게 폐업신고를 하거나 관할 세무서장이 사업자 등록을 말소한 경우	법 제11조 제3항제2호	영업장 폐쇄명령			

(13) 제22조(위생관리등급의 통보 및 공표절차 등)

① 법 제14조제1항의 규정에 의하여 시장·군수·구청장은 위생관리등급표를 해당 공중위생영업자에
게 송부하여야 한다.

② 법 제14조제1항의 규정에 의하여 시장·군수·구청장은 공중위생영업소별 위생관리등급을 해당
기관의 게시판에 게시하는 등의 방법으로 공표하여야 한다.

(14) 제23조의2(행정지원)

① 시장·군수·구청장은 위생교육 실시단체의 장의 요청이 있으면 공중위생영업의 신고 및 폐업신고 또는 영업자의 지위승계신고 수리에 따른 위생교육대상자의 명단(업종, 업소명, 대표자 성명, 업소 소재지 및 전화번호를 포함한다)을 통보하여야 한다.

② 시·도지사 또는 시장·군수·구청장은 위생교육 실시단체의 장의 지원요청이 있으면 교육대상자의 소집, 교육장소의 확보 등과 관련하여 협조하여야 한다.

(15) 제24조(과징금의 징수 절차)

영 제7조의3조에 따른 과징금의 징수 절차에 관하여는 「국고금관리법 시행규칙」을 준용한다. 이 경우 납입고지서에는 이의신청의 방법 및 기간 등을 함께 적어야 한다.

(16) 제25조(규제의 재검토)

① 보건복지부장관은 다음의 사항에 대하여 다음의 기준일을 기준으로 3년마다(매 3년이 되는 해의 기준일과 같은 날 전까지를 말한다) 그 타당성을 검토하여 개선 등의 조치를 하여야 한다.
  ㉠ 공중위생영업의 종류별 시설 및 설비기준 : 2014년 1월 1일
  ㉡ 공중위생영업자가 준수하여야 하는 위생관리기준 등 : 2014년 1월 1일
  ㉢ 업무범위 : 2016년 1월 1일
  ㉣ 행정처분기준 : 2014년 1월 1일

② 보건복지부장관은 위생교육 시간 및 내용에 대하여 2019년 1월 1일을 기준으로 2년마다(매 2년이 되는 해의 1월 1일 전까지를 말한다) 그 타당성을 검토하여 개선 등의 조치를 해야 한다.

03 ✂ 적중예상문제

01 고기압 상태에서 올 수 있는 인체장애는?

① 안구진탕증   ② 잠함병
③ 레노병   ④ 섬유증식증

해설
이상기압 시 잠함병을 일으키고, 이상저압 시 고산병을 일으킨다.

02 보건행정의 정의에 포함되는 내용과 가장 거리가 먼 것은 무엇인가?

① 국민의 수명 연장
② 질병 예방
③ 공적인 행정활동
④ 수질 및 대기보전

해설
보건행정은 국민의 건강 유지와 증진을 위한 공적인 활동을 말하며, 공공의 책임으로 국가나 지방자치단체가 주도하여 국민의 보건향상을 위해 시행하는 행정활동을 말한다.

03 다음 중 제2급 감염병이 아닌 것은?

① 말라리아
② 결 핵
③ 백일해
④ 유행성 이하선염

해설
말라리아는 제3급 감염병이다.

04 눈의 보호를 위해서 가장 좋은 조명방법은?

① 간접조명   ② 반간접조명
③ 직접조명   ④ 반직접조명

해설
눈의 보호상 가장 좋은 방법은 간접조명으로 빛을 반사시켜서 눈이 부시거나 그림자가 생기지 않는다.

05 콜레라 예방접종은 어떤 면역방법인가?

① 인공수동면역   ② 인공능동면역
③ 자연수동면역   ④ 자연능동면역

해설
② 인공능동면역 : 생균백신, 사균백신, 순화독소 등 예방접종으로 감염을 일으켜 얻어지는 면역이다.
① 인공수동면역 : 회복기혈청, 면역혈청, 감마글로불린 등 인공제제를 주사하여 항체를 얻는 면역이다.
③ 자연수동면역 : 신생아가 모체로부터 태반, 수유를 통해 얻는 면역이다.
④ 자연능동면역 : 감염병에 감염된 후 형성되는 면역이다.

06 다음 중 제1급 감염병에 대한 설명으로 옳지 않은 것은?

① 치명률이 높고 집단 발생의 우려가 커서 발생 또는 유행 즉시 신고하여야 한다.
② 에볼라바이러스병, 마버그열, 리프트밸리열 등이 포함된다.
③ 보건복지부장관은 제1급 감염병을 표본 감시의 대상으로 지정하고, 표본감시기관의 지정 및 지정취소의 사유 등에 관하여 필요한 사항은 보건복지부령으로 정한다.
④ 제1급 감염병으로 사망한 경우 의사, 치과의사 또는 한의사는 소속 의료기관의 장에게 보고하여야 한다.

해설
질병관리청장은 감염병의 표본감시를 위하여 질병의 특성과 지역을 고려하여 「보건의료기본법」에 따른 보건의료기관이나 그 밖의 기관 또는 단체를 감염병 표본감시기관으로 지정할 수 있다. 이에 따른 표본감시의 대상이 되는 감염병은 제4급 감염병으로 하고, 표본감시기관의 지정 및 지정취소의 사유 등에 관하여 필요한 사항은 보건복지부령으로 정한다(감염병의 예방 및 관리에 관한 법률 제16조제1항·제6항).

07 공중보건학의 목적과 거리가 가장 먼 것은?

① 질병 치료
② 수명 연장
③ 신체적, 정신적 건강증진
④ 질병 예방

해설
윈슬로(C. E. A. Winslow)의 공중보건학 정의에 따르면 조직화된 지역사회의 노력을 통하여 질병을 예방하고, 수명을 연장하며, 건강과 능률을 증진시키는 과학이자 기술이다.

08 감염병 예방법상 제3급에 해당되는 법정 감염병은?

① 페스트   ② 발진티푸스
③ 인플루엔자   ④ 장티푸스

해설
페스트는 제1급 감염병, 인플루엔자는 제4급 감염병, 장티푸스는 제2급 감염병이다.

09 현재 우리나라 근로기준법상에서 보건상 유해하거나 위험한 사업에 종사하지 못하도록 규정되어 있는 대상은?

① 임신 중인 여자와 18세 미만인 자
② 산후 1년 6개월이 지나지 아니한 여성
③ 여자와 18세 미만인 자
④ 산후 1년 6개월이 지나지 아니한 여성과 18세 미만인 자

해설
사용자(사업주 또는 사업 경영 담당자, 그 밖에 근로자에 관한 사항에 대하여 사업주를 위하여 행위하는 자)는 임신 중이거나 산후 1년이 지나지 아니한 여성과 18세 미만자를 도덕상 또는 보건상 유해·위험한 사업에 사용하지 못한다(근로기준법 제65조).

10 자연독에 의한 식중독 원인물질과 서로 관계없는 것으로 연결된 것은?

① 테트로도톡신(Tetrodotoxin) – 복어
② 솔라닌(Solanin) – 감자
③ 무스카린(Muscarin) – 버섯
④ 에르고톡신(Ergotoxin) – 조개

해설
모시조개, 굴 중독의 독성분은 베네루핀이며 홍합, 대합조개 중독의 독성분은 삭시톡신이다.

11 다음 중 감각온도의 3요소가 아닌 것은?

① 기 온
② 기 습
③ 기 압
④ 기 류

해설
감각온도의 3대 요소는 기온, 기습, 기류이다.

12 다음 중 감염병 관리에 가장 어려움이 있는 사람은?

① 회복기보균자
② 잠복기보균자
③ 건강보균자
④ 병후보균자

해설
건강보균자는 증상이 전혀 나타나지 않고 보균상태를 지속하고 있는 자이다. 일반적으로 건강보균자가 많은 질환에서 환자의 격리는 그다지 의미가 없고 대책으로서 환경 개선이나 예방접종이 중심이 된다.

13 진동이 심한 작업장 근무자에게 다발하는 질환으로 청색증과 동통, 저림 증세를 보이는 질병은?

① 레노병
② 진폐증
③ 열경련
④ 잠함병

해설
② 진폐증 : 분진흡입으로 인해 폐에 조직반응을 일으키는 질병이다.
③ 열경련 : 고온에서 심한 육체노동 시 발생하는 질병이다.
④ 잠함병 : 깊은 수중에서 작업하고 있던 잠수부가 급히 해면으로 올라올 때, 즉 고기압 환경에서 급히 저기압 환경으로 옮길 때에 일어나는 질병이다.

14 일명 도시형, 유입형이라고도 하며 생산층 인구가 전체 인구의 50% 이상이 되는 인구 구성의 유형은?

① 별형(Star Form)
② 항아리형(Pot Form)
③ 농촌형(Guitar Form)
④ 종형(Bell Form)

해설
별형은 생산연령 인구가 많이 유입되는 도시형(인구 유입형)으로 생산층(15~49세) 인구가 전체 인구의 50% 이상인 유형이다.

15 인수공통감염병에 해당되는 것은?

① 홍 역 　　② 한센병
③ 풍 진 　　④ 공수병

해설
인수공통감염이란 동물과 사람 간에 상호 전파되는 병원체에 의한 감염으로서 감염병에는 공수병, 결핵, 탄저 등이 있다.

16 폐흡충증(폐디스토마)의 제1중간숙주는?

① 다슬기 　　② 왜우렁
③ 게 　　④ 가 재

해설
폐흡충(폐디스토마)의 제1중간숙주는 다슬기이며 제2중간숙주는 게, 가재이다.

17 다음 질병 중 병원체가 바이러스(Virus)인 것은?

① 장티푸스 　　② 쯔쯔가무시병
③ 폴리오 　　④ 발진열

해설
병원체가 바이러스(Virus)인 경우는 소아마비(폴리오), 홍역, 유행성 이하선염, 일본뇌염, AIDS, 광견병, 간염 등이 있다.

18 고도가 상승함에 따라 기온도 상승하여 상부의 기온이 하부의 기온보다 높게 되어 대기가 안정화되고 공기의 수직 확산이 일어나지 않게 되며, 대기오염이 심화되는 현상은?

① 고기압 　　② 기온역전
③ 엘리뇨 　　④ 열 섬

해설
기온역전은 대기층의 온도가 100m 상승할 때마다 1℃씩 낮아지나, 상부기온이 하부기온보다 높을 때 발생한다.

19 다음 중 가족계획과 뜻의 가장 가까운 것은?

① 불임시술 　　② 임신중절
③ 수태제한 　　④ 계획출산

해설
가족계획은 계획적인 가족 형성과 알맞은 수의 자녀를 적당한 터울로 낳아서 양육하여 잘 살 수 있도록 하는 것이 목적이다.

15 ④　16 ①　17 ③　18 ②　19 ④　**Answer**

20 임신 초기에 감염이 되어 백내장아, 농아 출산의 원인이 되는 질환은?

① 심장질환　　② 뇌질환
③ 풍 진　　　④ 당뇨병

해설
풍진은 발진, 림프절염을 동반하는 급성 바이러스성 질환이며, 임신 초기의 임신부가 풍진에 감염될 경우 태아에게 선천성 기형을 유발할 수 있다.

21 일반적인 미생물의 번식에 가장 중요한 요소로만 나열된 것은?

① 온도 – 적외선 – pH
② 온도 – 습도 – 자외선
③ 온도 – 습도 – 영양분
④ 온도 – 습도 – 시간

해설
미생물의 번식에 가장 중요한 요소로는 온도, 습도, 영양분이다.

22 다음 중 하수의 오염지표로 주로 이용하는 것은?

① db　　　② BOD
③ 총 인　　④ 대장균

해설
생물학적 산소요구량(BOD)이란 물속에 유기물질이 호기성 미생물에 의해 산화되고 분해될 때 필요한 산소량으로 수질오염을 나타내는 대표적인 지표로 활용된다.

23 생활습관과 관계될 수 있는 질병과의 연결이 틀린 것은?

① 담수어 생식 – 간디스토마
② 여름철 야숙 – 일본뇌염
③ 경조사 등 행사 음식 – 식중독
④ 가재 생식 – 무구조충

해설
무구조충은 소고기를 생식했을 때 감염되는 질병이다.

24 인간 전체 사망자수에 대한 50세 이상의 사망자수를 나타낸 구성 비율은?

① 평균수명　　② 조사망률
③ 영아사망률　④ 비례사망지수

해설
비례사망지수(PMI ; Proportional Mortality Indicator)는 연간 총사망자수에 대한 50세 이상의 사망자수를 퍼센트(%)로 표시한 지수이다. 비례사망지수(PMI) 값이 높을수록 건강 수준이 좋다는 것을 말한다.

25 작업환경의 관리원칙은?

① 대치 – 격리 – 폐기 – 교육
② 대치 – 격리 – 환기 – 교육
③ 대치 – 격리 – 재생 – 교육
④ 대치 – 격리 – 연구 – 홍보

해설
작업환경의 관리원칙은 대치 – 격리 – 환기 – 교육이다.

26 예방접종에 있어 생균백신을 사용하는 것은?

① 파상풍   ② 결 핵
③ 디프테리아   ④ 백일해

해설
생균백신은 탄저, 광견병, 결핵, 황열, 폴리오에 사용된다.

27 신생아가 모체로부터 태반, 수유를 통해 얻는 면역은?

① 자연능동면역   ② 인공능동면역
③ 자연수동면역   ④ 인공수동면역

해설
신생아가 모체로부터 태반, 수유를 통해 얻는 면역은 자연수동면역이다.

28 모기에 의한 매개 감염병이 아닌 것은?

① 일본뇌염   ② 말라리아
③ 발진티푸스   ④ 황 열

해설
발진티푸스는 이를 매개로 한 감염병이다.

29 감염병 예방법상 제2급 감염병인 것은?

① 야토병
② 말라리아
③ 유행성 이하선염
④ 회충증

해설
제2급 감염병 : 결핵, 수두, 홍역, 콜레라, 장티푸스, 파라티푸스, 세균성 이질, 장출혈성대장균감염증, A형간염, 백일해, 유행성 이하선염, 풍진, 폴리오, 수막구균 감염증, b형헤모필루스인플루엔자, 폐렴구균 감염증, 한센병, 성홍열, 반코마이신내성황색포도알균(VRSA) 감염증, 카바페넴내성장내세균속균종(CRE) 감염증, E형간염

25 ② 26 ② 27 ③ 28 ③ 29 ③   **Answer**

30 소음이 인체에 미치는 영향으로 가장 거리가 먼 것은?

① 불안증 및 노이로제
② 청력장애
③ 중이염
④ 작업능률 저하

해설
중이염은 여러 가지 요소들이 복합적으로 작용해서 일어나는 것으로 알려져 있지만, 이관(Eustachian Tube, 유스타키오관)의 기능장애와 미생물에 의한 감염이 가장 중요한 원인이다.

31 합병증으로 고환염, 뇌수막염 등이 초래되어 불임이 될 수 있는 질환은?

① 홍 역
② 뇌 염
③ 풍 진
④ 유행성 이하선염

해설
유행성 이하선염(볼거리) 환자는 백혈구 증가 소견을 보이고 실제 뇌수막염의 증상을 보이는 경우도 있으며 사춘기 이후 남자는 고환염 또는 부고환염이 올 수 있다.

32 다음 중 환자의 격리가 가장 중요한 관리방법이 되는 것은 무엇인가?

① 파상풍, 백일해
② 일본뇌염, 성홍열
③ 결핵, 한세병
④ 폴리오, 풍진

해설
결핵, 한센병은 환자의 격리가 가장 중요한 관리방법이다.

33 이상저온 작업으로 인한 건강장애는?

① 참호족 ② 열경련
③ 울열증 ④ 열쇠약증

해설
직업병의 종류

이상고온	열중증(열사병, 열경련증, 열허탈증, 열쇠약증)
이상저온	동상, 동창(참호족)
이상기압	잠함병
이상저압	고산병
조명 불량	안구진탕증, 안정피로, 근시
소 음	직업성 난청
분 진	진폐증

34 어류인 송어, 연어 등을 날로 먹었을 때 주로 감염될 수 있는 것은?

① 길고리촌충 ② 긴촌충
③ 폐디스토마 ④ 선모충

해설
긴촌충의 제1중간숙주는 물벼룩이며 제2중간숙주는 송어, 연어이다.

35 음용수의 일반적인 오염지표로 사용되는 것은?

① 탁 도　　　　② 일반세균수
③ 대장균수　　　④ 경 도

해설
대장균은 음용수 오염의 생물학적 지표이며 수질오염의 지표로 삼는다.

36 다음 중 기생충과 전파 매개체의 연결이 옳은 것은?

① 무구조충 – 돼지고기
② 간디스토마 – 바다회
③ 폐디스토마 – 가재
④ 광절열두조충 – 쇠고기

해설
무구조충은 쇠고기가 매개체이며 간디스토마는 민물고기, 광절열두조충은 송어, 연어가 매개체이다.

37 한 국가나 지역사회 간의 보건수준을 비교하는 데 사용되는 대표적인 3대 지표는?

① 영아사망률, 비례사망지수, 평균수명
② 영아사망률, 사인별 사망률, 평균수명
③ 유아사망률, 모성사망률, 비례사망지수
④ 유아사망률. 사인별 사망률, 영아사망률

해설
국가 간(지역사회 간) 3대 지표는 평균수명, 영아사망률, 비례사망지수이다.

38 수인성(水因性) 감염병이 아닌 것은?

① 일본뇌염　　　② 이 질
③ 콜레라　　　　④ 장티푸스

해설
일본뇌염은 일본뇌염 바이러스(Japanese Encephalitis Virus)에 감염된 작은 빨간 집모기가 사람을 무는 과정에서 인체에 감염되어 발생하는 급성 바이러스성 감염병이다.

39 대기오염을 일으키는 원인으로 거리가 가장 먼 것은?

① 도시의 인구 감소
② 교통량의 증가
③ 기계문명의 발달
④ 중화학공업의 난립

해설
대기오염을 일으키는 원인으로 교통량의 증가, 중화학공업의 난립, 기계문명의 발달 등이 있다.

35 ③　36 ③　37 ①　38 ①　39 ①　**Answer**

40 페스트, 살모넬라증 등을 감염시킬 가능성이 가장 큰 동물은?

① 쥐　　　　　② 말
③ 소　　　　　④ 개

해설
쥐가 감염시키는 질병으로는 페스트, 발진열, 살모넬라증, 렙토스피라증 등이 있다.

41 다음 중 일산화탄소가 인체에 미치는 영향이 아닌 것은?

① 신경기능 장애를 일으킨다.
② 세포 내에서 산소와 Hb의 결합을 방해한다.
③ 혈액 속에 기포를 형성한다.
④ 세포 및 각 조직에서 O_2 부족현상을 일으킨다.

해설
일산화탄소 중독은 적혈구 세포에 일산화탄소가 산소보다 먼저 흡수되어 폐에서 조직으로 산소 운반을 방해하기 때문에 일어나며 두통, 무력감, 졸음, 구토, 졸도와 심한 경우 혼수상태, 호흡곤란 등의 중독증상이 나타난다.

42 대기오염의 주원인 물질 중 하나로 석탄이나 석유 속에 포함되어 있어 연소할 때 산화되어 발생되며 만성기관지염과 산성비 등을 유발시키는 것은?

① 일산화탄소　　② 질소산화물
③ 황산화물　　　④ 부유분진

해설
황산화합물은 자극적인 냄새가 있는 기체이며 대기오염의 주원인 물질 중 하나로, 석탄이나 석유 속에 포함되어 있어 공장배기가스 중에 다량 함유되어 있다.

43 다음 중 상호 관계가 없는 것으로 연결된 것은?

① 상수오염의 생물학적 지표 – 대장균
② 실내 공기오염의 지표 – CO_2
③ 대기오염의 지표 – SO_2
④ 하수오염의 지표 – 탁도

해설
수질오염지표는 생물학적 산소요구량(BOD), 용존산소량(DO), 부유물질의 양, 대장균수 등으로 측정한다.

44 폐흡충증의 제2중간숙주에 해당되는 것은?

① 잉 어　　　　② 다슬기
③ 모래무지　　　④ 가 재

해설
폐흡충증의 제1중간숙주는 다슬기이며 제2중간숙주는 게, 가재이다.

45 다음의 영아사망률 계산식에서 (A)에 알맞은 것은?

$$영아사망률 = \frac{(A)}{연간\ 출생아수} \times 1,000$$

① 연간 생후 28일까지의 사망자수
② 연간 생후 1년 미만 사망자수
③ 연간 1~4세 사망자수
④ 연간 임신 28주 이후 사산 + 출생 1주
  이내 사망자수

해설
영아사망률은 한 국가의 건강수준을 나타내는 지표로서 연간 생후 1년 미만 사망자수를 말한다.

46 하수오염이 심할수록 BOD는 어떻게 되는가?

① 수치가 낮아진다.
② 수치가 높아진다.
③ 아무런 영향이 없다.
④ 높아졌다 낮아졌다 반복한다.

해설
BOD 요구량이 높을수록 DO가 낮을 경우 오염도는 높으며(오염된 물), BOD 요구량이 낮을수록 DO가 높을 경우 오염도는 낮다(깨끗한 물).

47 분뇨의 비위생적 처리로 오염될 수 있는 기생충으로 가장 거리가 먼 것은?

① 회 충   ② 사상충
③ 십이지장충   ④ 편 충

해설
사상충은 모기를 통해 감염되는 열대성 풍토병이다.

48 보균자(Carrier)는 감염병 관리상 어려운 대상이다. 그 이유와 관계가 가장 먼 것은?

① 색출이 어려우므로
② 활동영역이 넓기 때문에
③ 격리가 어려우므로
④ 치료가 되지 않으므로

해설
보균자는 병원체를 체내에 보유하면서 병적증세에 대해 외견상 또는 자각적으로 아무런 증세가 나타나지 않은 사람을 가리킨다. 병원체가 침입·증식해서 발병했다가 치료 또는 자연치유가 이루어져 모든 증세가 소실되었다고 하더라도 병원체가 모두 사멸해서 병이 완치된 것이라고 볼 수는 없다.

49 산업피로의 본질과 가장 관계가 먼 것은?

① 생체의 생리적 변화
② 피로감각
③ 산업구조의 변화
④ 작업량 변화

해설
산업피로에는 노동을 함으로써 생기는 신체적·정신적 피로가 있으며 피로의 요인으로는 작업자세, 동작, 작업환경 등의 작업조건, 작업시간, 휴식시간 등의 노동시간 조건, 휴식조건, 생활환경 등의 휴식·휴양조건 및 영양·체력, 작업적응성 등이 있다.

50 다음 중 산란과 동시에 감염능력이 있으며 건조에 저항성이 커서 집단감염이 가장 잘 되는 기생충은?

① 회 충　　　　② 십이지장충
③ 광절열두조충　④ 요 충

해설
요충의 충란은 건조한 실내에서도 장기간 생존이 가능하므로, 감염자가 있으면 전원이 감염되는 집단감염이 잘된다.

51 일반적으로 이·미용업소의 실내 쾌적 습도 범위로 가장 알맞은 것은?

① 10~20%　　　② 20~40%
③ 40~70%　　　④ 70~90%

해설
이·미용업소의 실내 쾌적 온도는 18±2℃, 실내습도는 40~70%를 유지하여야 적당하다.

52 다음 중 장티푸스, 결핵, 파상풍 등의 예방접종은 어떤 면역인가?

① 인공능동면역　② 인공수동면역
③ 자연능동면역　④ 자연수동면역

해설
인공능동면역은 생균백신, 사균백신, 순화독소 등 예방접종으로 감염을 일으켜 얻어지는 면역이다.

53 단위 체적 안에 포함된 수분의 절대량을 중량이나 압력으로 표시한 것으로 현재 공기 $1m^3$ 중에 함유된 수증기량 또는 수증기 장력을 나타낸 것은?

① 절대습도　　　② 포화습도
③ 비교습도　　　④ 포 차

해설
절대습도는 수분의 절대량을 중량이나 압력으로 표시한 것으로 현재 공기 $1m^3$ 중에 함유된 수증기량 또는 수증기 장력을 나타낸 것이다.

54 대기오염에 영향을 미치는 기상조건으로 가장 관계가 큰 것은?

① 강우, 강설　　② 고온, 고습
③ 기온역전　　　④ 저기압

해설
기온역전 현상 : 대기층의 온도는 100m 상승할 때마다 1℃씩 낮아지나, 상부기온이 하부기온보다 높을 때 발생한다(공기의 수직 확산이 일어나지 않게 되어서 대기오염이 심화된다).

55 다음 중 불량 조명에 의해 발생되는 직업병이 아닌 것은?

① 안정피로
② 근 시
③ 근육통
④ 안구진탕증

해설
근육통은 근육의 과도한 사용으로 인한 통증이다.

56 식중독에 대한 설명으로 옳은 것은?

① 음식 섭취 후 장시간 뒤에 증상이 나타난다.
② 근육통 호소가 가장 빈번하다.
③ 병원성 미생물에 오염된 식품 섭취 후 발병한다.
④ 독성을 나타내는 화학물질과는 무관하다.

해설
식중독은 오염된 음식물을 섭취함으로써 소화기가 감염되어 설사 · 복통 등의 증상이 급성 또는 만성으로 발현되는 질환을 통칭하는 것으로 정확하게는 식품매개질환이다.

57 국가의 건강수준을 나타내는 지표로서 가장 대표적으로 사용하고 있는 것은?

① 인구증가율
② 조사망률
③ 영아사망률
④ 질병발생률

해설
국가의 건강수준을 나타내는 지표는 영아사망률이다.

58 다음 중 공중보건사업의 대상으로 가장 적절한 것은?

① 성인병 환자
② 입원 환자
③ 암투병 환자
④ 지역사회 주민

해설
공중보건사업의 대상은 개인이 아닌 지역사회나 국민 전체를 대상으로 한다.

59 다음 중 접촉자의 색출 및 치료가 가장 중요한 질병은?

① 성 병
② 암
③ 당뇨병
④ 일본뇌염

해설
환자와 성적으로 접촉하였거나 혈액 및 체액 등에 노출된 경우에는 접촉자의 색출 및 치료가 가장 중요하다.

55 ③ 56 ③ 57 ③ 58 ④ 59 ① **Answer**

60 식품을 통한 식중독 중 독소형 식중독은?

① 포도상구균 식중독
② 살모넬라균에 의한 식중독
③ 장염 비브리오 식중독
④ 병원성 대장균 식중독

해설
독소형 식중독은 세균이 증식하여 독소를 생산한 식품을 섭취하여 발생하는 식중독으로 이 형태의 식중독을 일으키는 것에는 보툴리눔균, 포도상구균 등이 있다.

62 소독약품의 사용과 보존상의 일반적인 주의사항으로 틀린 것은?

① 약품을 냉암소에 보관한다.
② 소독 대상물품에 적당한 소독약과 소독 방법을 선정한다.
③ 병원체의 종류나 저항성에 따라 방법과 시간을 고려한다.
④ 한 번에 많은 양을 제조하여 필요할 때마다 조금씩 덜어 사용한다.

해설
소독액은 미리 만들어 놓지 말고 필요한 양만큼 만들어 쓴다.

61 다음 중 소독의 정의를 가장 잘 표현한 것은?

① 미생물의 발육과 생활 작용을 제지 또는 정지시켜 부패 또는 발효를 방지할 수 있는 것
② 병원성 미생물의 생활력을 파괴 또는 멸살시켜 감염되는 증식물을 없애는 것
③ 모든 미생물의 영양형이나 아포까지도 멸살 또는 파괴시키는 것
④ 오염된 미생물을 깨끗이 씻어내는 것

해설
소독은 유해한 병원균 증식과 감염의 위험성을 제거하는 방법이다.

63 소독약에 대한 설명 중 적합하지 않은 것은?

① 소독시간이 적당한 것
② 소독 대상물을 손상시키지 않는 소독약을 선택할 것
③ 인체에 무해하며 취급이 간편할 것
④ 소독약은 항상 청결하고 밝은 장소에 보관할 것

해설
소독제는 햇빛이 들어오지 않는 서늘한 곳에 보관하고 유통기한 내에 사용하도록 한다.

64 다음 중 건열멸균법에 관한 내용이 아닌 것은?

① 화학적 살균방법이다.
② 주로 건열멸균기(Dry Oven)를 사용한다.
③ 유리기구, 주사침 등의 처리에 이용된다.
④ 160℃에서 1시간 30분 정도 처리한다.

해설
건열멸균법 : 건열멸균기를 이용해 멸균하는 방법 (물리적 소독법)으로 보통 160~180℃에서 1~2시간 가열한다. 유리기구류, 금속류, 사기그릇 등의 멸균에 이용한다.

65 이·미용실에서 사용하는 쓰레기통의 소독으로 적절한 약제는?

① 포르말린수   ② 에탄올
③ 생석회   ④ 역성비누액

해설
생석회는 화장실, 하수도를 소독하며 가격이 저렴하고 산화칼륨을 20% 수용액으로 하여 사용한다.

66 비교적 약한 살균력을 작용시켜 병원성 미생물의 생활력을 파괴하여 감염의 위험성을 없애는 조작은?

① 소독   ② 고압증기멸균
③ 방부처리   ④ 냉각처리

해설
소독은 유해한 병원균 증식과 감염의 위험성은 제거하나 포자는 제거가 안 된다.

67 소독과 멸균에 관련된 용어 설명 중 틀린 것은?

① 살균 - 생활력을 가지고 있는 미생물을 여러 가지 물리·화학적 작용에 의해 급속히 죽이는 것을 말한다.
② 방부 - 병원성 미생물의 발육과 그 작용을 제거하거나 정지시켜서 음식물의 부패나 발효를 방지하는 것을 말한다.
③ 소독 - 사람에게 유해한 미생물을 파괴시켜 감염의 위험성을 제거하는 비교적 강한 살균작용으로 세균의 포자까지 사멸하는 것을 말한다.
④ 멸균 - 병원성 또는 비병원성 미생물 및 포자를 가진 것을 전부 사멸 또는 제거하는 것을 말한다.

해설
소독은 유해한 병원균 증식과 감염의 위험성은 제거하나 포자는 제거가 안 되며 병원성 미생물의 생활력을 파괴 또는 멸살시켜 감염되는 증식물을 없애는 것이다.

64 ① 65 ③ 66 ① 67 ③   **Answer**

68 이상적인 소독제의 구비조건과 거리가 먼 것은?

① 생물학적 작용을 충분히 발휘할 수 있어야 한다.
② 빨리 효과를 내고 살균 소요시간이 짧을수록 좋다.
③ 독성이 적으면서 사용자에게도 자극성이 없어야 한다.
④ 원액 혹은 희석된 상태에서 화학적으로는 불안정된 것이어야 한다.

해설
소독약의 조건
• 살균력이 있어야 한다.
• 대상물은 손상시키지 말아야 한다.
• 빠르게 침투하여 소독효과가 우수해야 한다.
• 사용법이 간단하고 경제적이어야 한다.
• 인체에 독성이 없어야 한다.
• 부식 및 표백이 되지 않아야 한다.
• 안정성 및 용해성이 있어야 한다.
• 환경오염을 유발하지 않아야 한다.

69 금속성 식기, 면 종류의 의류, 도자기의 소독에 적합한 소독방법은?

① 화염멸균법 ② 건열멸균법
③ 소각소독법 ④ 자비소독법

해설
자비소독은 100℃의 끓는 물에 15~20분 가열하는 방법이며 의류, 식기, 도자기 등에 적합하다.

70 물리적 살균법에 해당되지 않는 것은?

① 열을 가한다.
② 건조시킨다.
③ 물을 끓인다.
④ 폼알데하이드를 사용한다.

해설
폼알데하이드를 사용하는 것은 화학적 살균법에 해당된다.

71 실험기기, 의료용기, 오물 등의 소독에 사용되는 석탄산수의 적절한 농도는?

① 석탄산 0.1% 수용액
② 석탄산 1% 수용액
③ 석탄산 3% 수용액
④ 석탄산 50% 수용액

해설
석탄산은 고온일수록 효과가 좋으며 살균력은 우수하나 냄새가 강하고 독성이 있으며 3% 수용액을 사용한다(금속을 부식시킬 수 있다).

72 태양광선 중 가장 강한 살균작용을 하는 것은?

① 중적외선 ② 가시광선
③ 원적외선 ④ 자외선

해설
자외선은 파장이 200~400nm이며 260nm 파장에서는 강한 살균작용을 한다.

73 미생물을 대상으로 한 작용이 강한 것부터 순서대로 옳게 배열된 것은?

① 멸균 > 소독 > 살균 > 청결 > 방부
② 멸균 > 살균 > 소독 > 방부 > 청결
③ 살균 > 멸균 > 소독 > 방부 > 청결
④ 소독 > 살균 > 멸균 > 청결 > 방부

해설
소독력이 강한 것은 멸균 > 살균 > 소독 > 방부 > 청결 순이다.

74 다음 중 건열멸균법이 아닌 것은?

① 화염멸균법　② 자비소독법
③ 건열멸균법　④ 소각소독법

해설
자비소독은 100℃의 끓는 물에 15~20분 가열하는 습열멸균법이다.

75 이·미용실 바닥 소독용으로 가장 알맞은 소독약품은?

① 알코올　② 크레졸
③ 생석회　④ 승홍수

해설
크레졸은 3% 수용액을 이용해 이·미용실 바닥 소독에 사용한다.

76 다음 중 소독방법과 소독대상이 바르게 연결된 것은?

① 화염멸균법 – 의류나 타월
② 자비소독법 – 아마인유
③ 고압증기멸균법 – 예리한 칼날
④ 건열멸균법 – 바셀린(Vaseline) 및 파우더

해설
④ 건열멸균법의 멸균시간은 물품과 온도에 따라 다르나 보통 160℃에서 1~2시간 정도가 적합하며 습기에 의해 손상되는 날이 있는 기구나 기름, 가루제품, 솜, 종이, 파우더, 오일, 유리제품, 바셀린 거즈 등의 멸균에 좋다.
① 화염멸균법은 휴지, 소각 가능한 의류 등에 사용된다.
② 자비소독법은 의류나 타월 소독에 사용된다.
③ 고압증기멸균법은 수술복, 거즈 등 소독에 사용된다.

77 고압증기멸균법에 해당하는 것은?

① 멸균 물품에 잔류 독성이 많다.
② 포자를 사멸시키는 데 멸균시간이 짧다.
③ 비경제적이다.
④ 많은 물품을 한꺼번에 처리할 수 없다.

해설
고압증기멸균법은 121℃의 고온 수증기를 15~20분 이상 가열하여 포자까지 사멸하며 고무제품, 기구, 약액 등에 사용된다.

78 소독에 대한 설명으로 가장 적합한 것은?

① 병원미생물의 성장을 억제하거나 파괴하여 감염의 위험성을 없애는 것이다.
② 소독은 무균상태를 말한다.
③ 소독은 병원미생물의 발육과 그 작용을 제지 및 정지시키며 특히 부패 및 발효를 방지시키는 것이다.
④ 소독은 포자를 전부 사멸하는 것을 말한다.

해설
소독이란 유해한 병원균 증식과 감염의 위험성을 제거하여 병원성 미생물의 생활력을 파괴 또는 멸살시켜 감염되는 증식물을 없애는 것이다.

79 석탄산계수가 2인 소독약 A를 석탄산계수 4인 소독약 B와 같은 효과를 내려면 그 농도를 어떻게 조정하면 되는가?(단, A, B의 용도는 같다)

① A를 B보다 2배 묽게 조정한다.
② A를 B보다 4배 묽게 조정한다.
③ A를 B보다 2배 짙게 조정한다.
④ A를 B보다 4배 짙게 조정한다.

해설
소독약 A를 소독약 B와 같은 효과를 내려면 그 농도를 2배 짙게 조정한다.

80 미용 용품이나 기구 등을 일차적으로 청결하게 세척하는 것은 다음의 소독방법 중 어디에 해당되는가?

① 희 석　　　② 방 부
③ 정 균　　　④ 여 과

해설
희석이란 어떤 물질의 농도를 다른 물질에 가함으로써 낮게 하여 세척하는 방법으로 균수가 줄어든다.

81 다음 중 이·미용업소에서 손님으로부터 나온 객담이 묻은 휴지 등을 소독하는 방법으로 가장 적합한 것은?

① 소각소독법
② 자비소독법
③ 고압증기멸균법
④ 저온소독법

해설
소각소독법은 오염된 대상을 불에 태워 멸균하는 방법으로 객담이 묻은 휴지 등을 소독하는 방법으로 가장 적합하다.

82 생석회 분말소독의 가장 적절한 소독 대상물은?

① 감염병 환자실　② 화장실 분변
③ 채소류　　　　④ 상 처

해설
생석회는 화장실, 하수도를 소독하는 소독법으로 가격이 저렴하여 많이 사용된다.

83 121℃의 고온 수증기를 미생물, 아포 등과 접촉시켜 가열 살균하는 방법은?

① 간헐멸균법
② 건열멸균법
③ 고압증기멸균법
④ 자비소독법

해설
- 건열멸균법 : 건열멸균기를 이용해 멸균하는 방법으로 보통 160~180℃에서 1~2시간 가열한다. 유리제품, 금속류, 사기그릇 등의 멸균에 이용한다(미생물과 포자를 사멸).
- 자비소독법 : 100℃의 끓는 물에 15~20분 가열(포자는 죽이지 못함)하며 의류, 도자기 등에 사용된다.
- 고압증기멸균법 : 2기압 121℃의 고온 수증기를 15~20분 이상 가열(포자까지 사멸)하며 고무제품, 기구, 약액 등에 사용된다.
- 저온소독법 : 62~65℃의 낮은 온도에서 30분간 소독(우유, 술, 주스 등)하는 방법이다.

84 비교적 가격이 저렴하고 살균력이 있으며 쉽게 증발되어 잔여량이 없는 살균제는?

① 알코올
② 아이오딘
③ 크레졸
④ 페 놀

해설
알코올은 70%의 에탄올을 사용하며 미용도구, 손소독 등에 사용된다. 가격이 저렴하고 살균력이 있으며 쉽게 증발되어 잔여량이 없는 살균제이다.

85 균체의 단백질 응고작용과 관계가 가장 적은 소독약은?

① 석탄산
② 크레졸액
③ 알코올
④ 과산화수소수

해설
과산화수소수는 산화작용을 한다.

86 세균들은 외부 환경에 저항하기 위해서 아포를 형성하는데 다음 중 아포를 형성하지 않는 세균은?

① 탄저균
② 젖산균
③ 파상풍균
④ 보툴리누스균

해설
젖산균은 글루코스 등 당류를 분해하여 젖산을 생성하는 세균으로 유산균이라고도 하며 락토바실루스(*Lactobacillus*)속과 스트렙토코쿠스(*Streptococcus*)속 등 여러 종류가 있다.

87 소독약 10mL를 용액(물) 40mL에 혼합시키면 몇 %의 수용액이 되는가?

① 2%
② 10%
③ 20%
④ 50%

해설

$$농도(\%) = \frac{용질(소독약)}{용액물(소독약 + 물)} \times 100$$
$$= 10mL/50mL \times 100$$
$$= 20\%$$

83 ③ 84 ① 85 ④ 86 ② 87 ③ **Answer**

88 이·미용업소에서 종업원이 손을 소독할 때 가장 보편적이고 적당한 것은?

① 승홍수　　　　② 과산화수소
③ 역성비누　　　④ 석탄수

해설
역성비누는 무색 액체로 살균작용을 나타내는 양이온 계면활성제이며 기구, 식기, 손 등에 적당하다.

89 살균력이 좋고 자극성이 적어서 상처 소독에 많이 사용되는 것은?

① 승홍수　　　　② 과산화수소
③ 포르말린　　　④ 석탄산

해설
과산화수소는 3% 수용액을 사용하며 살균력이 좋고 자극성이 적어서 피부상처 소독에 많이 사용된다.

90 이·미용실의 기구(가위, 레이저) 소독으로 가장 적당한 약품은?

① 70~80%의 알코올
② 100~200배 희석 역성비누
③ 5% 크레졸비누액
④ 50%의 페놀액

해설
알코올은 70%의 에탄올을 사용하며 미용도구, 손소독 등에 주로 이용한다.

91 건열멸균법에 대한 설명 중 틀린 것은?

① 드라이 오븐(Dry Oven)을 사용한다.
② 유리제품이나 주사기 등에 적합하다.
③ 젖은 손으로 조작하지 않는다.
④ 110~130℃에서 1시간 내에 실시한다.

해설
건열멸균법은 건열멸균기를 이용해 멸균하는 방법으로 보통 160~180℃에서 1~2시간 가열하며 유리제품, 기구류, 금속류, 사기그릇 등의 멸균에 이용한다(미생물과 포자를 사멸한다).

92 미생물의 성장과 사멸에 주로 영향을 미치는 요소로 가장 거리가 먼 것은?

① 영 양　　　　② 빛
③ 온 도　　　　④ 호르몬

해설
미생물의 성장과 사멸에 주로 영향을 미치는 요소는 영양, 온도, 습도, 광선 등이 있으며 호르몬과는 거리가 멀다.

93 질병 발생의 역학적 삼각형 모형에 속하는 요인이 아닌 것은?

① 병인적 요인　② 숙주적 요인
③ 감염적 요인　④ 환경적 요인

해설
질병 발생의 삼각형 모형에 속하는 3대 요인은 병인(병원체), 숙주, 환경이다.

94 방역용 석탄산의 가장 적당한 희석농도는?

① 0.1%　② 0.3%
③ 3.0%　④ 75%

해설
석탄산은 고온일수록 효과가 좋으나 살균력과 냄새가 강하고 독성이 있으며 방역용으로는 3%를 사용하고 손 소독으로는 2% 수용액을 사용한다. 단점으로는 금속을 부식시킨다.

95 다음 소독방법 중 완전 멸균으로 가장 빠르고 효과적인 방법은?

① 유통증기법
② 간헐살균법
③ 고압증기멸균법
④ 건열멸균법

해설
고압증기멸균법은 2기압 121℃의 고온 수증기를 15~20분 이상 가열하면 포자(아포)까지 사멸하는 멸균으로 가장 빠르고 효과적인 방법이다.

96 다음 소독제 중 상처가 있는 피부에 적합하지 않은 것은?

① 승홍수　② 과산화수소수
③ 포비돈　④ 아크리놀

해설
승홍수는 피부점막에 자극을 주며 금속을 부식시키고 인체에 유해하므로 상처가 있는 피부에 적합하지 않다.

97 다음 중 일광소독은 주로 무엇을 이용한 것인가?

① 열 선　② 적외선
③ 가시광선　④ 자외선

해설
자외선은 파장이 200~400nm이며 260nm 파장에서는 강한 살균작용을 한다.

93 ③　94 ③　95 ③　96 ①　97 ④　**Answer**

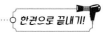

98 운동성을 지닌 세균의 사상(絲狀)부속기관은 무엇인가?

① 아 포   ② 편 모
③ 원형질막   ④ 협 막

해설
운동성 세포기관을 말하거나 세균 표면의 섬유상 구조를 갖는 운동기관을 편모라고 부른다.

100 세균의 형태가 S자형 혹은 가늘고 길게 만곡되어 있는 것은?

① 구 균   ② 간 균
③ 구간균   ④ 나선균

해설
구균은 형태가 둥근 모양, 간균은 막대기 모양, 구간균은 짧은 막대기 모양이며 나선균은 S자 모양으로 가늘고 길게 만곡되어 있다.

101 다음 중 소독용 알코올의 가장 적합한 실용 농도는?

① 30%
② 50%
③ 70%
④ 95%

해설
소독용 알코올의 적정 농도는 70%이다.

99 다음 중 B형간염바이러스에 가장 유효한 소독제는?

① 양쪽성 계면활성제
② 폼알데하이드
③ 과산화수소
④ 양이온 계면활성제

해설
폼알데하이드(Formaldehyde)가 일정 비율로 물에 용해(약 35%의 수용액)되어 있는 것을 포르말린(Formalin)이라 부르며 살균제, 소독제, 방부제 등으로 널리 사용한다.

102 유리제품의 소독방법으로 가장 적합한 것은?

① 끓는 물에 넣고 10분간 가열한다.
② 건열멸균기에 넣고 소독한다.
③ 끓는 물에 넣고 5분간 가열한다.
④ 찬물에 넣고 75℃까지만 가열한다.

해설
건열멸균법은 건열멸균기를 이용해 멸균하는 방법으로 보통 160~180℃에서 1~2시간 가열하며 유리제품, 기구류, 금속류, 사기그릇 등의 멸균에 이용한다(미생물과 포자를 사멸한다).

103 구내염, 입 안 세척 및 상처 소독에 발포작용으로 소독이 가능한 것은?

① 알코올
② 과산화수소
③ 승홍수
④ 크레졸비누액

해설
과산화수소는 3% 수용액을 사용하며 피부상처 소독에 사용된다.

105 소독제로서 석탄산에 관한 설명으로 틀린 것은?

① 유기물에도 소독력은 약화되지 않는다.
② 고온일수록 소독력이 커진다.
③ 금속 부식성이 없다.
④ 세균단백질에 대한 살균작용이 있다.

해설
석탄산은 고온일수록 효과가 높으나 살균력과 냄새가 강하고 독성이 있으며 금속을 부식시킨다.

106 다음 소독제 중 상처가 있는 피부에 가장 적합하지 않은 것은?

① 승홍수　　② 과산화수소
③ 포비돈　　④ 아크리놀

해설
승홍수는 0.1% 수용액을 사용하며 화장실, 쓰레기통, 도자기류 소독에 사용된다.

104 코발트나 세슘 등을 이용한 방사선멸균법의 단점이라 할 수 있는 것은?

① 시설설비에 소요되는 비용이 비싸다.
② 투과력이 약해 포장된 물품에 소독효과가 없다.
③ 소독에 소요되는 시간이 길다.
④ 고온에서 적용되기 때문에 열에 약한 기구에는 소독이 어렵다.

해설
방사선멸균법의 단점은 시설설비에 소요되는 비용이 많이 든다는 것이다.

107 손 소독에 가장 적당한 크레졸수의 농도는?

① 1~2%　　② 0.1~0.3%
③ 4~5%　　④ 6~8%

해설
손 소독은 석탄산수, 크레졸수, 승홍수, 역성비누 등을 사용하며 크레졸수의 농도는 1~2%가 적당하다.

108 역성비누액에 대한 설명으로 틀린 것은?

① 냄새가 거의 없고 자극이 적다.
② 소독력과 함께 세정력(洗淨力)이 강하다.
③ 기구, 식기 소독 등에 적당하다.
④ 물에 잘 녹고 흔들면 거품이 난다.

해설
역성비누는 무색 액체로 살균작용을 나타내는 양이온 계면활성제이며 기구, 식기, 손 등에 적당하다.

109 다음 중 화학적 소독인자가 아닌 것은?

① 수 분   ② 온 도
③ 농 도   ④ 습 도

해설
화학적 소독인자의 종류 : 수분, 시간, 온도, 농도

110 다음 중 세균의 포자를 사멸시킬 수 있는 것은?

① 포르말린
② 알코올
③ 음이온 계면활성제
④ 차아염소산소다

해설
폼알데하이드(Formaldehyde)가 일정 비율로 물에 용해(약 35%의 수용액)되어 있는 것을 포르말린(Formalin)이라 부르며 살균제, 소독제, 방부제 등으로 널리 사용하며 포자를 사멸시킬 수 있다.

111 다음 중 승홍수 사용 시 적당하지 않은 것은?

① 사기 그릇   ② 금속류
③ 유 리   ④ 에나멜 그릇

해설
승홍수는 피부점막에 자극을 주며 금속을 부식시키고 인체에 유해하다.

112 석탄산계수(페놀계수)가 5일 때 의미하는 살균력은?

① 페놀보다 5배 높다.
② 페놀보다 5배 낮다.
③ 페놀보다 50배 높다.
④ 페놀보다 50배 낮다.

해설
• 석탄산계수(페놀계수) = 소독제의 희석배수/석탄산의 희석배수
• 석탄산계수가 클수록 살균력이 크다.

113 다음 중 이 · 미용실에서 사용하는 수건을 철저하게 소독하지 않았을 때 주로 발생할 수 있는 감염병은?

① 장티푸스　　② 트라코마
③ 페스트　　　④ 일본뇌염

해설
트라코마는 눈병을 말하며 사용하는 수건을 철저하게 소독하지 않았을 때 주로 발생한다.

114 소독작용에 영향을 미치는 요인에 대한 설명으로 틀린 것은?

① 온도가 높을수록 소독효과가 크다.
② 유기물질이 많을수록 소독효과가 크다.
③ 접속시간이 길수록 소독효과가 크다.
④ 농도가 높을수록 소독효과가 크다.

해설
유기물질이 많을수록 소독효과가 작다.

115 다음 중 소독제의 조건으로 옳지 않은 것은?

① 강한 살균 작용력
② 낮은 석탄산계수
③ 낮은 독성
④ 높은 용해성

해설
② 석탄산계수는 높아야 한다.

116 금속 기구를 자비소독할 때 탄산나트륨($NaCO_3$)를 넣으면 살균력도 강해지고 녹이 슬지 않는다. 이때의 가장 적정한 농도는?

① 0.1~0.5%　　② 1~2%
③ 5~10%　　　④ 10~15%

해설
자비소독 시 탄산나트륨($NaCO_3$)의 농도는 1~2%가 적당하다.

117 다음 미생물 중 크기가 가장 작은 것은?

① 세 균　　　② 곰팡이
③ 리케차　　　④ 바이러스

해설
미생물의 크기는 곰팡이 > 효모 > 세균 > 리케차 > 바이러스 순서이다.

113 ② 　114 ② 　115 ② 　116 ② 　117 ④ 　**Answer**

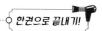

118 다음 중 음료수의 소독방법으로 가장 적당한 것은?

① 일광소독
② 자외선 등 사용
③ 염소소독
④ 증기소독

해설
염소소독은 침전·여과 등의 물처리를 실행한 후, 염소살균 작용을 이용하는 것으로 음용수 및 상수의 하수 처리에도 사용된다.

119 양이온 계면활성제의 장점이 아닌 것은?

① 물에 잘 녹는다.
② 색과 냄새가 거의 없다.
③ 결핵균에 효력이 있다.
④ 인체에 독성이 적다.

해설
양이온 계면활성제를 역성비누라고 부르기도 하며 음전하를 가진 세균을 강력히 흡착하여 생활기능을 없애 버리므로 살균, 소독의 목적으로 사용되기도 하나 결핵균에 효력은 없다.

120 소독약을 사용하여 균 자체에 화학반응을 일으켜 세균의 생활력을 빼앗아 살균하는 것은?

① 물리적 멸균법
② 건열멸균법
③ 여과멸균법
④ 화학적 살균법

해설
화학적 소독법은 화학반응을 일으켜 세균의 생활력을 빼앗아 살균하는 것으로 역성비누, 염소, 과산화수소, 계면활성제 등을 들 수 있다.

121 질병 전파의 개달물(介達物)에 해당하는 것은?

① 공기, 물
② 우유, 음식물
③ 의복, 침구
④ 파리, 모기

해설
개달물은 의복, 침구, 완구, 책, 수건 등의 비활성 전파체를 말한다.

122 이·미용업 영업신고 신청 시 필요한 구비서류에 해당하는 것은?

① 이·미용사 자격증 원본
② 영업시설 및 설비개요서
③ 호적등본 및 주민등록등본
④ 건축물대장

해설
이·미용업 영업신고 신청 시 필요한 구비서류(공중위생관리법 시행규칙 제3조제1항)
• 영업시설 및 설비개요서
• 교육수료증(미리 교육을 받은 경우)
• 면허증 원본(신고인이 확인에 동의하지 않은 경우)

123 공중위생관리법규상 공중위생영업자가 받아야 하는 위생교육시간은?

① 매년 3시간
② 매년 8시간
③ 2년마다 4시간
④ 2년마다 8시간

해설
위생교육(공중위생관리법 시행규칙 제23조제1항)
위생교육은 3시간으로 한다.

124 이·미용업 영업자가 공중위생관리법을 위반하였을 때에는 몇 월 이내의 기간을 정하여 영업의 정지 또는 일부 시설의 사용중지 혹은 영업소 폐쇄 등을 명할 수 있는가?

① 3월
② 6월
③ 1년
④ 2년

해설
공중위생영업소의 폐쇄 등(공중위생관리법 제11조 제1항)
시장·군수·구청장은 공중위생영업자가 공중위생관리법을 위반하였을 경우에는 6월 이내의 기간을 정하여 영업의 정지 또는 일부 시설의 사용중지를 명하거나 영업소 폐쇄 등을 명할 수 있다.

125 다음 중 ( ) 안에 가장 적합한 것은?

> 공중위생관리법상 "미용업"의 정의는 손님의 얼굴, 머리, 피부 및 손톱·발톱 등을 손질하여 손님의 ( )를(을) 아름답게 꾸미는 영업이다.

① 모 습
② 외 양
③ 외 모
④ 신 체

해설
정의(공중위생관리법 제2조제5호)
미용업이라 함은 손님의 얼굴, 머리, 피부 및 손톱·발톱 등을 손질하여 손님의 외모를 아름답게 꾸미는 영업을 말한다.

126 이·미용업 영업자의 지위를 승계받을 수 있는 자의 자격은?

① 자격증이 있는 자
② 면허를 소지한 자
③ 보조원으로 있는 자
④ 상속권이 있는 자

해설
공중위생영업의 승계(공중위생관리법 제3조의2제3항)
이용업 또는 미용업의 경우에는 면허를 소지한 자에 한하여 공중위생영업자의 지위를 승계할 수 있다.

123 ① 124 ② 125 ③ 126 ② **Answer**

127 미용업 영업자가 영업소 폐쇄명령을 받고도 계속하여 영업을 하는 때 시장·군수·구청장이 관계공무원으로 하여금 해당 영업소를 폐쇄하기 위하여 조치를 하게 할 수 있는데, 이 사항에 해당하지 않는 것은?

① 출입자 검문 및 통제
② 영업소의 간판 기타 영업표지물의 제거
③ 위법한 영업소임을 알리는 게시물 등의 부착
④ 영업을 위하여 필수불가결한 기구 또는 시설물을 사용할 수 없게 하는 봉인

해설
공중위생영업소의 폐쇄 등(공중위생관리법 제11조 제5항)
시장·군수·구청장은 공중위생영업자가 영업소 폐쇄명령을 받고도 계속하여 영업을 하는 때에는 관계공무원으로 하여금 해당 영업소를 폐쇄하기 위하여 다음의 조치를 하게 할 수 있다.
• 해당 영업소의 간판 기타 영업표지물의 제거
• 해당 영업소가 위법한 영업소임을 알리는 게시물 등의 부착
• 영업을 위하여 필수불가결한 기구 또는 시설물을 사용할 수 없게 하는 봉인

128 공중위생관리법상 (   ) 속에 가장 적합한 것은?

> 공중위생관리법은 공중이 이용하는 영업의 (   ) 등에 관한 사항을 규정함으로써 위생수준을 향상시켜 국민의 건강증진에 기여함을 목적으로 한다.

① 위 생   ② 위생관리
③ 위생과 소독   ④ 위생과 청결

해설
목적(공중위생관리법 제1조)
이 법은 공중이 이용하는 영업의 위생관리 등에 관한 사항을 규정함으로써 위생수준을 향상시켜 국민의 건강증진에 기여함을 목적으로 한다.

129 미용업자가 점빼기, 귓불뚫기, 쌍꺼풀수술, 문신, 박피술 그 밖에 이와 유사한 의료행위를 하여 관련 법규를 1차 위반했을 때의 행정처분은?

① 경 고
② 영업정지 2월
③ 영업장 폐쇄명령
④ 면허취소

해설
행정처분기준(공중위생관리법 시행규칙 [별표 7])
점빼기·귓불뚫기·쌍꺼풀수술·문신·박피술 그 밖에 이와 유사한 의료행위를 한 경우
• 1차 위반 : 영업정지 2월
• 2차 위반 : 영업정지 3월
• 3차 위반 : 영업장 폐쇄명령

130 과징금의 부과 및 납부에 대한 설명 중 틀린 것은?

① 통지를 받은 자는 통지를 받은 날부터 20일 이내에 과징금을 시장·군수·구청장이 정하는 수납기관에 납부하여야 한다.
② 과징금의 납부를 받은 수납기관은 영수증을 납부자에게 교부하여야 한다.
③ 과징금의 수납기관은 과징금을 수납한 때에는 지체없이 그 사실을 시장·군수·구청장에게 통보하여야 한다.
④ 과징금의 징수절차는 대통령령으로 정한다.

해설
과징금의 부과 및 납부(공중위생관리법 시행령 제7조의3제8항)
과징금의 징수절차는 보건복지부령으로 정한다.

131 이 · 미용업을 승계할 수 있는 경우가 아닌 것은?(단, 면허를 소지한 자에 한함)

① 이 · 미용업을 양수한 경우
② 이 · 미용업 영업자의 사망에 의한 상속에 의한 경우
③ 공중위생관리법에 의한 영업장 폐쇄명령을 받은 경우
④ 이 · 미용영업자의 파산에 의해 시설 및 설비의 전부를 인수한 경우

해설

공중위생영업의 승계(공중위생관리법 제3조의2)
• 공중위생영업자가 그 공중위생영업을 양도하거나 사망한 때 또는 법인의 합병이 있는 때에는 그 양수인 · 상속인 또는 합병 후 존속하는 법인이나 합병에 의하여 설립되는 법인은 그 공중위생영업자의 지위를 승계한다.
• 「민사집행법」에 의한 경매, 「채무자 회생 및 파산에 관한 법률」에 의한 환가나 「국세징수법」 · 「관세법」 또는 「지방세징수법」에 의한 압류재산의 매각 그 밖에 이에 준하는 절차에 따라 공중위생영업 관련 시설 및 설비의 전부를 인수한 자는 이 법에 의한 그 공중위생업자의 지위를 승계한다.
• 이용업 또는 미용업의 경우에는 제6조의 규정에 의한 규정에 의한 면허를 소지한 자에 한하여 공중위생영업자의 지위를 승계할 수 있다.
• 규정에 의하여 공중위생영업자의 지위를 승계한 자는 1월 이내에 보건복지부령이 정하는 바에 따라 시장 · 군수 또는 구청장에게 신고하여야 한다.

132 이 · 미용업의 준수사항으로 틀린 것은?

① 소독을 한 기구와 하지 않은 기구는 각각 다른 용기에 보관하여야 한다.
② 간단한 피부미용을 위한 의료기구 및 의약품은 사용하여도 된다.
③ 영업장의 조명도는 75lx 이상이 되도록 유지한다.
④ 점빼기, 쌍꺼풀수술 등의 의료행위를 하여서는 안 된다.

해설

의료기구와 의약품을 사용하지 아니한 순수한 화장 또는 피부미용을 한다.

133 면허의 정지명령을 받은 자는 그 면허증을 누구에게 제출해야 하는가?

① 보건복지부장관
② 시 · 도지사
③ 시장 · 군수 · 구청장
④ 이 · 미용사 중앙회장

해설

면허증의 반납 등(공중위생관리법 시행규칙 제12조 제1항)
면허가 취소되거나 면허의 정지명령을 받은 자는 지체없이 관할 시장 · 군수 · 구청장에게 면허증을 반납하여야 한다.

134 이 · 미용업은 다음 중 어디에 속하는가?

① 공중위생영업   ② 위생관련영업
③ 위생처리업   ④ 위생관리용역업

135 보건복지부장관은 공중위생관리법에 의한 권한의 일부를 무엇이 정하는 바에 의해 시 · 도지사 또는 시장 · 군수 · 구청장에게 위임할 수 있는가?

① 대통령령
② 보건복지부령
③ 공중위생관리법 시행규칙
④ 행정안전부령

해설

위임 및 위탁(공중위생관리법 제18조제1항)
보건복지부장관은 이 법에 의한 권한의 일부를 대통령령이 정하는 바에 의하여 시 · 도지사 또는 시장 · 군수 · 구청장에게 위임할 수 있다.

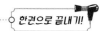

136 공중위생영업소의 위생관리기준을 향상시키기 위하여 위생서비스평가계획을 수립하는 자는?

① 대통령
② 보건복지부장관
③ 시·도지사
④ 공중위생관련협회 또는 단체

해설
위생서비스수준의 평가(공중위생관리법 제13조제1항)
시·도지사는 공중위생영업소(관광숙박업 제외)의 위생관리수준을 향상시키기 위하여 위생서비스평가계획을 수립하여 시장·군수·구청장에게 통보하여야 한다.

138 이·미용업의 영업신고를 하지 아니하고 업소를 개설한 자에 대한 법적 조치는?

① 200만원 이하의 과태료
② 300만원 이하의 벌금
③ 6년 이하의 징역 또는 500만원 이하의 벌금
④ 1년 이하의 징역 또는 1천만원 이하의 벌금

해설
벌칙(공중위생관리법 제20조제1항)
다음의 어느 하나에 해당하는 자는 1년 이하의 징역 또는 1천만원 이하의 벌금에 처한다.
• 공중위생영업의 신고를 하지 아니한 자
• 영업정지명령 또는 일부 시설의 사용중지명령을 받고도 그 기간 중에 영업을 하거나 그 시설을 사용한 자 또는 영업소 폐쇄명령을 받고도 계속하여 영업을 한 자

137 신고를 하지 아니하고 영업소의 명칭을 변경한 때 1차 위반 시 행정처분기준은?

① 경고 또는 개선명령
② 영업정지 15일
③ 영업정지 1월
④ 영업정지 2월

해설
행정처분기준(공중위생관리법 시행규칙 [별표 7])
신고를 하지 않고 영업소의 명칭 및 상호 또는 영업장 면적의 3분의 1 이상을 변경한 경우
• 1차 위반 : 경고 또는 개선명령
• 2차 위반 : 영업정지 15일
• 3차 위반 : 영업정지 1월
• 4차 이상 위반 : 영업장 폐쇄명령

139 소독한 기구와 소독하지 아니한 기구를 각각 다른 용기에 놓아 보관하지 아니한 때에 대한 2차 위반 시의 행정처분기준에 해당되는 것은?

① 경고
② 영업정지 5일
③ 영업정지 10일
④ 영업장 폐쇄명령

해설
행정처분기준(공중위생관리법 시행규칙 [별표 7])
소독을 한 기구와 소독을 하지 않은 기구를 각각 다른 용기에 넣어 보관하지 않은 경우
• 1차 위반 : 경고
• 2차 위반 : 영업정지 5일
• 3차 위반 : 영업정지 10일
• 4차 이상 위반 : 영업장 폐쇄명령

140 이 · 미용사의 면허증을 대여한 때의 1차 위반 시 행정처분기준은?

① 면허정지 3월 ② 면허정지 6월
③ 영업정지 3월 ④ 영업정지 6월

해설
행정처분기준(공중위생관리법 시행규칙 [별표 7])
면허증을 다른 사람에게 대여한 경우
• 1차 위반 : 면허정지 3개월
• 2차 위반 : 면허정지 6개월
• 3차 위반 : 면허취소

141 이 · 미용사가 이 · 미용업소 외의 장소에서 이 · 미용을 한 경우 3차 위반 시 행정처분기준은?

① 영업장 폐쇄명령
② 영업정지 10일
③ 영업정지 1월
④ 영업정지 2월

해설
행정처분기준(공중위생관리법 시행규칙 [별표 7])
영업소 외의 장소에서 이 · 미용 업무를 한 경우
• 1차 위반 : 영업정지 1월
• 2차 위반 : 영업정지 2월
• 3차 위반 : 영업장 폐쇄명령

142 이 · 미용업 영업자의 지위를 승계한 자가 관계기관에 신고를 해야 하는 기간은?

① 1년 이내 ② 3월 이내
③ 6월 이내 ④ 1월 이내

해설
공중위생영업의 승계(공중위생관리법 제3조의2제4항)
공중위생영업자의 지위를 승계한 자는 1월 이내에 보건복지부령이 정하는 바에 따라 시장 · 군수 또는 구청장에게 신고하여야 한다.

143 위생서비스평가의 결과에 따른 위생관리등급별로 영업소에 대한 위생감시를 실시할 때의 기준이 아닌 것은?

① 위생교육 실시횟수
② 영업소에 대한 출입 · 검사
③ 위생감시의 실시주기
④ 위생감시의 실시횟수

해설
위생관리등급 공표 등(공중위생관리법 제14조제4항)
시 · 도지사 또는 시장 · 군수 · 구청장은 위생서비스평가의 결과에 따른 위생관리등급별로 영업소에 대한 위생감시를 실시해야 한다. 이 경우 영업소에 대한 출입 · 검사와 위생감시의 실시주기 및 횟수 등 위생관리등급별 위생감시기준은 보건복지부령으로 한다.

140 ① 141 ① 142 ④ 143 ① **Answer**

144 영업소의 폐쇄명령을 받고도 계속하여 영업을 하는 때에 관계공무원으로 하여금 영업소를 폐쇄할 수 있도록 조치를 취할 수 있는 자는?

① 보건복지부장관
② 시·도지사
③ 시장·군수·구청장
④ 보건소장

해설
공중위생영업소의 폐쇄 등(공중위생관리법 제11조 제5항)
시장·군수·구청장은 공중위생영업자가 영업소 폐쇄명령을 받고도 계속하여 영업을 하는 때에는 관계공무원으로 하여금 해당 영업소를 폐쇄하기 위하여 조치를 하게 할 수 있다.

146 미용영업자가 시장·군수·구청장에게 변경신고를 하여야 하는 사항이 아닌 것은?

① 영업소의 명칭의 변경
② 영업소의 주소의 변경
③ 영업소 내 시설의 변경
④ 신고한 영업장 면적의 1/3 이상의 증감

해설
변경신고(공중위생관리법 시행규칙 제3조의2제1항)
"보건복지부령이 정하는 중요사항"이란 다음의 사항을 말한다.
• 영업소의 명칭 또는 상호
• 영업소의 주소
• 신고한 영업장 면적의 1/3 이상의 증감
• 대표자의 성명 또는 생년월일
• 미용업 업종 간 변경

145 시설 및 설비기준을 위반한 때에 대한 3차 위반 시 행정처분기준은?

① 영업정지 10일
② 영업정지 15일
③ 영업정지 1월
④ 영업장 폐쇄명령

해설
행정처분기준(공중위생관리법 시행규칙 [별표 7])
시설 및 설비기준을 위반한 경우
• 1차 위반 : 개선명령
• 2차 위반 : 영업정지 15일
• 3차 위반 : 영업정지 1월
• 4차 이상 위반 : 영업장 폐쇄명령

147 이·미용사의 면허증을 재발급 신청할 수 없는 경우는?

① 국가기술자격법에 의한 이·미용사 자격증이 취소된 때
② 면허증의 기재사항에 변경이 있을 때
③ 면허증을 분실한 때
④ 면허증이 헐어 못쓰게 된 때

해설
면허증의 재발급 등(공중위생관리법 시행규칙 제10조제1항)
이용사 또는 미용사는 면허증의 기재사항에 변경이 있는 때, 면허증을 잃어버린 때 또는 면허증이 헐어 못쓰게 된 때에는 면허증의 재발급을 신청할 수 있다.

148 건전한 영업질서를 위하여 공중위생영업자가 준수하여야 할 사항을 준수하지 아니한 자에 대한 벌칙기준은?

① 1년 이하의 징역 또는 1천만원 이하의 벌금
② 6월 이하의 징역 또는 500만원 이하의 벌금
③ 3월 이하의 징역 또는 300만원 이하의 벌금
④ 300만원 이하의 과태료

해설

벌칙(공중위생관리법 제20조제2항)

다음의 어느 하나에 해당하는 자는 6월 이하의 징역 또는 500만원 이하의 벌금에 처한다.
• 변경신고를 하지 아니한 자
• 공중위생영업자의 지위를 승계한 자로서 규정에 의한 신고를 하지 아니한 자
• 건전한 영업질서를 위하여 공중위생영업자가 준수하여야 할 사항을 준수하지 아니한 자

149 이·미용사의 면허가 취소된 자가 이·미용의 업무를 하였을 때의 벌칙기준은?

① 100만원 이하의 벌금
② 200만원 이하의 벌금
③ 300만원 이하의 벌금
④ 500만원 이하의 벌금

해설

벌칙(공중위생관리법 제20조제3항)

다음의 어느 하나에 해당하는 자는 300만원 이하의 벌금에 처한다.
• 면허의 취소 또는 정지 중에 이용업 또는 미용업을 한 자
• 면허를 받지 아니하고 이용업 또는 미용업을 개설하거나 그 업무에 종사한 자

150 다음 중 공중위생감시원의 업무범위가 아닌 것은?

① 공중위생영업 관련 시설 및 설비의 위생상태 확인 및 검사에 관한 사항
② 공중위생영업소의 위생서비스 수준평가에 관한 사항
③ 공중위생영업소 개설자의 위생교육 이행 여부 확인에 관한 사항
④ 공중위생영업자의 위생관리의무 영업자 준수사항 이행 여부의 확인에 관한 사항

해설

공중위생감시원의 업무범위(공중위생관리법 시행령 제9조)
• 시설 및 설비의 확인
• 공중위생영업 관련 시설 및 설비의 위생상태 확인·검사, 공중위생영업자의 위생관리의무 및 영업자 준수사항 이행 여부의 확인
• 위생지도 및 개선명령 이행 여부의 확인
• 공중위생영업소의 영업의 정지, 일부 시설의 사용중지 또는 영업소 폐쇄명령 이행 여부의 확인
• 위생교육 이행 여부의 확인

151 광역시 지역에서 이·미용업소를 운영하는 사람이 영업소의 소재지를 변경하고자 할 때의 조치사항으로 옳은 것은?

① 시장에게 변경허가를 받아야 한다.
② 관할 구청장에게 변경허가를 받아야 한다.
③ 보건소에 변경신고를 하면 된다.
④ 관할 구청장에게 변경신고를 하면 된다.

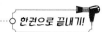

152 다음 중 이·미용영업에 있어 벌칙기준이 다른 것은?

① 영업신고를 하지 아니한 자
② 영업소 폐쇄명령을 받고도 계속하여 영업을 한 자
③ 일부 시설의 사용중지 명령을 받고도 그 기간 중에 영업을 한 자
④ 면허가 취소된 이후에도 계속하여 업무를 행한 자

해설
벌칙(공중위생관리법 제20조제1항, 제3항)
• 다음의 어느 하나에 해당하는 자는 1년 이하의 징역 또는 1천만원 이하의 벌금에 처한다.
　- 공중위생영업의 신고를 하지 아니한 자
　- 영업정지명령 또는 일부 시설의 사용중지 명령을 받고도 그 기간 중에 영업을 하거나 그 시설을 사용한 자 또는 영업소 폐쇄명령을 받고도 계속하여 영업을 한 자
• 다음의 어느 하나에 해당하는 자는 300만원 이하의 벌금에 처한다.
　- 면허의 취소 또는 정지 중에 이용업 또는 미용업을 한 자
　- 면허를 받지 아니하고 이용업 또는 미용업을 개설하거나 그 업무에 종사한 자

154 이·미용업소에서 손님이 보기 쉬운 곳에 게시하지 않아도 되는 것은?

① 개설자의 면허증 원본
② 신고증
③ 사업자등록증
④ 이·미용요금표

해설
공중위생영업자가 준수하여야 하는 위생관리기준 등(공중위생관리법 시행규칙 [별표 4])
• 영업소 내부에 이·미용업 신고증 및 개설자의 면허증 원본을 게시하여야 한다.
• 영업소 내부에 최종지급요금표를 게시 또는 부착하여야 한다.

153 1회용 면도날을 2인 이상 손님에게 사용한 때의 1차 위반 시 행정처분기준은?

① 경 고
② 영업정지 5일
③ 영업정지 10일
④ 영업정지 1월

해설
행정처분기준(공중위생관리법 시행규칙 [별표 7])
소독을 한 기구와 소독을 하지 않은 기구를 각각 다른 용기에 넣어 보관하지 않거나 1회용 면도날을 2인 이상의 손님에게 사용한 경우
•1차 위반 : 경고
•2차 위반 : 영업정지 5일
•3차 위반 : 영업정지 10일
•4차 이상 위반 : 영업장 폐쇄명령

155 음란한 물건을 손님에게 관람하게 하거나 진열 또는 보관할 때 1차 위반 시 행정처분기준은?

① 경 고
② 영업정지 15일
③ 영업정지 20일
④ 영업정지 30일

해설
행정처분기준(공중위생관리법 시행규칙 [별표 7])
음란한 물건을 관람·열람하게 하거나 진열 또는 보관한 경우
•1차 위반 : 경고
•2차 위반 : 영업정지 15일
•3차 위반 : 영업정지 1월
•4차 이상 위반 : 영업장 폐쇄명령

156 이·미용사의 면허증을 다른 사람에게 대여한 때의 법칙 행정처분 조치사항으로 옳은 것은?

① 시·도지사가 그 면허를 취소하거나 6월 이내의 기간을 정하여 업무정지를 명할 수 있다.

② 시·도지사가 그 면허를 취소하거나 1년 이내의 기간을 정하여 업무정지를 명할 수 있다.

③ 시장·군수·구청장은 그 면허를 취소하거나 6월 이내의 기간을 정하여 업무정지를 명할 수 있다.

④ 시장·군수·구청장은 그 면허를 취소하거나 1년 이내의 기간을 정하여 업무정지를 명할 수 있다.

해설
이용사 및 미용사의 면허취소 등(공중위생관리법 제7조제1항)
시장·군수·구청장은 이용사 또는 미용사가 면허증을 다른 사람에게 대여한 때에는 그 면허를 취소하거나 6월 이내의 기간을 정하여 그 면허의 정지를 명할 수 있다.

157 변경신고를 하지 아니하고 영업소의 소재지를 변경한 때의 1차 위반 시 행정처분기준은?

① 영업정지 1월
② 영업정지 2월
③ 영업장 폐쇄명령
④ 영업허가 취소

해설
행정처분기준(공중위생관리법 시행규칙 [별표 7])
신고를 하지 않고 영업소의 소재지를 변경한 경우
• 1차 위반 : 영업정지 1월
• 2차 위반 : 영업정지 2월
• 3차 위반 : 영업장 폐쇄명령

158 이·미용업소의 위생관리 의무를 지키지 아니한 자의 과태료 기준은?

① 30만원 이하
② 50만원 이하
③ 100만원 이하
④ 200만원 이하

해설
과태료(공중위생관리법 제22조제2항)
다음의 어느 하나에 해당하는 자는 200만원 이하의 과태료에 처한다.
• 이·미용업소의 위생관리 의무를 지키지 아니한 자
• 영업소 외의 장소에서 이용 또는 미용업무를 행한 자
• 위생교육을 받지 아니한 자

159 공중위생영업자에게 개선명령을 명할 수 없는 것은?

① 보건복지부령이 정하는 공중위생업의 종류별 시설 및 설비기준을 위반한 경우

② 업소 내 조명도를 준수하지 않은 경우

③ 공중위생영업자가 정당한 사유 없이 6개월 이상 계속 휴업하는 경우

④ 신고를 하지 않고 영업소의 명칭 및 상호를 변경한 경우

해설
행정처분기준(공중위생관리법 시행규칙 [별표 7])
공중위생영업자가 정당한 사유 없이 6개월 이상 계속 휴업하는 경우
• 1차 위반 : 영업장 폐쇄명령

160 청문을 실시하여야 하는 사항과 거리가 먼 것은?

① 이·미용사의 면허취소, 면허정지
② 공중위생영업의 정지
③ 영업소의 폐쇄명령
④ 과태료 징수

해설
청문(공중위생관리법 제12조)
보건복지부장관 또는 시장·군수·구청장은 다음의 어느 하나에 해당하는 처분을 하려면 청문을 하여야 한다.
• 신고사항의 직권 말소
• 이·미용사의 면허취소 또는 면허정지
• 영업정지명령, 일부 시설의 사용중지명령 또는 영업소 폐쇄명령

161 이·미용업의 상속으로 인한 영업자 지위 승계신고 시 구비 서류가 아닌 것은?

① 영업자 지위승계신고서
② 가족관계증명서
③ 양도 계약서 사본
④ 상속자임을 증명할 수 있는 서류

해설
영업자의 지위승계신고(공중위생관리법 시행규칙 제3조의4제1항)
영업자의 지위승계신고를 하려는 자는 영업자 지위 승계신고서에 다음의 구분에 따른 서류를 첨부하여 시장·군수·구청장에게 제출해야 한다.
• 영업양도의 경우 : 양도·양수를 증명할 수 있는 서류 사본
• 상속의 경우 : 상속인임을 증명할 수 있는 서류(가족관계등록전산정보만으로 상속인임을 확인할 수 있는 경우는 제외한다)
• 영업양도 및 상속 외의 경우 : 해당 사유별로 영업자의 지위를 승계하였음을 증명할 수 있는 서류

162 법인의 대표자나 법인 또는 개인의 대리인, 사용인, 그 밖의 종업원이 그 법인 또는 개인의 업무에 관하여 벌금형에 해당하는 위반행위를 한 때에 행위자를 벌하는 외에 그 법인 또는 개인에 대하여도 동조의 벌금형을 과하는 것을 무엇이라 하는가?

① 벌 금
② 과태료
③ 양벌규정
④ 위 임

해설
양벌규정(공중위생관리법 제21조)
법인의 대표자나 법인 또는 개인의 대리인, 사용인, 그 밖의 종업원이 그 법인 또는 개인의 업무에 관하여 제20조의 위반행위를 하면 그 행위자를 벌하는 외에 그 법인 또는 개인에게도 해당 조문의 벌금형을 과(科)한다. 다만, 법인 또는 개인이 그 위반행위를 방지하기 위하여 해당 업무에 관하여 상당한 주의와 감독을 게을리 하지 아니한 경우에는 그러하지 아니하다.

163 이·미용사의 면허를 받을 수 있는 사람은?

① 전과기록이 있는 자
② 피성년후견인
③ 마약, 기타 대통령령으로 정하는 약물중독자
④ 정신질환자

해설
이용사 및 미용사의 면허 결격사유(법 제6조제2항)
다음의 어느 하나에 해당하는 자는 이·미용사의 면허를 받을 수 없다.
• 피성년후견인
• 「정신건강증진 및 정신질환자 복지서비스 지원에 관한 법률」 제3조제1호에 따른 정신질환자(다만, 전문의가 이용사 또는 미용사로 적합하다고 인정하는 사람은 그러하지 아니하다)
• 공중의 위생에 영향을 미칠 수 있는 감염병환자로서 보건복지부령이 정하는 자
• 마약 기타 대통령령으로 정하는 약물중독자(대마 또는 향정신의약품의 중독자)
• 면허가 취소된 후 1년이 경과되지 아니한 자

164 과태료 처분 대상에 해당하지 않는 자는?

① 관계공무원 출입·검사 등의 업무를 기피한 자
② 영업소 폐쇄명령을 받고도 영업을 계속한 자
③ 이·미용업소 위생관리 의무를 지키지 아니한 자
④ 위생교육을 받지 아니한 자

해설
벌칙(공중위생관리법 제20조제1항)
다음의 어느 하나에 해당하는 자는 1년 이하의 징역 또는 1천만원 이하의 벌금에 처한다.
• 공중위생영업의 신고를 하지 아니한 자
• 영업정지명령 또는 일부 시설의 사용중지명령을 받고도 그 기간 중에 영업을 하거나 그 시설을 사용한 자 또는 영업소 폐쇄명령을 받고도 계속하여 영업을 한 자

165 특별한 사유 없이 이용 또는 미용의 업무를 영업소 외의 장소에서 행하였을 때의 처벌 기준은?

① 500만원 이하의 벌금
② 200만원 이하의 벌금
③ 200만원 이하의 과태료
④ 300만원 이하의 과태료

해설
과태료(공중위생관리법 제22조제2항)
다음의 어느 하나에 해당하는 자는 200만원 이하의 과태료에 처한다.
• 이·미용업소의 위생관리 의무를 지키지 아니한 자
• 영업소 외의 장소에서 이용 또는 미용업무를 행한 자
• 위생교육을 받지 아니한 자

166 변경신고를 하지 아니한 자에게 해당되는 벌칙은?

① 1년 이하의 징역 또는 1천만원 이하의 벌금
② 6월 이하의 징역 또는 500만원 이하의 벌금
③ 200만원 이하의 과태료
④ 300만원 이하의 벌금

해설
벌칙(공중위생관리법 제20조제2항)
다음의 어느 하나에 해당하는 자는 6월 이하의 징역 또는 500만원 이하의 벌금에 처한다.
• 변경신고를 하지 아니한 자
• 공중위생영업자의 지위를 승계한 자로서 규정에 의한 신고를 하지 아니한 자
• 건전한 영업질서를 위하여 공중위생영업자가 준수하여야 할 사항을 준수하지 아니한 자

167 공중이용시설의 위생관리기준이 아닌 것은?

① 소독을 한 기구와 소독을 하지 않은 기구를 각각 다른 용기에 보관한다.
② 1회용 면도날을 손님 1인에 한하여 사용한다.
③ 업소 내에 요금표를 게시하여야 한다.
④ 영업소 내에 화장실을 갖추어야 한다.

해설
공중위생영업자가 준수하여야 하는 위생관리기준 등(공중위생관리법 시행규칙 [별표 4])
• 이·미용기구 중 소독을 한 기구와 소독을 하지 아니한 기구는 각각 다른 용기에 넣어 보관하여야 한다.
• 영업소 내부에 이·미용업 신고증 및 개설자의 면허증 원본을 게시하여야 한다.
• 1회용 면도날은 손님 1인에 한하여 사용하여야 한다.
• 영업장 안의 조명도는 75lx 이상이 되도록 유지하여야 한다.
• 점빼기·귓불뚫기·쌍꺼풀수술·문신·박피술 그 밖에 이와 유사한 의료행위를 하여서는 아니 된다.
• 피부미용을 위하여 의약품 또는 의료기기를 사용하여서는 아니 된다.
• 영업소 내부에 최종지급요금표를 게시 또는 부착하여야 한다.

164 ② 165 ③ 166 ② 167 ④ **Answer**

168 과징금의 부과 및 납부 통지를 받은 자가 시장·군수·구청장이 정하는 수납기관에 과징금을 납부하여야 하는 기간은?

① 20일 이내　　② 5일 이내
③ 10일 이내　　④ 30일 이내

해설

과징금의 부과 및 납부(공중위생관리법 시행령 제7조의3제2항)

통지를 받은 자는 통지를 받은 날부터 20일 이내에 과징금을 시장·군수·구청장이 정하는 수납기관에 납부하여야 한다. 다만, 천재·지변 그 밖에 부득이한 사유로 인하여 그 기간 내에 과징금을 납부할 수 없는 때에는 그 사유가 없어진 날부터 7일 이내에 납부하여야 한다.

169 공중위생감시원의 자격·임명·업무 범위 등에 필요한 사항을 규정하는 법령은?

① 법 률
② 대통령령
③ 보건복지부령
④ 해당 지방자치단체 조례

해설

공중위생감시원(공중위생관리법 제15조제2항)

공중위생감시원의 자격·임명·업무 범위 기타 필요한 사항은 대통령령으로 정한다.

170 영업소 폐쇄명령을 받고도 계속해서 영업을 하는 경우 관계 공무원으로 하여금 해당 영업소를 폐쇄하기 위하여 할 수 있는 조치가 아닌 것은?

① 해당 영업소의 간판 기타 영업 표지물의 제거
② 해당 영업소가 위법임을 알리는 게시물 등의 부착
③ 영업을 위하여 필수불가결한 기구 또는 시설물을 사용할 수 없게 하는 봉인
④ 영업 시설물의 철거

해설

공중위생영업소의 폐쇄 등(공중위생관리법 제11조제5항)

시장·군수·구청장은 공중위생영업자가 영업소 폐쇄명령을 받고도 계속하여 영업을 하는 때에는 관계공무원으로 하여금 해당 영업소를 폐쇄하기 위하여 다음의 조치를 하게 할 수 있다.

• 해당 영업소의 간판 기타 영업표지물의 제거
• 해당 영업소가 위법한 영업소임을 알리는 게시물 등의 부착
• 영업을 위하여 필수불가결한 기구 또는 시설물을 사용할 수 없게 하는 봉인

171 영업소 위생서비스평가를 위탁받을 수 있는 기관은?

① 보건소
② 동사무소
③ 소비자단체
④ 관련 전문기관 및 단체

해설

위생서비스수준의 평가(공중위생관리법 제13조제3항)

시장·군수·구청장은 위생서비스평가의 전문성을 높이기 위하여 필요하다고 인정하는 경우에는 관련 전문기관 및 단체로 하여금 위생서비스평가를 실시하게 할 수 있다.

172 영업자의 지위를 승계한 후 누구에게 신고해야 하는가?

① 보건복지부장관
② 시·도지사
③ 시장·군수·구청장
④ 세무서장

해설
공중위생영업의 승계(공중위생관리법 제3조의2제4항)
공중위생영업자의 지위를 승계한 자는 1월 이내에 보건복지부령이 정하는 바에 따라 시장·군수 또는 구청장에게 신고하여야 한다.

174 이·미용업무의 보조를 할 수 있는 자는?

① 이·미용사의 감독을 받는 자
② 이·미용사 응시자
③ 이·미용학원 수강자
④ 시·도지사가 인정한 자

해설
이용사 및 미용사의 업무범위 등(공중위생관리법 제8조제1항)
이용사 또는 미용사의 면허를 받은 자가 아니면 이용업 또는 미용업을 개설하거나 그 업무에 종사할 수 없다. 다만, 이용사 또는 미용사의 감독을 받아 이용 또는 미용업무의 보조를 행하는 경우에는 그러하지 아니하다.

173 공중위생영업단체의 설립 목적으로 가장 적합한 것은?

① 공중위생과 국민보건의 향상을 기여하고 영업종류별 조직을 확대하기 위하여
② 국민보건의 향상을 기여하고 공중위생영업자의 정치적·경제적 목적을 향상시키기 위하여
③ 영업의 건전한 발전을 도모하고 공중위생영업의 종류별 단체의 이익을 옹호하기 위하여
④ 공중위생과 국민보건의 향상을 기여하고 영업의 건전한 발전을 도모하기 위하여

175 이·미용 영업소 안에 면허증 원본을 게시하지 않은 경우의 1차 위반 시 행정처분기준은?

① 경고 또는 개선명령
② 영업정지 5일
③ 영업정지 10일
④ 영업장 폐쇄명령

해설
행정처분기준(공중위생관리법 시행규칙 [별표 7])
미용업 신고증 및 면허증 원본을 게시하지 않거나 업소 내 조명도를 준수하지 않은 경우
• 1차 위반 : 경고 또는 개선명령
• 2차 위반 : 영업정지 5일
• 3차 위반 : 영업정지 10일
• 4차 이상 위반 : 영업장 폐쇄명령

172 ③ 173 ④ 174 ① 175 ① **Answer**

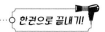

176 위생교육에 대한 설명으로 틀린 것은?

① 위생교육 시간은 연간 3시간으로 한다.
② 공중위생영업자는 매년 위생교육을 받아야 한다.
③ 위생교육에 관한 기록을 1년 이상 보관·관리하여야 한다.
④ 위생교육을 받지 아니한 자는 200만원 이하의 과태료에 처한다.

해설
위생교육(공중위생관리법 시행규칙 제23조제10항)
위생교육 실시단체의 장은 위생교육을 수료한 자에게 수료증을 교부하고, 교육실시 결과를 교육 후 1개월 이내에 시장·군수·구청장에게 통보하여야 하며, 수료증 교부대장 등 교육에 관한 기록을 2년 이상 보관·관리하여야 한다.

177 이·미용사 면허가 일정 기간 정지되거나 취소되는 경우는?

① 영업하지 아니한 때
② 해외에 정기 체류 중일 때
③ 면허증을 다른 사람에게 대여한 때
④ 교육을 받지 아니한 때

해설
이용사 및 미용사의 면허취소 등(공중위생관리법 제7조제1항)
시장·군수·구청장은 이용사 또는 미용사가 면허증을 다른 사람에게 대여한 때에는 그 면허를 취소하거나 6월 이내의 기간을 정하여 그 면허의 정지를 명할 수 있다.

178 공중위생영업에 속하지 않는 것은?

① 식당조리업 ② 숙박업
③ 이·미용업 ④ 세탁업

해설
정의(공중위생관리법 제2조)
공중위생영업이라 함은 다수인을 대상으로 위생관리서비스를 제공하는 영업으로서 숙박업·목욕장업·이용업·미용업·세탁업·건물위생관리업을 말한다.

179 위생지도 및 개선을 명령할 수 있는 대상에 해당하지 않는 것은?

① 공중위생영업의 종류별 시설 및 설비기준을 위반한 공중위생영업자
② 위생관리의무 등을 위반한 공중위생영업자
③ 공중위생영업의 승계규정을 위반한 자
④ 미용사 면허증을 영업소 안에 게시하지 않은 공중위생영업자

해설
위생지도 및 개선명령(공중위생관리법 제10조)
• 시·도지사 또는 시장·군수·구청장은 다음의 어느 하나에 해당하는 자에 대하여 보건복지부령으로 정하는 바에 따라 기간을 정하여 그 개선을 명할 수 있다.
 − 공중위생영업의 종류별 시설 및 설비기준을 위반한 공중위생영업자
 − 위생관리의무 등을 위반한 공중위생영업자
• 미용업 신고증 및 면허증 원본을 게시하지 않거나 업소 내 조명도를 준수하지 않은 경우 1차 위반 시 경고 또는 개선명령에 처한다(공중위생관리법 시행규칙 [별표 7]).

180 공중위생감시원의 직무사항이 아닌 것은?

① 시설 및 설비의 확인에 관한 사항
② 영업자의 준수사항 이행 여부에 관한 사항
③ 위생지도 및 개선명령 이행 여부에 관한 사항
④ 세금납부의 적정여부에 관한 사항

해설
공중위생감시원의 업무범위(공중위생관리법 시행령 제9조)
• 시설 및 설비의 확인
• 공중위생영업 관련 시설 및 설비의 위생상태 확인·검사, 공중위생영업자의 위생관리의무 및 영업자 준수사항 이행 여부의 확인
• 위생지도 및 개선명령 이행 여부의 확인
• 공중위생영업소의 영업의 정지, 일부 시설의 사용 중지 또는 영업소 폐쇄명령 이행 여부의 확인
• 위생교육 이행 여부의 확인

181 이·미용사 면허증의 재발급 사유가 아닌 것은?

① 성명 또는 주민등록번호 등 면허증의 기재사항에 변경이 있을 때
② 영업장소의 상호 및 소재지가 변경될 때
③ 면허증을 분실했을 때
④ 면허증이 헐어 못쓰게 된 때

해설
면허증의 재발급 등(공중위생관리법 시행규칙 제10조제1항)
이용사 또는 미용사는 면허증의 기재사항에 변경이 있는 때, 면허증을 잃어버린 때 또는 면허증이 헐어 못쓰게 된 때에는 면허증의 재발급을 신청할 수 있다.

182 관계공무원의 출입·검사 기타 조치를 거부·방해 또는 기피했을 때의 과태료 부과 기준은?

① 300만원 이하
② 200만원 이하
③ 100만원 이하
④ 50만원 이하

해설
과태료(공중위생관리법 제22조제1항)
다음의 어느 하나에 해당하는 자는 300만원 이하의 과태료에 처한다.
• 보고를 하지 아니하거나 관계공무원의 출입·검사 기타 조치를 거부·방해 또는 기피한 자
• 개선명령에 위반한 자
• 시·군·구에 이용업 신고를 하지 아니하고 이용업소표시 등을 설치한 자

183 영업소 안에 면허증을 게시하도록 "위생관리의무 등"의 규정에 명시된 자는?

① 이·미용업을 하는 자
② 목욕장업을 하는 자
③ 세탁업을 하는 자
④ 건물위생관리업을 하는 자

해설
공중위생영업자가 준수하여야 하는 위생관리기준 등(공중위생관리법 시행규칙 [별표 4])
영업소 내부에 이·미용업 신고증 및 개설자의 면허증 원본을 게시하여야 한다.

180 ④ 181 ② 182 ① 183 ① **Answer**

184 영업소 외의 장소에서 이용 및 미용의 업무를 할 수 있는 경우가 아닌 것은?

① 질병으로 영업소에 나올 수 없는 경우
② 혼례 직전에 이용 또는 미용을 하는 경우
③ 야외에서 단체로 이용 또는 미용을 하는 경우
④ 사회복지시설에서 봉사활동으로 이용 또는 미용을 하는 경우

해설

영업소 외에서의 이용 및 미용 업무(공중위생관리법 시행규칙 제13조)
• 질병·고령·장애나 그 밖의 사유로 영업소에 나올 수 없는 자에 대하여 이용 또는 미용을 하는 경우
• 혼례나 그 밖의 의식에 참여하는 자에 대하여 그 의식 직전에 이용 또는 미용을 하는 경우
• 사회복지시설에서 봉사활동으로 이용 또는 미용을 하는 경우
• 방송 등의 촬영에 참여하는 사람에 대하여 그 촬영 직전에 이용 또는 미용을 하는 경우
• 이외에 특별한 사정이 있다고 시장·군수·구청장이 인정하는 경우

186 위생서비스평가의 결과에 따른 조치에 해당하지 않는 것은?

① 이·미용업자는 위생관리등급 표시를 영업소 출입구에 부착할 수 있다.
② 시·도지사는 위생서비스의 수준이 우수하다고 인정되는 영업소에 대한 포상을 실시할 수 있다.
③ 시장·군수·구청장은 위생관리등급별로 영업소에 대한 위생감시를 실시할 수 있다.
④ 구청장은 위생관리등급의 결과를 세무서장에게 통보할 수 있다.

해설

위생관리등급 공표 등(공중위생관리법 제14조제1항)
시장·군수·구청장은 보건복지부령이 정하는 바에 의하여 위생서비스평가의 결과에 따른 위생관리등급을 해당 공중위생영업자에게 통보하고 이를 공표하여야 한다.

185 공중위생관리법상 공중이 이용하는 건축물·시설물 등의 청결 유지와 실내 공기정화를 위한 청소 등을 대행하는 영업은?

① 공중위생영업
② 목욕장업
③ 세탁업
④ 건물위생관리업

해설

건물위생관리업이라 함은 공중이 이용하는 건축물·시설물 등의 청결 유지와 실내 공기정화를 위한 청소 등을 대행하는 영업을 말한다(공중위생관리법 제2조제7호).

187 공중위생영업소가 의료법을 위반하여 폐쇄명령을 받았다. 최소한 어느 정도의 기간이 경과되어야 같은 장소에서 동일 영업이 가능한가?

① 3개월 　　② 6개월
③ 9개월 　　④ 12개월

해설

공중위생영업소의 폐쇄 등(공중위생관리법 제11조제1항)
시장·군수·구청장은 공중위생영업자가 의료법을 위반한 경우 6월 이내의 기간을 정하여 영업의 정지 또는 일부 시설의 사용중지를 명하거나 영업소 폐쇄 등을 명할 수 있다.

188 시 · 도지사 또는 시장 · 군수 · 구청장은 공중위생관리상 필요하다고 인정하는 때에 공중위생영업자 등에 대하여 필요한 조치를 취할 수 있다. 이 조치에 해당하는 것은?

① 보 고　　　② 청 문
③ 감 독　　　④ 협 의

해설
보고 및 출입 · 검사(공중위생관리법 제9조제1항)
특별시장 · 광역시장 · 도지사(시 · 도지사) 또는 시장 · 군수 · 구청장은 공중위생관리상 필요하다고 인정하는 때에는 공중위생영업자에 대하여 필요한 보고를 하게 하거나 소속공무원으로 하여금 영업소 · 사무소 등에 출입하여 공중위생영업자의 위생관리의무이행 등에 대하여 검사하게 하거나 필요에 따라 공중위생영업장부나 서류를 열람하게 할 수 있다.

189 청문을 거치지 않아도 되는 행정처분기준은?

① 영업장의 개선명령
② 이 · 미용사의 면허취소
③ 공중위생영업의 정지
④ 영업소 폐쇄명령

해설
청문(공중위생관리법 제12조)
보건복지부장관 또는 시장 · 군수 · 구청장은 다음의 어느 하나에 해당하는 처분을 하려면 청문을 하여야 한다.
• 신고사항의 직권 말소
• 이 · 미용사의 면허취소 또는 면허정지
• 영업정지명령, 일부 시설의 사용중지명령 또는 영업소 폐쇄명령

190 위생관리등급 공표사항으로 옳지 않은 것은?

① 시장 · 군수 · 구청장은 위생서비스평가의 결과에 따른 위생관리등급을 공중위생영업자에게 통보하고 공표한다.
② 공중위생영업자는 통보받은 위생관리등급의 표시를 영업소 출입구에 부착할 수 있다.
③ 시장 · 군수 · 구청장은 위생서비스평가의 결과에 따른 위생관리등급 우수업소에는 위생감시를 면제할 수 있다.
④ 시장 · 군수 · 구청장은 위생서비스평가의 결과에 따른 위생관리등급별로 영업소에 대한 위생감시를 실시하여야 한다.

해설
위생관리등급 공표 등(공중위생관리법 제14조제3항)
시 · 도지사 또는 시장 · 군수 · 구청장은 위생서비스평가의 결과에 따른 위생서비스의 수준이 우수하다고 인정되는 영업소에 대하여 포상을 실시할 수 있다.

191 영업소 출입 · 검사 시 관계공무원이 영업자에게 제시해야 하는 것은?

① 주민등록증
② 위생검사통지서
③ 위생감시공무원증
④ 위생검사기록부

해설
보고 및 출입 · 검사(공중위생관리법 제9조제5항)
관계공무원은 그 권한을 표시하는 증표를 지녀야 하며, 관계인에게 이를 내보여야 한다.

192 이·미용 영업자가 이·미용사 면허증을 영업소 안에 게시하지 않아 당국으로부터 개선명령을 받았으나 이를 위반한 경우의 법적 조치는?

① 100만원 이하의 벌금
② 100만원 이하의 과태료
③ 200만원 이하의 벌금
④ 300만원 이하의 과태료

해설

과태료(공중위생관리법 제22조제1항)
다음의 어느 하나에 해당하는 자는 300만원 이하의 과태료에 처한다.
• 보고를 하지 아니하거나 관계공무원의 출입·검사 기타 조치를 거부·방해 또는 기피한 자
• 개선명령에 위반한 자
• 시·군·구에 이용업 신고를 아니하고 이용업소 표시 등을 설치한 자

193 이·미용업의 신고에 대한 설명으로 옳은 것은?

① 이·미용사 면허를 받은 사람만 신고할 수 있다.
② 일반인 누구나 신고할 수 있다.
③ 1년 이상의 이·미용업무 실무 경력자가 신고할 수 있다.
④ 미용사 자격증을 소지하여야 신고할 수 있다.

194 이·미용업소에서 시술 과정을 통하여 감염될 수 있는 가능성이 가장 큰 질병 두 가지는?

① 뇌염, 소아마비
② 피부병, 발진티푸스
③ 결핵, 트라코마
④ 결핵, 장티푸스

195 공중위생영업자가 준수하여야 할 위생관리기준은 다음 중 어느 것으로 정하고 있는가?

① 대통령령   ② 국무총리령
③ 고용노동부령   ④ 보건복지부령

해설

공중위생영업자가 준수하여야 할 위생관리기준 기타 위생관리서비스의 제공에 관하여 필요한 사항으로서 건전한 영업질서유지를 위하여 영업자가 준수하여야 할 사항은 보건복지부령으로 정한다(공중위생관리법 제4조제7항).

196 이·미용업 영업소에 대하여 위생관리의무 이행검사 권한을 행사할 수 없는 자는?

① 도 소속공무원
② 국세청 소속공무원
③ 특별시·광역시 소속공무원
④ 시·군·구 소속공무원

해설

보고 및 출입·검사(공중위생관리법 제9조제1항)
특별시장·광역시장·도지사(시·도지사) 또는 시장·군수·구청장은 공중위생관리상 필요하다고 인정하는 때에는 공중위생영업자에 대하여 필요한 보고를 하게 하거나 소속공무원으로 하여금 영업소·사무소 등에 출입하여 공중위생영업자의 위생관리의무이행 등에 대하여 검사하게 하거나 필요에 따라 공중위생영업장부나 서류를 열람하게 할 수 있다.

197 공중위생관리법상의 위생교육에 대한 설명으로 옳은 것은?

① 위생교육 대상자는 이·미용업 영업자이다.
② 위생교육의 방법·절차는 대통령령으로 정한다.
③ 위생교육 시간은 매년 8시간이다.
④ 위생교육은 공중위생관리법 위반자에 한하여 받는다.

해설
② 위생교육의 방법·절차는 보건복지부령으로 정한다(공중위생관리법 제17조제5항).
③ 위생교육 시간은 매년 3시간이다(공중위생관리법 시행규칙 제23조제1항).
④ 공중위생영업의 신고를 하고자 하는 자는 미리 위생교육을 받아야 한다(공중위생관리법 제17조제2항).

198 이·미용기구의 소독기준 및 방법을 정하는 법령은?

① 대통령령   ② 보건복지부령
③ 환경부령   ④ 보건소령

해설
이용기구 및 미용기구의 소독기준 및 방법(공중위생관리법 시행규칙 [별표 3])
이용기구 및 미용기구의 종류·재질 및 용도에 따른 구체적인 소독기준 및 방법은 보건복지부장관이 정하여 고시한다.

199 공중위생영업을 하고자 할 때 필요한 것은?

① 허 가   ② 통 보
③ 인 가   ④ 신 고

해설
공중위생영업의 신고 및 폐업신고(공중위생관리법 제3조제1항)
공중위생영업을 하고자 하는 자는 공중위생영업의 종류별로 보건복지부령이 정하는 시설 및 설비를 갖추고 시장·군수·구청장(자치구의 구청장에 한한다)에게 신고하여야 한다. 보건복지부령이 정하는 중요사항을 변경하고자 하는 때에도 또한 같다.

200 위생교육을 받지 아니한 자에 대한 과태료의 기준은?

① 50만원 이하의 과태료
② 100만원 이하의 과태료
③ 300만원 이하의 과태료
④ 200만원 이하의 과태료

해설
과태료(공중위생관리법 제22조제2항)
다음의 어느 하나에 해당하는 자는 200만원 이하의 과태료에 처한다.
• 이·미용업소의 위생관리 의무를 지키지 아니한 자
• 영업소 외의 장소에서 이용 또는 미용업무를 행한 자
• 위생교육을 받지 아니한 자

PART **4**

상시복원문제

미용사(일반)

필기 _한 권으로 끝내기!_

합격의 공식
시대에듀

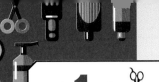

제 1 회 상시복원문제

01 헤어컬러링(Hair Coloring)의 용어 중 다이 터치 업(Dye Touch Up)이란?

① 처녀모(Virgin Hair)에 처음 시술하는 염색
② 자연적인 색채의 염색
③ 탈색된 두발에 대한 염색
④ 염색 후 새로 자라난 두발에만 하는 염색

해설
다이 터치업은 두발의 성장에 따라 새로 자란 모근 부분의 머리카락을 염색하는 것이다.

02 헤어트리트먼트(Hair Treatment)의 종류에 속하지 않는 것은?

① 헤어리컨디셔닝
② 클리핑
③ 헤어팩
④ 테이퍼링

해설
④ 테이퍼링 : 레이저를 이용해 두발의 양을 쳐내는 기법이다.
헤어트리트먼트란 두발을 손질하는 방법으로 헤어 리컨디셔닝, 클리핑, 헤어팩, 신징이 있다.

03 다음 중 퍼머넌트 웨이브가 잘 나올 수 있는 경우는?

① 오버프로세싱으로 시스틴이 지나치게 파괴된 경우
② 사전 샴푸 시 비누와 경수로 샴푸하여 두발에 금속염이 형성된 경우
③ 두발이 저항성모이거나 발수성모로서 경모인 경우
④ 와인딩 시 텐션(Tension)을 적당히 준 경우

해설
와인딩 시 텐션을 유지하며 일정하게 말아야 웨이브가 잘 나온다.

04 우리나라 고대 미용사에 대한 설명 중 틀린 것은?

① 고구려 시대 여인의 두발 형태는 여러 가지였다.
② 신라시대 부인들은 금, 은, 주옥으로 꾸민 가체를 사용하였다.
③ 백제에서는 기혼녀는 틀어 올리고 처녀는 땋아 내렸다.
④ 계급에 상관없이 부인들은 모두 머리 모양이 같았다.

해설
한국의 고대 미용사에서 두발은 신분과 계급을 나타내며 머리 모양이 달랐다.

05 핫 오일 샴푸에 대한 설명 중 잘못된 것은?

① 플레인 샴푸하기 전에 실시한다.
② 오일을 따뜻하게 덥혀서 바르고 마사지 한다.
③ 핫 오일 샴푸 후 파마를 시술한다.
④ 올리브유 등의 식물성 오일이 좋다.

해설
핫 오일 샴푸는 플레인 전에 행하는 것으로 두피와 두발에 따뜻한 올리브나 식물성 오일을 도포하여 트리트먼트하는 것으로 건성모발에 좋다.

06 베이스 코트의 설명으로 거리가 먼 것은?

① 폴리시를 바르기 전에 손톱 표면에 발라 준다.
② 손톱 표면이 착색되는 것을 방지한다.
③ 손톱이 찢어지거나 갈라지는 것을 예방해 준다.
④ 폴리시가 잘 발라지도록 도와 준다.

해설
베이스 코트는 폴리시를 바르기 전에 바르는 것으로 손톱 표면이 착색되는 것을 방지하고 폴리시가 잘 밀착되도록 한다.

07 우리나라 옛 여인의 머리 모양 중 앞머리 양쪽에 틀어 얹은 모양의 머리는?

① 낭자머리
② 쪽진 머리
③ 풍기명식 머리
④ 쌍상투 머리

08 퍼머넌트 웨이브(Permanent Wave) 시술 시 두발에 대한 제1액의 작용 정도를 판단 하여 정확한 프로세싱 타임을 결정하고 웨 이브의 형성 정도를 조사하는 것은?

① 패치테스트　② 스트랜드 테스트
③ 테스트 컬　④ 컬러테스트

해설
테스트 컬은 테스트할 스트랜드를 미리 정해 놓은 후 일정한 시간이 지나면 스트랜드의 일부를 로드에 서 푼 후 형성된 웨이브의 탄력을 확인하는 것이다.

09 브러싱에 대한 내용 중 틀린 것은?

① 두발에 윤기를 더해 주며 빠진 두발이나 헝클어진 두발을 고르는 작용을 한다.
② 두피의 근육과 신경을 자극하여 피지선 과 혈액순환을 촉진시키고 두피조직에 영양을 공급하는 효과가 있다.
③ 여러 가지 효과를 주므로 브러싱은 어떤 상태에서든 많이 할수록 좋다.
④ 샴푸 전 브러싱은 두발이나 두피에 부착 된 먼지나 노폐물, 비듬을 제거해 준다.

해설
두피에 이상이 있는 경우나 염색과 탈색 그리고 퍼머 넌트 웨이브의 시술 전에는 브러싱을 피한다.

10 헤어 컬의 목적이 아닌 것은?

① 볼륨(Volume)을 만들기 위해서
② 컬러(Color)를 표현하기 위해서
③ 웨이브(Wave)를 만들기 위해서
④ 플러프(Fluff)를 만들기 위해서

해설
컬의 목적은 웨이브를 만들고, 볼륨을 주며, 플러프를 만들기 위한 것이다.

11 두발이 유난히 많은 고객이 윗머리가 짧고 아랫머리로 갈수록 길게 하며, 두발 끝 부분을 자연스럽고 차츰 가늘게 커트하는 스타일을 원하는 경우 알맞은 시술방법은?

① 레이어 커트 후 테이퍼링(Tapering)
② 원랭스 커트 후 클리핑(Clipping)
③ 그러데이션 커트 후 테이퍼링
    (Tapering)
④ 레이어 커트 후 클리핑(Clipping)

해설
• 레이어 커트는 상부는 짧고 하부로 내려갈수록 길고 단의 차이가 있다.
• 원랭스 커트는 전체적인 두발 끝이 일직선인 커트로 단의 차이가 없다.
• 그러데이션 커트는 두발의 상부가 길고 하부로 내려갈수록 짧다.
• 테이퍼링은 레이저를 이용하여 두발 끝을 점차 가늘게 표현하는 커트기법이다.
• 클리핑은 클리퍼나 가위를 이용해 손상된 모발이나 불필요한 모발을 자르는 커트기법이다.

12 낮 화장을 의미하며 단순한 외출이나 가벼운 방문을 할 때 하는 보통화장은?

① 소셜 메이크업
② 페인트 메이크업
③ 컬러포토 메이크업
④ 데이타임 메이크업

해설
① 소셜 메이크업 : 정성을 들여 하는 화장이다.
③ 컬러포토 메이크업 : 컬러사진을 촬영하거나 영화, 광고, 연극을 위해 연출하는 화장이다.

13 핑거 웨이브의 종류 중 스윙 웨이브(Swing Wave)에 대한 설명은?

① 큰 움직임을 보는 듯한 웨이브
② 물결이 소용돌이치는 듯한 웨이브
③ 리지가 낮은 웨이브
④ 리지가 뚜렷하지 않고 느슨한 웨이브

해설
② 스월 웨이브, ③ 로 웨이브, ④ 덜 웨이브에 대한 설명이다.

14 모발 위에 얹어지는 힘 혹은 당김을 의미하는 말은?

① 엘리베이션(Elevation)
② 웨이트(Weight)
③ 텐션(Tension)
④ 텍스처(Texture)

15 다음 중 플러프 뱅(Fluff Bang)을 설명한 것은?

① 가르마 가까이에 작게 낸 뱅
② 컬을 깃털과 같이 일정한 모양을 갖추지 않고 부풀러서 볼륨을 준 뱅
③ 두발을 위로 빗고 두발 끝을 플러프해서 내려뜨린 뱅
④ 풀 웨이브 또는 하프 웨이브로 형성한 뱅

해설
① 프린지 뱅, ③ 프렌치 뱅, ④ 웨이브 뱅에 대한 설명이다.

16 얼굴형에 따른 눈썹화장법 중 옳지 않은 것은?

① 사각형 – 강하지 않은 둥근 느낌을 낸다.
② 삼각형 – 눈의 크기와 관계없이 크게 한다.
③ 역삼각형 – 자연스럽게 그리되 뺨이 말랐을 경우 눈꼬리를 내려 그린다.
④ 마름모꼴형 – 약간 내려간 듯하게 그린다.

해설
④ 마름모꼴형 : 눈썹을 약간 올라가게 그린다.

17 컬의 줄기 부분으로서 베이스(Base)에서 피벗(Pivot) 점까지의 부분을 무엇이라 하는가?

① 엔 드   ② 스 템
③ 루 프   ④ 융기점

해설
• 피벗은 회전점이라고도 부르며 컬이 말리기 시작한 지점이다.
• 엔드는 두발 끝을 말한다.
• 루프는 원형으로 말린 컬을 말한다.

18 무구조충은 다음 중 어느 것을 날것으로 먹었을 때 감염될 수 있는가?

① 돼지고기   ② 잉 어
③ 게   ④ 소고기

19 가발 손질법 중 틀린 것은?

① 스프레이가 없으면 엘레빗을 사용하여 컨디셔너를 골고루 바른다.
② 두발이 빠지지 않도록 차분하게 모근 쪽에서 두발 끝 쪽으로 서서히 빗질을 해 나간다.
③ 두발에만 컨디셔너를 바르고 파운데이션에는 바르지 않는다.
④ 열을 가하면 두발의 결이 변형되거나 윤기가 없어지기 쉽다.

해설
가발 손질 시 두발 끝에서 모근 쪽으로 서서히 빗는다.

20 강철을 연결시켜 만든 것으로 협신부(鋏身部)는 연강으로 되어 있고 날 부분은 특수강으로 되어 있는 것은?

① 착강가위　　② 전강가위
③ 시닝가위　　④ 레이저

해설
착강가위는 협신부가 연강으로 되어 있어 부분 수정을 하기가 쉽다.

21 다음 중 파리가 옮기지 않는 병은?

① 장티푸스
② 이 질
③ 콜레라
④ 유행성 출혈열

해설
④ 유행성 출혈열을 옮기는 매개체는 쥐이다.
파리가 옮기는 매개질병으로 장티푸스, 이질, 콜레라, 결핵, 디프테리아 등이 있다.

22 다음 영양소 중 인체의 생리적 조절작용에 관여하는 조절소는?

① 단백질　　② 비타민
③ 지방질　　④ 탄수화물

해설
① 단백질 : 호르몬 합성, 면역세포, 항체 형성, 신체 조직을 구성한다.
③ 지방질 : 지용성 비타민의 흡수를 촉진, 피부의 건강과 재생에 관여한다.
④ 탄수화물 : 단백질 절약작용, 혈당 유지, 지방의 완전연소 등의 기능을 한다.

23 원랭스 커트(One Length Cut)의 대표적인 아웃라인 중 이사도라 스타일은?

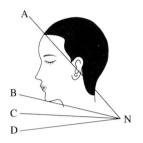

① C-N
② D-N
③ A-N
④ B-N

해설
① 패럴렐
② 스패니얼

24 잠함병의 직접적인 원인은?

① 혈중 CO_2 농도 증가
② 체액 및 혈액 속의 질소 기포 증가
③ 혈중 O_2 농도 증가
④ 혈중 CO 농도 증가

해설
잠함병
고기압에서의 작업 후 급속한 감압이 이루어질 때 체내에 녹아 있던 질소가 혈중으로 배출되어 공기전색증을 일으켜 생기는 질병으로 관절염, 실신, 현기증, 시력장애 등이 나타난다.

25 감염병 유행지역에서 입국하는 사람이나 동물 또는 식품 등을 대상으로 실시하며 외국 질병의 국내 침입방지를 위한 수단으로 쓰이는 것은?

① 격 리 ② 검 역
③ 박 멸 ④ 병원소 제거

해설
격리는 감염된 환자를 다른 사람과 접촉하지 못하도록 떼어놓는 것이고, 검역은 감염병에 가능성이 있는 사람을 질병의 감염이 확인될 때까지 가두어 두는 것이다.

26 산업피로의 대책으로 가장 거리가 먼 것은?

① 작업과정 중 적절한 휴식시간을 배분한다.
② 에너지 소모를 효율적으로 한다.
③ 개인차를 고려하여 작업량을 할당한다.
④ 휴직과 부서 이동을 권고한다.

27 다음 중 하수에서 용존산소량(DO)이 아주 낮다는 의미는?

① 수생식물이 잘 자랄 수 있는 물의 환경이다.
② 물고기가 잘 살 수 있는 물의 환경이다.
③ 물의 오염도가 높다는 의미이다.
④ 하수의 BOD가 낮은 것과 같은 의미이다.

해설
용존산소량(DO)은 물에 녹아 있는 산소의 양으로 물의 오염도를 나타낸다. 용존산소량이 높을수록 물의 오염도가 낮고, 용존산소량이 낮을수록 물의 오염도가 높다.

28 출생 후 4주 이내에 기본접종을 실시하는 것이 효과적인 감염병은?

① 볼거리 ② 홍 역
③ 결 핵 ④ 일본뇌염

해설
홍역, 볼거리, 풍진은 12~15개월에 접종한다.

29 우리나라에서 의료보험을 전 국민에게 적용하게 된 시기는 언제부터인가?

① 1964년 ② 1977년
③ 1988년 ④ 1989년

30 한 나라의 건강수준을 나타내며 다른 나라들과의 보건수준을 비교할 수 있는 세계보건기구가 제시한 지표는?

① 비례사망지수
② 국민소득
③ 질병이환율
④ 인구증가율

해설
세계보건기구의 종합건강지표는 비례사망지수, 평균수명 그리고 영아사망률이다.

31 일광소독과 가장 직접적인 관계가 있는 것은?

① 높은 온도　② 높은 조도
③ 적외선　④ 자외선

해설
일광소독을 위한 자외선 파장은 2,800~3,200 Å (도노선)이다.

32 자비소독 시 살균력을 강하게 하고 금속 기자재가 녹스는 것을 방지하기 위하여 첨가하는 물질이 아닌 것은?

① 2% 중조
② 2% 크레졸비누액
③ 5% 석탄산
④ 5% 승홍수

해설
자비소독에서 살균력을 증가시키고 금속이 녹스는 것을 방지하기 위해 1~2% 중조(탄산나트륨), 2% 크레졸비누액, 1~2% 붕소, 2~5% 석탄산을 넣는다.

33 다음 중 물리적 소독방법이 아닌 것은?

① 방사선멸균법
② 건열소독법
③ 고압증기멸균법
④ 생석회소독법

해설
④ 화학적 소독에 해당한다.
물리적 소독방법
• 가열의 의한 방법 : 화염, 건열, 소각
• 습열에 의한 방법 : 자비소독, 고압증기멸균, 저온소독, 유통증기멸균, 간헐멸균
• 빛에 의한 방법 : 자외선멸균, 방사선멸균

34 다음 중 포르말린수 소독에 가장 적합하지 않은 것은?

① 고무제품　② 배설물
③ 금속제품　④ 플라스틱

해설
② 배설물 소독에는 크레졸, 석탄산, 생석회분말이 적당하다.
포르말린 : 아포를 강하게 살균하는 효과가 있고 의류, 금속제품, 나무제품, 도자기, 고무제품, 손 소독에 적당하다.

35 100%의 알코올을 사용해서 70%의 알코올 400mL를 만드는 방법으로 옳은 것은?

① 물 70mL와 100% 알코올 330mL 혼합
② 물 100mL와 100% 알코올 300mL 혼합
③ 물 120mL와 100% 알코올 280mL 혼합
④ 물 330mL와 100% 알코올 70mL 혼합

해설
소독약과 희석액의 관계
• 용질량 / 용액량 × 100 = 농도
• 280 / 400 × 100 = 70%

36 다음 중 도자기류의 소독방법으로 가장 적당한 것은?

① 염소소독　　② 승홍수소독
③ 자비소독　　④ 저온소독

해설
도자기류는 자비소독, 증기소독이 적당하다.

37 살균력은 강하지만 자극성과 부식성이 강해서 상수 또는 하수의 소독에 주로 이용되는 것은?

① 알코올　　② 질산은
③ 승 홍　　④ 염 소

해설
염소소독은 상수도 소독에 가장 많이 쓰이며, 살균력이 좋고 잔류효과도 좋으나 냄새가 강하며 독성이 있다.

38 다음 중 피부 자극이 적어 상처 표면의 소독에 가장 적당한 것은?

① 10% 포르말린
② 3% 과산화수소
③ 15% 염소화합물
④ 3% 석탄산

해설
과산화수소는 병원체를 산화시켜 살균하는 것으로 자극이 적어 상처 부위나 인후염, 구강염을 세척하는데 사용한다.

39 소독의 정의에 대한 설명 중 가장 옳은 것은?

① 모든 미생물을 열이나 약품으로 사멸하는 것
② 병원성 미생물을 사멸 또는 제거하여 감염력을 잃게 하는 것
③ 병원성 미생물에 의한 부패를 방지하는 것
④ 병원성 미생물에 의한 발효를 방지하는 것

해설
③, ④는 방부에 해당한다.

40 소독약으로서의 석탄산에 관한 내용 중 틀린 것은?

① 사용 농도는 3% 수용액을 주로 쓴다.
② 고무제품, 의류, 가구, 배설물 등의 소독에 적합하다.
③ 단백질 응고작용으로 살균기능을 가진다.
④ 세균포자나 바이러스에 효과적이다.

해설
석탄산은 세균포자와 바이러스에 대해서는 효과가 없다.

41 다음 중 화학적인 필링제의 성분으로 사용되는 것은?

① AHA(Alpha Hydroxy Acid)
② 에탄올(Ethanol)
③ 캐모마일
④ 올리브 오일

42 피부 색상을 결정짓는 데 주요한 요인이 되는 멜라닌색소를 만들어 내는 피부층은?

① 과립층   ② 유극층
③ 기저층   ④ 유두층

해설
기저층에서 멜라닌형성세포와 각질형성세포를 만든다.

43 피서 후의 피부증상으로 틀린 것은?

① 화상의 증상으로 붉게 달아올라 따끔따끔한 증상을 보일 수 있다.
② 많은 땀의 배출로 각질층의 수분이 부족해져 거칠어지고 푸석푸석한 느낌을 가지기도 한다.
③ 강한 햇살과 바닷바람 등에 의하여 각질층이 얇아져 피부 자체 방어반응이 어려워지기도 한다.
④ 멜라닌색소가 자극을 받아 색소병변이 발전할 수 있다.

해설
③ 강한 자외선에 노출되면 피부를 보호하기 위해 각질층이 두꺼워진다.

44 Vitamin C 부족 시 어떤 증상이 주로 일어날 수 있는가?

① 피부가 촉촉해진다.
② 색소 기미가 생긴다.
③ 여드름의 발생 원인이 된다.
④ 지방이 많이 낀다.

45 티눈의 설명으로 옳은 것은?

① 각질층의 한 부위가 두꺼워져 생기는 각질층의 증식현상이다.
② 주로 발바닥에 생기며 아프지 않다.
③ 각질핵은 각질 윗부분에 있어 자연스럽게 제거가 된다.
④ 발뒤꿈치에만 생긴다.

48 다음 중 건성피부 손질로서 가장 적당한 것은?

① 적절한 수분과 유분 공급
② 적절한 일광욕
③ 비타민 복용
④ 카페인 섭취 줄임

46 다음 중 필수지방산에 속하지 않는 것은?

① 리놀레산(Linoleic Acid)
② 리놀렌산(Linolenic Acid)
③ 아라키돈산(Arachidonic Acid)
④ 타르타르산(Tartaric Acid)

해설
필수지방산은 리놀레산, 리놀렌산, 아라키돈산이 속하며, 체내에서 합성되지 않으므로 반드시 음식을 통해 섭취해야 한다.

49 피지분비의 과잉을 억제하고 피부를 수축시켜 주는 것은?

① 소염화장수 ② 수렴화장수
③ 영양화장수 ④ 유연화장수

해설
② 수렴화장수는 알코올 성분이 있어 살균과 소독효과를 가지고 있으며 모공을 수축시키는 수렴효과도 있어 지성피부에 적합하다.
① 소염화장수는 염증을 완화시키는 성분인 아줄렌 등이 있어 염증성피부나 민감성피부에 적합하다.
④ 유연화장수는 일반적으로 사용하는 스킨으로 건성피부, 중성피부, 노화피부, 민감성피부에 적합하다.

47 강한 유전 경향을 보이는 특별한 습진으로 팔꿈치 안쪽이나 목 등의 피부가 거칠어지고 아주 심한 가려움증을 나타내는 것은?

① 아토피성 피부염
② 일광 피부염
③ 베를로크 피부염
④ 약 진

해설
아토피성 피부염은 주로 소아에게 많이 나타난다.

45 ① 46 ④ 47 ① 48 ① 49 ② **Answer**

50 주로 40~50대에 보이며 혈액흐름이 나빠져 모세혈관이 파손되어 코를 중심으로 양 뺨에 나비 형태로 붉어진 증상은?

① 비립종   ② 섬유종
③ 주 사   ④ 켈로이드

해설
③ 주사피부를 쿠퍼로즈 피부 또는 실핏선 피부라고도 한다.
① 비립종은 눈가에 발생하는 작은 알갱이의 구진 형태로 한선기능의 퇴화와 땀샘이 막혀 표피에 발생한다.

51 관계공무원의 출입 · 검사 기타 조치를 거부 · 방해 또는 기피했을 때의 과태료 부과 기준은?

① 300만원 이하   ② 200만원 이하
③ 100만원 이하   ④ 50만원 이하

해설
과태료(공중위생관리법 제22조제1항)
다음의 어느 하나에 해당하는 자는 300만원 이하의 과태료에 처한다.
• 보고를 하지 아니하거나 관계공무원의 출입 · 검사 기타 조치를 거부 · 방해 또는 기피한 자
• 개선명령에 위반한 자
• 이용업 신고를 하지 아니하고 이용업소표시 등을 설치한 자
과태료(공중위생관리법 제22조제2항)
다음의 어느 하나에 해당하는 자는 200만원 이하의 과태료에 처한다.
• 이 · 미용업소의 위생관리 의무를 지키지 아니한 자
• 영업소 외의 장소에서 이용 또는 미용업무를 행한 자
• 위생교육을 받지 아니한 자

52 보건복지부령이 정하는 특별한 사유가 있을 시 영업소 외의 장소에서 이 · 미용업무를 행할 수 있다. 그 사유에 해당하지 않는 것은?

① 기관에서 특별히 요구하여 단체로 이 · 미용을 하는 경우
② 질병으로 인하여 영업소에 나올 수 없는 자에 대하여 이 · 미용을 하는 경우
③ 혼례에 참여하는 자에 대하여 그 의식 식전에 이 · 미용을 하는 경우
④ 시장 · 군수 · 구청장이 특별한 사정이 있다고 인정한 경우

해설
영업소 외에서의 이용 및 미용 업무(공중위생관리법 시행규칙 제13조)
법 제8조제2항 단서에서 "보건복지부령이 정하는 특별한 사유"란 다음의 사유를 말한다.
• 질병 · 고령 · 장애나 그 밖의 사유로 영업소에 나올 수 없는 자에 대하여 이용 또는 미용을 하는 경우
• 혼례나 그 밖의 의식에 참여하는 자에 대하여 그 의식 직전에 이용 또는 미용을 하는 경우
• 사회복지시설에서 봉사활동으로 이용 또는 미용을 하는 경우
• 방송 등의 촬영에 참여하는 사람에 대하여 그 촬영 직전에 이용 또는 미용을 하는 경우
• 이외에 특별한 사정이 있다고 시장 · 군수 · 구청장이 인정하는 경우

53 다음 중 이용사 또는 미용사의 면허를 받을 수 있는 자는?

① 약물 중독자
② 암환자
③ 정신질환자
④ 피성년후견인

해설

이용사 및 미용사의 면허 결격사유(법 제6조제2항)
다음의 어느 하나에 해당하는 자는 이·미용사의 면허를 받을 수 없다.

- 피성년후견인
- 정신질환자(전문의가 이용사 또는 미용사로 적합하다고 인정하는 사람은 그러하지 아니함)
- 공중의 위생에 영향을 미칠 수 있는 감염병환자로서 보건복지부령이 정하는 자
- 마약 기타 대통령령으로 정하는 약물중독자(대마 또는 향정신성의약품의 중독자)
- 면허가 취소된 후 1년이 경과되지 아니한 자

55 공중위생의 관리를 위한 지도, 계몽 등을 행하게 하기 위하여 둘 수 있는 것은?

① 명예공중위생감시원
② 공중위생조사원
③ 공중위생평가단체
④ 공중위생전문교육원

해설

명예공중위생감시원의 자격 등(공중위생관리법 시행령 제9조의2제2항)
명예감시원의 업무는 다음과 같다.

- 공중위생감시원이 행하는 검사대상물의 수거 지원
- 법령 위반행위에 대한 신고 및 자료 제공
- 그 밖에 공중위생에 관한 홍보·계몽 등 공중위생 관리업무와 관련하여 시·도지사가 따로 정하여 부여하는 업무

54 이·미용업 종사자 중 위생교육을 받아야 하는 자는?

① 공중위생영업을 승계한 자
② 6개월 전에 위생교육을 받은 자
③ 공중위생영업에 6개월 이상 종사한 자
④ 공중위생영업에 2년 이상 종사한 자

해설

위생교육(공중위생관리법 제17조제2항)
공중위생영업의 신고를 하고자 하는 자는 미리 위생교육을 받아야 한다. 다만, 보건복지부령으로 정하는 부득이한 사유로 미리 교육을 받을 수 없는 경우에는 영업개시 후 6개월 이내에 위생교육을 받을 수 있다.

56 위생관리등급이 틀린 것은?

① 최우수업소 - 녹색등급
② 우수업소 - 황색등급
③ 일반관리대상 업소 - 백색등급
④ 우수업소 - 청색등급

해설

위생관리등급의 구분 등(공중위생관리법 시행규칙 제21조)

- 최우수업소 : 녹색등급
- 우수업소 : 황색등급
- 일반관리대상 업소 : 백색등급

57 영업소 안에 면허증을 게시하도록 "위생관리의무 등"의 규정에 명시된 자는?

① 이·미용업을 하는 자
② 목욕장업을 하는 자
③ 세탁업을 하는 자
④ 위생관리용역업을 하는 자

해설

공중위생영업자가 준수하여야 하는 위생관리기준 등(공중위생관리법 시행규칙 [별표 4])
영업소 내부에 이·미용업 신고증 및 개설자의 면허증 원본을 게시하여야 한다.

58 이·미용업 영업소에서 손님에게 음란한 물건을 관람·열람하게 한 때에 대한 1차 위반 시 행정처분기준은?

① 영업정지 15일
② 영업정지 1월
③ 영업장 폐쇄명령
④ 경 고

해설

행정처분기준(공중위생관리법 시행규칙 [별표 7])
음란한 물건을 관람·열람하게 하거나 진열 또는 보관한 경우
• 1차 위반 : 경고
• 2차 위반 : 영업정지 15일
• 3차 위반 : 영업정지 1월
• 4차 이상 위반 : 영업장 폐쇄명령

59 공중위생영업의 신고를 위하여 제출하는 서류에 해당하지 않는 것은?

① 영업시설 및 설비개요서
② 교육수료증(미리 교육을 받은 경우)
③ 면허증 원본(신고인이 확인에 동의하지 않은 경우)
④ 재산세 납부 영수증

해설

이·미용업 영업신고 신청 시 필요한 구비서류(공중위생관리법 시행규칙 제3조)
• 영업시설 및 설비개요서
• 교육수료증(미리 교육을 받은 경우)
• 면허증 원본(신고인이 확인에 동의하지 않은 경우)

60 공중위생영업소를 개설하고자 하는 자는 원칙적으로 언제까지 위생교육을 받아야 하는가?

① 개설하기 전
② 개설 후 3개월 내
③ 개설 후 6개월 내
④ 개설 후 1년 내

해설

위생교육(공중위생관리법 제17조제2항)
공중위생영업의 신고를 하고자 하는 자는 미리 위생교육을 받아야 한다. 다만, 보건복지부령으로 정하는 부득이한 사유로 미리 교육을 받을 수 없는 경우에는 영업개시 후 6개월 이내에 위생교육을 받을 수 있다.

제 2 회 ✂ 상시복원문제

01 퍼머넌트 웨이브를 하기 전의 조치사항 중 틀린 것은?

① 필요시 샴푸를 한다.
② 정확한 헤어디자인을 한다.
③ 린스 또는 오일을 바른다.
④ 두발의 상태를 파악한다.

해설
퍼머넌트 웨이브 시 사전 조치는 모발진단, 스타일 디자인, 헤어샴푸를 한다. 그리고 타월 드라이, 셰이핑을 한다.

02 염모제를 바르기 전에 스트랜드 테스트 (Strand Test)를 하는 목적이 아닌 것은?

① 색상 선정이 올바르게 이루어졌는지 알기 위해서
② 원하는 색상을 시술할 수 있는 정확한 염모제의 작용시간을 추정하기 위해서
③ 염모제에 의한 알레르기성 피부염이나 접촉성 피부염 등의 유무를 알아보기 위해서
④ 퍼머넌트 웨이브나 염색, 탈색 등으로 모발이 단모나 변색될 우려가 있는지 여부를 알기 위해서

해설
③ 패치테스트에 대한 설명이다.

03 두발의 다공성에 관한 사항으로 틀린 것은?

① 다공성모(多孔性毛)란 두발의 간충물질 (間充物質)이 소실되어 보습작용이 적어져서 두발이 건조해지기 쉬운 손상모를 말한다.
② 다공성은 두발이 얼마나 빨리 유액(流液)을 흡수하느냐에 따라 그 정도가 결정된다.
③ 두발의 다공성 정도가 클수록 프로세싱 타임을 짧게 하고, 보다 순한 용액을 사용하도록 해야 한다.
④ 두발의 다공성을 알아보기 위한 진단은 샴푸 후 해야 하는데 이것은 물에 의해 두발의 질이 다소 변화하기 때문이다.

해설
샴푸를 하기 전에 모발이 마른 상태에서 두발의 다공성을 알아본다.

04 헤어스타일에 다양한 변화를 줄 수 있는 뱅 (Bang)은 주로 두부의 어느 부위에 하게 되는가?

① 앞이마   ② 네이프
③ 양 사이드   ④ 크라운

해설
뱅은 늘어뜨린 앞머리 또는 이마를 덮는 장식머리를 말한다.

1 ③ 2 ③ 3 ④ 4 ① **Answer**

05 가위의 선택방법으로 옳은 것은?

① 양 날의 견고함이 동일하지 않아도 무방하다.
② 만곡도가 큰 것을 선택한다.
③ 협신에서 날끝으로 내곡선상으로 된 것을 선택한다.
④ 만곡도와 내곡선상을 무시해도 사용상 불편함이 없다.

해설
가위는 양쪽 날이 동일하게 견고해야 하고, 날이 얇고 양 다리가 강해야 한다.

07 우리나라 고대 여성의 머리 장식품 중 재료의 이름을 붙여서 만든 비녀로만 된 것은?

① 산호잠, 옥잠
② 석류잠, 호도잠
③ 국잠, 금잠
④ 봉잠, 용잠

06 빗을 선택하는 방법으로 틀린 것은?

① 전체적으로 비뚤어지거나 휘지 않은 것이 좋다.
② 빗살 끝이 가늘고 빗살 전체가 균등하게 똑바로 나열된 것이 좋다.
③ 빗살 끝이 너무 뾰족하지 않고 되도록 무딘 것이 좋다.
④ 빗살 사이의 간격이 균등한 것이 좋다.

해설
빗살 끝은 너무 뾰족하지 않고 너무 무뎌도 안 된다.

08 다음 중 메이크업(Make Up)의 설명이 잘못 연결된 것은?

① 데이타임 메이크업(Daytime Make Up) – 짙은 화장
② 소셜 메이크업(Social Make Up) – 성장 화장
③ 선번 메이크업(Sunburn Make Up) – 햇볕방지 화장
④ 그리스 페인트 메이크업(Grease Paint Make Up) – 무대화장

해설
① 데이타임 메이크업은 평상시에 자연스럽게 하는 화장이다.

09 헤어컬링(Hair Curling)에서 컬(Curl)의 목적과 관계가 가장 먼 것은?

① 웨이브를 만들기 위해서
② 머리끝의 변화를 주기 위해서
③ 텐션을 주기 위해서
④ 볼륨을 만들기 위해서

해설
텐션은 컬을 말기 위해 들어가는 힘의 정도를 말한다.

10 스킵 웨이브(Skip Wave)의 특징으로 가장 거리가 먼 것은?

① 웨이브(Wave)와 컬(Curl)이 반복 교차된 스타일이다.
② 폭이 넓고 부드럽게 흐르는 웨이브를 만들 때 쓰이는 기법이다.
③ 너무 가는 두발에는 그 효과가 적으므로 피하는 것이 좋다.
④ 퍼머넌트 웨이브가 너무 지나칠 때 이를 수정 보완하기 위해 많이 쓰인다.

해설
스킵 웨이브는 퍼머넌트 웨이브가 지나치게 꼬불거리는 모발에는 효과가 적다.

11 쿠퍼로즈(Couperose)라는 용어는 어떠한 피부상태를 표현하는 데 사용하는가?

① 거친 피부
② 매우 건조한 피부
③ 모세혈관이 확장된 피부
④ 피부의 pH 밸런스가 불균형인 피부

해설
쿠퍼로즈는 실핏선 피부라고도 한다.

12 두발이 손상되는 원인이 아닌 것은?

① 헤어드라이어기로 급속하게 건조시킨 경우
② 지나친 브러싱과 백 코밍 시술을 한 경우
③ 스캘프 매니플레이션과 브러싱을 한 경우
④ 해수욕 후 염분이나 풀장의 소독용 표백분이 두발에 남아 있을 경우

해설
③ 두피의 혈액을 촉진시킨다. 스캘프 매니플레이션은 두피 마사지를 말한다.

13 다음 중 정상두피에 사용하는 트리트먼트는?

① 플레인 스캘프 트리트먼트
② 드라이 스캘프 트리트먼트
③ 오일리 스캘프 트리트먼트
④ 댄드러프 스캘프 트리트먼트

해설
② 건성두피, ③ 지성두피, ④ 비듬성두피에 사용하는 트리트먼트이다.

9 ③ 10 ④ 11 ③ 12 ③ 13 ① **Answer**

14 다음 중 그러데이션(Gradation)에 대한 설명으로 옳은 것은?

① 모든 모발이 동일한 선상에 떨어진다.
② 모발의 길이에 변화를 주어 무게(Weight)를 더해 줄 수 있는 기법이다.
③ 모든 모발의 길이를 균일하게 잘라 주어 모발에 무게(Weight)를 덜어 줄 수 있는 기법이다.
④ 전체적인 모발의 길이 변화 없이 소수 모발만을 제거하는 기법이다.

해설
① 원랭스 커트에 해당한다.

16 일반적인 대머리 분장을 하고자 할 때 준비해야 할 주요 재료로 가장 거리가 먼 것은?

① 글라잔(Glatzan)
② 오브라이트(Oblate)
③ 스프리트검(Spiritgum)
④ 라텍스(Latex)

해설
② 오브라이트 : 화상 분장에 사용하는 재료이다.
① 글라잔 : 대머리용 볼드캡 제작에 사용된다.
③ 스프리트검 : 수염이나 가발을 붙이는 접착제이다.
④ 라텍스 : 가발을 붙이거나 화상 분장에 이용하는 재료이다.

17 헤어커트 시 크로스 체크 커트(Cross Check Cut)란?

① 최초의 슬라이스선과 교차되도록 체크 커트하는 것
② 모발의 무게감을 없애주는 것
③ 전체적인 길이를 처음보다 짧게 커트하는 것
④ 세로로 자아 체크 커트하는 것

15 고대 미용의 발상지로 가발을 이용하고 진흙으로 두발에 컬을 만들었던 국가는?

① 그리스
② 프랑스
③ 이집트
④ 로 마

18 매니큐어(Manicure) 시 손톱의 상피를 미는 데 사용되는 도구는?

① 큐티클 푸셔
② 폴리시 리무버
③ 큐티클 니퍼즈
④ 에머리 보드

해설
② 폴리시를 제거하는 용액, ③ 큐티클을 제거하는 가위, ④ 파일을 말한다.

19 헤어샴푸잉의 목적으로 가장 거리가 먼 것은?

① 두피, 두발의 세정
② 두발 시술의 용이
③ 두발의 건전한 발육 촉진
④ 두피질환 치료

20 퍼머넌트 직후의 처리로 옳은 것은?

① 플레인 린스   ② 샴푸잉
③ 테스트 컬   ④ 테이퍼링

해설
① 플레인 린스 : 프로세싱이 끝난 후 두발에 부착된 제1액을 씻어내는 과정으로 미지근한 물로 씻어내는 것을 말한다.
③ 테스트 컬 : 두발에 대한 제1액의 작용 정도를 판단해 프로세싱 타임을 정확히 결정하는 것이다.

21 토양(흙)이 병원소가 될 수 있는 질환은?

① 디프테리아   ② 콜레라
③ 간 염   ④ 파상풍

해설
토양은 파상풍과 진균의 병원소가 된다.

22 오염된 주사기, 면도날 등으로 인해 감염이 잘되는 만성 감염병은?

① 렙토스피라증
② 트라코마
③ B형간염
④ 파라티푸스

23 다음 감염병 중 세균성인 것은?

① 말라리아   ② 결 핵
③ 일본뇌염   ④ 유행성 간염

해설
감염병의 종류
• 세균성 감염병 : 결핵, 콜레라, 장티푸스, 디프테리아, 이질, 파라티푸스, 한센병, 백일해 등
• 바이러스 감염병 : 일본뇌염, 유행성 간염, 소아마비, 홍역, 유행성 이하선염, 광견병, 후천성 면역결핍증 등
• 리케차성 감염병 : 발진티푸스, 발진열, 양충병 등
• 기생충 감염병 : 회충, 구충, 간디스토마, 유구조충, 아메바성 이질, 말라리아, 사상충증 등

19 ④ 20 ① 21 ④ 22 ③ 23 ② **Answer**

24 인구구성 중 14세 이하가 65세 이상 인구의 2배 정도이며 출생률과 사망률이 모두 낮은 형은?

① 피라미드형(Pyramid Form)
② 종형(Bell Form)
③ 항아리형(Pot Form)
④ 별형(Accessive Form)

해설
① 피라미드형 : 14세 이하가 65세 이상의 인구보다 2배 정도이고, 출생률은 높고 사망률은 낮은 형이다.
③ 항아리형 : 14세 이하 인구가 65세 이상 인구의 2배가 되지 않고, 출생률이 사망률보다 낮은 형이다.
④ 별형 : 15~49세의 생산층 인구가 전체 인구의 1/2 이상이고, 생산층 인구가 증가되는 형이다.

25 인수공통감염병이 아닌 것은?

① 일본뇌염
② 결 핵
③ 한센병
④ 공수병

해설
인수공통감염병이란 동물과 사람 간 전파 가능한 질병으로 장출혈성대장균감염증, 일본뇌염, 결핵, 브루셀라증, 탄저, 공수병, 변종크로이츠펠트-야콥병, 중증급성호흡기증후군, 동물인플루엔자인체감염증, 큐열 등이 있다.

26 공중보건학의 목적으로 적절하지 않은 것은?

① 질병예방
② 수명연장
③ 육체적, 정신적 건강 및 효율의 증진
④ 물질적 풍요

해설
원슬로의 공중보건의 정의는 지역사회의 노력을 통해 질병예방, 수명연장, 신체적·정신적 효율을 증진시키는 기술이다.

27 조도불량, 현휘가 과도한 장소에서 장시간 작업하여 눈에 긴장을 강요함으로써 발생되는 불량조명에 기인하는 직업병이 아닌 것은?

① 안정피로   ② 근 시
③ 원 시   ④ 안구진탕증

해설
불량조명은 안정피로, 근시, 안구진탕증(눈떨림)을 일으킨다.

28 공기의 자정작용과 관련이 가장 먼 것은?

① 이산화탄소와 일산화탄소의 교환작용
② 자외선의 살균작용
③ 강우, 강설에 의한 세정작용
④ 기온역전작용

해설
④ 기온역전은 대기층 상부가 하부보다 기온이 높은 현상이다.
공기의 자정작용 : 희석작용, 세정작용, 산화작용, 살균작용, 탄소동화작용

29 환경오염 방지대책과 거리가 가장 먼 것은?

① 환경오염의 실태 파악
② 환경오염의 원인 규명
③ 행정대책과 법적 규제
④ 경제개발 억제정책

32 승홍수의 설명으로 틀린 것은?

① 금속을 부식시키는 성질이 있다.
② 피부 소독에는 0.1%의 수용액을 사용한다.
③ 염화칼륨을 첨가하면 자극성이 완화된다.
④ 살균력이 일반적으로 약한 편이다.

해설
승홍수는 살균력이 매우 강하다.

30 질병 발생의 세 가지 요인으로 연결된 것은?

① 숙주 – 병인 – 환경
② 숙주 – 병인 – 유전
③ 숙주 – 병인 – 병소
④ 숙주 – 병인 – 저항력

31 미생물의 발육과 그 작용을 제거하거나 정지시켜 음식물의 부패나 발효를 방지하는 것은?

① 방 부   ② 소 독
③ 살 균   ④ 살 충

해설
② 소독 : 유해한 병원균 증식과 감염의 위험성을 제거한다(포자 제거 안 됨).
③ 살균 : 미생물을 물리적, 화학적으로 급속히 죽이는 것(내열성 포자 존재)이다.
④ 살충 : 인체 내의 기생충을 제거하는 것이다.

33 자비소독 시 금속제품이 녹스는 것을 방지하기 위하여 첨가하는 물질이 아닌 것은?

① 2% 붕소
② 2% 탄산나트륨
③ 5% 알코올
④ 2~3% 크레졸비누액

해설
자비소독 시 금속제품이 녹스는 것을 방지하기 위해 2% 붕사 또는 2% 탄산나트륨 또는 2~3% 크레졸비누액을 첨가한다.

34 음용수 소독에 사용할 수 있는 소독제는?

① 아이오딘　　② 페 놀
③ 염 소　　　④ 승홍수

해설
염소는 상수도와 하수도를 소독할 때 사용한다.

35 EO가스의 폭발 위험성을 감소시키기 위하여 흔히 혼합하여 사용하게 되는 물질은?

① 질 소　　　② 산 소
③ 아르곤　　　④ 이산화탄소

해설
④ 이산화탄소 : 비독성가스이고 청량음료와 소화제에도 사용한다.

36 다음 중 배설물의 소독에 가장 적당한 것은?

① 크레졸　　　② 오 존
③ 염 소　　　④ 승 홍

해설
① 크레졸 : 객담, 고무제품, 배설물, 변기, 의류 등에 사용한다.

37 다음의 계면활성제 중 살균보다는 세정의 효과가 더 큰 것은?

① 양쪽성 계면활성제
② 비이온 계면활성제
③ 양이온 계면활성제
④ 음이온 계면활성제

해설
세정력이 큰 순서
음이온 계면활성제 > 양쪽성 계면활성제 > 양이온 계면활성제 > 비이온 계면활성제

38 화학적 소독제의 이상적인 구비조건에 해당하지 않는 것은?

① 가격이 저렴해야 한다.
② 독성이 적고 사용자에게 자극이 없어야 한다.
③ 소독효과가 서서히 증대되어야 한다.
④ 희석된 상태에서 화학적으로 안정되어야 한다.

해설
소독약은 부식과 표백이 없어야 하며 용해성이 높고 안정적이어야 한다. 또한 소독효과가 확실하고 짧은 시간에 소독이 가능해야 한다.

39 자외선의 파장 중 가장 강한 범위는?

① 160~180nm
② 190~290nm
③ 300~320nm
④ 360~380nm

해설

자외선 C의 파장 범위는 190~290nm로 자외선 중에 가장 강력하며 살균과 소독효과가 있다.

41 백반증에 관한 내용 중 틀린 것은?

① 멜라닌세포의 과다한 증식으로 일어난다.
② 백색 반점이 피부에 나타난다.
③ 후천적 탈색소 질환이다.
④ 원형, 타원형 또는 부정형의 흰색 반점이 나타난다.

해설

백반증은 멜라노사이트는 존재하나 멜라닌의 합성이 안 된다.

42 모발을 태우면 노린내가 나는데 이는 어떤 성분 때문인가?

① 나트륨   ② 이산화탄소
③ 유 황   ④ 탄 소

40 다음 중 습열멸균법에 속하는 것은?

① 자비소독법
② 화염멸균법
③ 여과멸균법
④ 소각소독법

해설

• 습열에 의한 소독 : 자비소독법, 고압증기멸균법, 유통증기멸균법, 저온살균법, 초고온순간살균법
• 가열에 의한 소독 : 화염멸균법, 소각소독법

43 포인트 메이크업(Point Make-up) 화장품에 속하지 않는 것은?

① 블러셔   ② 아이섀도
③ 파운데이션   ④ 립스틱

해설

③ 파운데이션은 피부 메이크업에 해당한다.
포인트 메이크업 : 색조화장으로 아이 메이크업, 립 메이크업, 치크 메이크업을 말한다.

39 ② 40 ① 41 ① 42 ③ 43 ③ **Answer**

44 무기질의 설명으로 틀린 것은?

① 조절작용을 한다.
② 수분과 산, 염기의 평형조절을 한다.
③ 뼈와 치아를 공급한다.
④ 에너지 공급원으로 이용된다.

해설

무기질은 에너지를 갖지 않고, 체내 기능을 조절한다.

45 피부 본래의 표면에 알칼리성의 용액을 pH 환원시키는 표피의 능력을 무엇이라 하는가?

① 환원작용
② 알칼리 중화능(中和能)
③ 산화작용
④ 산성 중화능

해설

건강한 피부 표면은 약산성 pH 4.5~6.5를 유지하며 일시적으로 알칼리화되어도 시간이 지나면 원래의 약산성 피부로 다시 돌아온다. 이것을 피부의 알칼리 중화능력이라 한다.

46 진피의 4/5를 차지할 정도로 가장 두꺼운 부분이며, 옆으로 길고 섬세한 섬유가 그물 모양으로 구성되어 있는 층은?

① 망상층
② 유두층
③ 유두하층
④ 과립층

해설

망상층은 피부의 탄력을 결정하는 진피층으로 교원섬유(콜라겐)와 탄력섬유(엘라스틴)로 구성된 섬유성결합조직이다.

47 다음 중 태선화에 대한 설명으로 옳은 것은?

① 표피가 얇아지는 것으로 표피세포 수의 감소와 관련이 있으며 종종 진피의 변화와 동반된다.
② 둥글거나 불규칙한 모양의 굴착으로 점진적인 괴사에 의해서 표피와 함께 진피의 소실이 오는 것이다.
③ 질병이나 손상에 의해 진피와 심부에 생긴 결손을 메우는 새로운 결체조직의 생성으로 생기며 정상 치유과정의 하나이다.
④ 표피 전체와 진피의 일부가 가죽처럼 두꺼워지는 현상이다.

해설

태선화는 피부를 지나치게 긁어 가죽처럼 두꺼워지는 것이다.

48 액취증의 원인이 되는 아포크린샘이 분포되어 있지 않은 곳은?

① 배꼽 주변
② 겨드랑이
③ 사타구니
④ 발바닥

해설

④ 발바닥은 에크린샘(소한샘, 땀샘)이 분포한다.
아포크린샘(대한샘, 체취선) : 사춘기 이후에 발달하며 특정 부위(귀, 겨드랑이, 유두, 배꼽, 외부 생식기, 항문)에 분포한다.

49 다음 중 2도 화상에 속하는 것은?

① 햇볕에 탄 피부
② 진피층까지 손상되어 수포가 발생한
   피부
③ 피하지방층까지 손상된 피부
④ 피하지방층 아래의 근육까지 손상된
   피부

해설

화상의 종류별 특징
• 1도 화상 : 홍반을 동반한다.
• 2도 화상 : 홍반, 부종, 통증, 수포를 동반한다.
• 3도 화상 : 표피와 진피가 괴사한다.
• 4도 화상 : 피부조직이 탄화된다.

50 다음 중 공기의 접촉 및 산화와 관계있는
것은?

① 흰 면포   ② 검은 면포
③ 구 진   ④ 팽 진

해설

② 검은 면포 : 블랙헤드를 말하며, 피지가 공기와
   접촉 후 산화되어 검게 변한 현상이다.
① 흰 면포 : 화이트헤드를 말하며 피지, 각질세포,
   박테리아가 엉겨 모공을 막는 현상이다.
④ 팽진 : 담마진, 두드러기로 비만세포가 일시적으
   로 히스타민과 프로스타글란딘의 분비를 증가시
   켜 부종과 가려움을 동반한다.

51 블런트 커트의 특징이 아닌 것은?

① 잘린 부분이 명확하다.
② 모발의 손상이 적다.
③ 입체감을 내기 쉽다.
④ 두발 끝으로 갈수록 가늘어진다.

해설

블런트 커트는 직선으로 머리를 자르는 커트이다.
④ 테이퍼링 커트의 설명이다.

52 면허증을 다른 사람에게 대여한 때의 2차
위반 시 행정처분기준은?

① 면허정지 6월   ② 면허정지 3월
③ 영업정지 3월   ④ 영업정지 6월

해설

행정처분기준(공중위생관리법 시행규칙 [별표 7])
면허증을 다른 사람에게 대여한 경우
• 1차 위반 : 면허정지 3월
• 2차 위반 : 면허정지 6월
• 3차 위반 : 면허취소

53 공중위생영업에 해당하지 않는 것은?

① 세탁업   ② 위생관리업
③ 미용업   ④ 목욕장업

해설

정의(공중위생관리법 제2조제1항제1호)
"공중위생영업"이라 함은 다수인을 대상으로 위생
관리서비스를 제공하는 영업으로서 숙박업·목욕
장업·이용업·미용업·세탁업·건물위생관리업
을 말한다.

49 ②   50 ②   51 ④   52 ①   53 ②   **Answer**

54 면허의 정지명령을 받은 자는 그 면허증을 누구에게 제출해야 하는가?

① 보건복지부장관
② 시·도지사
③ 시장·군수·구청장
④ 이·미용사 중앙회장

해설

면허증의 반납 등(공중위생관리법 시행규칙 제12조 제1항)

면허가 취소되거나 면허의 정지명령을 받은 자는 지체 없이 관할 시장·군수·구청장에게 면허증을 반납하여야 한다.

55 공중위생관리법상 이·미용업 영업장 안의 조명도는 얼마 이상이어야 하는가?

① 50lx
② 75lx
③ 100lx
④ 125lx

해설

공중위생영업자가 준수하여야 하는 위생관리기준 등(공중위생관리법 시행규칙 [별표 4])

영업장 안의 조명도는 75lx 이상이 되도록 유지하여야 한다.

56 다음 중 이·미용업을 개설할 수 있는 경우는?

① 이·미용사 면허를 받은 자
② 이·미용사의 감독을 받아 이·미용을 행하는 자
③ 이·미용사의 자문을 받아서 이·미용을 행하는 자
④ 위생관리용역업 허가를 받은 자로서 이·미용에 관심이 있는 자

해설

이용사 및 미용사의 업무범위 등(공중위생관리법 제8조제1항)

이용사 또는 미용사의 면허를 받은 자가 아니면 이용업 또는 미용업을 개설하거나 그 업무에 종사할 수 없다. 다만, 이용사 또는 미용사의 감독을 받아 이용 또는 미용 업무의 보조를 행하는 경우에는 그러하지 아니하다.

57 영업소 외의 장소에서 이용 및 미용의 업무를 할 수 있는 경우가 아닌 것은?

① 질병으로 영업소에 나올 수 없는 경우
② 혼례 직전에 이용 또는 미용을 하는 경우
③ 야외에서 단체로 이용 또는 미용을 하는 경우
④ 사회복지시설에서 봉사활동으로 이용 또는 미용을 하는 경우

해설

영업소 외에서의 이용 및 미용 업무(공중위생관리법 시행규칙 제13조)

• 질병·고령·장애나 그 밖의 사유로 영업소에 나올 수 없는 자에 대하여 이용 또는 미용을 하는 경우
• 혼례나 그 밖의 의식에 참여하는 자에 대하여 그 의식 직전에 이용 또는 미용을 하는 경우
• 사회복지시설에서 봉사활동으로 이용 또는 미용을 하는 경우
• 방송 등의 촬영에 참여하는 사람에 대하여 그 촬영 직전에 이용 또는 미용을 하는 경우
• 이외에 특별한 사정이 있다고 시장·군수·구청장이 인정하는 경우

58 이·미용업소의 시설 및 설비기준으로 적합한 것은?

① 소독을 한 기구와 소독을 하지 아니한 기구를 구분하여 보관할 수 있는 용기를 비치하여야 한다.
② 소독기, 적외선살균기 등 기구를 소독하는 장비를 갖추어야 한다.
③ 밀폐된 별실을 24개 이상 둘 수 있다.
④ 작업장소와 응접장소, 상담실, 탈의실 등을 분리하여 칸막이를 설치하려는 때에는 각각 전체 벽면적의 2분의 1 이상은 투명하게 하여야 한다.

해설
공중위생영업의 종류별 시설 및 설비기준(공중위생관리법 시행규칙 [별표 1])
• 이·미용기구는 소독을 한 기구와 소독을 하지 아니한 기구를 구분하여 보관할 수 있는 용기를 비치하여야 한다.
• 소독기, 자외선살균기 등 이·미용기구를 소독하는 장비를 갖추어야 한다.

59 위생서비스평가의 결과에 따른 조치에 해당되지 않는 것은?

① 이·미용업자는 위생관리등급 표지를 영업소 출입구에 부착할 수 있다.
② 시·도지사는 위생서비스의 수준이 우수하다고 인정되는 영업소에 대한 포상을 실시할 수 있다.
③ 시장, 군수는 위생관리등급별로 영업소에 대한 위생감시를 실시하여야 한다.
④ 구청장은 위생관리등급의 결과를 세무서장에게 통보할 수 있다.

해설
위생관리등급 공표 등(공중위생관리법 제14조제1항)
시장·군수·구청장은 보건복지부령이 정하는 바에 의하여 위생서비스평가의 결과에 따른 위생관리등급을 해당 공중위생영업자에게 통보하고 이를 공표하여야 한다.

60 이·미용의 업무를 영업장소 외에서 행하였을 때 이에 대한 처벌기준은?

① 3년 이하의 징역 또는 1천만원 이하의 벌금
② 500만원 이하의 과태료
③ 200만원 이하의 과태료
④ 100만원 이하의 벌금

해설
과태료(공중위생관리법 제22조제2항)
다음의 어느 하나에 해당하는 자는 200만원 이하의 과태료에 처한다.
• 이·미용업소의 위생관리 의무를 지키지 아니한 자
• 영업소 외의 장소에서 이용 또는 미용업무를 행한 자
• 위생교육을 받지 아니한 자

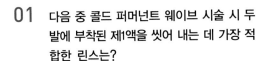

01 다음 중 콜드 퍼머넌트 웨이브 시술 시 두 발에 부착된 제1액을 씻어 내는 데 가장 적합한 린스는?

① 에그 린스(Egg Rinse)
② 산성 린스(Acid Rinse)
③ 레몬 린스(Lemon Rinse)
④ 플레인 린스(Plain Rinse)

해설
플레인 린스는 38~40℃의 미지근한 물로 헹구는 방법으로 웨이브 시술에 적합한 린스이다.

02 퍼머넌트 웨이브 시술 중 테스트 컬(Test Curl)을 하는 목적으로 가장 적합한 것은?

① 제2액의 작용 여부를 확인하기 위해서이다.
② 굵은 모발, 혹은 가는 두발에 로드가 제대로 선택되었는지 확인하기 위해서이다.
③ 산화제의 작용이 미묘하기 때문에 확인하기 위해서이다.
④ 정확한 프로세싱 시간을 결정하고 웨이브 형성 정도를 조사하기 위해서이다.

해설
테스트 컬(Test Curl)은 제1액의 작용 여부를 판단하여 웨이브 형성이 잘되었는지를 정확한 프로세싱 시간으로 결정한다.

03 스트로크 커트(Stroke Cut) 테크닉에 사용하기 가장 적합한 것은?

① 리버스 시저스(Reverse Scissors)
② 미니 시저스(Mini Scissors)
③ 직선날 시저스(Cutting Scissors)
④ 곡선날 시저스(R-scissors)

해설
가위가 미끄러지듯이 커팅하는 테크닉이므로 곡선날 시저스가 적당하다.

04 다음 중 가는 로드를 사용한 콜드 퍼머넌트 직후에 나오는 웨이브로 가장 가까운 것은?

① 내로 웨이브(Narrow Wave)
② 와이드 웨이브(Wide Wave)
③ 섀도 웨이브(Shadow Wave)
④ 호리존탈 웨이브(Horizontal Wave)

해설
① 내로 웨이브 : 리지와 리지 사이의 폭이 좁아서 극단적인 웨이브가 나온다.

05 두발의 양이 많고, 굵은 경우 와인딩과 로드의 관계가 옳은 것은?

① 스트랜드를 크게 하고, 로드의 직경도 큰 것을 사용
② 스트랜드를 적게 하고, 로드의 직경도 작은 것을 사용
③ 스트랜드를 크게 하고, 로드의 직경은 작은 것을 사용
④ 스트랜드를 적게 하고, 로드의 직경은 큰 것을 사용

해설
굵은 모발은 스트랜드를 적게 하고 로드의 직경도 작은 것을 사용하며, 가는 모발은 스트랜드를 크게 하고 로드의 직경도 큰 것을 사용한다.

06 손톱을 자르는 기구는?

① 큐티클 푸셔(Cuticle Pusher)
② 큐티클 니퍼즈(Cuticle Nippers)
③ 네일 파일(Nail File)
④ 네일 니퍼즈(Nail Nippers)

해설
④ 네일 니퍼즈 : 손톱을 자를 때 사용한다.
① 큐티클 푸셔 : 큐티클을 밀어 올릴 때 사용한다.
② 큐티클 니퍼즈 : 큐티클을 자를 때 사용한다.
③ 네일 파일 : 손톱의 모양을 다듬고 매끈하게 할 때 사용한다.

07 두발을 탈색한 후 초록색으로 염색하고 얼마 동안의 기간이 지난 후 다시 다른 색으로 바꾸고 싶을 때 보색관계를 이용하여 초록색의 흔적을 없애려면 어떤 색을 사용하면 좋은가?

① 노란색 　　② 오렌지색
③ 적 색 　　④ 청 색

해설
보색이란 색상환의 반대쪽 색으로서 초록색의 보색은 적색이다.

08 헤어린스의 목적과 관계없는 것은?

① 두발의 엉킴 방지
② 모발의 윤기 부여
③ 이물질 제거
④ 알칼리성을 약산성화

해설
③ 이물질 제거는 샴푸의 기능이다.

09 화장법으로는 흑색과 녹색의 두 가지 색으로 윗 눈꺼풀에 악센트를 넣었으며, 붉은 찰흙에 샤프란(꽃 이름)을 조금씩 섞어서 이것을 볼에 붉게 칠하고 입술연지로도 사용한 시대는?

① 고대 그리스 　　② 고대 로마
③ 고대 이집트 　　④ 중국 당나라

해설
이집트 시대는 헤나와 샤프란을 사용하였다.

5 ② 6 ④ 7 ③ 8 ③ 9 ③ **Answer**

10 현대 미용에 있어서 1920년대에 최초로 단발머리를 함으로써 우리나라 여성들의 머리형에 혁신적인 변화를 일으키게 된 계기가 된 사람은?

① 이숙종
② 김활란
③ 김상진
④ 오엽주

해설
② 김활란 : 단발머리
① 이숙종 : 높은 머리(다까머리)
③ 김상진 : 현대미용학교
④ 오엽주 : 화신미용실

11 업스타일을 시술할 때 백 코밍의 효과를 크게 하고자 세모난 모양의 파트로 섹션을 잡는 것은?

① 스퀘어 파트
② 트라이앵귤러 파트
③ 카울릭 파트
④ 렉탱귤러 파트

해설
세모난 모양의 파트는 트라이앵귤러 파트로 업스타일 시 사용한다.

12 원랭스의 정의로 가장 적합한 것은?

① 두발의 길이에 단차가 있는 상태의 커트
② 완성된 두발을 빗으로 빗어 내렸을 때 모든 두발이 하나의 선상으로 떨어지도록 자르는 커트
③ 전체의 머리 길이가 똑같은 커트
④ 머릿결을 맞추지 않아도 되는 커트

해설
원랭스는 동일 선상의 외측과 내측에 단차를 주지 않고 일직선상으로 자른 단발머리 형태이다.

13 고객이 추구하는 미용의 목적과 필요성을 시각적으로 느끼게 하는 과정은 어디에 해당하는가?

① 소 재
② 구 상
③ 제 작
④ 보 정

해설
미용은 소재를 관찰한 후 구상하여 제작하고 마지막으로 고객의 의사를 반영하여 보정을 하게 된다.

14 플랫 컬의 특징을 가장 잘 표현한 것은?

① 컬의 루프가 두피에 대하여 0° 각도로 평평하고 납작하게 형성된 컬을 말한다.
② 일반적 컬 전체를 말한다.
③ 루프가 반드시 90° 각도로 두피 위에 세워진 컬로 볼륨을 내기 위한 헤어스타일에 주로 이용된다.
④ 두발의 끝에서부터 말아온 컬을 말한다.

해설
플랫 컬은 두피에 루프가 평평하고 납작하게 형성되어 볼륨이 없다.

15 다음의 눈썹에 대한 설명 중 틀린 것은?

① 눈썹은 눈썹머리, 눈썹산, 눈썹꼬리로 크게 나눌 수 있다.
② 눈썹산의 표준 형태는 전체 눈썹의 1/2 되는 지점에 위치하는 것이다.
③ 눈썹산의 전체 눈썹의 1/2되는 지점에 위치해 있으면 볼이 넓게 보이게 된다.
④ 수평상 눈썹은 긴 얼굴을 짧게 보이게 할 때 효과적이다.

해설
눈썹산의 표준 형태는 전체 눈썹의 1/3되는 지점에 위치하는 형태이다.

16 완성된 두발선 위를 가볍게 다듬어 커트하는 방법은?

① 테이퍼링(Tapering)
② 시닝(Thinning)
③ 트리밍(Trimming)
④ 싱글링(Shingling)

해설
③ 트리밍 : 완성된 모발을 마지막으로 정돈할 때 사용한다.
① 테이퍼링 : 레이저를 이용해 두발의 양을 쳐내는 기법이다.
② 시닝 : 모발량을 조절할 때 사용한다.
④ 싱글링 : 빗을 이용하여 45° 각도로 남성 커트 시 사용한다.

17 레이저(Razor)에 대한 설명 중 가장 거리가 먼 것은?

① 셰이핑 레이저를 이용하여 커팅하면 안정적이다.
② 초보자는 오디너리 레이저를 사용하는 것이 좋다.
③ 솜털 등을 깎을 때에는 외곡선상의 날이 좋다.
④ 녹이 슬지 않게 관리를 한다.

해설
초보자는 오디너리 레이저 사용이 부적합하고 셰이핑 레이저를 사용하는 것이 용이하다.

18 이마의 양쪽 끝과 턱의 끝 부분을 진하게, 뺨 부분을 엷게 화장하면 가장 잘 어울리는 얼굴형은?

① 삼각형 얼굴
② 원형 얼굴
③ 사각형 얼굴
④ 역삼각형 얼굴

해설
역삼각형 얼굴형은 뺨을 볼륨 있게 보이도록 하고 이마 양쪽은 어둡게 하는 것이 좋다.

15 ② 16 ③ 17 ② 18 ④ **Answer**

19 다공성 모발에 대한 사항 중 틀린 것은?

① 다공성모란 두발의 간충물질이 소실되어 두발조직 중에 공동이 많고 보습작용이 적어져서 두발이 건조해지기 쉬운 손상모를 말한다.
② 다공성모는 두발이 얼마나 빨리 유액을 흡수하느냐에 따라 그 정도가 결정된다.
③ 다공성의 정도에 따라서 콜드 웨이빙의 프로세싱 타임과 웨이빙의 용액의 정도가 결정된다.
④ 다공성의 정도가 클수록 모발의 탄력이 적으므로 프로세싱 타임을 길게 한다.

해설
다공성 모발은 프로세싱 타임을 짧게 한다.

20 언더 메이크업을 가장 잘 설명한 것은?

① 베이스 컬러라고도 하며 피부색과 피부결을 정돈하여 자연스럽게 해 준다.
② 유분과 수분, 색소의 양과 질, 제조 공정에 따라 여러 종류로 구분된다.
③ 효과적인 보호막을 결정해 주며 피부의 결점을 감추려 할 때 효과적이다.
④ 파운데이션이 고루 잘 펴지게 하며 화장이 오래 잘 지속되게 해 주는 작용을 한다.

해설
언더 메이크업은 파운데이션을 바르기 전에 하는 메이크업이며, 파운데이션이 고르게 잘 발라져서 피부를 매끈하게 표현해 준다.

21 다음 중 특별한 장치를 설치하지 아니한 일반적인 경우에 실내의 자연적인 환기에 가장 큰 비중을 차지하는 요소는?

① 실내외 공기 중 CO_2의 함량의 차이
② 실내외 공기의 습도 차이
③ 실내외 공기의 기온 차이 및 기류
④ 실내외 공기의 불쾌지수 차이

해설
자연이 갖는 에너지에 의해 자연적으로 되는 것이 자연환기이며 이것은 기체의 확산작용, 실내외의 온도차, 풍력 등이 있다.

22 비타민 결핍증인 불임증 및 생식불능과 피부의 노화방지 작용 등과 가장 관계가 깊은 것은?

① 비타민 A
② 비타민 B 복합체
③ 비타민 E
④ 비타민 D

해설
비타민 A의 결핍증은 야맹증, 비타민 B_1은 각기병, 비타민 B_{12}는 악성빈혈, 비타민 D는 구루병이다.

23 환경오염의 발생요인인 산성비의 가장 주요한 원인과 산도는?

① 이산화탄소, pH 5.6 이하
② 아황산가스, pH 5.6 이하
③ 염화불화탄소, pH 6.6 이하
④ 탄화수소, pH 6.6 이하

해설
산성비는 황과 산소의 화합물인 황산화물로 아황산가스의 산도가 5.6 이하일 때 나타난다.

24 세계보건기구(WHO)에서 규정된 건강의 정의를 가장 적절하게 표현한 것은?

① 육체적으로 완전히 양호한 상태
② 정신적으로 완전히 양호한 상태
③ 질병이 없고 허약하지 않은 상태
④ 육체적, 정신적, 사회적 안녕이 완전한 상태

해설
건강은 단순히 질병이 없는 상태만이 아니고 육체적, 정신적, 사회적으로 모두 완전한 상태를 의미한다.

25 주로 7~9월 사이에 많이 발생되며, 어패류가 원인이 되어 발병, 유행하는 식중독은?

① 포도상구균 식중독
② 살모넬라 식중독
③ 보툴리누스균 식중독
④ 장염 비브리오 식중독

해설
장염 비브리오 식중독은 여름철에 발생하는 식중독의 많은 부분을 차지하고 있으며 그 발생은 6월부터 10월에 볼 수 있고 주로 9월에 많이 발생한다.

26 돼지와 관련이 있는 질환으로 거리가 먼 것은?

① 유구조충
② 살모넬라증
③ 일본뇌염
④ 발진티푸스

해설
④ 발진티푸스는 이를 매개로 전파한다.

27 한 국가나 지역사회의 건강수준을 나타내는 지표로서 대표적인 것은?

① 질병이환률
② 영아사망률
③ 신생아사망률
④ 조사망률

해설
지역사회의 건강수준을 나타내는 지표로서 대표적인 것은 영아사망률(1,000명당 1년 이내 사망자수)이다.

28 위생해충의 구제방법으로 가장 효과적이고 근본적인 방법은?

① 성충 구제
② 살충제 사용
③ 유충 구제
④ 발생원 제거

해설
위생해충의 구제방법 중 가장 근본적인 것은 발생원 제거이다.

30 기온측정 등에 관한 설명 중 틀린 것은?

① 실내에서는 통풍이 잘 되는 직사광선을 받지 않은 곳에 매달아 놓고 측정하는 것이 좋다.
② 평균기온은 높이에 비례하여 하강하는데, 고도 11,000m 이하에서는 100m당 0.5~0.7℃ 정도이다.
③ 측정할 때 수은주 높이와 측정자의 눈의 높이가 같아야 한다.
④ 정상적인 날의 하루 중 기온이 가장 낮을 때는 밤 12시경이고 가장 높을 때는 오후 2시경이 일반적이다.

해설
기온이 가장 낮을 때는 새벽 4~5시경이고, 가장 높을 때는 오후 2시경이다.

29 파리에 의해 주로 전파될 수 있는 감염병은?

① 페스트
② 장티푸스
③ 사상충증
④ 황 열

해설
파리는 장티푸스, 이질, 소아마비, 콜레라 등을 발생시킨다.

31 고압멸균기를 사용하여 소독하기에 가장 적합하지 않은 것은?

① 유리기구
② 금속기구
③ 약 액
④ 가죽제품

해설
가죽제품은 석탄산수, 크레졸수, 포르말린수 등을 사용한다.

32 다음 중 소독의 정의를 가장 잘 표현한 것은?

① 미생물의 발육과 생활을 제지 또는 정지시켜 부패 또는 발효를 방지할 수 있는 것

② 병원성 미생물의 생활력을 파괴 또는 멸살시켜 감염 또는 증식력을 없애는 조작

③ 모든 미생물의 생활력을 파괴 또는 멸살시키는 조작

④ 오염된 미생물을 깨끗이 씻어내는 작업

해설

방부는 미생물의 발육과 생활을 정지시켜 부패를 방지하고, 멸균은 모든 미생물의 생활력을 파괴한다. 청결은 오염된 미생물을 깨끗하게 씻어내는 작업이다.

33 병원성 미생물이 일반적으로 증식이 가장 잘 되는 pH의 범위는?

① 3.5~4.5   ② 4.5~5.5
③ 5.5~6.5   ④ 6.5~7.5

해설

세균은 중성이나 약알칼리성인 pH 6.5~7.5에서 증식이 잘 된다.

34 다음 중 일회용 면도기를 사용함으로서 예방 가능한 질병은?(단, 정상적인 사용의 경우를 말한다)

① 옴(개선)병   ② 일본뇌염
③ B형간염   ④ 무 좀

해설

B형간염은 혈액을 통해 감염되므로 면도기를 소독하지 않거나 비위생적으로 사용할 경우 감염의 위험성이 높아진다.

35 소독약의 살균력 지표로 가장 많이 이용되는 것은?

① 알코올
② 크레졸
③ 석탄산
④ 폼알데하이드

해설

소독약의 살균력 지표로는 석탄산계수가 사용된다. 석탄산계수가 클수록 소독효과가 크다.

36 산소가 있어야만 잘 성장할 수 있는 균은?

① 호기성균
② 혐기성균
③ 통기혐기성균
④ 호혐기성균

해설

호기성균은 산소를 필요로 하는 균이고 혐기성균은 산소를 필요로 하지 않는 균이다.

37 다음 중 화학적 살균법이라고 할 수 없는 것은?

① 자외선살균법
② 알코올살균법
③ 염소살균법
④ 과산화수소살균법

해설
화학적 살균법은 가스에 의한 멸균법, 역성비누, 알코올, 계면활성제, 과산화수소, 페놀화합물 등이다.

38 소독약의 구비조건에 해당하지 않는 것은?

① 높은 살균력을 가질 것
② 인체에 해가 없어야 할 것
③ 저렴하고 구입과 사용이 간편할 것
④ 기름, 알코올 등에 잘 용해되어야 할 것

해설
소독약은 물이나 알코올에 잘 용해되어야 한다.

39 다음 중 세균의 단백질 변성과 응고작용에 의한 기전을 이용하여 살균하고자 할 때 주로 이용되는 방법은?

① 가 열
② 희 석
③ 냉 각
④ 여 과

해설
세균의 단백질 변성과 응고작용에 의한 기전을 이용하여 살균하고자 할 때는 가열을 이용하고 그 외 화염, 소각법, 자비소독, 간헐멸균법 등이 있다.

40 소독액을 표시할 때 사용하는 단위로 용액 100mL 속에 용질의 함량을 표시하는 수치는?

① 푼
② 퍼센트
③ 퍼밀리
④ 피피엠

해설
푼은 용액 10mL 속 용질의 함량, 퍼센트는 용액 100mL 속에 용질의 함량, 퍼밀리는 용액 1,000mL 속 용질의 함량, 피피엠은 용액 1,000,000mL 속 용질의 함량을 말한다.

41 피부의 구조 중 진피에 속하는 것은?

① 과립층
② 유극층
③ 유두층
④ 기저층

해설
진피층은 유두층, 망상층으로 구성되어 있으며 표피층은 각질층, 투명층, 과립층, 유극층, 기저층으로 구성되어 있다.

42 안면의 각질 제거를 용이하게 하는 것은?

① 비타민 C ② 토코페놀
③ AHA ④ 비타민 E

해설
③ AHA는 각질 제거효과가 있다.

43 피부의 산성도가 외부의 충격으로 파괴된 후 자연 재연되는 데 걸리는 최소한의 시간은?

① 약 1시간 경과 후
② 약 2시간 경과 후
③ 약 3시간 경과 후
④ 약 4시간 경과 후

해설
정상적인 피부는 2시간 후 회복되며 민감성 피부는 3시간 이상 소요된다.

44 다음 중 결핍 시 피부 표면이 경화되어 거칠어지는 주된 영양물질은?

① 단백질과 비타민 A
② 비타민 D
③ 탄수화물
④ 무기질

해설
단백질은 새로운 세포가 생성되기 위해 필요하며, 비타민 A는 피부의 신진대사를 원활하게 한다.

45 세포분열을 통해 새롭게 손·발톱을 생산해 내는 곳은?

① 조 체 ② 조 모
③ 조소피 ④ 조하막

해설
② 조모는 손톱 뿌리 밑에서 세포분열을 하여 손톱을 생산해 내는 곳이다.

46 피부색소의 멜라닌을 만드는 색소형성세포는 어느 층에 위치하는가?

① 과립층 ② 유극층
③ 각질층 ④ 기저층

해설
④ 기저층에는 각질형성세포, 멜라닌세포, 메르켈세포가 있다.

47 한선(땀샘)의 설명으로 틀린 것은?

① 체온을 조절한다.
② 땀은 피부의 피지막과 산성막을 형성한다.
③ 땀을 많이 흘리면 영양분과 미네랄을 잃는다.
④ 땀샘은 손, 발바닥에는 없다.

해설
한선(땀샘)은 전신에 분포되어 있으며 손, 발바닥에 특히 많이 분포되어 있다.

49 세포의 분열증식으로 모발이 만들어지는 곳은?

① 모모(毛母)세포
② 모유두
③ 모 구
④ 모소피

해설
모모세포는 세포의 분열증식으로 모발을 만든다.

48 다음 중 피부의 면역기능에 관계하는 것은?

① 각질형성세포
② 랑게르한스세포
③ 말피기세포
④ 메르켈세포

해설
② 랑게르한스세포는 유극층에 존재하며 피부 면역 기능에 관여한다.

50 세안용 화장품의 구비조건으로 부적당한 것은?

① 안정성 – 물이 묻거나 건조해지면 형과 질이 잘 변해야 한다.
② 용해성 – 냉수나 온탕에 잘 풀려야 한다.
③ 기포성 – 거품이 잘 나고 세정력이 있어야 한다.
④ 자극성 – 피부를 자극시키지 않고 쾌적한 방향이 있어야 한다.

해설
안정성 : 제품이 변색, 변질, 변취되지 않아야 한다.

안심Touch

51 이·미용사의 면허를 받을 수 없는 자는?

① 전문대학에서 이용 또는 미용에 관한 학과를 졸업한 자
② 교육부장관이 인정하는 이·미용고등학교를 졸업한 자
③ 교육부장관이 인정하는 고등기술학교에서 6개월 수학한 자
④ 국가기술자격법에 의한 이·미용사 자격취득자

해설
이용사 및 미용사의 면허 등(공중위생관리법 제6조 제1항)
이용사 또는 미용사가 되고자 하는 자는 다음의 어느 하나에 해당하는 자로서 보건복지부령이 정하는 바에 의하여 시장·군수·구청장의 면허를 받아야 한다.
• 전문대학 또는 이와 같은 수준 이상의 학력이 있다고 교육부장관이 인정하는 학교에서 이용 또는 미용에 관한 학과를 졸업한 자
• 대학 또는 전문대학을 졸업한 자와 같은 수준 이상의 학력이 있는 것으로 인정되어 이용 또는 미용에 관한 학위를 취득한 자
• 고등학교 또는 이와 같은 수준의 학력이 있다고 교육부장관이 인정하는 학교에서 이용 또는 미용에 관한 학과를 졸업한 자
• 특성화고등학교, 고등기술학교나 고등학교 또는 고등기술학교에 준하는 각종 학교에서 1년 이상 이용 또는 미용에 관한 소정의 과정을 이수한 자
• 「국가기술자격법」에 의한 이용사 또는 미용사 자격을 취득한 자

52 이·미용소의 조명시설은 얼마 이상이어야 하는가?

① 50lx ② 75lx
③ 100lx ④ 125lx

해설
공중위생영업자가 준수하여야 하는 위생관리기준 등(공중위생관리법 시행규칙 [별표 4])
영업장 안의 조명도는 75lx 이상이 되도록 유지하여야 한다.

53 다음 중 이·미용업 영업자가 변경신고를 해야 하는 것을 모두 고른 것은?

ㄱ. 영업소의 주소
ㄴ. 영업소 바닥의 면적의 3분의 1 이상의 증감
ㄷ. 종사자의 변동사항
ㄹ. 영업자의 재산 변동사항

① ㄱ
② ㄱ, ㄴ
③ ㄱ, ㄴ, ㄷ
④ ㄱ, ㄴ, ㄷ, ㄹ

해설
변경신고(공중위생관리법 시행규칙 제3조의2제1항)
• 영업소의 명칭 또는 상호
• 영업소의 주소
• 신고한 영업장 면적의 1/3 이상의 증감
• 대표자의 성명 또는 생년월일
• 미용업 업종 간 변경

54 공중위생영업에서 폐업신고는 폐업한 날로부터 며칠 이내에 시장·군수·구청장에서 신고해야 하는가?

① 5일 이내 ② 15일 이내
③ 20일 이내 ④ 30일 이내

해설
공중위생영업의 신고 및 폐업신고(공중위생관리법 제3조제2항)
공중위생영업의 신고를 한 자(공중위생영업자)는 공중위생영업을 폐업한 날부터 20일 이내에 시장·군수·구청장에게 신고하여야 한다. 다만, 영업정지 등의 기간 중에는 폐업신고를 할 수 없다.

55 영업소 외에서의 이용 및 미용업무를 할 수 없는 경우는?

① 관할 소재 동지역 내에서 주민에게 이·미용을 하는 경우
② 질병, 기타의 사유로 인하여 영업소에 나올 수 없는 자에 대하여 미용을 하는 경우
③ 혼례나 기타 의식에 참여하는 자에 대하여 그 의식의 직전에 미용을 하는 경우
④ 특별한 사정이 있다고 시장·군수·구청장이 인정하는 경우

해설

영업소 외에서의 이용 및 미용 업무(공중위생관리법 시행규칙 제13조)
• 질병·고령·장애나 그 밖의 사유로 영업소에 나올 수 없는 자에 대하여 이용 또는 미용을 하는 경우
• 혼례나 그 밖의 의식에 참여하는 자에 대하여 그 의식 직전에 이용 또는 미용을 하는 경우
• 사회복지시설에서 봉사활동으로 이용 또는 미용을 하는 경우
• 방송 등의 촬영에 참여하는 사람에 대하여 그 촬영 직전에 이용 또는 미용을 하는 경우
• 이외에 특별한 사정이 있다고 시장·군수·구청장이 인정하는 경우

56 시장·군수·구청장은 영업정지가 이용자에게 심한 불편을 주거나 그 밖에 공익을 해할 우려가 있는 경우에 영업정지처분에 갈음한 과징금을 부과할 수 있는 금액기준은?

① 1천만원 이하
② 2천만원 이하
③ 3천만원 이하
④ 1억원 이하

해설

과징금처분(공중위생관리법 제11조의2제1항)
시장·군수·구청장은 영업정지가 이용자에게 심한 불편을 주거나 그 밖에 공익을 해할 우려가 있는 경우에는 영업정지처분에 갈음하여 1억원 이하의 과징금을 부과할 수 있다.

57 법정 감염병 중 7일 이내에 신고하여야 하는 감염병은?

① 인플루엔자
② 보툴리눔독소증
③ 비브리오패혈증
④ 장출혈성대장균감염증

해설

의사 등의 신고(감염병의 예방 및 관리에 관한 법률 제11조제3항)
보고를 받은 의료기관의 장 및 감염병병원체 확인기관의 장은 제1급 감염병의 경우에는 즉시, 제2급 감염병 및 제3급 감염병의 경우에는 24시간 이내에, 제4급 감염병의 경우에는 7일 이내에 질병관리청장 또는 관할 보건소장에게 신고하여야 한다.
②는 제1급 감염병, ③은 제3급 감염병, ④는 제2급 감염병이다.

58 영업자의 지위를 승계한 자는 몇 월 이내에 시장·군수·구청장에게 신고를 하여야 하는가?

① 1월   ② 2월
③ 6월   ④ 12월

해설

공중위생영업의 승계(공중위생관리법 제3조의2제4항)
공중위생영업자의 지위를 승계한 자는 1월 이내에 보건복지부령이 정하는 바에 따라 시장·군수·구청장에게 신고를 하여야 한다.

59 이용사 또는 미용사의 면허를 받지 아니한 자 중, 이용사 또는 미용사 업무에 종사할 수 있는 자는?

① 이·미용 업무에 숙달된 자로 이·미용사 자격증이 없는 자
② 이·미용사로서 업무정지처분 중에 있는 자
③ 이·미용업소에서 이·미용사의 감독을 받아 이·미용업무를 보조하고 있는 자
④ 학원 설립·운영에 관한 법률에 의하여 설립된 학원에서 3월 이상 이용 또는 미용에 관한 강습을 받은 자

해설
이용사 및 미용사의 업무범위 등(공중위생관리법 제8조제1항)
이용사 또는 미용사의 면허를 받은 자가 아니면 이용업 또는 미용업을 개설하거나 그 업무에 종사할 수 없다. 다만, 이용사 또는 미용사의 감독을 받아 이용 또는 미용업무의 보조를 행하는 경우에는 그러하지 아니하다.

60 다음 위법사항 중 가장 무거운 벌칙기준에 해당하는 자는?

① 신고를 하지 아니하고 영업한 자
② 변경신고를 하지 아니하고 영업한 자
③ 면허정지처분을 받고 그 정지기간 중 업무를 행한 자
④ 관계공무원의 출입·검사를 거부한 자

해설
① 1년 이하의 징역 또는 1천만원 이하의 벌금에 처한다(공중위생관리법 제20조제1항).
② 6월 이하의 징역 또는 500만원 이하의 벌금에 처한다(공중위생관리법 제20조제2항).
③ 300만원 이하의 벌금에 처한다(공중위생관리법 제20조제3항).
④ 300만원 이하의 과태료에 처한다(공중위생관리법 제22조제1항).

제 **4** 회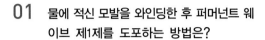

01 물에 적신 모발을 와인딩한 후 퍼머넌트 웨이브 제1제를 도포하는 방법은?

① 워터래핑
② 슬래핑
③ 스파이럴 랩
④ 크로키놀 랩

해설
워터래핑은 제1액을 바르지 않고 젖은 모발에 와인딩하는 방법이다.

02 한국 현대 미용사에 대한 설명 중 옳은 것은?

① 경술국치 이후 일본인들에 의해 미용이 발달했다.
② 1933년 일본인이 우리나라에 처음으로 미용원을 열었다.
③ 해방 전 우리나라 최초의 미용교육기관은 정화고등기술학교이다.
④ 오엽주 씨가 화신백화점 내에 미용원을 열었다.

해설
• 오엽주 : 화신미용실
• 김활란 : 단발머리
• 김상진 : 현대미용학교
• 이숙종 : 높은 머리(다까머리)

03 파마 제1액 처리에 따른 프로세싱 중 언더프로세싱의 설명으로 틀린 것은?

① 언더프로세싱은 프로세싱 타임 이상으로 제1액을 두발에 방치한 것을 말한다.
② 언더프로세싱일 때에는 두발의 웨이브가 거의 나오지 않는다.
③ 언더프로세싱일 때에는 처음에 사용한 솔루션보다 약한 제1액을 다시 사용한다.
④ 제1액의 처리 후 두발의 테스트 컬로 언더프로세싱 여부가 판명된다.

해설
언더프로세싱은 프로세싱 타임을 짧게 한 상태를 말하고, 오버프로세싱은 프로세싱 타임을 길게 해서 모발을 방치한 상태를 말한다.

04 헤어컬러링 기술에서 만족할 만한 색채효과를 얻기 위해서는 색채의 기본적인 원리를 이해하고 이를 응용할 수 있어야 하는데, 색의 3속성 중 명도만을 갖고 있는 무채색에 해당하는 것은?

① 적 색   ② 황 색
③ 청 색   ④ 백 색

해설
무채색은 백색에서부터 회색, 진한 회색, 검정까지 이어지는 색이다.

05 아이론의 열을 이용하여 웨이브를 형성하는 것은?

① 마샬 웨이브
② 콜드 웨이브
③ 핑거 웨이브
④ 섀도 웨이브

해설
① 마샬 웨이브 : 아이론의 열을 이용하여 형성하는 웨이브
② 콜드 웨이브 : 콜드 웨이브 용액을 이용하여 형성하는 웨이브
③ 핑거 웨이브 : 핑거 젤(세트로션)을 이용하여 빗과 손가락으로 형성하는 웨이브

06 다음 중 산성 린스의 종류가 아닌 것은?

① 레몬 린스   ② 비니거 린스
③ 오일 린스   ④ 구연산 린스

해설
오일 린스는 유성 린스이다.

07 다음 중 블런트 커트와 같은 의미인 것은?

① 클럽 커트   ② 싱글링
③ 클리핑   ④ 트리밍

해설
블런트 커트는 직선으로 커트하는 방법이며 클럽 커트라고도 한다.

08 브러시 세정법으로 옳은 것은?

① 세정 후 털은 아래로 하여 양지에서 말린다.
② 세정 후 털은 아래로 하여 응달에서 말린다.
③ 세정 후 털은 위로 하여 양지에서 말린다.
④ 세정 후 털은 위로 하여 응달에서 말린다.

해설
브러시의 형태가 변형되지 않도록 털을 아래로 하여 그늘에서 말린다.

09 콜드 퍼머넌트 시 제1액을 바르고 비닐캡을 씌우는 이유로 거리가 가장 먼 것은?

① 체온으로 솔루션의 작용을 빠르게 하기 위하여
② 제1액의 작용이 두발 전체에 골고루 행하여지게 하기 위하여
③ 휘발성 알칼리의 휘산작용을 방지하기 위하여
④ 두발을 구부러진 형태대로 정착시키기 위하여

해설
웨이브 정착은 제2액에서 진행된다.

10 미용의 특수성에 해당하지 않는 것은?

① 자유롭게 소재를 선택한다.
② 시간적 제한을 받는다.
③ 손님의 의사를 존중한다.
④ 여러 가지 조건에 제한을 받는다.

해설
미용의 특수성에는 소재 선정의 제한, 의사표현의 제한, 시간적 제한, 소재 변화에 따른 미적 효과, 부용예술로서의 제한이 있다.

11 염모제로서 헤나를 처음으로 사용했던 나라는?

① 그리스   ② 이집트
③ 로 마   ④ 중 국

해설
이집트에서 염색을 위해 헤나를 사용했다.

12 빗의 보관 및 관리에 관한 설명 중 옳은 것은?

① 빗은 사용 후 소독액에 계속 담가 보관한다.
② 소독액에서 빗을 꺼낸 후 물로 닦지 않고 그대로 사용해야 한다.
③ 증기소독은 자주 해 주는 것이 좋다.
④ 소독액은 석탄산수, 크레졸비누액 등이 좋다.

해설
빗은 소독액에 오래 담가두거나 증기소독을 하면 형태가 변형될 수 있다.

13 유기합성 염모제에 대한 설명 중 틀린 것은?

① 유기합성 염모제 제품은 알칼리성의 제1액과 산화제인 제2액으로 나누어진다.
② 제1액은 산화염료가 암모니아수에 녹아 있다.
③ 제1액의 용액은 산성을 띠고 있다.
④ 제2액은 과산화수소로서 멜라닌색소의 파괴와 산화염료를 산화시켜 발색시킨다.

해설
유기합성 염모제 제1액은 알칼리성이며 제2액은 산성을 띠고 있다.

14 비듬이 없고 두피가 정상적인 상태일 때 실시하는 것은?

① 댄드러프 스캘프 트리트먼트
② 오일리 스캘프 트리트먼트
③ 플레인 스캘프 트리트먼트
④ 드라이 스캘프 트리트먼트

해설
③ 플레인 스캘프 트리트먼트 : 정상두피(건강두피)
① 댄드러프 스캘프 트리트먼트 : 비듬성두피
② 오일리 스캘프 트리트먼트 : 지성두피
④ 드라이 스캘프 트리트먼트 : 건성두피

15 땋거나 스타일링하기에 쉽도록 3가닥 혹은 1가닥으로 만들어진 헤어피스는?

① 웨프트
② 스위치
③ 폴
④ 위글렛

해설
스위치는 1~3가닥의 긴 모발을 땋거나 묶은 모발의 형태로 제작한 것이다.

16 다음 중 옳게 짝지어진 것은?

① 아이론 웨이브 – 1830년 프랑스의 무슈 끄로샤뜨
② 콜드 웨이브 – 1936년 영국의 스피크먼
③ 스파이럴 퍼머넌트 웨이브 – 1925년 영국의 조셉 메이어
④ 크로키놀식 웨이브 – 1875년 프랑스의 마샬 그라또

해설
② 콜드 웨이브 : 1936년 스피크먼
① 아이론 웨이브 : 1975년 마샬 그라또
③ 스파이럴 퍼머넌트 웨이브 : 1905년 찰스 네슬러
④ 크로키놀식 웨이브 : 1925년 조셉 메이어

17 헤어스타일 또는 메이크업에서 개성미를 발휘하기 위한 첫 단계는?

① 구 상 ② 보 정
③ 소재의 확인 ④ 제 작

해설
미용의 과정은 소재 → 구상 → 제작 → 보정의 순서로 이루어진다.

18 두정부의 가마로부터 방사상으로 나눈 파트는?

① 카울릭 파트
② 이어투이어 파트
③ 센터 파트
④ 스퀘어 파트

해설
카울릭 파트는 두정부의 가마로부터 방사형으로 나눈 파트이다.

19 컬의 목적으로 가장 옳은 것은?

① 텐션, 루프, 스템을 만들기 위해
② 웨이브, 볼륨, 플러프를 만들기 위해
③ 슬라이싱, 스퀘어, 베이스를 만들기 위해
④ 세팅, 뱅을 만들기 위해

해설
컬은 웨이브와 볼륨을 만들고 모발 끝에 변화와 움직임을 준다.

20 코의 화장법으로 좋지 않은 방법은?

① 큰 코는 전체가 드러나지 않도록 코 전체를 다른 부분보다 연한 색으로 펴 바른다.
② 낮은 코는 코의 양 측면에 세로로 진한 크림파우더 또는 다갈색의 아이섀도를 바르고 콧등에 엷은 색을 바른다.
③ 코끝이 둥근 경우 코끝의 양 측면에 진한 색을 펴 바르고 코끝에는 엷은 색을 펴 바른다.
④ 너무 높은 코는 코 전체에 진한 색을 펴 바른 후 양 측면에 엷은 색을 바른다.

21 간흡충증(간디스토마)의 제1중간숙주는?

① 다슬기
② 쇠우렁
③ 피라미
④ 게

해설
간흡충증 제1중간숙주는 쇠우렁이며 제2중간숙주는 민물고기이다.

22 납중독과 가장 거리가 먼 증상은?

① 빈 혈
② 신경마비
③ 뇌중독증상
④ 과다행동장애

해설
납중독은 빈혈, 신경계통, 피로, 사지마비, 위장계통 장애를 일으킨다.

23 융기선이 또렷하지 않고 느슨한 웨이브는?

① 덜 웨이브　　② 로 웨이브
③ 하이 웨이브　④ 스윙 웨이브

해설
로 웨이브는 융기선이 낮은 웨이브, 하이 웨이브는 융기선이 높은 웨이브, 스윙 웨이브는 큰 움직임이 있는 웨이브이다.

24 수질오염의 지표로 사용하는 "생물학적 산소요구량"을 나타내는 용어는?

① BOD　　② DO
③ COD　　④ SS

해설
DO는 용존산소, BOD는 생물학적 산소요구량, SS는 부유물질, COD는 화학적 산소요구량을 가리킨다.

25 국가의 건강수준을 나타내는 지표로서 가장 대표적으로 사용하고 있는 것은?

① 인구증가율
② 조사망률
③ 영아사망률
④ 질병발생률

해설
한 국가의 건강수준을 나타내는 지표로서 대표적인 것은 영아사망률(1,000명당 1년 이내 사망자수)이다.

26 지역사회에서 노인층 인구에 가장 적절한 보건교육 방법은?

① 신 문   ② 집단교육
③ 개별접촉   ④ 강연회

해설
노인층은 개인별로 접촉하여 교육하는 방법이 적절하다.

27 예방접종에서 생균제제를 사용하는 것은?

① 장티푸스   ② 파상풍
③ 결 핵   ④ 디프테리아

해설
생균백신은 결핵, 폴리오, 홍역, 탄저, 광견병 등에 사용한다.

28 저온폭로에 의한 건강장애는?

① 동상 - 무좀 - 전신체온 상승
② 참호족 - 동상 - 전신체온 하강
③ 참호족 - 동상 - 전신체온 상승
④ 동상 - 기억력 저하 - 참호족

해설
저온폭로는 참호족(동상)이 일어나며 전신체온이 하강한다.

29 다음 식중독 중에서 치명률이 가장 높은 것은?

① 살모넬라증
② 포도상구균중독
③ 연쇄상구균중독
④ 보툴리누스균중독

해설
보툴리누스균은 통조림이나 소시지 등 혐기성 상태의 식품에서 증식하며 치명률이 가장 높다.

25 ③ 26 ③ 27 ③ 28 ② 29 ④ **Answer**

30 다음 중 파리가 전파할 수 있는 소화기계 감염병은?

① 페스트
② 일본뇌염
③ 장티푸스
④ 황 열

해설
파리는 이질, 소아마비, 장티푸스 등을 전파한다.

31 소독의 정의로서 옳은 것은?

① 모든 미생물 일체를 사멸하는 것
② 모든 미생물을 열과 약품으로 완전히 죽이거나 또는 제거하는 것
③ 병원성 미생물의 생활력을 파괴하여 죽이거나 또는 제거하여 감염력을 없애는 것
④ 균을 적극적으로 죽이지 못하더라도 발육을 저지하고, 목적하는 것을 변화시키지 않고 보존하는 것

해설
소독은 감염병의 전파를 방지하기 위해 감염력을 없애는 것이다.

32 AIDS나 B형간염 등과 같은 질환의 전파를 예방하기 위한 이·미용기구의 가장 좋은 소독방법은?

① 고압증기멸균기
② 자외선소독기
③ 음이온 계면활성제
④ 알코올

해설
고압증기멸균법은 가장 강력한 소독법으로 미용기구 소독 시 적당하다.

33 일반적으로 사용되는 소독용 알코올의 적정 농도는?

① 30%
② 70%
③ 50%
④ 100%

해설
소독용 알코올은 일반적으로 70%의 농도를 사용한다.

34 다음 중 이·미용사의 손을 소독하려 할 때 가장 알맞은 것은?

① 역성비누액
② 석탄산수
③ 포르말린수
④ 과산화수소수

해설
역성비누액은 이·미용사의 손 소독, 식품 소독에 사용된다.

35 다음 중 음용수 소독에 사용되는 약품은?

① 석탄산
② 액체염소
③ 승 홍
④ 알코올

해설
염소는 살균력이 크나 자극성과 부식성이 강해서 상하수도의 소독에 사용된다.

38 소독제의 살균력 측정검사의 지표로 사용되는 것은?

① 알코올
② 크레졸
③ 석탄산
④ 포르말린

해설
석탄산(페놀)은 살균력의 표준지표로 사용되며 석탄산계수가 높을수록 소독효과가 크다.

36 소독에 영향을 미치는 인자가 아닌 것은?

① 온 도
② 수 분
③ 시 간
④ 풍 속

해설
소독인자는 물, 온도, 시간, 농도 등 소독에 영향을 미치는 요인이다.

37 소독법의 구비조건에 부적합한 것은?

① 장시간에 걸쳐 소독의 효과가 서서히 나타나야 한다.
② 소독 대상물에 손상을 입혀서는 안 된다.
③ 인체 및 가축에 해가 없어야 한다.
④ 방법이 간단하고 비용이 적게 들어야 한다.

해설
소독약은 침투력과 살균력이 좋아야 하므로 단시간에 살균효과가 나타나야 한다.

39 화장실, 하수도, 쓰레기통 소독에 가장 적합한 것은?

① 알코올
② 연 소
③ 승홍수
④ 생석회

해설
생석회는 화장실, 하수도를 소독하며 가격이 저렴하고 산화칼륨을 20% 수용액으로 하여 사용한다.

35 ② 36 ④ 37 ① 38 ③ 39 ④ **Answer**

40 상처 소독에 적당치 않은 것은?

① 과산화수소
② 아이오딘팅크제
③ 승홍수
④ 머큐로크로뮴

해설

승홍수는 피부점막에 자극을 주고 수은중독을 일으킬 수 있으므로 상처 소독에 적당하지 않다.

41 생명력이 없는 상태의 무색, 무핵층으로서 손바닥과 발바닥에 주로 있는 층은?

① 각질층
② 과립층
③ 투명층
④ 기저층

해설

투명층은 손바닥, 발바닥에만 존재하며 무핵의 납작하고 투명한 상피세포로 구성된다.

42 천연보습인자(NMF)에 속하지 않는 것은?

① 아미노산
② 암모니아
③ 젖산염
④ 글리세린

해설

천연보습인자(NMF)는 아미노산, 젖산, 피롤리돈카복실산, 요소, 암모니아 등으로 구성되어 있다.

43 즉시 색소침착 작용을 하는 광선으로 인공 선탠에 사용되는 것은?

① UV-A
② UV-B
③ UV-C
④ UV-D

해설

UV-A는 색소침착 작용을 하여 인공선탠에 사용되며 UV-B는 피부를 태우는 선번작용을 한다.

44 갑상선의 기능과 관계있으며 모세혈관 기능을 정상화시키는 것은?

① 칼 슘
② 인
③ 철 분
④ 아이오딘

해설

아이오딘은 체내 대사율을 조절하는 갑상선 호르몬인 티록신과 트라이아이오도티로닌의 구성 성분이 되는 필수무기질이다.

45 피부의 생리작용 중 지각작용은?

① 피부 표면에 수증기가 발산한다.
② 피부에 땀샘, 피지선 모근은 피부생리 작용을 한다.
③ 피부 전체에 퍼져 있는 신경에 의해 촉각, 온각, 냉각, 통각 등을 느낀다.
④ 피부의 생리작용에 의해 생긴 노폐물을 운반한다.

해설
지각기능(감각기능)은 외부 자극으로부터의 촉각, 온각, 냉각, 압각, 통각 등의 감각을 말한다.

46 교원섬유(Collagen)와 탄력섬유(Elastin)로 구성되어 있어 강한 탄력성을 지니고 있는 곳은?

① 표 피   ② 진 피
③ 피하조직   ④ 근 육

해설
교원섬유(Collagen)와 탄력섬유(Elastin)는 피부의 진피층에 존재한다.

47 자외선의 영향으로 인한 부정적인 효과는?

① 홍반반응
② 비타민 D 형성
③ 살균효과
④ 강장효과

해설
자외선의 부정적인 영향으로는 홍반, 색소침착, 피부노화, 일광화상 등이 있다.

48 피부에서 땀과 함께 분비되는 천연 자외선 흡수제는?

① 우로칸산
② 글라이콜산
③ 글루탐산
④ 레틴산

해설
우로칸산은 땀에 포함되어 있으며 비타민 B를 차단하며 피부의 균형을 유지시켜 준다.

49 광노화와 거리가 먼 것은?

① 피부 두께가 두꺼워진다.
② 섬유아세포수의 양이 감소한다.
③ 콜라겐이 비정상적으로 늘어난다.
④ 점다당질이 증가한다.

해설
광노화로 인해 엘라스틴이 비정상적으로 늘어난다.

50 피지 분비와 가장 관계가 있는 호르몬은?

① 에스트로겐
② 프로게스테론
③ 인슐린
④ 안드로겐

해설

피지 분비는 안드로겐의 영향으로 증가된다.

51 이용 및 미용업 영업자의 지위를 승계한 자가 관계기관에 신고를 해야 하는 기간은?

① 1년 이내
② 3월 이내
③ 6월 이내
④ 1월 이내

해설

공중위생영업의 승계(공중위생관리법 제3조의2제4항)
공중위생영업자의 지위를 승계한 자는 1월 이내에 보건복지부령이 정하는 바에 따라 시장·군수 또는 구청장에게 신고하여야 한다.

52 이용업 및 미용업은 다음 중 어디에 속하는가?

① 공중위생영업
② 위생관련영업
③ 위생처리업
④ 위생관리용역업

해설

정의(공중위생관리법 제2조제1항제1호)
"공중위생영업"이라 함은 다수인을 대상으로 위생관리서비스를 제공하는 영업으로서 숙박업·목욕장업·이용업·미용업·세탁업·건물위생관리업을 말한다.

53 다음 (   ) 안에 알맞은 내용은?

> 이·미용업 영업자가 공중위생관리법을 위반하여 관계 행정기관의 장의 요청이 있는 때에는 (   ) 이내의 기간을 정하여 영업의 정지 또는 일부 시설의 사용중지 혹은 영업소 폐쇄 등을 명할 수 있다.

① 3월
② 6월
③ 1년
④ 2년

해설

공중위생영업소의 폐쇄 등(공중위생관리법 제11조제1항)
시장·군수·구청장은 공중위생영업자가 공중위생관리법을 위반하여 관계 행정기관의 장으로부터 그 사실을 통보받은 경우에 해당하면 6월 이내의 기간을 정하여 영업의 정지 또는 일부 시설의 사용중지를 명하거나 영업소 폐쇄 등을 명할 수 있다.

54 이·미용업소 내 반드시 게시하여야 할 사항으로 옳은 것은?

① 요금표 및 준수사항만 게시하면 된다.
② 이·미용업 신고증만 게시하면 된다.
③ 이·미용업 신고증 및 면허증 사본, 요금표를 게시하면 된다.
④ 이·미용업 신고증, 면허증 원본, 요금표를 게시하여야 한다.

해설

공중위생영업자가 준수하여야 하는 위생관리기준 등(공중위생관리법 시행규칙 [별표 4])
• 영업소 내부에 이·미용업 신고증 및 개설자의 면허증 원본을 게시하여야 한다.
• 영업소 내부에 최종지급요금표를 게시 또는 부착하여야 한다.

55 다음 중 이·미용사의 면허정지를 명할 수 있는 자는?

① 행정안전부장관
② 시·도지사
③ 시장·군수·구청장
④ 경찰서장

해설

이용사 및 미용사의 면허취소 등(공중위생관리법 제7조제1항)
시장·군수·구청장은 이용사 또는 미용사가 공중위생관리법을 위반한 경우 그 면허를 취소하거나 6월 이내의 기간을 정하여 그 면허의 정지를 명할 수 있다.

57 관련 법상 이·미용사의 위생교육에 대한 설명 중 옳은 것은?

① 위생교육 대상자는 이·미용업 영업자이다.
② 위생교육 대상자에는 이·미용사의 면허를 가지고 이·미용업에 종사하는 모든 자가 포함된다.
③ 위생교육은 시장·군수·구청장만이 할 수 있다.
④ 위생교육시간은 분기당 4시간으로 한다.

해설

② 위생교육을 받아야 하는 자 중 영업에 직접 종사하지 아니하거나 2 이상의 장소에서 영업을 하고자 하는 자는 종업원 중 영업장별로 공중위생에 관한 책임자를 지정하고 그 책임자로 하여금 위생교육을 받게 하여야 한다(공중위생관리법 제17조제3항).
③ 위생교육은 보건복지부장관이 허가한 단체 또는 공중위생영업자단체가 실시할 수 있다(공중위생관리법 제17조제4항).
④ 공중위생영업자는 매년 위생교육을 받아야 하며 위생교육은 3시간으로 한다(공중위생관리법 제17조제1항, 공중위생관리법 시행규칙 제23조제1항).

56 이·미용 영업소에서 1회용 면도날을 손님 2인에게 사용한 때의 1차 위반 시 행정처분은?

① 시정명령
② 개선명령
③ 경 고
④ 영업정지 5일

해설

행정처분기준(공중위생관리법 시행규칙 [별표 7])
소독을 한 기구와 소독을 하지 않은 기구를 각각 다른 용기에 넣어 보관하지 않거나 1회용 면도날을 2인 이상의 손님에게 사용한 경우
• 1차 위반 : 경고
• 2차 위반 : 영업정지 5일
• 3차 위반 : 영업정지 10일
• 4차 이상 위반 : 영업장 폐쇄명령

58 다음 중 이·미용사의 면허를 받을 수 없는 자는?

① 전문대학의 이·미용에 관한 학과를 졸업한 자
② 교육부장관이 인정하는 고등기술학교에서 1년 이상 이·미용에 관한 소정의 과정을 이수한 자
③ 「국가기술자격법」에 의한 이·미용사의 자격을 취득한 차
④ 외국의 유명 이·미용학원에서 2년 이상 기술을 습득한 자

해설
이용사 및 미용사의 면허 등(공중위생관리법 제6조 제1항)
이용사 또는 미용사가 되고자 하는 자는 다음의 어느 하나에 해당하는 자로서 보건복지부령이 정하는 바에 의하여 시장·군수·구청장의 면허를 받아야 한다.
• 전문대학 또는 이와 같은 수준 이상의 학력이 있다고 교육부장관이 인정하는 학교에서 이용 또는 미용에 관한 학과를 졸업한 자
• 대학 또는 전문대학을 졸업한 자와 같은 수준 이상의 학력이 있는 것으로 인정되어 이용 또는 미용에 관한 학위를 취득한 자
• 고등학교 또는 이와 같은 수준의 학력이 있다고 교육부장관이 인정하는 학교에서 이용 또는 미용에 관한 학과를 졸업한 자
• 특성화고등학교, 고등기술학교나 고등학교 또는 고등기술학교에 준하는 각종 학교에서 1년 이상 이용 또는 미용에 관한 소정의 과정을 이수한 자
• 「국가기술자격법」에 의한 이용사 또는 미용사 자격을 취득한 자

59 신고를 하지 않고 영업소 명칭(상호)을 바꾼 경우에 대한 1차 위반 시의 행정처분은?

① 주 의
② 경고 또는 개선명령
③ 영업정지 15일
④ 영업정지 1월

해설
행정처분기준(공중위생관리법 시행규칙 [별표 7])
신고를 하지 않고 영업소의 명칭 및 상호를 변경한 경우
• 1차 위반 : 경고 또는 개선명령
• 2차 위반 : 영업정지 15일
• 3차 위반 : 영업정지 1월
• 4차 이상 위반 : 영업장 폐쇄명령

60 다음 중 과태료처분 대상에 해당되지 않는 자는?

① 관계공무원의 출입·검사 등 업무를 기피한 자
② 영업소 폐쇄명령을 받고도 영업을 계속한 자
③ 이·미용업소 위생관리 의무를 지키지 아니한 자
④ 위생교육 대상자 중 위생교육을 받지 아니한 자

해설
벌칙(공중위생관리법 제20조제1항)
다음의 어느 하나에 해당하는 자는 1년 이하의 징역 또는 1천만원 이하의 벌금에 처한다.
• 공중위생영업의 신고를 하지 아니한 자
• 영업정지명령 또는 일부 시설의 사용중지명령을 받고도 그 기간 중에 영업을 하거나 그 시설을 사용한 자 또는 영업소 폐쇄명령을 받고도 계속하여 영업을 한 자
① 300만원 이하의 과태료
③·④ 200만원 이하의 과태료

안심Touch

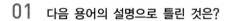

제 5 회 상시복원문제

01 다음 용어의 설명으로 틀린 것은?

① 버티컬 웨이브(Vertical Wave) – 웨이브 흐름이 수평
② 리셋(Reset) – 세트를 다시 마는 것
③ 호리존탈 웨이브(Horizontal Wave) – 웨이브 흐름이 가로 방향
④ 오리지널 세트(Original Set) – 기초가 되는 최초의 세트

해설
버티컬 웨이브는 흐름이 수직이다.

02 핑거 웨이브(Finger Wave)와 관계없는 것은?

① 세팅로션, 물, 빗
② 크레스트(Crest), 리지(Ridge), 트로프(Trough)
③ 포워드 비기닝(Forward Beginning), 리버스 비기닝(Reverse Beginning)
④ 테이퍼링(Tapering), 싱글링(Shingling)

해설
테이퍼링과 싱글링은 헤어커트 시 사용되는 기법이다.

03 스캘프 트리트먼트(Scalp Treatment)의 시술과정에서 화학적 방법과 관련 없는 것은?

① 양모제
② 헤어토닉
③ 헤어크림
④ 헤어스티머

해설
헤어스티머는 고온에서 스팀을 발생시키는 기기이다.

04 빗(Comb)의 손질법에 대한 설명으로 틀린 것은?(단, 금속 빗은 제외)

① 빗살 사이의 때는 솔로 제거하거나 심한 경우는 비눗물에 담근 후 브러시로 닦고 나서 소독한다.
② 증기소독과 자비소독 등 열에 의한 소독과 알코올소독을 해 준다.
③ 빗을 소독할 때는 크레졸수, 역성비누액 등이 이용되며 세정이 바람직하지 않은 재질은 자외선으로 소독한다.
④ 소독용액에 오랫동안 담가두면 빗이 휘어지는 경우가 있어 주의하고 끄집어낸 후 물로 헹구고 물기를 제거한다.

해설
빗을 소독할 때는 크레졸수, 역성비누액 등이 이용하고 자외선소독기에 보관하며 열에 의한 소독은 피한다.

1 ① 2 ④ 3 ④ 4 ② **Answer**

05 다음 중 헤어블리치에 관한 설명으로 틀린 것은?

① 과산화수소는 산화제이고 암모니아수는 알칼리제이다.
② 헤어블리치는 산화제의 작용으로 두발의 색소를 엷게 한다.
③ 헤어블리치제는 과산화수소에 암모니아수 소량을 더하여 사용한다.
④ 과산화수소에서 방출된 수소가 멜라닌 색소를 파괴시킨다.

해설
제1제는 모발을 팽창시키고, 제2제는 산소를 발생시킬 수 있도록 작용을 하면서 멜라닌색소를 분해한다.

06 네일 에나멜(Nail Enamel)에 함유된 주된 필름 형성제는?

① 톨루엔(Toluent)
② 메타크릴산(Methacrylic Acid)
③ 나이트로셀룰로스(Nitro Cellulose)
④ 라놀린(Lanoline)

해설
네일 에나멜(Nail Enamel)에 함유된 주된 필름 형성제는 나이트로셀룰로스이다.

07 두발이 지나치게 건조해 있을 때나 두발의 염색에 실패했을 때의 가장 적합한 샴푸방법은?

① 플레인 샴푸   ② 에그 샴푸
③ 약산성 샴푸   ④ 토닉 샴푸

해설
에그 샴푸는 두발이 지나치게 건조해 있을 때나 두발의 염색에 실패했을 때 영양을 공급한다.

08 미용의 과정이 바른 순서로 나열된 것은?

① 소재 → 구상 → 제작 → 보정
② 소재 → 보정 → 구상 → 제작
③ 구상 → 소재 → 제작 → 보정
④ 구상 → 제작 → 보정 → 소재

해설
미용의 과정은 소재 → 구상 → 제작 → 보정의 순서로 이루어진다.

09 다음 중 커트를 하기 위한 순서로 가장 옳은 것은?

① 위그 → 수분 → 빗질 → 블로킹 → 슬라이스 → 스트랜드
② 위그 → 수분 → 빗질 → 블로킹 → 스트랜드 → 슬라이스
③ 위그 → 수분 → 슬라이스 → 빗질 → 블로킹 → 스트랜드
④ 위그 → 수분 → 스트랜드 → 빗질 → 블로킹 → 슬라이스

해설
커트를 하기 위한 순서
위그 → 수분 → 빗질 → 블로킹 → 슬라이스 → 스트랜드

10 첩지에 대한 내용으로 틀린 것은?

① 첩지의 모양은 봉과 개구리 등이 있다.
② 첩지는 조선시대 사대부의 예장 때 머리 위 가르마를 꾸미는 장식품이다.
③ 왕비는 은 개구리첩지를 사용하였다.
④ 첩지는 내명부나 외명부의 신분을 밝혀주는 중요한 표시이기도 했다.

해설
왕비는 도금한 용첩지를 사용했다. 신분에 따라 비와 빈은 봉첩지를, 내외명부는 개구리첩지를 썼다.

11 레이어드 커트(Layered Cut)의 특징이 아닌 것은?

① 커트라인이 얼굴 정면에서 네이프라인과 일직선인 스타일이다.
② 두피 면에서의 모발의 각도를 90° 이상으로 커트한다.
③ 머리형이 가볍고 부드러워 다양한 스타일을 만들 수 있다.
④ 네이프라인에서 탑 부분으로 올라가면서 모발의 길이가 점점 짧아지는 커트이다.

해설
얼굴 정면에서 네이프라인과 일직선인 스타일은 원랭스 커트의 특징이다.

12 두발 커트 시 두발 끝 1/3 정도를 테이퍼링하는 것은?

① 노멀 테이퍼링
② 딥 테이퍼링
③ 엔드 테이퍼링
④ 보스 사이드 테이퍼

해설
딥 테이퍼링은 두발 끝 2/3 정도를 테이퍼링하는 것이고, 엔드 테이퍼링은 두발 끝 1/3 정도를 테이퍼링하는 것이다.

13 시스테인 퍼머넌트에 대한 설명으로 틀린 것은?

① 아미노산의 일종인 시스테인을 사용한 것이다.
② 환원제로 티오글라이콜산염이 사용된다.
③ 모발에 대한 잔류성이 높아 주의가 필요하다.
④ 연모, 손상모의 시술에 적합하다.

해설
시스테인 퍼머넌트의 환원제는 시스테인을 사용한다.

14 영구적 염모제에 대한 설명 중 틀린 것은?

① 제1액의 알칼리제로는 휘발성이라는 점에서 암모니아가 사용된다.
② 제2제인 산화제는 모피질 내로 침투하여 수소를 발생시킨다.
③ 제1제 속의 알칼리제가 모표피를 팽윤시켜 모피질 내 인공색소와 과산화수소를 침투시킨다.
④ 모피질 내의 인공색소는 큰 입자의 유색 염료를 형성하여 영구적으로 착색된다.

해설
제2제인 산화제는 과산화수소와 물로 이루어져 있으며 탈색과 발색이 이루어진다.

15 두피 타입에 알맞은 스캘프 트리트먼트(Scalp Treatment)의 시술방법의 연결이 틀린 것은?

① 건성두피 – 드라이 스캘프 트리트먼트
② 지성두피 – 오일리 스캘프 트리트먼트
③ 비듬성두피 – 핫 오일 스캘프 트리트먼트
④ 정상두피 – 플레인 스캘프 트리트먼트

해설
비듬성두피에는 댄드러프 트리트먼트가 사용된다.

16 샴푸제의 성분이 아닌 것은?

① 계면활성제　　② 점증제
③ 기포증진제　　④ 산화제

해설
산화제는 퍼머넌트 웨이브 시 제2제로 사용된다.

17 파운데이션 사용 시 양 볼은 어두운색으로, 이마 상단과 턱의 하부는 밝은색으로 표현하면 좋은 얼굴형은?

① 긴 형　　　　② 둥근형
③ 사각형　　　④ 삼각형

해설
둥근형 얼굴일 경우 양 볼은 어두운색으로, 이마 상단과 턱의 하부는 밝은색으로 표현하여 갸름해 보이도록 한다.

18 가위에 대한 설명 중 틀린 것은?

① 양날의 견고함이 동일해야 한다.
② 가위의 길이나 무게가 미용사의 손에 맞아야 한다.
③ 가위 날이 반듯하고 두꺼운 것이 좋다.
④ 협신에서 날 끝으로 갈수록 약간 내곡선인 것이 좋다.

해설
가위는 두꺼운 것보다 날렵한 것이 좋다.

19 모발의 측쇄결합으로 볼 수 없는 것은?

① 시스틴결합(Cystine Bond)
② 염결합(Salt Bond)
③ 수소결합(Hydrogen Bond)
④ 폴리펩타이드결합(Poly Peptide Bond)

해설
주쇄결합은 폴리펩타이드결합이 있으며, 측쇄결합
은 시스틴결합, 수소결합, 염결합이 해당된다.

20 두발에서 퍼머넌트 웨이브의 형성과 직접 관련이 있는 아미노산은?

① 시스틴(Cystine)
② 알라닌(Alanine)
③ 멜라닌(Melanin)
④ 타이로신(Tyrosin)

해설
퍼머넌트 웨이브는 시스틴 결합의 환원반응과 산화
반응의 화학작용의 원리를 이용한 것이다.

21 수질오염을 측정하는 지표로서 물에 녹아 있는 유리산소를 의미하는 것은?

① 용존산소(DO)
② 생물화학적 산소요구량(BOD)
③ 화학적 산소요구량(COD)
④ 수소이온농도(pH)

해설
용존산소(DO)는 물에 녹아 있는 유리산소이며 용존
산소(DO)가 부족하다는 것은 수질오염도가 높은 것
이다.

22 출생률보다 사망률이 낮으며 14세 이하 인구가 65세 이상 인구의 2배를 초과하는 인구 구성형은?

① 피라미드형   ② 종 형
③ 항아리형   ④ 별 형

해설
피라미드형(인구증가형)은 14세 이하 인구가 65세
이상 인구의 2배를 초과하는 인구 구성형이다.

23 보건행정에 대한 설명으로 가장 올바른 것은?

① 공중보건의 목적을 달성하기 위해 공공의 책임하에 수행하는 행정활동
② 개인보건의 목적을 달성하기 위해 공공의 책임하에 수행하는 행정활동
③ 국가 간의 질병 교류를 막기 위해 공공의 책임하에 수행하는 행정활동
④ 공중보건의 목적을 달성하기 위해 개인의 책임하에 수행하는 행정활동

해설
보건행정은 공중보건의 목적을 달성하기 위한 활동
을 말하며 공공의 책임으로 국가나 지방자체단체가
주도하여 국민의 보건 향상을 위해 시행하는 행정활
동을 말한다.

19 ④ 20 ① 21 ① 22 ① 23 ① **Answer**

24 콜레라 예방접종은 어떤 면역방법인가?

① 인공수동면역 ② 인공능동면역
③ 자연수동면역 ④ 자연능동면역

해설
인공능동면역이란 예방접종 후 형성된 면역이다.

25 기생충의 인체 내 기생 부위 연결이 잘못된 것은?

① 구충증 – 폐
② 간흡충증 – 간의 담도
③ 요충증 – 직장
④ 폐흡충 – 폐

해설
구충은 소장에서 성충으로 발육한다.

26 다음 중 불량조명에 의해 발생되는 직업병이 아닌 것은?

① 안정피로 ② 근 시
③ 근육통 ④ 안구진탕증

해설
불량조명에 의해 발생되는 직업병은 안정피로, 근시, 안구진탕증이 있다.

27 주로 여름철에 발병하며 어패류 등의 생식이 원인이 되어 복통, 설사 등의 급성위장염 증상을 나타내는 식중독은?

① 포도상구균 식중독
② 병원성 대장균 식중독
③ 장염 비브리오 식중독
④ 보툴리누스균 식중독

해설
장염 비브리오 식중독 : 생선류나 조개류를 여름철에 날것으로 먹으면 12~24시간 뒤에 발병하며 복통, 구토, 설사, 미열 등의 증상을 나타낸다.

28 다음 중 비타민(Vitamin)과 그 결핍증과의 연결이 틀린 것은?

① Vitamin B_2 – 구순염
② Vitamin D – 구루병
③ Vitamin A – 야맹증
④ Vitamin C – 각기병

해설
비타민 C 부족 시 괴혈병이 나타나고, 비타민 B_1 부족 시 각기병이 발병한다.

29 일반적으로 돼지고기 생식에 의해 감염될 수 없는 것은?

① 유구조충　　② 무구조충
③ 선모충　　　④ 살모넬라

해설
무구조충은 소고기 생식으로 감염될 수 있다.

30 실내에 다수인이 밀집한 상태에서 실내공기의 변화는?

① 기온 상승 – 습도 증가 – 이산화탄소 감소
② 기온 하강 – 습도 증가 – 이산화탄소 감소
③ 기온 상승 – 습도 증가 – 이산화탄소 증가
④ 기온 상승 – 습도 감소 – 이산화탄소 증가

해설
실내에 다수인이 밀집한 상태에서는 실내공기의 기온, 습도, 이산화탄소가 모두 증가한다.

31 고압증기멸균법에서 20파운드(lbs)의 압력에서는 몇 분간 처리하는 것이 가장 적절한가?

① 40분　　　② 30분
③ 15분　　　④ 5분

해설
고압증기멸균법에서 20lbs 압력에서는 126.5℃ 온도에서 15분간 처리해야 한다.

32 광견병의 병원체는 어디에 속하는가?

① 세균(Bacteria)
② 바이러스(Virus)
③ 리케차(Rickettsia)
④ 진균(Fungi)

해설
바이러스는 세균보다 작은 미생물로서 광견병, 홍역, 천연두, 소아마비 등을 일으킨다.

33 다음 중 열에 대한 저항력이 커서 자비소독법으로 사멸되지 않는 균은?

① 콜레라균
② 결핵균
③ 살모넬라균
④ B형간염바이러스

해설
자비소독법은 100℃의 물에 10~20분간 끓이는 방법으로 아포균과 간염바이러스는 사멸시키지 못한다.

34 레이저(Razor) 사용 시 헤어살롱에서 교차감염을 예방하기 위해 주의할 점이 아닌 것은?

① 매 고객마다 새로 소독된 면도날을 사용해야 한다.
② 면도날을 매번 고객마다 갈아 끼우기 어렵지만, 하루에 한번은 반드시 새것으로 교체해야만 한다.
③ 레이저 날이 한 몸체로 분리가 안 되는 경우 70% 알코올을 적신 솜으로 반드시 소독 후 사용한다.
④ 면도날을 재사용해서는 안 된다.

해설
② 면도기는 1회용을 사용하며 면도날은 손님 1인에 한하여 사용하여야 한다.

35 손 소독과 주사할 때 피부 소독 등에 사용되는 에틸알코올(Ethylalcohol)은 어느 정도의 농도에서 가장 많이 사용되는가?

① 20% 이하
② 60% 이하
③ 70~80%
④ 90~100%

해설
에틸알코올은 70%에서, 메틸알코올은 75%에서 사용된다.

36 이·미용업소에서 일반적 상황에서의 수건 소독법으로 가장 적합한 것은?

① 석탄산소독
② 크레졸소독
③ 자비소독
④ 적외선소독

해설
이·미용실에서 사용하는 수건은 증기 및 자외선소독법이 적당하다.

37 이·미용업소에서 B형간염의 감염을 방지하려면 다음 중 어느 기구를 가장 철저히 소독하여야 하는가?

① 수 건
② 머리빗
③ 면도칼
④ 클리퍼(전동형)

해설
B형간염은 혈액을 통해 감염되므로 면도기를 소독하지 않거나 재사용할 경우 감염될 수 있으므로 철저히 소독해야 한다.

38 소독제의 살균력을 비교할 때 기준이 되는 소독약은?

① 아이오딘
② 크레졸
③ 석탄산
④ 알코올

해설
석탄산(페놀)은 살균력의 표준지표로 사용하며 석탄산계수가 높을수록 소독효과가 크다.

39 3%의 크레졸비누액 900mL를 만드는 방법으로 옳은 것은?

① 크레졸 원액 270mL에 물 630mL를 가한다.
② 크레졸 원액 27mL에 물 873mL를 가한다.
③ 크레졸 원액 300mL에 물 600mL를 가한다.
④ 크레졸 원액 200mL에 물 700mL를 가한다.

해설
• 농도(%) = 용질 / 용액 × 100
• 3% = 원액 / 900 × 100
• 3%의 크레졸비누액 900mL는 크레졸 원액 27mL에 물 873mL를 가하면 만들 수 있다.

40 소독약의 구비조건으로 틀린 것은?

① 값이 비싸고 위험성이 없다.
② 인체에 해가 없으며 취급이 간편하다.
③ 살균하고자 하는 대상물을 손상시키지 않는다.
④ 살균력이 강하다.

해설
소독약의 구비조건으로 가격이 경제적이고 안전성이 있어야 한다.

41 다음 중 피부의 각질, 털, 손톱, 발톱의 구성성분인 케라틴을 가장 많이 함유한 것은?

① 동물성 단백질
② 동물성 지방질
③ 식물성 지방질
④ 탄수화물

해설
케라틴은 경단백질로 동물성 단백질에 함유되어 있다.

42 노화피부의 특징이 아닌 것은?

① 노화피부는 탄력이 있고 수분이 없다.
② 피지 분비가 원활하지 못하다.
③ 주름이 형성되어 있다.
④ 색소침착 불균형이 나타난다.

해설
노화피부는 건조하며 탄력이 없어지고 주름이 형성되며 색소가 불균형하게 나타난다.

43 피부 진균에 의하여 발생하며 습한 곳에서 발생 빈도가 가장 높은 것은?

① 모낭염
② 족부백선
③ 붕소염
④ 티 눈

해설
족부백선(무좀)은 습한 환경과 비위생적인 습관으로 인해 발생한다.

44 기미를 악화시키는 주요한 원인이 아닌 것은?

① 경구피임약의 복용
② 임 신
③ 자외선 차단
④ 내분비 이상

해설
자외선에 의해 멜라닌색소가 증가한다.

45 다음 중 피지선과 가장 관련이 깊은 질환은?

① 사마귀
② 주사(Rosacea)
③ 한관종
④ 백반증

해설
② 주사는 지루성 피부염에 잘 생기는 질환이며 구진과 농포가 코를 중심으로 양쪽에 나타난다.

46 박하(Peppermint)에 함유된 시원한 느낌으로 혈액순환 촉진 성분은?

① 자일리톨(Xylitol)
② 멘톨(Menthol)
③ 알코올(Alcohol)
④ 마조람 오일(Majoram Oil)

해설
박하의 주성분은 멘톨이다(살균, 방부, 진통효과).

47 다음 중 표피에 존재하며, 면역과 가장 관계가 깊은 세포는?

① 멜라닌세포
② 랑게르한스세포
③ 메르켈세포
④ 섬유아세포

해설
② 랑게르한스세포 : 단순히 피부를 기계적으로 보호할 뿐 아니라 적극적으로 생체 방어를 담당하며 면역반응 역할을 한다.

48 다음 중 필수아미노산에 속하지 않는 것은?

① 트립토판　②　트레오닌
③ 발 린　　　④　알라닌

해설
필수아미노산
• 성인 : 트립토판, 라이신, 메티오닌, 발린, 류신, 아이소류신, 트레오닌, 페닐알라닌, 히스티딘(9가지)
• 영아 : 성인의 9가지 + 아르지닌(10가지)

49 AHA(Alpha Hydroxy Acid)에 대한 설명으로 틀린 것은?

① 화학적 필링
② 글라이콜산, 젖산, 주석산, 능금산, 구연산
③ 각질세포의 응집력 강화
④ 미백작용

해설
AHA(아하)는 죽은 각질을 제거하는 효과가 있다.

50 다음 정유(Essential Oil) 중에서 살균, 소독작용이 가장 강한 것은?

① 타임오일(Thyme Oil)
② 주니퍼 오일(Juniper Oil)
③ 로즈메리 오일(Rosemary Oil)
④ 클라리세이지 오일(Clarysage Oil)

해설
① 타임오일 : 살균, 소독작용이 강하며 염증제거에 도움을 준다.

51 영업신고를 하지 아니하고 영업소의 소재지를 변경한 때 1차 위반 시 행정처분은?

① 경 고
② 면허정지
③ 면허취소
④ 영업정지 1월

해설
행정처분기준(공중위생관리법 시행규칙 [별표 7])
신고를 하지 않고 영업소의 소재지를 변경한 경우
• 1차 위반 : 영업정지 1월
• 2차 위반 : 영업정지 2월
• 3차 위반 : 영업장 폐쇄명령

52 이·미용업에 있어 청문을 실시하여야 하는 경우가 아닌 것은?

① 면허취소처분을 하고자 하는 경우
② 면허정지처분을 하고자 하는 경우
③ 일부 시설의 사용중지처분을 하고자 하는 경우
④ 위생교육을 받지 아니하여 1차 위반한 경우

해설
청문(공중위생관리법 제12조)
보건복지부장관 또는 시장·군수·구청장은 다음의 어느 하나에 해당하는 처분을 하려면 청문을 하여야 한다.
• 신고사항의 직권 말소
• 이용사와 미용사의 면허취소 또는 면허정지
• 영업정지명령, 일부 시설의 사용중지명령 또는 영업소 폐쇄명령

49 ③ 50 ① 51 ④ 52 ④ **Answer**

53 이·미용업소에서의 면도기 사용에 대한 설명으로 가장 옳은 것은?

① 1회용 면도날만을 손님 1인에 한하여 사용
② 정비용 면도기를 손님 1인에 한하여 사용
③ 정비용 면도기를 소독 후 계속 사용
④ 매 손님마다 소독한 정비용 면도기 교체 사용

해설
공중위생영업자가 준수하여야 하는 위생관리기준 등(공중위생관리법 시행규칙 [별표 4])
1회용 면도날은 손님 1인에 한하여 사용하여야 한다.

54 부득이한 사유가 없는 한 공중위생영업소를 개설할 자는 언제 위생교육을 받아야 하는가?

① 영업개시 후 2월 이내
② 영업개시 후 1월 이내
③ 영업개시 전
④ 영업개시 후 3월 이내

해설
위생교육(공중위생관리법 제17조제2항)
공중위생영업의 신고를 하고자 하는 자는 미리 위생교육을 받아야 한다. 다만, 보건복지부령으로 정하는 부득이한 사유로 미리 교육을 받을 수 없는 경우에는 영업개시 후 6개월 이내에 위생교육을 받을 수 있다.

55 다음 중 공중위생영업을 하고자 할 때 필요한 것은?

① 허 가
② 통 보
③ 인 가
④ 신 고

해설
공중위생영업의 신고 및 폐업신고(공중위생관리법 제3조제1항)
공중위생영업을 하고자 하는 자는 공중위생영업의 종류별로 보건복지부령이 정하는 시설 및 설비를 갖추고 시장·군수·구청장(자치구의 구청장에 한한다)에게 신고하여야 한다. 보건복지부령이 정하는 중요사항을 변경하고자 하는 때에도 또한 같다.

56 공중위생영업자가 준수하여야 할 위생관리기준은 다음 중 어느 것으로 정하고 있는가?

① 대통령령
② 국무총리령
③ 고용노동부령
④ 보건복지부령

해설
공중위생영업자의 위생관리의무 등(공중위생관리법 제4조제7항)
공중위생영업자가 준수하여야 할 위생관리기준 기타 위생관리서비스의 제공에 관하여 필요한 사항으로서 건전한 영업질서유지를 위하여 영업자가 준수하여야 할 사항은 보건복지부령으로 정한다.

57 이용 또는 미용의 면허가 취소된 후 계속하여 업무를 행한 자에 대한 벌칙사항은?

① 6월 이하의 징역 또는 300만원 이하의 벌금
② 500만원 이하의 벌금
③ 300만원 이하의 벌금
④ 200만원 이하의 벌금

해설

벌칙(공중위생관리법 제20조제3항)
다음의 어느 하나에 해당하는 사람은 300만원 이하의 벌금에 처한다.
• 다른 사람에게 이용사 또는 미용사의 면허증을 빌려주거나 빌린 사람
• 이용사 또는 미용사의 면허증을 빌려주거나 빌리는 것을 알선한 사람
• 면허의 취소 또는 정지 중에 이용업 또는 미용업을 한 사람
• 면허를 받지 아니하고 이용업 또는 미용업을 개설하거나 그 업무에 종사한 사람

58 제1급 감염병에 대한 설명으로 옳지 않은 것은?

① 결핵, 수두, 홍역, 콜레라, 장티푸스 등이 포함된다.
② 제1급 감염병에 걸린 감염병환자 등은 감염병관리기관에서 입원치료를 받아야 한다.
③ 갑작스러운 국내 유입 또는 유행이 예견되어 긴급한 예방·관리가 필요하여 질병관리청장이 보건복지부장관과 협의하여 지정하는 감염병을 포함한다.
④ 생물테러감염병 또는 치명률이 높거나 집단 발생의 우려가 커서 발생 또는 유행 즉시 신고하여야 한다.

해설

① 제2급 감염병에 관한 설명이다.

59 대통령령이 정하는 바에 의하여 관계전문기관 등에 공중위생관리 업무의 일부를 위탁할 수 있는 자는?

① 시·도지사
② 시장·군수·구청장
③ 보건복지부장관
④ 보건소장

해설

위임 및 위탁(공중위생관리법 제18조제2항)
보건복지부장관은 대통령령이 정하는 바에 의하여 관계전문기관에 그 업무의 일부를 위탁할 수 있다.

60 이·미용사의 면허증을 재발급 받을 수 있는 자는 다음 중 누구인가?

① 공중위생관리법의 규정에 의한 명령을 위반한 자
② 뇌전증 환자
③ 면허증을 다른 사람에게 대여한 자
④ 면허증이 헐어 못쓰게 된 자

해설

면허증의 재발급 등(공중위생관리법 시행규칙 제10조제1항)
이용사 또는 미용사는 면허증의 기재사항에 변경이 있는 때, 면허증을 잃어버린 때 또는 면허증이 헐어 못쓰게 된 때에는 면허증의 재발급을 신청할 수 있다.

57 ③ 58 ① 59 ③ 60 ④ **Answer**

PART **5**

최근
기출복원문제

미용사(일반)

필기 한권으로 끝내기!

2018년 제1회 기출복원문제

01 탈색한 후 적색으로 염색한 모발을 다른 색으로 바꾸고 싶을 때 적색을 없애려면 어떤 색을 사용해야 하는가?

① 노란색   ② 보라색
③ 적 색   ④ 초록색

[해설]
적색의 보색인 초록색을 사용하여 적색을 없앨 수 있다.

02 염모제로서 헤나를 처음으로 사용했던 나라는?

① 그리스   ② 이집트
③ 로 마   ④ 중 국

[해설]
기원전 1500년경 이집트에서 염색을 위해 헤나를 사용했다는 기록이 있다.

03 아이론의 열을 이용하여 웨이브를 형성하는 것은?

① 핑거 웨이브
② 콜드 웨이브
③ 마셀 웨이브
④ 섀도 웨이브

[해설]
• 마셀 웨이브 : 아이론의 열을 이용하여 형성하는 웨이브
• 콜드 웨이브 : 콜드 웨이브 용액을 이용하여 형성하는 웨이브
• 핑거 웨이브 : 핑거 젤(세트로션)을 이용하여 빗과 손가락으로 형성하는 웨이브

04 두발을 롤러에 와인딩 할 때 스트랜드를 베이스에 대하여 45°로 잡아 올려서 와인딩한 롤러 컬은?

① 롱 스템 롤러 컬
② 하프 스템 롤러 컬
③ 논 스템 롤러 컬
④ 숏 스템 롤러 컬

[해설]
• 롱 스템 롤러 컬 : 45°로 하여 컬이 형성(볼륨이 낮음)
• 하프 스템 롤러 컬 : 90°로 하여 컬이 형성(볼륨이 적당)
• 논 스템 롤러 컬 : 120~135°로 하여 컬이 형성(볼륨이 높음)

05 다음 중 두발의 볼륨을 주지 않기 위한 컬 기법은?

① 스탠드업 컬(Stand Up Curl)
② 플랫 컬(Flat Curl)
③ 리프트 컬(Lift Curl)
④ 논 스템 롤러 컬(Non Stem Roller Curl)

[해설]
• 플랫 컬 : 두피에서 0° 각도로 볼륨 없이 납작하게 형성
• 메이폴 컬 : 모발 끝을 바깥쪽으로 말아서 핀으로 고정, 모발 끝 쪽이 느슨한 컬
• 리프트 컬 : 루프가 두피에 45° 각도로 세워진 것

06 두발 커트 시 두발 끝 2/3 정도를 테이퍼링 하는 것은?

① 노멀 테이퍼링
② 딥 테이퍼링
③ 엔드 테이퍼링
④ 보스 사이드 테이퍼

해설
• 엔드 테이퍼링 : 모발 끝부분에서 1/3 정도 테이퍼링
• 노멀 테이퍼링 : 모발 끝부분에서 1/2 정도 테이퍼링
• 딥 테이퍼링 : 모발 끝부분에서 2/3 정도 테이퍼링

07 미용의 과정 중 가장 마지막 단계는?

① 소 재 ② 보 정
③ 구 상 ④ 제 작

해설
미용의 과정은 소재 → 구상 → 제작 → 보정의 순서로 이루어진다.

08 원랭스의 정의로 알맞은 것은?

① 두발의 길이에 단차가 있는 상태의 커트
② 완성된 두발을 빗으로 빗어 내렸을 때 모든 두발이 하나의 선상으로 떨어지도록 자르는 커트
③ 머릿결을 맞추지 않아도 되는 커트
④ 전체의 머리 길이가 똑같은 커트

해설
원랭스 : 동일 선상의 외측과 내측에 단차를 주지 않고 일직선상으로 자른 단발머리 형태

09 업스타일을 시술할 때 백 코밍의 효과를 크게 하고자 세모난 모양의 파트로 섹션을 잡는 것은?

① 스퀘어 파트
② 트라이앵귤러 파트
③ 카울릭 파트
④ 렉탱귤러 파트

해설
세모난 모양의 파트는 트라이앵귤러 파트로, 업스타일 시 사용한다.

10 땋거나 스타일링하기에 쉽도록 3가닥 혹은 1가닥으로 만들어진 헤어피스는?

① 웨프트 ② 스위치
③ 폴 ④ 위글렛

해설
스위치는 1~3가닥의 긴 모발을 땋거나 묶은 모발의 형태로 제작하는 것이다.

11 두발을 염색한 후 다시 자라난 두발에 염색을 하는 것을 무엇이라 하는가?

① 리터치
② 패치테스트
③ 스트랜드 테스트
④ 영구적 염색

해설
리터치(다이 터치 업) : 염색 후 다시 자라난 두발에 염색을 하는 것

6 ② 7 ② 8 ② 9 ② 10 ② 11 ① **Answer**

12 염색모나 약한 모발에 가장 적합한 샴푸 방법은?

① 플레인 샴푸
② 에그 샴푸
③ 약산성 샴푸
④ 토닉 샴푸

해설
• 플레인 샴푸 : 건강한 정상모발에 적당(중성샴푸)
• 약산성 샴푸 : 염색모나 약한 모발에 적당(pH 4~5)
• 토닉 샴푸 : 영양분이 함유된 샴푸
• 에그 샴푸 : 두발이 지나치게 건조해 있을 때나 두발의 염색에 실패했을 때 영양을 공급

13 콜드 웨이브에 있어 제2액의 작용에 해당되지 않는 것은?

① 산화작용
② 정착작용
③ 중화작용
④ 환원작용

해설
환원작용은 1액의 작용이다.

14 프레 커트(Pre-cut)에 해당되는 것은?

① 두발의 상태가 커트하기에 용이하게 되어 있는 상태
② 퍼머넌트 웨이브 시술 후의 커트
③ 손상모 등을 간단하게 추려내기 위한 커트
④ 퍼머넌트 웨이브 시술 전의 커트

해설
• 프레 커트 : 퍼머넌트를 하기 전의 커트
• 트리밍 : 퍼머넌트를 한 후 손상모와 삐져나온 불필요한 모발을 다시 가볍게 잘라주는 것
• 시닝 : 모발의 길이는 유지고 모량을 조절
• 테이퍼링 : 모발 끝을 가늘게 질감처리
• 슬리더링 : 가위를 사용하여 머리숱을 감소

15 우리나라에서 현대미용의 시초라고 볼 수 있는 시기는?

① 조선 말기
② 6·25 이후
③ 해방 이후
④ 한일합방 이후

해설
현대미용은 한일합방 이후 급격히 발달하였다.

16 두피 타입에 따른 스캘프 트리트먼트(Scalp Treatment) 시술방법의 연결로 틀린 것은?

① 건성두피 – 핫 오일 스캘프 트리트먼트
② 지성두피 – 오일리 스캘프 트리트먼트
③ 비듬성두피 – 댄드러프 스캘프 트리트먼트
④ 정상두피 – 플레인 스캘프 트리트먼트

해설
• 댄드러프 스캘프 트리트먼트 : 비듬성두피
• 오일리 스캘프 트리트먼트 : 지성두피
• 플레인 스캘프 트리트먼트 : 정상두피(건강 두피)
• 드라이 스캘프 트리트먼트 : 건성두피

17 헤어 샴푸의 목적과 가장 거리가 먼 것은?

① 영양 공급 및 탈모 치료
② 헤어트리트먼트를 쉽게 할 수 있는 기초
③ 두발의 건전한 발육 촉진
④ 청결한 두피와 두발을 유지

해설
헤어 샴푸의 목적은 모발과 두피의 때, 먼지, 비듬, 이물질을 제거하여 청결함과 상쾌함을 유지하고 두피의 혈액순환과 신진대사를 잘되게 하여 모발 성장에 도움을 주는 것이다.

18 샴푸 시술 시 주의사항으로 잘못된 것은?

① 두피를 손톱으로 문지르며 비빈다.
② 두발을 적시기 전에 물의 온도를 점검한다.
③ 손님의 의상이 젖지 않게 신경을 쓴다.
④ 다른 손님에게 사용한 타월은 쓰지 않는다.

해설
샴푸 시술 시 손톱으로 두피를 문지르며 비비면 두피에 상처가 날 수 있으므로 지문으로 해야 한다.

19 퍼머넌트를 한 후 손상모와 삐져나온 불필요한 모발을 다시 가볍게 잘라주는 커팅 기법은?

① 싱글링   ② 시 닝
③ 트리밍   ④ 테이퍼링

해설
• 싱글링 : 빗을 천천히 위쪽으로 이동시키면서 가위의 개폐를 재빨리 하여 빗에 끼어 있는 두발을 잘라나가는 커팅 기법
• 트리밍 : 퍼머넌트를 한 후 손상모와 삐져나온 불필요한 모발을 다시 가볍게 잘라주는 것
• 시닝 : 모발의 길이는 유지하고 모량을 조절
• 테이퍼링 : 모발 끝을 가늘게 질감처리
• 슬리더링 : 가위를 사용하여 머리숱을 감소

20 다음 중 커트를 하기 위한 순서로 가장 옳은 것은?

① 위그 → 수분 → 빗질 → 블로킹 → 슬라이스 → 스트랜드
② 위그 → 수분 → 빗질 → 블로킹 → 스트랜드 → 슬라이스
③ 위그 → 수분 → 슬라이스 → 빗질 → 블로킹 → 스트랜드
④ 위그 → 수분 → 스트랜드 → 빗질 → 블로킹 → 슬라이스

해설
커트를 하기 위한 순서 : 위그 → 수분 → 빗질 → 블로킹 → 슬라이스 → 스트랜드

21 공중보건학의 목적이 아닌 것은?

① 질병치료
② 수명연장
③ 신체적, 정신적 건강증진
④ 질병예방

해설
윈슬로의 공중보건학 정의에 따르면 조직화된 지역사회의 노력을 통하여 질병을 예방하고, 수명을 연장하며, 건강과 능률을 증진시키는 과학이자 기술이다.

22 인위적으로 생균백신, 사균백신, 순화독소 등 예방접종으로 감염을 일으켜 얻어지는 면역은?

① 인공수동면역
② 인공능동면역
③ 자연수동면역
④ 자연능동면역

해설
- 자연능동면역 : 감염병에 감염된 후 형성되는 면역
- 인공능동면역 : 인위적으로 생균백신, 사균백신, 순화독소 등 예방접종으로 감염을 일으켜 얻어지는 면역
- 자연수동면역 : 신생아가 모체로부터 태반, 수유를 통해 어머니로부터 얻은 면역
- 인공수동면역 : 회복기혈청, 면역혈청, 감마글로불린 등 인공제제를 주사하여 항체를 얻는 방법

23 수질오염의 지표로 알맞은 것은?

① BOD
② DO
③ COD
④ SS

해설
- DO : 용존산소
- BOD : 생물학적 산소요구량
- SS : 부유물질
- COD : 화학적 산소요구량

24 병원성 미생물이 일반적으로 증식이 가장 잘되는 pH의 범위는?

① 3.5~4.5
② 4.5~5.5
③ 5.5~6.5
④ 6.5~7.5

해설
세균은 중성이나 약알칼리성인 pH 6.5~7.5에서 증식이 잘된다.

25 법정 감염병에 대한 설명으로 옳지 않은 것은?

① 제1급 감염병은 발생 또는 유행 즉시 신고하여야 하고, 음압격리와 같은 높은 수준의 격리가 필요하다.
② 제2급 감염병은 전파 가능성을 고려하여 발생 또는 유행 시 24시간 이내에 신고하여야 한다.
③ 기생충감염병은 기생충에 감염되어 발생하는 감염병 중 질병관리청장이 고시하는 감염병을 말한다.
④ 제3급 감염병은 그 발생을 계속 감시할 필요가 있어 발생 또는 유행 시 7일 이내에 신고하여야 하는 감염병을 말한다.

해설
제3급 감염병은 그 발생을 계속 감시할 필요가 있어 발생 또는 유행 시 24시간 이내에 신고하여야 하는 감염병을 말한다.

26 감각온도의 3대 요소가 아닌 것은?

① 기 온
② 기 압
③ 기 습
④ 기 류

해설
감각온도의 3대 요소 : 기온, 기습, 기류

27 출생률과 사망률이 모두 낮은 인구정지형 구성형은?

① 피라미드형
② 종 형
③ 항아리형
④ 별 형

해설

피라미드형	출생률이 증가하고, 사망률이 낮은 형태(후진국형, 인구증가형) → 14세 이하 인구가 65세 이상 인구의 2배 이상
종 형	출생률과 사망률이 모두 낮은 형태(인구정지형) → 14세 이하 인구가 65세 이상 인구의 2배 정도
항아리형 (방추형)	출생률이 사망률보다 낮은 형태(선진국형, 인구감소형) → 14세 이하 인구가 65세 이상 인구의 2배 이하
별 형	생산연령 인구가 많이 유입되는 형태(도시형, 인구유입형) → 생산인구가 증가하는 형으로 생산층(15~49세) 인구가 전체 인구의 50% 이상
호로형 (표주박형)	생산층 인구가 많이 유출되는 형태(농촌형, 인구유출형) → 15~49세의 생산층 인구가 전체 인구의 50% 미만

28 미생물의 번식에 가장 중요한 요소로 알맞은 것은?

① 온도 – 적외선 – pH
② 온도 – 습도 – 자외선
③ 온도 – 습도 – 영양분
④ 온도 – 습도 – 시간

해설

미생물의 번식에 가장 중요한 요소로는 온도, 습도, 영양분이 있다.

29 한 국가가 지역사회의 건강수준을 나타내는 지표로서 대표적인 것은?

① 신생아사망률
② 조사망률
③ 질병이환률
④ 영아사망률

해설

지역사회의 건강수준을 나타내는 지표로서 대표적인 것은 영아사망률(1,000명당 1년 이내 사망자수)이다.

30 소아마비의 병원체는 어디에 속하는가?

① 세균(Bacteria)
② 바이러스(Virus)
③ 리케차(Rickettsia)
④ 진균(Fungi)

해설

바이러스는 세균보다 작은 미생물로서 광견병, 홍역, 천연두, 소아마비 등을 일으킨다.

31 소독의 정의로서 옳은 것은?

① 모든 미생물 일체를 사멸하는 것
② 모든 미생물을 열과 약품으로 완전히 제거하는 것
③ 병원성 미생물의 생활력을 파괴하여 감염력을 없애는 것
④ 균을 적극적으로 죽이지 못하더라도 발육을 저지하고 목적하는 것을 변화시키지 않고 보존하는 것

해설

• 방부 : 미생물의 발육과 생활을 정지시켜 부패를 방지
• 멸균 : 모든 미생물의 생활력을 파괴
• 소독 : 감염병의 전파를 방지하기 위해 감염력을 없애는 것

32 소독용 알코올의 적정 농도로 알맞은 것은?

① 10% ② 70%

③ 30% ④ 100%

해설

소독용 알코올은 일반적으로 70%의 농도를 사용한다.

33 고압멸균기를 사용하여 소독하기에 가장 적합하지 않은 것은?

① 유리기구 ② 금속기구

③ 약 액 ④ 가죽제품

해설

가죽제품은 석탄산수, 크레졸수, 포르말린수 등을 사용한다.

34 소독제의 살균력을 비교할 때 기준이 되는 소독약은?

① 석탄산

② 포르말린수

③ 아이오딘(요오드)

④ 알코올

해설

석탄산(페놀) : 살균력의 표준지표로 사용된다. 석탄산계수가 높을수록 소독효과가 크다.

35 소독약의 구비조건에 해당하지 않는 것은?

① 저렴하고 사용이 간편할 것

② 인체에 해가 없어야 할 것

③ 높은 살균력을 가질 것

④ 기름에 잘 용해되어야 할 것

해설

소독약은 물이나 알코올에 잘 용해되어야 한다.

36 소독액을 표시할 때 사용하는 단위로 용액 100mL 속에 용질의 함량을 표시하는 수치는?

① 푼 ② 퍼센트

③ 퍼밀리 ④ 피피엠

해설

• 푼 : 용액 10mL 속 용질의 함량

• 퍼밀리 : 용액 1,000mL 속 용질의 함량

• 피피엠 : 용액 1,000,000mL 속 용질의 함량

37 미생물을 대상으로 소독력이 가장 강한 것은?

① 멸 균 ② 소 독

③ 살 균 ④ 방 부

해설

소독력 크기 : 멸균 > 살균 > 소독 > 방부 > 청결

38 100℃의 끓는 물에 15~20분 가열하며 소독하는 방법으로 의류, 도자기 등을 소독하는 방법은?

① 저온소독법
② 건열멸균법
③ 고압증기멸균법
④ 자비소독법

해설

소독법의 분류

건열멸균법	건열멸균기를 이용해 멸균하는 방법으로 보통 160~180℃에서 1~2시간 가열한다. 유리제품, 금속류, 사기그릇 등의 멸균에 이용한다(미생물과 포자를 사멸).
자비소독법	100℃의 끓는 물에 15~20분 가열한다(포자는 죽이지 못함). → 의류, 도자기 등
고압증기 멸균법	2기압 121℃의 고온 수증기를 15~20분 이상 가열한다(포자까지 사멸). → 고무 제품, 기구, 약액 등
저온소독법	62~65℃의 낮은 온도에서 30분간 소독한다. → 우유 소독

39 고압증기멸균법에서 20파운드(Lbs)의 압력에서는 몇 분간 처리하는 것이 가장 적절한가?

① 40분
② 30분
③ 15분
④ 5분

해설

고압증기멸균법 : 고압의 수증기를 사용하는 방법으로 121℃에서 15~20분간 멸균한다. 열에 강한 아포도 완전히 사멸시킬 수 있어 주로 열이 통하기 어려운 기구, 의류, 주사기, 수술용 기구 등의 멸균에 사용한다.

40 이 · 미용실에서 사용하는 쓰레기통의 소독으로 적절한 약제는?

① 포르말린수
② 에탄올
③ 생석회
④ 역성비누액

해설

생석회 : 화장실, 하수도 소독에 이용한다. 가격이 저렴한 산화칼륨을 말하며 20% 수용액을 사용한다.

41 다음 중 바이러스에 의한 피부질환은?

① 대상포진
② 식중독
③ 발무좀
④ 농가진

해설

바이러스에 의한 피부질환은 단순포진, 대상포진, 보통사마귀 수두, 입병 등이 있다.

42 다음 중 표피에 존재하며, 면역과 가장 관계가 깊은 세포는?

① 멜라닌 세포
② 랑게르한스 세포
③ 메켈 세포
④ 섬유아 세포

해설

• 멜라닌 세포 : 멜라닌 색소 형성
• 랑게르한스 세포 : 면역반응 역할
• 메켈(Merkel) 세포 : 촉감을 감지
• 섬유아세포 : 진피를 구성하는 물질을 생성

43 피부진균에 의하여 발생하며 습한 곳에서 발생 빈도가 가장 높은 것은?

① 모낭염　　② 족부백선
③ 봉소염　　④ 티 눈

해설
족부백선(무좀)은 습한 환경과 비위생적인 습관으로 인해 발생한다.

44 피부의 구조 중 진피에 속하는 것은?

① 과립층　　② 유극층
③ 유두층　　④ 기저층

해설
• 진피층 : 유두층, 망상층
• 표피층 : 각질층, 투명층, 과립층, 유극층, 기저층

45 아포크린 한선이 분포되어 있지 않은 곳은?

① 배꼽 주변　　② 겨드랑이
③ 발바닥　　④ 사타구니

해설

에크린샘 (소한샘)	• 손바닥, 발바닥, 겨드랑이, 등, 앞가슴, 코 부위에 분포 • 약산성의 무색·무취 • 노폐물 배출 • 체온 조절 기능
아포크린샘 (대한샘)	• 겨드랑이, 유두, 배꼽, 성기, 항문주위 등 특정한 부위에 분포 • 단백질 함유량이 많은 땀을 생산 • 세균에 의해 부패되어 불쾌한 냄새

46 세포의 분열 증식으로 모발이 만들어지는 곳은?

① 모모(毛母)세포
② 모유두
③ 모 구
④ 모표피

해설
모모세포 : 세포의 분열 증식으로 모발을 만든다.

47 피부질환의 상태를 나타낸 용어 중 원발진(Primary Lesions)에 해당하는 것은?

① 홍 반　　② 미 란
③ 가 피　　④ 반 흔

해설
원발진 : 피부질환의 1차적 장애가 나타나는 증상을 말하며 반점, 홍반, 팽진, 구진, 농포, 결절, 낭종, 종양, 소수포, 대수포 등이 있다.

48 자외선 중 오존층에서 흡수하여 피부암 원인이 되는 것은?

① UV-A   ② UV-B

③ UV-C   ④ UV-D

해설

종류	파장	특징
UV-A (장파장)	320~400nm	• 진피층까지 침투 • 즉각 색소침착 • 광노화 유발 • 피부탄력 감소
UV-B (중파장)	290~320nm	• 기저층까지 침투 • 홍반 발생, 일광화상 • 지연 색소침착(기미)
UV-C (단파장)	190~290nm	• 오존층에서 흡수 • 강력한 살균작용 • 피부암 원인

49 화장품의 4대 조건으로 틀린 것은?

① 효과성   ② 유효성

③ 안전성   ④ 안정성

해설

화장품의 4대 조건
- 안전성 : 피부에 대한 자극, 알레르기, 독성이 없을 것
- 안정성 : 보관에 따른 변질, 변색, 변취, 미생물의 오염이 없을 것
- 사용성 : 피부에 사용 시 손놀림이 쉽고 피부에 잘 스며들 것
- 유효성 : 피부에 대한 적절한 보습, 노화 억제, 자외선 차단, 미백, 세정, 색채효과 등을 부여할 것

50 화장품의 원료로서 알코올의 작용에 대한 설명으로 틀린 것은?

① 다른 물질과 혼합해서 그것을 녹이는 성질이 있다.
② 흡수작용이 강하기 때문에 건조의 목적으로 사용한다.
③ 소독작용이 있어 화장수, 양모제 등에 사용한다.
④ 피부에 자극을 줄 수도 있다.

해설

알코올은 흡수작용은 강하지 않고 휘발성이 강하다.

51 다음 중 공중위생영업을 하고자 할 때 적합한 시설을 갖추고 신고해야 하는 자는?

① 시·도지사
② 시장·군수·구청장
③ 보건복지부장관
④ 보건소장

해설

공중위생영업을 하고자 하는 자는 보건복지부령이 정하는 시설 및 설비를 갖추고 시장, 군수, 구청장에게 신고하여야 한다(공중위생관리법 제3조제1항).

52 이·미용업소 내 반드시 게시하여야 할 사항은?

① 요금표 및 준수사항
② 이·미용업 신고증
③ 이·미용업 신고증, 면허증 사본, 요금표
④ 이·미용업 신고증, 면허증 원본, 요금표

해설
공중위생영업자가 준수하여야 하는 위생관리기준 등(공중위생관리법 시행규칙 [별표 4])
• 영업소 내부에 이·미용업 신고증 및 개설자의 면허증 원본을 게시하여야 한다.
• 영업소 내부에 부가가치세, 재료비 및 봉사료 등이 포함된 요금표(최종지급요금표)를 게시 또는 부착하여야 한다.

53 다음 중 이·미용업 영업자가 변경신고를 해야 하는 것이 아닌 것은?

① 영업소 면적의 3분의 1 이상의 증감
② 영업소의 소재지
③ 영업자의 재산 변동사항
④ 영업소의 명칭 변경

해설
영업소의 주소, 명칭 또는 상호, 영업장 면적의 3분의 1 이상 증감, 대표자 성명 또는 생년월일, 미용업 업종 간 변경사항 등에 대하여 변경신고 해야 한다(공중위생관리법 시행규칙 제3조의2제1항).

54 이·미용업자의 준수사항 중 틀린 것은?

① 소독한 기구와 하지 아니한 기구는 각각 다른 용기에 넣어 보관할 것
② 조명은 75lx 이상 유지되도록 할 것
③ 신고증과 함께 면허증 사본을 게시할 것
④ 1회용 면도날은 손님 1인에 한하여 사용할 것

해설
공중위생영업자가 준수하여야 하는 위생관리기준 등(공중위생관리법 시행규칙 [별표 4])
• 영업소 내부에 이·미용업 신고증 및 개설자의 면허증 원본을 게시하여야 한다.
• 영업소 내부에 최종지급요금표를 게시 또는 부착하여야 한다.

55 이·미용업소의 위생관리 의무를 지키지 아니한 자의 과태료 기준은?

① 30만원 이하
② 50만원 이하
③ 100만원 이하
④ 200만원 이하

해설
과태료(공중위생관리법 제22조제2항)
다음의 어느 하나에 해당하는 자는 200만원 이하의 과태료에 처한다.
• 이·미용업소의 위생관리 의무를 지키지 아니한 자
• 영업소 외의 장소에서 이용 또는 미용업무를 행한 자
• 위생교육을 받지 아니한 자

56 공중위생관리법의 규정을 위반하여 300만원 이하의 과태료가 부과되지 않는 경우는?

① 위생교육을 받지 않는 자
② 개선명령을 위반한 자
③ 이용업 신고를 하지 아니하고 이용업소 표시등을 설치한 자
④ 보고를 하지 아니하거나 관계공무원의 출입, 검사 기타 조치를 거부하거나 방해 또는 기피한 자

해설
위생교육을 받지 않으면 200만원 이하의 과태료가 부과된다(공중위생관리법 제22조제2항).

57 이 · 미용사의 면허증을 재발급 받을 수 있는 자는 다음 중 누구인가?

① 피성년후견인
② 공중위생관리법의 규정에 의한 명령을 위반한 자
③ 면허증의 기재사항에 변경이 있는 자
④ 면허증을 다른 사람에게 대여한 자

해설
면허증의 재발급 등(공중위생관리법 시행규칙 제10조제1항)
이용사 또는 미용사는 면허증의 기재사항에 변경이 있는 때, 면허증을 잃어버린 때 또는 면허증이 헐어 못쓰게 된 때에는 면허증의 재발급을 신청할 수 있다.

58 면허증을 다른 사람에게 대여했을 때 3차 위반 시 행정처분기준은?

① 경 고
② 면허취소
③ 면허정지 3월
④ 면허정지 6월

해설
행정처분기준(공중위생관리법 시행규칙 [별표 7])
면허증을 다른 사람에게 대여한 경우
• 1차 위반 : 면허정지 3월
• 2차 위반 : 면허정지 6월
• 3차 위반 : 면허취소

59 면허가 취소되거나 면허의 정지명령을 받은 자는 지체 없이 누구에게 면허증을 반납해야 하는가?

① 시 · 도지사
② 시장 · 군수 · 구청장
③ 보건복지부장관
④ 경찰서장

해설
면허가 취소되거나 면허의 정지명령을 받은 자는 지체 없이 관할 시장 · 군수 · 구청장에게 면허증을 반납해야 한다(공중위생관리법 시행규칙 제12조제1항).

60 공중위생영업소의 위생서비스평가계획을 수립하는 자는?

① 시 · 도지사
② 시장 · 군수 · 구청장
③ 대통령
④ 행정자치부장관

해설
시 · 도지사는 공중위생영업소의 위생관리수준을 향상시키기 위하여 위생서비스평가계획(평가계획)을 수립하여 시장 · 군수 · 구청장에게 통보하여야 한다(공중위생관리법 제13조제1항).

56 ① 57 ③ 58 ② 59 ② 60 ① **Answer**

2018년 제2회 기출복원문제

01 컬이 오래 지속되고 움직임이 작은 것은?

① 논 스템
② 하프 스템
③ 풀 스템
④ 컬 스템

해설
② 하프 스템은 반 정도의 스템에 의해 서클이 베이스로부터 어느 정도 움직임을 갖고 있다.
③ 풀 스템은 컬의 형태와 방향을 결정하며 컬의 움직임이 가장 크다.

02 두발의 볼륨을 주지 않기 위한 컬의 기법은?

① 스탠드업 컬
② 플랫 컬
③ 리프트 컬
④ 논 스템 롤러 컬

해설
② 플랫 컬은 두피 0°로 각도 없이 평평하게 형성된 컬이다.
① 스탠드업 컬은 루프가 두피에 90°로 세워진 컬로 볼륨을 줄 때 사용한다.
④ 논 스템 롤러 컬은 전방 45°, 후방 120~135°로 셰이프하여 모발 끝에서부터 말아서 베이스 가운데에 위치하여 볼륨이 가장 크다.

03 1940년대 유행한 스타일로 네이프선까지 가지런히 정돈하여 묶어 청순한 이미지를 부각시킨 스타일로, 아르헨티나의 대통령 부인이었던 에바 페론의 헤어스타일로 유명한 업스타일은?

① 링고 스타일
② 시뇽 스타일
③ 킨키 스타일
④ 퐁파두 스타일

해설
② 시뇽 스타일은 머리 뒤쪽에 팔자나 둥근 모양으로 쪽진 헤어스타일로 네트(Net)나 화려한 머리핀으로 장식하기도 한다.

04 스캘프 트리트먼트의 목적이 아닌 것은?

① 원형탈모 치료
② 두피 및 모발을 건강하고 아름답게 유지하기 위한 것
③ 혈액순환 촉진
④ 비듬 방지

해설
스캘프 트리트먼트는 두피관리를 말하는 것으로 두피의 혈액순환 촉진과 두피의 생리기능을 높이고, 비듬을 제거하고 가려움증을 완화한다. 또한 두피를 청결하게 하고 모근에 자극을 주어 탈모를 방지한다. 그리고 모발의 발육을 촉진하고 두피에 유분과 수분을 공급한다.

05 콜드 퍼머넌트 웨이브 시 두발 끝이 자지러지는 원인이 아닌 것은?

① 콜드 웨이브 제1액을 바르고 방치시간을 오래 두었다.
② 사전 커트 시 두발 끝을 테이퍼링하였다.
③ 두발 끝을 브런트 커팅하였다.
④ 너무 가는 로드를 사용하였다.

해설
③ 브런트 커트는 특별히 기교 없이 하는 커트로 클럽 커트라고 한다.
① 제1액 사용 후 오버프로세싱이 되면 모발이 손상되므로 주의한다.
② 사전 커트를 프레 커트라고 하며 퍼머넌트 웨이브 시술 전에 원하는 스타일에 가깝게 하는 커트이다. 테이퍼링은 레이저를 이용하여 가늘게 커트하는 기법으로 모발 끝을 붓 끝처럼 점차 가늘게 굵어내는 커트이다.

06 염색을 하였을 때 가장 적합한 샴푸제는?

① 댄드러프 샴푸제
② 논스트리핑 샴푸제
③ 프로테인 샴푸제
④ 약용샴푸제

해설
염색한 모발은 pH가 낮은 산성 샴푸제나 모발에 자극을 주지 않는 논스트리핑 샴푸제를 사용한다.

07 원랭스 커트에 속하지 않는 것은?

① 레이어 커트
② 이사도라 커트
③ 패럴렐 보브 커트
④ 스패니얼 커트

해설
원랭스 커트는 모발에 층을 내지 않고 일직선상으로 커트하는 기법으로 스패니얼 커트, 이사도라 커트, 패럴렐 커트(일자 커트), 머시룸 커트(버섯 모양)가 있다.
① 레이어 커트는 네이프에서 톱 부분으로 올라갈수록 모발의 길이가 점점 짧아지는 커트이다.

08 플러프 뱅에 관한 설명으로 옳은 것은?

① 포워드 롤을 뱅에 적용시킨 것
② 컬이 부드럽고 아무런 꾸밈도 없는 듯이 모이도록 볼륨을 주는 것
③ 가르마 가까이에 작게 낸 뱅
④ 뱅으로 하는 부분의 두발을 업콤하여 두발 끝을 플러프해서 내린 것

해설
플러프 뱅은 볼륨을 주어 컬을 부풀려 컬이 자연스럽게 보이는 뱅이다.
③은 프린지 뱅을 말한다.

09 마샬 웨이브 방법을 고안한 시기는?

① 1875년
② 1858년
③ 1765년
④ 1758년

해설
마샬 그라또는 마샬 웨이브의 창시자이다(1875년), 마샬 웨이브란 아이론을 이용하여 웨이브를 만드는 기술이다.

5 ③ 6 ② 7 ① 8 ② 9 ① **Answer**

10 페더링이라고 하며 두발 끝을 점차적으로 가늘게 커트하는 기법은?

① 클리핑
② 테이퍼링
③ 트리밍
④ 시 닝

해설
② 테이퍼링은 레이저를 이용하여 가늘게 커트하는 기법으로 모발 끝을 붓 끝처럼 점차 가늘게 긁어 내는 기법이다.
① 클리핑은 클리퍼나 가위로 삐져나온 모발을 제거하는 기법이다.
③ 트리밍은 커트 후 형태가 이루어진 모발을 정돈하기 위해 최종적으로 가볍게 다듬는 방법이다.
④ 전체적인 모발의 길이는 유지하며 숱만 감소하는 기법이다.

11 컬 구성의 3요소가 아닌 것은?

① 베이스
② 스 템
③ 루 프
④ 뱅

해설
④ 뱅은 이마에 내려뜨린 앞머리를 말한다.

12 누에고치에서 추출한 성분과 난황 성분을 함유한 샴푸제로 모발에 영양을 공급하는 샴푸는?

① 드라이 샴푸
② 프로테인 샴푸
③ 컨디셔닝 샴푸
④ 산성 샴푸

13 클럽 커팅 기법에 해당하는 것은?

① 스트로크 커트
② 시 닝
③ 스퀘어 커트
④ 테이퍼링

해설
블런트 커트는 특별한 기교 없이 직선으로 하는 커트며 클럽 커팅이라고 하며 원랭스 커트, 그러데이션 커트, 레이어 커트, 스퀘어 커트가 이에 속한다.

14 콜드 웨이브에 있어 제2용액의 작용에 해당하지 않는 것은?

① 산화작용
② 정착작용
③ 중화작용
④ 환원작용

해설
제2용액은 산화제 역할을 하며 중화제라고 한다. 환원된 모발에 변형된 시스틴 결합을 산화하여 변형된 형태로 재결합하여 형성된 웨이브를 고정시킨다.
④ 환원작용은 제1액에 해당한다.

15 레이저에 대한 설명으로 옳지 않은 것은?

① 셰이핑 레이저를 사용하여 커팅하면 안정적이다.
② 초보자는 오디너리 레이저를 사용하는 것이 좋다.
③ 솜털 등을 깎을 때는 외곡선상의 날이 좋다.
④ 녹이 슬지 않게 관리한다.

해설
② 오디너리 레이저(일상용 레이저)는 시간상 빠르게 시술할 수 있으나 두발을 지나치게 자르거나 시술자가 다칠 수 있으므로 초보자에게는 부적합하다.
① 셰이핑 레이저는 초보자에게 적합하고 위험이 적으나 작업속도가 느려 비능률적이다.

16 미용의 과정이 아닌 것은?

① 소 재
② 구 상
③ 연 령
④ 보 정

해설
미용의 과정 4단계는 '소재 → 구상 → 제작 → 보정'
이다.

17 미용작업의 자세에 대한 설명 중 옳지 않은
것은?

① 다리를 어깨 폭보다 많이 벌려 안정감을
유지한다.
② 미용사의 신체적 안정감을 위해 힘의 배
분을 적절히 한다.
③ 명시 거리를 안구에서 25~30cm를 유지
한다.
④ 작업의 위치는 심장의 높이에서 행한다.

18 17세기 여성들의 두발 결발사로 종사하던
최초의 남자 결발사로 프랑스 미용의 기초
를 굳힌 사람은?

① 마샬 그라또
② 찰스 네슬러
③ 조셉 메이어
④ 무슈 끄로샤뜨

해설
① 마샬 그라또는 1875년 마샬 웨이브의 창시자
이다.
② 찰스 네슬러는 1905년 퍼머넌트 웨이브와 스파
이럴식 퍼머넌트를 개발하였다.
③ 조셉 메이어는 1925년 크로키놀식 히트 퍼머넌
트를 개발하였다.

19 우리나라 고대 미용에 대한 설명 중 틀린
것은?

① 기혼 여성은 머리를 두 갈래로 땋아 틀어
올린 쪽머리를 했다.
② 머리형은 귀천의 차이 없이 자유자재로
했다.
③ 미혼 여성은 두 갈래로 땋아 늘어뜨린 댕
기머리를 했다.
④ 수장급은 관모를 썼다.

해설
고구려는 신분에 따라 비단, 금, 천으로 만들거나
장식한 관모를 착용했고, 신라시대는 모발형으로 신
분을 나타냈으며 백제의 상류층은 가체를 사용했다.
①, ③ 백제에 해당한다.
④ 삼한시대에 해당한다.

20 애프터 커팅을 해야 하는 경우에 해당되는
것은?

① 퍼머넌트 웨이빙 시술 후 디자인에 맞춰
커트하는 경우이다.
② 두발숱이 너무 많을 때 로드를 감기 쉽도
록 두발 끝은 1~2cm 테이퍼하는 경우에
한다.
③ 손상모 등을 간단하게 추려내는 경우에
한다.
④ 가지런하지 않은 두발의 길이를 정리하
여 와인딩하기 쉽게 하는 경우에 한다.

해설
애프터 커트는 퍼머넌트 웨이브 시술 후에 하는 커트
로 디자인에 맞춰 커트를 말한다.

16 ③ 17 ① 18 ④ 19 ② 20 ① **Answer**

21 공중보건학의 목적과 거리가 가장 먼 것은?

① 질병치료
② 수명연장
③ 신체적, 정신적 건강증진
④ 질병예방

해설
윈슬로(C. E. A. Winslow)의 공중보건학 정의에 따르면 조직화된 지역사회의 노력으로, 질병을 예방하고, 수명을 연장하며, 건강과 능률을 증진시키는 과학이자 기술이다.

22 인간 전체 사망자수에 대한 50세 이상의 사망자수를 나타낸 구성 비율은?

① 평균수명
② 조사망률
③ 영아사망률
④ 비례사망자수

해설
비례사망지수(PMI ; Proportional Mortality Indicator)는 연간 총사망수에 대한 50세 이상의 사망자수를 퍼센트(%)로 표시한 지수이다. 비례사망지수(PMI) 값이 높을수록 건강 수준이 좋다는 것을 말한다.

23 다음 중 가족계획에 포함되는 것은?

> ㄱ. 결혼연령 제한
> ㄴ. 초산연령 조절
> ㄷ. 인공임신 중절
> ㄹ. 출산횟수 조절

① ㄱ, ㄴ, ㄷ
② ㄱ, ㄷ
③ ㄴ, ㄹ
④ ㄱ, ㄴ, ㄷ, ㄹ

24 출생률이 높고 사망률이 낮으며 14세 이하 인구가 65세 이상 인구의 2배를 초과하는 인구 구성형은?

① 피라미드형
② 종 형
③ 항아리형
④ 별 형

해설
① 피라미드형은 후진국형이며 인구증가형이다.

25 고기압 상태에서 올 수 있는 인체장애는?

① 안구진탕증
② 잠함병
③ 레이노이드병
④ 섬유증식증

해설
이상기압 시에는 잠함병이 발생하고, 이상저압 시에는 고산병이 발생한다.

26 다음 중 제2급 감염병이 아닌 것은?

① 두 창
② 결 핵
③ 한센병
④ b형헤모필루스인플루엔자

해설
① 두창은 제1급 감염병이다.

27 콜레라 예방접종은 어떤 면역방법인가?

① 인공수동면역
② 인공능동면역
③ 자연수동면역
④ 자연능동면역

해설
② 인공능동면역은 인위적인 예방접종 후 생성된 면역(생균백신, 사균백신, 순화독소)이다.
① 인공수동면역은 회복기혈청, 면역혈청, 감마글로불린 등 혈청제제 접종 후 얻는 면역이다.
③ 자연수동면역은 어머니로부터 얻은 면역(모체면역, 태반면역)이다.
④ 자연능동면역은 감염병에 감염된 후 형성되는 면역이다.

28 인수공통감염병에 해당되는 것은?

① 홍 역   ② 한센병
③ 풍 진   ④ 공수병

해설
인수공통감염병은 사람과 동물 사이에 상호 전파되는 병원체에 의한 전염성 질환으로 공수병, 결핵, 탄저 등이 있다.

29 다음 중 가족계획과 뜻이 가장 가까운 것은?

① 불임시술   ② 임신중절
③ 수태제한   ④ 계획출산

해설
가족계획의 목적은 계획적인 가족 형성과 알맞은 수의 자녀를 알맞은 터울로 낳아서 잘 양육하여 잘살 수 있도록 하는 것이다.

30 다음 기생충 중 산란과 동시에 감염능력이 있으며 건조에 저항성이 커서 집단감염이 가장 잘되는 기생충은?

① 회 충
② 십이지장충
③ 광절열두조충
④ 요 충

해설
요충의 충란은 건조한 실내에서도 장기간 생존이 가능하므로, 감염자가 있으면 전원이 감염되는 집단감염이 잘된다.

31 파리가 매개할 수 있는 질병과 거리가 먼 것은?

① 아메바성 이질
② 장티푸스
③ 발진티푸스
④ 콜레라

해설
발진티푸스는 이를 매개로 한다.

32 단위 체적 안에 포함된 수분의 절대량을 중량이나 압력으로 표시한 것으로 현재 공기 $1m^3$ 중에 함유된 수증기량 또는 수증기 장력을 나타낸 것은?

① 절대습도
② 포화습도
③ 비교습도
④ 포 차

해설
절대습도는 수분의 절대량을 중량이나 압력으로 표시한 것으로 현재 공기 $1m^3$ 중에 함유된 수증기량 또는 수증기 장력을 나타낸 것이다.

33 다음 중 음료수의 소독방법으로 가장 적당한 방법은?

① 일광소독
② 자외선등 사용
③ 염소소독
④ 증기소독

해설
염소소독은 음용수 및 상하수 처리에도 사용된다.

34 식물에게 가장 피해를 많이 줄 수 있는 기체는?

① 일산화탄소
② 이산화탄소
③ 탄화수소
④ 이산화황

해설
이산화황은 식물의 성장을 지연시키고 식물잎을 고사시킨다.

35 이·미용업 영업자의 지위를 승계받을 수 있는 자의 자격은?

① 자격증이 있는 자
② 면허를 소지한 자
③ 보조원으로 있는 자
④ 상속권이 있는 자

해설
이용업 또는 미용업의 경우에는 면허를 소지한 자에 한하여 공중위생영업자의 지위를 승계할 수 있다(공중위생관리법 제3조의2제3항).

36 미용업 영업자가 영업소 폐쇄 명령을 받고도 계속하여 영업을 하는 때에 시장, 군수, 구청장이 관계공무원으로 하여금 해당 영업소를 폐쇄하기 위하여 조치를 하게 할 수 있는 사항에 해당하지 않는 것은?

① 출입자 검문 및 통제
② 영업소의 간판 기타 영업표지물의 제거
③ 위법한 영업소임을 알리는 게시물 등의 부착
④ 영업을 위하여 필수불가결한 기구 또는 시설물을 사용할 수 없게 하는 봉인

해설
시장·군수·구청장이 해당 영업소를 폐쇄하기 위한 조치사항(공중위생관리법 제11조제5항)
• 해당 영업소의 간판 기타 영업표지물의 제거
• 해당 영업소가 위법한 영업소임을 알리는 게시물 등의 부착
• 영업을 위하여 필수불가결한 기구 또는 시설물을 사용할 수 없게 하는 봉인

37 미용업자가 점빼기, 귓불뚫기, 쌍꺼풀수술, 문신, 박피술 그 밖에 이와 유사한 의료행위를 하여 관련 법규를 1차 위반 했을 때의 행정처분은?

① 경 고
② 영업정지 2월
③ 영업장 폐쇄명령
④ 면허취소

해설
1차 위반 시 영업정지 2월, 2차 위반 시 영업정지 3월, 3차 위반 시 영업장 폐쇄명령이다(공중위생관리법 시행규칙 [별표 7]).

38 면허의 정지명령을 받은 자는 그 면허증을 누구에게 제출해야 하는가?

① 보건복지부장관
② 시·도지사
③ 시장·군수·구청장
④ 이·미용사 중앙회장

해설
면허가 취소되거나 면허의 정지명령을 받은 자는 지체없이 관할 시장·군수·구청장에게 면허증을 반납하여야 한다(공중위생관리법 시행규칙 제12조 제1항).

40 세안용 화장품의 구비조건으로 부적당한 것은?

① 안정성 – 물이 묻거나 건조해지면 형과 질이 잘 변해야 한다.
② 용해성 – 냉수나 온탕에 잘 풀려야 한다.
③ 기포성 – 거품이 잘 나고 세정력이 있어야 한다.
④ 자극성 – 피부를 자극시키지 않고 쾌적한 방향이 있어야 한다.

해설
안정성 : 제품이 변색, 변질, 변취되지 않아야 한다.

41 피부 표면에 물리적인 장벽을 만들어 자외선을 반사하고 분산하는 자외선 차단 성분은?

① 옥틸메톡시신나메이트
② 파라아미노안식향산(PABA)
③ 이산화타이타늄
④ 벤조페논

해설
자외선 산란제로는 이산화타이타늄, 산화아연, 규산염 등이 있다.

39 피부색상을 결정짓는 데 주요한 요인이 되는 멜라닌색소를 만들어 내는 피부층은?

① 과립층
② 유극층
③ 기저층
④ 유두층

해설
기저층에서 멜라닌형성세포와 각질형성세포를 만든다.

42 다음 태양광선 중 파장이 가장 짧은 것은?

① UV-A   ② UV-B
③ UV-C   ④ 가시광선

해설
③ UV-C : 단파장(190~290nm)으로 소독, 살균작용과 관계가 있고, 피부암을 유발할 수 있다.
① UV-A : 장파장(320~400nm)으로 일상생활에서 접하는 광선으로 선탠반응을 일으킨다.
② UV-B : 중파장(290~320nm)으로 홍반, 기미, 염증, 주름 형성 등을 유발한다.

38 ③ 39 ③ 40 ① 41 ③ 42 ③ **Answer**

43 피부에서 땀과 함께 분비되는 천연 자외선 흡수제는?

① 우로칸산
② 글라이콜산
③ 글루탐산
④ 레틴산

44 광노화 현상이 아닌 것은?

① 표피 두께 증가
② 멜라닌 세포 이상 항진
③ 체내 수분 증가
④ 진피 내의 모세혈관 확장

해설
광노화 현상은 피부를 보호하기 위해 각질형성세포의 증식이 빨라져 피부가 두꺼워지는 피부현상이다. 광노화는 체내 수분을 감소시킨다.

45 피부 노화인자 중 외부인자가 아닌 것은?

① 나 이
② 자외선
③ 산 화
④ 건 조

해설
• 외인성 노화는 스트레스, 자외선, 건조한 환경 때문에 발생한다.
• 내인성 노화는 생리적 노화현상의 인자이다.

46 바이러스성 질환으로 수포가 입술 주위에 잘 생기고 흉터 없이 치유되나 재발이 잘되는 것은?

① 습 진
② 태 선
③ 단순포진
④ 대상포진

해설
바이러스성 질환은 단순포진, 대상포진, 홍역, 사마귀가 해당된다.
④ 대상포진은 바이러스성 질환으로 연령이 높은 층에서 발생하는 수포성 질환이다. 지각신경 분포를 따라 군집 수포성 발진이 생기며 통증이 동반한다.

47 다음 중 필수지방산에 속하지 않는 것은?

① 리놀레산(Linoleic Acid)
② 리놀렌산(Linolenic Acid)
③ 아라키돈산(Arachidonic Acid)
④ 타르타르산(Tartaric Acid)

해설
필수지방산은 리놀레산, 리놀렌산, 아라키돈산 등이 이에 해당된다.

48 다음 중 공기의 접촉 및 산화와 관계 있는 것은?

① 흰면포
② 검은 면포
③ 구 진
④ 팽 진

해설
피지가 밖으로 배출되지 못하고 표면에서 공기와 접촉해 검은 면포(블랙 헤드)의 형태를 띠게 된다.

49 다음 중 세포 재생이 더 이상 되지 않으며 기름샘과 땀샘이 없는 것은?

① 흉 터 　　② 티 눈
③ 두드러기 ④ 습 진

해설
흉터는 모낭, 피지선, 한선이 파괴되어 없어진 상태이다.

50 다음 중 전염성 피부질환인 두부백선의 병원체는?

① 리케차 　② 바이러스
③ 사상균 　④ 원생동물

해설
두부백선은 피부사상균에 의해 두피의 모낭과 그 주위 피부에 발생하며 심하면 부분 탈모가 된다.

51 이 · 미용사의 면허를 받기 위한 자격요건으로 틀린 것은?

① 교육부장관이 인정하는 고등기술학교에서 1년 이상 이 · 미용에 관한 소정의 과정을 이수한 자
② 이 · 미용에 관한 업무에 3년 이상 종사한 경험이 있는 자
③ 국가기술자격법에 의한 이 · 미용사의 자격을 취득한 자
④ 전문대학에서 이 · 미용에 관한 학과를 졸업한 자

해설
면허발급 자격기준(공중위생관리법 제6조제1항)
• 전문대학 또는 이와 같은 수준 이상의 학력이 있다고 교육부장관이 인정하는 학교에서 이용 또는 미용에 관한 학과를 졸업한 자
• 대학 또는 전문대학을 졸업한 자와 같은 수준 이상의 학력이 있는 것으로 인정되어 이용 또는 미용에 관한 학위를 취득한 자
• 고등학교 또는 이와 같은 수준의 학력이 있다고 교육과학기술부장관이 인정하는 학교에서 이용 또는 미용에 관한 학과를 졸업한 자
• 특성화고등학교, 고등기술학교나 고등학교 또는 고등기술학교에 준하는 각종 학교에서 1년 이상 이용 또는 미용에 관한 소정의 과정을 이수한 자
• 국가기술자격법에 의한 이용사 또는 미용사 자격을 취득한 자

52 이 · 미용사의 면허증을 다른 사람에게 대여한 때의 행정처분 조치사항으로 옳은 것은?

① 시 · 도지사가 그 면허를 취소하거나 6월 이내의 기간을 정하여 업무정지를 명할 수 있다.
② 시 · 도지사가 그 면허를 취소하거나 1년 이내의 기간을 정하여 업무정지를 명할 수 있다.
③ 시장 · 군수 · 구청장은 그 면허를 취소하거나 6월 이내의 기간을 정하여 업무정지를 명할 수 있다.
④ 시장 · 군수 · 구청장은 그 면허를 취소하거나 1년 이내의 기간을 정하여 업무정지를 명할 수 있다.

해설
시장 · 군수 · 구청장은 이용사 또는 미용사가 면허증을 다른 사람에게 대여한 때에는 그 면허를 취소하거나 6월 이내의 기간을 정하여 그 면허의 정지를 명할 수 있다(공중위생관리법 제7조제1항).

53 공중위생업자에게 개선명령을 명할 수 없는 것은?

① 보건복지부령이 정하는 공중위생업의 종류별 시설 및 설비기준을 위반한 경우
② 업소 내 조명도를 준수하지 않은 경우
③ 1회용 면도날을 손님 1인에 한하여 사용한 경우
④ 이·미용기구는 소독을 한 기구와 소독을 하지 아니한 기구로 분리하여 보관해야 하는 위생관리 의무를 위반한 경우

해설
③ 공중위생영업자가 준수하여야 하는 위생관리기준 등에 포함된 내용이다(공중위생관리법 시행규칙 [별표 4])

54 이·미용사의 면허를 받을 수 있는 사람은?

① 전과기록이 있는 자
② 피성년후견인
③ 마약, 기타 대통령령으로 정하는 약물중독자
④ 정신질환자

해설
면허 결격사유자(공중위생관리법 제6조제2항)
• 피성년후견인
• 정신질환자(전문의가 이용사 또는 미용사로서 적합하다고 인정하는 사람은 그러하지 아니함)
• 공중의 위생에 영향을 미칠 수 있는 감염병환자로서 보건복지부령이 정하는 자
• 마약 기타 대통령령으로 정하는 약물 중독자
• 면허가 취소된 후 1년이 경과되지 아니한 자

55 영업소 위생서비스 평가를 위탁받을 수 있는 기관은?

① 보건소
② 동사무소
③ 소비자단체
④ 관련 전문기관 및 단체

해설
시장·군수·구청장은 위생서비스평가의 전문성을 높이기 위하여 필요하다고 인정하는 경우에는 관련 전문기관 및 단체로 하여금 위생서비스평가를 실시하게 할 수 있다(공중위생관리법 제13조제3항).

56 공중위생감시원의 직무사항이 아닌 것은?

① 시설 및 설비의 확인에 관한 사항
② 공중위생영업자의 준수사항 이행 여부에 관한 사항
③ 위생지도 및 개선명령 이행 여부에 관한 사항
④ 세금납부의 적정 여부에 관한 사항

해설
공중위생감시원의 업무범위(공중위생관리법 시행령 제9조)
• 시설 및 설비의 확인
• 공중위생영업 관련 시설 및 설비의 위생상태 확인·검사, 공중위생영업자의 위생관리의무 및 영업자 준수사항 이행 여부의 확인
• 위생지도 및 개선명령 이행 여부의 확인
• 공중위생영업소의 영업의 정지, 일부 시설의 사용중지 또는 영업소 폐쇄명령 이행 여부의 확인
• 위생교육 이행 여부의 확인

57 영업소 안에 면허증을 게시하도록 "위생관리의무 등"의 규정에 명시된 자는?

① 이·미용업을 하는 자
② 목욕장업을 하는 자
③ 세탁업을 하는 자
④ 위생관리용역업을 하는 자

해설
이·미용업자는 영업소 내부에 이·미용업 신고증 및 개설자의 면허증 원본을 게시하여야 한다(공중위생관리법 시행규칙 [별표 4]).

59 영업소 출입·검사 관련 공무원이 영업자에게 제시해야 하는 것은?

① 주민등록증
② 위생검사통지서
③ 위생감시공무원증
④ 위생검사기록부

해설
관계공무원은 그 권한을 표시하는 증표를 지녀야 하며 관계인에게 이를 내보여야 한다(공중위생관리법 제9조제5항).

58 시·도지사 또는 시장·군수·구청장은 공중위생관리상 필요하다고 인정하는 때에 공중위생영업자 등에 대하여 필요한 조치를 취할 수 있다. 이 조치에 해당하는 것은?

① 보 고
② 청 문
③ 감 독
④ 협 의

해설
특별시장·광역시장·도지사 또는 시장·군수·구청장은 공중위생관리상 필요하다고 인정하는 때에는 공중위생영업자에 대하여 필요한 보고를 하게 하거나 소속공무원으로 하여금 영업소·사무소 등에 출입하여 공중위생영업자의 위생관리의무이행 등에 대하여 검사하게 하거나 필요에 따라 공중위생영업장부나 서류를 열람하게 할 수 있다(공중위생관리법 제9조제1항).

60 이·미용업소에서 시술 과정을 통하여 감염될 수 있는 가능성이 가장 큰 질병 두 가지는?

① 뇌염, 소아마비
② 피부병, 발진티푸스
③ 결핵, 트라코마
④ 결핵, 장티푸스

2019년 제1회 기출복원문제

01 1925년 조셉 메이어가 크로키놀식 웨이브를 발표한 나라는?

① 독 일　　② 영 국
③ 미 국　　④ 프랑스

해설
- 스피크먼 : 1936년 콜드 웨이브(영국)
- 조셉 메이어 : 1925년 크로키놀식 웨이브(독일)
- 마샬 그라또 : 1875년 아이론 웨이브(프랑스)
- 찰스 네슬러 : 1905년 스파이럴식 웨이브(영국)

02 모발의 구성 중 피부 밖으로 나와 있는 부분은?

① 피지선　　② 모표피
③ 모 구　　④ 모유두

해설
모발의 모간 부분에서 밖으로 나와 있는 부분은 모표피이다.

03 베이스에서 피벗 포인트까지의 컬을 무엇이라 하는가?

① 논 스템(Non Stem)
② 하프 스템(Half Stem)
③ 풀 스템(Full Stem)
④ 컬 스템(Curl Stem)

해설
① 논 스템 : 오래 지속되며 움직임이 가장 작은 컬
② 하프 스템 : 움직임이 보통인 컬
③ 풀 스템 : 움직임이 가장 큰 컬

04 모발의 길이는 유지하고 모량을 조절하는 커팅 기법은?

① 싱글링
② 시 닝
③ 레이저 커트
④ 슬리더링

해설
- 싱글링 : 빗을 천천히 위쪽으로 이동시키면서 가위의 개폐를 재빨리 하여 빗에 끼어 있는 두발을 잘라 나가는 커팅 기법
- 트리밍 : 퍼머넌트를 한 후 손상모와 삐져나온 불필요한 모발을 다시 가볍게 잘라 주는 커팅 기법
- 시닝 : 모발의 길이는 유지하고 모량을 조절하는 커팅 기법
- 테이퍼링 : 모발 끝을 가늘게 질감 처리하는 커팅 기법
- 슬리더링 : 가위를 사용하여 머리숱을 감소시키는 커팅 기법

05 과산화수소(산화제) 12%에 맞는 것은?

① 10볼륨
② 20볼륨
③ 30볼륨
④ 40볼륨

해설
과산화수소(산화제)
- 3% : 10볼륨
- 6% : 20볼륨
- 9% : 30볼륨
- 12% : 40볼륨

06 정상 두피(건강 두피)에 하는 스캘프 트리트먼트는?

① 플레인 스캘프 트리트먼트
② 오일리 스캘프 트리트먼트
③ 드라이 스캘프 트리트먼트
④ 댄드러프 스캘프 트리트먼트

해설
① 플레인 스캘프 트린트먼트 : 정상 두피
② 오일리 스캘프 트린트먼트 : 지성 두피
③ 드라이 스캘프 트린트먼트 : 건성 두피
④ 댄드러프 스캘프 트린트먼트 : 비듬성 두피

07 루프가 귓바퀴를 따라 말리고 두피에 90°로 세워져 있는 컬은?

① 플랫 컬
② 포워드 스탠드 업 컬
③ 리버스 스탠드 업 컬
④ 스컬프처 컬

해설
① 플랫 컬 : 루프가 0°로 납작하게 형성된 컬
③ 리버스 스탠드 업 컬 : 귓바퀴를 반대 방향으로 말리고 두피에 90°로 세워져 있는 컬
④ 스컬프처 컬 : 모발 끝이 써클의 안쪽에 있는 형태로, 두발 끝이 컬 루프의 중심

08 우리나라에서 현대 미용의 시초라고 볼 수 있는 시기는?

① 조선 중엽
② 한일합방 이후
③ 해방 이후
④ 6 · 25전쟁 이후

해설
현대 미용은 한일합방 이후 급격히 발달하였다.

09 헤어샴푸의 목적과 가장 거리가 먼 것은?

① 청결한 두피와 두발을 유지
② 헤어트리트먼트를 쉽게 할 수 있는 기초
③ 두발의 건전한 발육 촉진
④ 두피와 두발에 영양을 공급

해설
헤어샴푸의 목적은 모발과 두피의 때, 먼지, 비듬, 이물질을 제거하여 청결함과 상쾌함을 유지하고 두피의 혈액순환과 신진대사를 원활하게 하여 모발 성장에 도움을 주는 것이다.

10 콜드 퍼머넌트 웨이빙 시 비닐 캡을 씌우는 목적 및 이유가 아닌 것은?

① 라놀린의 약효를 높여주므로 제1액의 피부염 유발 위험을 줄인다.
② 솔루션(Solution)의 작용을 촉진한다.
③ 퍼머넌트액의 작용이 두발 전체에 골고루 진행되도록 돕는다.
④ 휘발성 알칼리(암모니아 가스)의 산일(散逸)작용을 방지한다.

해설
라놀린(Lanolin)은 헤어 트리트먼트제의 원료로 사용된다.

11 염모제에 대한 설명으로 틀린 것은?

① 제1액의 알칼리제로는 암모니아와 모노에탄올아민이 사용된다.

② 과산화수소는 모발의 색소를 분해하여 탈색한다.

③ 과산화수소는 산화염료를 산화해서 발색시킨다.

④ 염모제 제1액은 제2액 산화제(과산화수소)를 분해하여 발생기 수소를 발생시킨다.

해설
• 제1액(알칼리제) : 암모니아, 모노에탄올아민
• 제2액(산화제) : 과산화수소
• 제1액은 모발을 팽창시키고 제2액은 산소를 발생시킬 수 있도록 작용하여 멜라닌 색소를 분해한다.

12 헤어틴트 시 패치테스트를 반드시 해야 하는 염모제는?

① 글리세린이 함유된 염모제

② 합성왁스가 함유된 염모제

③ 파라페닐렌다이아민이 함유된 염모제

④ 과산화수소가 함유된 염모제

해설
파라페닐렌다이아민은 알레르기를 일으킬 수 있으므로 패치테스트를 해야 한다.

13 헤어파팅(Hair Parting) 중 두정부의 가마로부터 방사선 형태로 나눈 가르마는?

① 센터 파트(Center Part)

② 스퀘어 파트(Square Part)

③ 카울릭 파트(Cowlick Part)

④ 센터 백 파트(Center Back Part)

해설
① 센터 파트 : 전두부의 헤어라인 중심에서 직선방향으로 나눈 가르마
② 스퀘어 파트 : 두정부에서 이마의 헤어라인에 수평으로 가르마
④ 센터 백 파트 : 후두부를 정중선으로 나눈 가르마

14 전체적인 머리 모양을 종합적으로 관찰하여 수정·보완시켜 완전히 끝맺도록 하는 것은?

① 통 칙   ② 제 작

③ 보 정   ④ 구 상

해설
미용의 과정은 소재 → 구상 → 제작 → 보정의 순서로 이루어진다.

15 모발의 결합 중 수분에 의해 일시적으로 변형되며, 드라이어의 열을 가하면 다시 재결합되어 형태가 만들어지는 결합은 무엇인가?

① s-s 결합

② 펩타이드 결합

③ 수소결합

④ 염결합

해설
수소결합은 수분에 의해 일시적으로 변형되며, 드라이어의 열을 가하면 다시 재결합되어 형태가 만들어지는 결합이다.

16 스캘프 트리트먼트의 목적으로 잘못된 것은?

① 두피 및 모발을 건강하고 아름답게 유지
② 원형 탈모증 치료
③ 혈액순환 촉진
④ 비듬 방지

해설
원형 탈모증 치료는 모발질환으로서 두피관리(스캘프 트리트먼트)와는 관련이 없다.

17 루프가 두피에 0° 각도로 볼륨 없이 납작하게 형성된 컬은?

① 플랫 컬
② 리프트 컬
③ 하프 스템 롤러 컬
④ 롱 스템 롤러 컬

해설
② 리프트 컬 : 루프가 두피에 45°로 세워진 컬
③ 하프 스템 롤러 컬 : 90°로 셰이프하고 적당한 볼륨감이 있음
④ 롱 스템 롤러 컬 : 후방 45°로 셰이프하며 볼륨이 낮음

18 다음 중 퍼머넌트 웨이브 후 두발이 자지러지는 원인이 아닌 것은?

① 사전 커트 시 두발 끝을 심하게 테이퍼링한 경우
② 로드의 굵기가 너무 가는 것을 사용한 경우
③ 와인딩 시 텐션을 주지 않고 느슨하게 한 경우
④ 오버프로세싱을 하지 않은 경우

해설
오버프로세싱이란 프로세싱 타임 이상으로 모발을 방치하는 것으로 모발 끝이 손상되고 자지러진다.

19 올바른 미용인으로서의 태도에 관한 내용으로 잘못된 것은?

① 친절한 서비스를 모든 고객에게 제공한다.
② 고객의 컨디션에 주의를 기울여야 한다.
③ 예의바른 의사소통 방법을 익혀 두어야 한다.
④ 종교나 정치 같은 개인적인 대화를 하는 것이 좋다.

해설
종교나 정치, 개인적인 문제에 대한 대화 주제는 논쟁의 대상이 되거나 언쟁의 소지가 되므로 피해야 한다.

20 헤어커팅 시 모발 끝부분에서 2/3 정도 테이퍼링하는 것은?

① 노멀 테이퍼(Normal Taper)
② 엔드 테이퍼(End Taper)
③ 딥 테이퍼(Deep Taper)
④ 미디움 테이퍼(Medium Taper)

해설
• 딥 테이퍼링 : 모발 끝부분에서 2/3 정도 테이퍼링
• 노멀 테이퍼링 : 모발 끝부분에서 1/2 정도 테이퍼링
• 엔드 테이퍼링 : 모발 끝부분에서 1/3 정도 테이퍼링

21 감염병 관리상 가장 중요하게 취급해야 할 대상자는?

① 잠복기환자
② 건강보균자
③ 현성환자
④ 회복기보균자

해설

건강보균자
임상적 증상이 전혀 나타나지 않고 보균상태를 지속하고 있는 자로, 일반적으로 격리가 어렵고 활동영역이 넓기 때문에 대책으로서 환경개선이나 예방접종이 중심이 된다.

22 다음 중 보건행정의 정의가 아닌 것은?

① 수질 및 생태계 보전
② 질병예방
③ 공적인 행정활동
④ 국민의 수명연장

해설

보건행정은 국민의 건강유지와 증진을 위한 공적인 활동을 말하며 공공의 책임으로 국가나 지방자체단체가 주도하여 국민의 보건향상을 위해 시행하는 행정활동을 말한다.

23 공기의 자정작용이 아닌 것은?

① 산소, 오존, 과산화수소 등에 의한 산화작용
② 태양광선 중 자외선에 의한 살균작용
③ 식물의 탄소동화작용에 의한 CO_2의 생산작용
④ 공기 자체의 희석작용

해설

공기의 자정작용 : 희석작용, 세정작용, 산화작용, CO_2와 O_2의 교환작용, 살균작용 등

24 폐흡충증(폐디스토마)의 제2중간숙주는?

① 다슬기
② 왜우렁
③ 게, 가재
④ 모 기

해설

폐흡충(폐디스토마)의 제1중간숙주는 다슬기이며 제2중간숙주는 게, 가재이다.

25 제1급 감염병에 해당하는 것은?

① 보툴리눔독소증
② 세균성 이질
③ 웨스트나일열
④ 급성호흡기감염증

해설

제1급 감염병 : 에볼라바이러스병, 마버그열, 라싸열, 크리미안콩고출혈열, 남아메리카출혈열, 리프트밸리열, 두창, 페스트, 탄저, 보툴리눔독소증, 야토병, 신종감염병증후군, 중증급성호흡기증후군(SARS), 중동호흡기증후군(MERS), 동물인플루엔자 인체감염증, 신종인플루엔자, 디프테리아

26 인구 구성형태 중 생산층 인구가 많이 유출되는(인구유출형) 형은?

① 피라미드형
② 호로형(표주박형)
③ 항아리형
④ 별 형

해설
• 피라미드형 : 출생률과 사망률이 모두 높다(인구증가형, 후진국형).
• 종형 : 출생률과 사망률이 모두 낮다(인구정지형).
• 항아리형 : 출생률이 사망률보다 낮은 선진국형이다(인구감퇴형).
• 별형 : 생산연령 인구가 많이 유입되는 도시형이다(인구유입형).
• 호로형(표주박형) : 생산층 인구가 많이 유출되는 농촌형이다(인구유출형).

27 호기성 세균이 아닌 것은?

① 결핵균
② 백일해균
③ 파상풍균
④ 녹농균

해설
호기성 세균이란 산소가 있어야만 살 수 있는 세균으로서 결핵균, 고초균, 아조토박터, 백일해균, 녹농균 등이 있다.

28 다음 중 실내공기 오염지표로 널리 사용되는 것은?

① CO_2 ② CO
③ Ne ④ NO

해설
이산화탄소(CO_2) : 무색, 무취, 비독성 가스, 약산성의 성질을 지니며, 실내공기의 오염지표로 사용한다(공기오염의 전반적인 상태 추측).

29 오늘날 인류의 생존을 위협하는 대표적인 3요소는?

① 인구 – 환경오염 – 교통문제
② 인구 – 환경오염 – 인간관계
③ 인구 – 환경오염 – 빈곤
④ 인구 – 환경오염 – 전쟁

해설
인구 증가의 문제점
• 3P : 인구(Population), 환경오염(Pollution), 빈곤(Poverty)
• 3M : 영양불량(Malnutrition), 질병 증가(Morbidity), 사망 증가(Mortality)

30 절지동물에 의해 매개되는 감염병이 아닌 것은?

① 유행성 일본뇌염
② 발진티푸스
③ 탄 저
④ 페스트

해설
절지동물에 의해 매개되는 감염병

모 기	말라리아, 일본뇌염, 황열
파 리	장티푸스, 파라티푸스, 콜레라, 식중독, 이질, 결핵, 디프테리아
쥐	페스트, 서교열, 살모넬라증, 쯔쯔가무시증
바퀴벌레	세균성 이질, 콜레라, 결핵, 살모넬라, 디프테리아, 회충
이	발진티푸스

26 ② 27 ③ 28 ① 29 ③ 30 ③ **Answer**

31 자외선 소독기의 사용으로 소독효과가 없는 경우는?

① 머리빗
② 가 위
③ 염색용 볼
④ 여러 장의 겹쳐진 타월

해설

자외선 소독기는 $1cm^2$당 $85\mu W$ 이상의 자외선을 20분 이상 쬐어 주며, 표면에 살균효과가 있으므로 여러 장의 겹쳐진 타월은 소독효과를 기대할 수 없다.

32 회복기혈청, 면역혈청, 감마글로불린 등 인공제제를 주사하여 형성되는 면역은?

① 인공수동면역
② 인공능동면역
③ 자연수동면역
④ 자연능동면역

해설

② 인공능동면역 : 인위적으로 생균백신, 사균백신, 순화독소 등 예방접종으로 감염을 일으켜 얻어지는 면역
③ 자연수동면역 : 신생아가 모체로부터 태반, 수유를 통해 얻는 면역
④ 자연능동면역 : 감염병에 감염된 후 형성되는 면역

33 소독용 과산화수소(H_2O_2) 수용액의 적당한 농도는?

① 3%   ② 5%
③ 6%   ④ 6.5%

해설

과산화수소는 3% 수용액을 사용하며, 살균력이 좋고 자극성이 적어 피부상처 소독에 많이 사용된다.

34 살균작용의 기전 중 산화에 의하지 않는 소독제는?

① 오 존
② 알코올
③ 과망간산칼륨
④ 과산화수소

해설

산화작용 소독제 : 오존, 과망간산칼륨, 과산화수소

35 우유, 버터, 치즈 등 유제품이 원인이 되는 식중독은?

① 포도상구균 식중독
② 병원성대장균 식중독
③ 장염 비브리오 식중독
④ 보툴리누스균 식중독

해설

① 포도상구균 식중독 : 우유, 버터, 치즈 등 유제품이 원인이 되어 감염
② 병원성대장균 식중독 : 보균자나 동물의 분변을 통해 감염
③ 장염 비브리오 식중독 : 주로 7~9월 사이에 많이 발생되며, 어패류가 원인이 되어 감염
④ 보툴리누스균 식중독 : 통조림, 소시지 등 밀폐된 혐기성 식품에서 감염(치명률이 높음)

36 이·미용실의 기구(가위, 레이저) 소독으로 가장 적합한 소독제는?

① 70~80%의 알코올
② 50%의 페놀액
③ 5% 크레졸비누액
④ 100~200배 희석 역성비누

해설
이·미용실의 기구 소독으로는 70~80%의 알코올을 사용한다.

37 다음 중 이·미용실에서 사용하는 타월을 철저하게 소독하지 않았을 때 주로 발생할 수 있는 감염병은?

① 세균성 이질
② 트라코마
③ 페스트
④ 결 핵

해설
트라코마는 전염성 세균에 의한 눈병의 하나로 타월을 철저하게 소독하지 않았을 때 주로 발생한다.

38 100℃에서 30분간 가열하는 처리를 24시간마다 3회 반복하는 멸균법은?

① 고압증기멸균법
② 건열멸균법
③ 고온멸균법
④ 간헐멸균법

해설
간헐멸균법 : 100℃ 이상의 온도에서 파괴되는 물질을 멸균할 때, 100℃에서 하루에 한 번씩(30~60분) 3일간 간헐적으로 가열하여 멸균하는 방법

39 물리적 살균법에 해당되지 않는 것은?

① 열을 가한다.
② 건조시킨다.
③ 물을 끓인다.
④ 폼알데하이드를 사용한다.

해설
폼알데하이드를 사용하는 것은 화학적 살균법에 해당된다.

40 소독제의 구비조건에 해당하지 않는 것은?

① 높은 살균력을 가질 것
② 용해성이 낮을 것
③ 저렴하고 구입과 사용이 간편할 것
④ 부식 및 표백이 없을 것

해설
소독제의 구비조건
• 살균력이 높을 것
• 인체에 해가 없을 것
• 저렴하고 구입과 사용이 간편할 것
• 용해성이 높을 것
• 부식 및 표백이 없을 것
• 환경오염을 유발하지 않을 것

36 ① 37 ② 38 ④ 39 ④ 40 ② **Answer**

41 진피의 상단 부분으로 다량의 수분을 함유하고 있는 피부층은?

① 기저층　　　② 유극층
③ 과립층　　　④ 유두층

해설
① 기저층 : 진피층과 경계를 이루며, 멜라닌세포가 존재하여 피부의 색을 결정
② 유극층 : 표피 중 가장 두꺼운 유핵세포로 구성되어 있으며, 혈액순환이나 영양공급에 관여함
③ 과립층 : 수분저지막으로 이루어져 있어 외부 이물질 침투에 대한 방어막 역할을 함

42 여드름 관리에 효과적인 화장품 성분은?

① 유 황　　　② 비타민 E
③ 알부틴　　　④ 레티놀

해설
여드름 관리에 효과적인 화장품 성분은 유황, 캠퍼, 살리실산, 클레이 등이다.

43 아포크린샘의 특징으로 옳지 않은 것은?

① 성기 주위, 항문 주위 특정한 부위에 분포
② 손바닥, 발바닥, 겨드랑이, 등, 앞가슴, 코 부위에 분포
③ 세균에 의해 부패되어 불쾌한 냄새
④ 단백질 함유량이 많은 땀을 생산

해설
에크린샘과 아포크린샘

에크린샘 (소한샘)	• 손바닥, 발바닥, 겨드랑이, 등, 앞가슴, 코 부위에 분포 • 약산성의 무색·무취 • 노폐물 배출 • 체온조절 기능
아포크린샘 (대한샘)	• 겨드랑이, 유두, 배꼽, 성기, 항문 주위 등 특정한 부위에 분포 • 단백질 함유량이 많은 땀을 생산 • 세균에 의해 부패되어 불쾌한 냄새

44 다음 피부질환의 상태를 나타낸 용어 중 속발진이 아닌 것은?

① 인 설
② 가 피
③ 태선화
④ 반 점

해설
• 원발진 : 피부질환의 1차적 장애로, 반점, 홍반, 팽진, 구진, 농포, 결절, 낭종, 종양, 소수포, 대수포 등이 있다.
• 속발진 : 피부질환의 2차적 장애로, 피부질환 후기 단계이며 인설, 찰상, 가피, 미란, 균열, 궤양, 반흔, 위축, 태선화 등이 있다.

45 피지의 기능으로 잘못된 것은?

① 피부 표면 보호기능
② 세균활동을 활발하게 도움
③ 이물질 침투 방지
④ 수분 증발 억제

해설
• 피지의 구성 성분 : 트리글리세라이드, 왁스, 스쿠알렌, 콜레스테롤, 지방산 등으로 구성
• 피지의 기능 : 수분 증발 억제, 피부 표면 보호기능, 세균활동 억제, 이물질 침투 방지

46 피부 상피세포조직의 성장과 유지 및 점막 손상 방지에 필수적인 비타민은?

① 비타민 A
② 비타민 D
③ 비타민 E
④ 비타민 K

해설
비타민 A는 골격 성장, 상피세포 건강 유지의 기능을 한다. 결핍 시 야맹증, 안구건조, 피부이상, 성장부진 등이 생길 수 있다.

47 피지선에 대한 설명으로 틀린 것은?

① 피지선이 많은 부위는 코 주위이다.
② 피지선은 발바닥, 손바닥에는 없다.
③ 피지의 1일 분비량은 10~20g 정도이다.
④ 피지를 분비하는 선으로 진피 중에 위치한다.

해설
피지의 1일 분비량은 1~2g 정도이다.

48 다음 중 UV-C(단파장 자외선)의 파장 범위는?

① 100~190mm
② 200~290mm
③ 290~320mm
④ 320~400mm

해설

종 류	파 장	특 징
UV-A (장파장)	320~400nm	• 진피층까지 침투 • 즉각 색소침착 • 광노화 유발 • 피부탄력 감소
UV-B (중파장)	290~320nm	• 기저층까지 침투 • 홍반 발생, 일광화상 • 지연 색소침착(기미)
UV-C (단파장)	190~290nm	• 오존층에서 흡수 • 강력한 살균작용 • 피부암 원인

49 피부의 미백을 돕는 데 사용되는 화장품 성분이 아닌 것은?

① 알부틴, 비타민 C
② 닥나무추출물, 감초추출물
③ 코직산, 하이드로퀴논
④ 캠퍼, 알란토인

해설
미백성분은 알부틴, 코직산, 감초추출물, 닥나무추출물, 비타민 C, 하이드로퀴논 등이 있다.

50 캐리어 오일이 아닌 것은?

① 호호바 오일
② 샌달우드 오일
③ 포도씨 오일
④ 아보카도 오일

해설
샌달우드 오일은 에센셜 오일이다.

51 위생서비스평가 결과 위생서비스의 수준이 우수하다고 인정되는 영업소에 대하여 포상을 실시할 수 있는 자에 해당하지 않는 것은?

① 구청장
② 시 · 도지사
③ 군 수
④ 보건소장

해설
시 · 도지사 또는 시장 · 군수 · 구청장은 위생서비스평가 결과 위생서비스의 수준이 우수하다고 인정되는 영업소에 대하여 포상을 실시할 수 있다(공중위생관리법 제14조제3항).

52 이·미용업 영업신고를 하지 않고 영업을 한 자에 해당하는 벌칙기준은?

① 6월 이하의 징역 또는 100만원 이하의 벌금
② 6월 이하의 징역 또는 300만원 이하의 벌금
③ 1년 이하의 징역 또는 500만원 이하의 벌금
④ 1년 이하의 징역 또는 1천만원 이하의 벌금

해설
이·미용업 영업신고를 하지 않고 영업을 한 자는 1년 이하의 징역 또는 1천만원 이하의 벌금에 처한다(공중위생관리법 제20조제1항제1호).

53 이·미용업소 내에 게시하지 않아도 되는 것은?

① 이·미용업 신고증
② 개설자의 면허증 원본
③ 근무자의 면허증 원본
④ 이·미용요금표

해설
공중위생영업자가 준수하여야 하는 위생관리기준 등(공중위생관리법 시행규칙 [별표 4])
• 영업소 내부에 이·미용업 신고증 및 개설자의 면허증 원본을 게시하여야 한다.
• 영업소 내부에 최종지급요금표를 게시 또는 부착하여야 한다.

54 공중위생감시원의 업무에 해당하지 않는 것은?

① 공중위생영업 신고 시 시설 및 설비의 확인에 관한 사항
② 공중위생영업자 준수사항 이행 여부의 확인에 관한 사항
③ 위생지도 및 개선명령 이행 여부의 확인에 관한 사항
④ 세금납부 적정 여부의 확인에 관한 사항

해설
공중위생감시원의 업무범위(공중위생관리법 시행령 제9조)
• 시설 및 설비의 확인
• 공중위생영업 관련 시설 및 설비의 위생상태 확인·검사, 공중위생영업자의 위생관리의무 및 영업자 준수사항 이행 여부의 확인
• 위생지도 및 개선명령 이행 여부의 확인
• 공중위생영업소의 영업의 정지, 일부 시설의 사용중지 또는 영업소 폐쇄명령 이행 여부의 확인
• 위생교육 이행 여부의 확인

55 공중위생관리법상 위생교육에 관한 설명으로 틀린 것은?

① 공중위생영업자는 매년 위생교육을 받아야 한다.
② 공중위생영법의 신고를 하고자 하는 자는 원칙적으로 미리 위생교육을 받아야 한다.
③ 위생교육은 교육부장관이 허가한 단체가 실시할 수 있다.
④ 위생교육을 받아야 하는 자 중 영업에 직접 종사하지 아니하거나 2 이상의 장소에서 영업을 하는 자는 종업원 중 영업장별로 공중위생에 관한 책임자를 지정하고 그 책임자로 하여금 위생교육을 받게 하여야 한다.

해설
③ 위생교육은 보건복지부장관이 허가한 단체 또는 공중위생영업자단체가 실시할 수 있다(공중위생관리법 제17조제4항).

56 이·미용업자는 신고한 영업장 면적이 어느 정도 이상 증감하였을 때 변경신고를 하여야 하는가?

① 6분의 1 　② 4분의 1
③ 3분의 1 　④ 2분의 1

해설
변경신고(공중위생관리법 시행규칙 제3조의2)
다음의 보건복지부령이 정하는 중요사항은 변경신고를 하여야 한다.
• 영업소의 명칭 또는 상호
• 영업소의 주소
• 신고한 영업장 면적의 3분의 1 이상의 증감
• 대표자의 성명 또는 생년월일
• 미용업 업종 간 변경

57 손님에게 도박 그 밖에 사행행위를 하게 한 때에 대한 3차 위반 시 행정처분기준은?

① 영업정지 1월 　② 영업정지 2월
③ 영업정지 3월 　④ 영업장 폐쇄명령

해설
행정처분기준(공중위생관리법 시행규칙 [별표 7])
손님에게 도박 그 밖에 사행행위를 하게 한 경우
• 1차 위반 : 영업정지 1월
• 2차 위반 : 영업정지 2월
• 3차 위반 : 영업장 폐쇄명령

58 다음 중 이·미용사 면허를 발급할 수 있는 사람만으로 짝지어진 것은?

| ㉠ 도지사　 ㉡ 시 장 |
| ㉢ 구청장　 ㉣ 군 수 |

① ㉠, ㉡ 　② ㉠, ㉡, ㉢
③ ㉠, ㉡, ㉢, ㉣ 　④ ㉡, ㉢, ㉣

해설
이용사 또는 미용사가 되고자 하는 자는 보건복지부령이 정하는 바에 의하여 시장·군수·구청장의 면허를 받아야 한다(공중위생관리법 제6조제1항).

59 다음 위법사항 중 가장 무거운 벌칙 기준에 해당하는 자는?

① 관계 공무원 출입, 검사를 거부한 자
② 변경신고를 하지 아니하고 영업한 자
③ 면허정지처분을 받고 그 정지기간 중 업무를 행한 자
④ 신고를 하지 아니하고 영업한 자

해설
④ 신고를 하지 아니하고 영업한 자는 1년 이하의 징역 또는 1천만원 이하의 벌금에 처한다(공중위생관리법 제20조제1항).
① 관계 공무원 출입, 검사를 거부한 자는 300만원 이하의 과태료에 처한다(공중위생관리법 제22조제1항).
② 변경신고를 하지 아니하고 영업한 자는 6개월 이하의 징역 또는 500만원 이하의 벌금에 처한다(공중위생관리법 제20조제2항).
③ 면허정지처분을 받고 그 정지기간 중 업무를 행한 자는 300만원 이하의 벌금에 처한다(공중위생관리법 제20조제3항).

60 이·미용업 영업자가 시설 및 설비기준을 위반한 경우 2차 위반에 대한 행정처분기준은?

① 경 고
② 개선명령
③ 영업정지 15일
④ 영업정지 30일

해설
행정처분기준(공중위생관리법 시행규칙 [별표 7])
시설 및 설비기준을 위반한 경우
• 1차 위반 : 개선명령
• 2차 위반 : 영업정지 15일
• 3차 위반 : 영업정지 1월
• 4차 이상 위반 : 영업장 폐쇄명령

56 ③ 57 ④ 58 ④ 59 ④ 60 ③ **Answer**

2019년 제2회 기출복원문제

01 조선시대 옛 여인이 예장할 때 정수리 부분에 꽂던 장신구는?

① 빗
② 봉 잠
③ 비 녀
④ 첩 지

해설

④ 첩지 : 조선시대 왕비를 비롯한 내외명부가 쪽머리의 가리마(차액)에 얹어 치장하던 장신구이다.

② 봉잠 : 비녀 윗부분에 봉황의 형태를 새겨 입체감 있게 장식한 예장용 비녀이다. 조선시대 왕비가 예장할 때 어여머리나 낭자에 꽂았다.

02 퍼머넌트 웨이브(Permanent Wave) 시술 시 정확한 프로세싱 타임을 결정하고 웨이브의 형성 정도를 조사하는 것은?

① 테스트 컬
② 패치테스트
③ 스트랜드 테스트
④ 컬러테스트

해설

① 테스트 컬 : 파마를 할 때 제1액의 작용 정도를 판단해 정확한 프로세싱 타임을 결정하고 웨이브의 형성 정도를 테스트하는 것

② 패치테스트 : 과민성 반응의 원인이 되는 물질을 시험하기 위한 것으로 시술 전 염모제를 귀 뒤나 팔 안쪽에 바른 후 반응을 조사하는 것(= 첩포테스트)

③ 스트랜드 테스트 : 염색이나 파마를 한 후 나타나는 반응을 미리 살펴보기 위하여 머리카락 일부에 약품을 묻혀 실시하는 검사

03 완성된 컬을 핀이나 클립을 사용하여 적당한 위치에 고정시키는 것을 무엇이라 하는가?

① 트리밍
② 컬 피닝
③ 클리핑
④ 셰이핑

해설

① 트리밍 : 커트 후 형태가 이루어진 모발을 정돈하기 위해 최종적으로 가볍게 다듬는 방법

③ 클리핑 : 클리퍼나 가위로 빠져나온 모발을 제거하는 기법

④ 셰이핑 : 빗으로 머리카락을 빗어 깨끗이 정리하거나, 핀컬하기 좋게 머리카락의 흐름을 정비하는 것

04 헤어세팅에 있어 웨이브의 형상에 따라 분류하는 것으로서 크레스트가 너무 약하게 되어 리지가 눈에 잘 띄지 않은 웨이브는?

① 버티컬 웨이브
② 섀도 웨이브
③ 내로 웨이브
④ 와이드 웨이브

해설

② 섀도 웨이브 : 크레스트가 뚜렷하지 않아서 자연스러운 웨이브

① 버티컬 웨이브 : 웨이브의 리지가 수직으로 된 웨이브

③ 내로 웨이브 : 물결상이 극단적으로 많은 웨이브

④ 와이드 웨이브 : 크레스트가 가장 뚜렷한 웨이브

05 스컬프처 컬(Sculpture Curl)에 관한 설명으로 옳은 것은?

① 두발 끝이 컬 루프의 중심이 된다.
② 두발 끝이 컬의 좌측이 된다.
③ 두발 끝이 컬의 바깥쪽이 된다.
④ 두발 끝이 컬의 우측이 된다.

해설
스컬프처 컬은 모발 끝이 서클의 안쪽에 있는 형태로, 두발 끝이 컬 루프의 중심이 된다.

06 다공성모에 알맞은 샴푸제의 선정 시 두발에 탄력성과 강도를 좋게 하는 데 가장 적합한 샴푸제는?

① 프로테인 샴푸제
② 중성 샴푸제
③ 약용 샴푸제
④ 약산성 샴푸제

해설
프로테인 샴푸는 누에고치에서 추출한 성분과 난황 성분을 함유한 샴푸제로 모발에 영양을 공급해 주는 샴푸이다.

07 다음 중 산성 린스에 속하지 않는 것은?

① 구연산 린스
② 식초 린스
③ 레몬 린스
④ 올리브유 린스

해설
산성 린스에는 레몬 린스, 비니거 린스, 구연산 린스 등이 있다.

08 다음 중 염색시간과 방치시간이 가장 짧으며 충분한 컨디셔닝이 필요한 두발은?

① 유성 두발
② 손상 두발
③ 발수성 두발
④ 흰 두발

09 헤어트리트먼트의 목적을 설명한 것 중 가장 적절한 것은?

① 두피의 생리기능을 촉진한다.
② 비듬을 제거하고 방지한다.
③ 두발의 모표피를 단단하게 하며 적당한 수분 함량을 원상태로 회복시킨다.
④ 두피를 청결하게 하며 두피의 성육을 조장한다.

해설
헤어트리트먼트 목적
• 두발의 모표피를 단단하게 하며 적당한 수분 함량을 원상태로 회복시킨다.
• 건조한 두발에 윤기를 주어 정전기를 방지한다.
• 퍼머넌트 웨이브, 염색 등 화학적 시술 전후에 손상을 방지한다.

10 다음 중 컬(Curl)을 구성하는 데 필요한 요소가 아닌 것은?

① 헤어 파트
② 베이스
③ 스 템
④ 루 프

해설

컬의 3요소 : 베이스(컬 스트랜드의 근원), 스템, 루프(원형으로 말려진 컬)

11 두발을 밝은 갈색으로 염색한 후 다시 자라난 두발에 염색을 하는 것을 무엇이라 하는가?

① 영구적 염색
② 패치테스트
③ 스트랜드 테스트
④ 리터치

12 롤러 컬의 종류 중 볼륨감을 가장 크게 하고 싶을 때 셰이프(Shape)하는 각도는?

① 두피에서 전방으로 약 45°
② 두피에서 전방으로 약 90°
③ 두피에서 전방으로 약 70°
④ 두피에서 후방으로 약 45°

해설

①은 논 스템 롤러 컬을, ②는 하프 스템 롤러 컬을, ④는 롱 스템 롤러 컬을 말한다.

13 페더링(Feathering)이라고도 하며 두발 끝을 점차적으로 가늘게 커트하는 방법은?

① 클리핑(Clipping)
② 테이퍼링(Tapering)
③ 트리밍(Trimming)
④ 시닝(Thinning)

해설

② 테이퍼링 : 모발 끝을 가늘게 커트하는 기법
① 클리핑 : 클리퍼나 가위로 빠져나온 두발을 제거하는 것
③ 트리밍 : 커트 마무리 시 모발을 정돈하기 위해 최종적으로 가볍게 다듬는 방법
④ 시닝 : 전체적인 두발의 길이는 유지하면서 두발의 숱만 감소시키는 기법

14 클럽 커팅(Club Cutting) 기법에 해당되는 것은?

① 스트로크 커트(Stroke Cut)
② 시닝(Thinning)
③ 스퀘어 커트(Square Cut)
④ 테이퍼링(Tapering)

해설

① 스트로크 커트 : 가위를 이용한 테이퍼링을 말하며, 모발을 감소시키고 볼륨을 주는 기법
② 시닝 : 전체적인 두발의 길이는 유지하면서 두발의 숱만 감소시키는 기법
④ 테이퍼링 : 모발 끝을 가늘게 커트하는 기법

15 클록 와이즈 와인드 컬(Clock Wise Wind Curl)을 가장 바르게 설명한 것은?

① 모발이 시곗바늘 방향인 오른쪽 방향으로 된 컬
② 모발이 두피에 대해 세워진 컬
③ 모발이 두피에 대해 시계 반대 방향으로 된 컬
④ 모발이 두피에 대해 평평한 컬

해설
③은 카운터 클록 와이즈 와인드 컬을 말한다.

16 다음 중 두발의 모표피에 지방분이 많고 수분을 밀어내는 성질을 지닌 지방과다모에 해당하는 것은?

① 발수성모
② 다공성모
③ 정상모
④ 저항성모

해설
① 발수성모 : 모표피에 지방분이 많고 수분을 배척하는 성향을 지닌 모발
② 다공성모 : 극손상모로 큐티클층이 전혀 없고, 모발 속의 간충물질 등이 유출되어 비어 있는 상태의 모발
④ 저항성모 : 큐티클층이 빽빽하게 밀착되어 흡수력이 약한 모발

17 파마 제2액의 브로민산염류의 농도는?

① 1~2% ② 3~5%
③ 6~7.5% ④ 8~9.5%

해설
제2액인 브로민산나트륨과 브로민산칼륨의 농도는 3~5%가 적당하다.

18 파마의 제1액이 웨이브의 형성을 위해 주로 적용되는 부위는?

① 모수질
② 모 근
③ 모피질
④ 모표피

해설
모피질 속의 간충물이 제1액의 웨이브 형성에 적용된다.

19 다음 중 모발에 관한 설명으로 틀린 것은?

① 모근부와 모간부로 구성되어 있다.
② 하루 약 0.2~0.5mm 자란다.
③ 모발의 수명은 보통 3~6년이다.
④ 모발은 퇴행기 → 성장기 → 탈락기 → 휴지기의 성장단계를 갖는다.

해설
④ 모발은 성장기(2~6년) → 퇴행기(2~3주) → 휴지기(2~3개월) → 탈락기(성장기)를 반복한다.

20 린스의 역할이 아닌 것은?

① 샴푸잉 후 모발에 남아 있는 금속성 피막과 비누의 불용성 알칼리 성분을 제거한다.
② 모발이 엉키는 것을 막아 준다.
③ 모발에 윤기를 더해 준다.
④ 유분이나 모발 보호제가 모발에 끈적임을 준다.

해설
린스는 모발의 정전기를 방지해 주고 수분과 유분, 영양을 공급한다.

21 분진 흡입에 의하여 폐에 조직반응을 일으킨 상태는?

① 진폐증
② 기관지염
③ 폐 렴
④ 결 핵

22 눈의 보호를 위해 가장 좋은 조명방법은?

① 간접조명
② 반간접조명
③ 직접조명
④ 반직접조명

해설
간접조명은 빛을 반사시켜 눈에 부담을 주지 않는다.

23 다음 중 제3급 감염병에 속하는 것은?

① 간흡충증
② 발진티푸스
③ A형간염
④ 파라티푸스

해설
①은 제4급 감염병, ③, ④는 제2급 감염병이다.

24 가족계획과 뜻이 가장 가까운 것은?

① 불임수술
② 임신중절
③ 수태제한
④ 계획출산

해설
가족계획은 계획적인 가족 형성과 알맞은 수의 자녀를 적당한 터울로 낳아서 양육하여 잘 살 수 있도록 하는 것이 목적이다.

25 건강보균자를 설명한 것으로 가장 적절한 것은?

① 감염병에 걸렸지만 자각증상이 없는 자
② 병원체를 보유하고 있으나 증상이 없으며 체외로 이를 배설하고 있는 자
③ 감염병에 이환되어 발생하기까지의 기간에 있는 자
④ 감염병에 걸렸다가 완전히 치유된 자

해설
건강보균자는 증상이 전혀 나타나지 않고 보균상태를 지속하고 있는 자이며, 비율은 감염자 발병률에 따라서 표시된다. 일반적으로 건강보균자가 많은 질환에서는 환자의 격리는 그다지 의미가 없고 대책은 환경개선이나 예방접종이 중심이 된다.

26 수인성으로 전염되는 질병으로 엮어진 것은?

① 장티푸스 – 파라티푸스 – 간흡충증 – 세균성 이질
② 콜레라 – 파라티푸스 – 세균성이질 – 폐흡충증
③ 장티푸스 – 파라티푸스 – 콜레라 – 세균성 이질
④ 장티푸스 – 파라티푸스 – 콜레라 – 간흡충증

해설
수인성 감염병으로 장티푸스, 파라티푸스, 콜레라, 이질, 유행성 간염 등이 있다.

27 인간 전체 사망자수에 대한 50세 이상의 사망자수를 나타낸 구성 비율은?

① 평균수명
② 조사망률
③ 영아사망률
④ 비례사망지수

해설
비례사망지수(PMI ; Proportional Mortality Indicator)는 연간 총 사망자수에 대한 50세 이상의 사망자수를 %로 표시한 지수이다. 비례사망지수 값이 높을수록 건강 수준이 좋다.

28 다음 중 기후의 3대 요소는?

① 기온, 복사량, 기류
② 기온, 기습, 기류
③ 기온, 기압, 복사량
④ 기류, 기압, 일조량

해설
기후의 3대 요소 : 기온, 기습, 기류

29 시 · 군 · 구에 두는 보건행정의 최일선 조직으로 국민건강증진 및 예방 등에 관한 사항을 실시하는 기관은?

① 병 · 의원
② 보건소
③ 보건진료소
④ 복지관

30 대기오염 방지 목표와 연관성이 가장 적은 것은?

① 생태계 파괴 방지
② 경제적 손실 방지
③ 자연환경의 악화 방지
④ 직업병의 발생 방지

31 무균실에서 사용되는 기구의 가장 적합한 소독법은?

① 고압증기멸균법
② 자외선소독법
③ 자비소독법
④ 소각소독법

해설
① 고압증기멸균법 : 2기압 121℃의 고온 수증기를 15~20분 이상 가열하는 것으로 포자까지 사멸한다.
② 자외선소독법 : 자외선을 이용해 살균하는 방법이다.
③ 자비소독법 : 100℃의 끓는 물에 15~20분 가열하는 것으로 포자는 죽이지 못한다.
④ 소각소독법 : 오염된 대상을 불에 태우는 방법이다.

26 ③ 27 ④ 28 ② 29 ② 30 ④ 31 ① **Answer**

32

내열성이 강해서 자비소독으로는 멸균되지 않는 것은?

① 이질 아메바 영양형
② 장티푸스균
③ 결핵균
④ 포자형성 세균

해설

자비소독법은 100℃의 끓는 물에 15~20분 가열하는 것으로 포자는 죽이지 못한다.

33

다음 중 결핵환자의 객담 소독 시 가장 적당한 것은?

① 매몰법
② 크레졸 소독
③ 알코올 소독
④ 소각법

해설

④ 소각법 : 오염된 대상을 불에 태우는 방법

34

미용 용품이나 기구 등을 일차적으로 청결하게 세척하는 것은 다음의 소독방법 중 어디에 해당되는가?

① 여과(Filtration)
② 정균(Microbiostasis)
③ 희석(Dilution)
④ 방부(Antiseptic)

해설

희석은 어떤 물질의 농도를 다른 물질에 가함으로써 낮게 하여 세척하는 방법으로 균수가 줄어든다.

35

최근에 많이 이용되고 있는 우유의 초고온 순간멸균법으로 140℃에서 가장 적절한 처리시간은?

① 1~3초
② 30~60초
③ 1~3분
④ 5~6분

36

이·미용실의 기구 소독에 가장 적당한 약품은?

① 70%의 알코올
② 100~200배 희석 역성비누
③ 5% 크레졸 소독
④ 50%의 석탄산수 소독

해설

③ 크레졸 소독 : 크레졸수(크레졸 3% + 물 97%)에 10분 이상 담가 둔다.
④ 석탄산수 소독 : 석탄산수(석탄산 3% + 물 97%)에 10분 이상 담가 둔다.

37 혈청이나 당 등과 같이 열에 불안정한 액체의 멸균에 주로 이용되는 방법은?

① 습열멸균법
② 간헐멸균법
③ 여과멸균법
④ 초음파멸균법

해설
③ 여과멸균법은 비열처리법으로 열에 불안정한 액체에 사용된다.

38 다음 중 미생물의 종류에 해당하지 않는 것은?

① 편 모
② 세 균
③ 효 모
④ 곰팡이

해설
미생물의 종류 : 세균, 바이러스, 곰팡이, 효모, 리케차

39 화학적 약제를 사용하여 소독할 때 소독약품의 구비조건으로 옳지 않은 것은?

① 용해성이 낮아야 한다.
② 경제적이고 사용방법이 간편해야 한다.
③ 살균력이 강해야 한다.
④ 부식성과 표백성이 없어야 한다.

해설
소독제는 높은 안정성과 용해성을 가져야 한다.

40 피부결이 거칠고 모공이 크며 화장이 쉽게 지워지는 피부 타입은?

① 지 성
② 민감성
③ 중 성
④ 건 성

해설
지성피부는 과잉 피지 분비로 모공이 크며 피부가 두껍고 탄력이 있다. 유분으로 인하여 화장이 잘 지워진다.

41 다음 중 비타민 A와 깊은 관련이 있는 카로틴을 가장 많이 함유한 식품은?

① 쇠고기, 돼지고기
② 감자, 고구마
③ 귤, 당근
④ 사과, 배

해설
비타민 A를 함유한 식품 : 녹황색 채소, 토마토, 계란, 버터, 우유, 당근 등

37 ③ 38 ① 39 ① 40 ① 41 ③ **Answer**

42 표피 중에서 각화가 완전히 된 세포들로 이루어진 층은?

① 과립층
② 각질층
③ 유극층
④ 투명층

해설
② 각질층 : 표피의 가장 바깥쪽에 위치하며 피부의 박리현상이 나타난다.

43 모세혈관의 울혈에 의해 피부가 발적된 상태를 무엇이라 하는가?

① 소수포
② 종 양
③ 홍 반
④ 반 점

해설
③ 홍반 : 모세혈관에 의한 염증으로 발생함
① 소수포 : 표피 내부의 1cm 미만의 맑은 액체로 피부에 돌출된 것
② 종양 : 직경 2cm 이상의 결절
④ 반점 : 색소 변화에 의해 원형이나 반원형으로 나타나는 것으로 기미, 주근깨, 반점 등을 말함

44 여드름 치유와 잔주름 개선에 널리 사용되는 것은?

① 레티노산(Retinoic Acid)
② 아스코브산(Ascorbic Acid)
③ 토코페롤(Tocopherol)
④ 칼시페롤(Calciferol)

해설
② 아스코브산 : 미백성분
③ 토코페롤 : 주름완화 성분

45 자외선 차단지수를 나타내는 약어는?

① UVC
② SPF
③ WHO
④ FDA

해설
② 자외선 차단지수(SPF ; Sun Protection Factor) : UV-B에 대한 차단지수

46 미생물의 크기가 가장 작은 것은?

① 세 균
② 곰팡이
③ 리케차
④ 바이러스

해설
미생물의 크기는 곰팡이 > 효모 > 세균 > 리케차 > 바이러스 순이다.

47 화학적 소독제 중 살균력 평가의 지표가 되는 것은?

① 크레졸
② 과산화수소
③ 석탄산
④ 염소

해설
소독약의 살균력 지표로 석탄산계수가 사용된다. 석탄산계수가 클수록 소독효과가 크다.

48 피부를 데었을 때(화상)의 치료약품은?

① 과산화수소
② 바셀린
③ 포비돈
④ 아크리놀

해설
①, ③, ④는 상처가 있는 피부 치료에 적합하다.

49 질병 전파의 개달물에 해당하는 것은?

① 공기, 물
② 우유, 음식물
③ 의복, 침구
④ 파리, 모기

해설
개달물은 의복, 침구, 책, 수건, 컵 등 환자가 사용한 물건을 말한다.

50 한 국가의 건강수준을 나타내는 지표로 가장 대표적으로 사용하고 있는 것은?

① 인구증가율
② 조사망률
③ 영아사망률
④ 질병발생률

해설
영아사망률은 한 국가의 건강수준을 나타내는 지표로서 연간 생후 1년 미만 사망자수를 말한다.

51 이·미용사의 면허증을 다른 사람에게 대여한 때 1차 위반 시 행정처분기준은?

① 영업정지 3월
② 영업정지 2월
③ 면허정지 3월
④ 면허정지 2월

해설
행정처분기준(공중위생관리법 시행규칙 [별표 7])
면허증을 다른 사람에게 대여한 경우
• 1차 위반 : 면허정지 3월
• 2차 위반 : 면허정지 6월
• 3차 위반 : 면허취소

47 ③ 48 ② 49 ③ 50 ③ 51 ③ **Answer**

52 이·미용업소에서의 면도기 사용에 대한 설명으로 가장 옳은 것은?

① 매 손님마다 소독한 정비용 면도기 교체 사용

② 정비용 면도기를 소독 후 계속 사용

③ 정비용 면도기를 손님 1인에 한하여 사용

④ 1회용 면도날만을 손님 1인에 한하여 사용

해설

④ 공중위생영업자가 준수하여야 하는 위생관리기준 등에 포함된 내용이다(공중위생관리법 시행규칙 [별표 4]).

53 영업소 외의 장소에서 이용 및 미용의 업무를 할 수 있는 경우가 아닌 것은?

① 질병으로 영업소에 나올 수 없을 때

② 혼례 직전에 이용 또는 미용을 할 때

③ 야외에서 단체로 이용 또는 미용을 할 때

④ 사회복지시설에서 봉사활동으로 이용 또는 미용을 할 때

해설

영업소 외에서의 이용 및 미용 업무(공중위생관리법 시행규칙 제13조)

• 질병·고령·장애나 그 밖의 사유로 영업소에 나올 수 없는 자에 대하여 이용 또는 미용을 하는 경우

• 혼례나 그 밖의 의식에 참여하는 자에 대하여 그 의식 직전에 이용 또는 미용을 하는 경우

• 사회복지시설에서 봉사활동으로 이용 또는 미용을 하는 경우

• 방송 등의 촬영에 참여하는 사람에 대하여 그 촬영 직전에 이용 또는 미용을 하는 경우

• 이외에 특별한 사정이 있다고 시장·군수·구청장이 인정하는 경우

54 공중위생관리법규상 공중위생영업자가 받아야 하는 위생교육시간은?

① 매년 3시간

② 매년 4시간

③ 매년 5시간

④ 매년 6시간

해설

위생교육은 집합교육과 온라인 교육을 병행하여 실시하되, 교육시간은 3시간으로 한다(공중위생관리법 시행규칙 제23조제1항).

55 이·미용영업소에서 손님이 보기 쉬운 곳에 게시하지 않아도 되는 것은?

① 개설자의 면허증 원본

② 이·미용업 신고증

③ 사업자등록증

④ 이·미용요금표

해설

공중위생영업자가 준수하여야 하는 위생관리기준 등(공중위생관리법 시행규칙 [별표 4])

• 영업소 내부에 이·미용업 신고증 및 개설자의 면허증 원본을 게시하여야 한다.

• 영업소 내부에 최종지급요금표를 게시 또는 부착하여야 한다.

56 다음 빈칸에 들어갈 말로 알맞은 것은?

> 공중위생관리법상 "미용업"의 정의는 손님의 얼굴, 머리, 피부 및 손톱·발톱 등을 손질하여 손님의 (　　)를/을 아름답게 꾸미는 영업이다.

① 모 습
② 외 양
③ 외 모
④ 신 체

해설

미용업(공중위생관리법 제2조제5호)
손님의 얼굴, 머리, 피부 및 손톱·발톱 등을 손질하여 손님의 외모를 아름답게 꾸미는 다음의 영업을 말한다.
- 일반미용업 : 파마·머리카락자르기·머리카락모양내기·머리피부손질·머리카락염색·머리감기, 의료기기나 의약품을 사용하지 아니하는 눈썹손질을 하는 영업
- 피부미용업 : 의료기기나 의약품을 사용하지 아니하는 피부상태분석·피부관리·제모(除毛)·눈썹손질을 하는 영업
- 네일미용업 : 손톱과 발톱을 손질·화장(化粧)하는 영업
- 화장·분장 미용업 : 얼굴 등 신체의 화장, 분장 및 의료기기나 의약품을 사용하지 아니하는 눈썹손질을 하는 영업
- 그 밖에 대통령령으로 정하는 세부 영업
- 종합미용업 : 위의 업무를 모두 하는 영업

57 이·미용업소에서 시술 과정을 통하여 감염될 수 있는 가능성이 가장 큰 질병 두 가지는?

① 뇌염, 소아마비
② 피부병, 발진티푸스
③ 결핵, 트라코마
④ 결핵, 장티푸스

58 이·미용기구의 소독기준 및 방법을 정하는 법령은?

① 대통령령
② 보건복지부령
③ 환경부령
④ 보건소령

해설

이용기구 및 미용기구의 종류·재질 및 용도에 따른 구체적인 소독기준 및 방법은 보건복지부장관이 정하여 고시한다(공중위생관리법 시행규칙 [별표 3]).

59 콜레라 예방접종은 어떤 면역방법인가?

① 인공수동면역
② 인공능동면역
③ 자연수동면역
④ 자연능동면역

해설

② 인공능동면역 : 인위적인 예방접종 후 생성된 면역(생균백신, 사균백신, 순화독소)
① 인공수동면역 : 회복기혈청, 면역혈청, 감마글로불린 등 인공제제 접종 후 얻는 면역
③ 자연수동면역 : 어머니로부터 얻은 면역(모체면역, 태반면역)
④ 자연능동면역 : 감염병에 감염된 후 형성되는 면역

60 고무장갑이나 플라스틱의 소독에 가장 적합한 것은?

① EO가스살균법
② 고압증기멸균법
③ 자비소독법
④ 오존멸균법

해설

EO가스살균법
EO(Ethylene Oxide)가스의 독성을 이용하여 바이러스 및 기타 미생물을 사멸시키는 화학적 소독방법이다. 저온에서 소독이 이루어지므로 저온멸균법이라고도 한다.

2020년 제1회 ✂ 기출복원문제

01 다음 중 베이스에서 피벗 포인트까지의 컬은?

① 컬 스템(Curl Stem)
② 하프 스템(Half Stem)
③ 풀 스템(Full Stem)
④ 논 스템(Non Stem)

해설
② 하프 스템 : 움직임이 보통인 컬
③ 풀 스템 : 움직임이 가장 큰 컬
④ 논 스템 : 움직임이 가장 작은 컬

02 콜드 웨이브에 있어 제1액의 작용으로 알맞은 것은?

① 산화작용
② 정착작용
③ 중화작용
④ 환원작용

해설
산화작용, 정착작용, 중화작용은 제2액의 작용이다.

03 모발의 구성 중 모근 부분에 있는 것은?

① 모피질   ② 모표피
③ 모수질   ④ 모유두

해설
모간은 모표피, 모피질, 모수질로 구성되어 있다.

04 원랭스(One Length) 커트형이 아닌 것은?

① 패럴렐 보브 커트
② 이사도라형
③ 스패니얼형
④ 레이어형

해설
원랭스 커트는 층을 내지 않는 커트로 이사도라 커트, 패럴렐 보브 커트, 스패니얼 커트가 해당된다. 레이어 커트는 모발에 전체적으로 층을 주는 커트이다.

05 두발을 롤러에 와인딩할 때 스트랜드를 베이스에 대하여 45°로 잡아 올려서 와인딩한 롤러 컬은?

① 롱 스템 롤러 컬
② 하프 스템 롤러 컬
③ 논 스템 롤러 컬
④ 숏 스템 롤러 컬

해설
① 롱 스템 롤러 컬 : 45°로 하여 컬 형성(볼륨이 낮음)
② 하프 스템 롤러 컬 : 90°로 하여 컬 형성(볼륨이 적당)
③ 논 스템 롤러 컬 : 120~135°로 하여 컬 형성(볼륨이 높음)

06 빗을 천천히 위쪽으로 이동시키면서 가위의 개폐를 재빨리 하여 빗에 끼어 있는 두발을 자르는 커팅 기법은?

① 싱글링
② 시 닝
③ 레이저 커트
④ 슬리더링

해설

헤어커트의 시술

- 싱글링 : 빗을 천천히 위쪽으로 이동시키면서 가위의 개폐를 재빨리 하여 빗에 끼어 있는 두발을 자르는 커팅 기법
- 트리밍 : 퍼머넌트를 한 후 손상모와 삐져나온 불필요한 모발을 다시 가볍게 잘라주는 커팅 기법
- 시닝 : 모발의 길이는 유지하고 모량을 조절하는 커팅 기법
- 테이퍼링 : 모발 끝을 가늘게 질감처리하는 커팅 기법
- 슬리더링 : 가위를 사용하여 머리숱을 감소시키는 커팅 기법

08 다음 중 컬의 설명이 옳지 않은 것은?

① 스컬프처 컬 - 모발 끝이 서클의 안쪽에 있는 형태로 두발 끝이 컬 루프의 중심이 된 컬
② 리버스 스탠드업 컬 - 귓바퀴 반대 방향으로 말리고 두피에 90°로 세워져 있는 컬
③ 플랫 컬 - 루프가 0°로 납작하게 형성된 컬
④ 포워드 스탠드업 컬 - 루프가 귓바퀴를 따라 말리고 두피에 120°로 세워져 있는 컬

해설

포워드 스탠드업 컬 : 루프가 귓바퀴를 따라 말리고 두피에 90°로 세워져 있는 컬

09 탈모의 원인으로 볼 수 없는 것은?

① 금주와 금연
② 다이어트와 불규칙한 식사로 인한 영양 부족인 경우
③ 남성호르몬의 분비가 많은 경우
④ 땀, 피지 등의 노폐물이 모공을 막고 있는 경우

해설

탈모의 요인

- 내적 요인 : 스트레스, 호르몬 이상, 잘못된 식생활 습관 등
- 외적 요인 : 잘못된 샴푸습관, 부적절한 시술, 음주와 흡연 등

07 헤어 린스(Hair Rinse)의 효과로 가장 적절한 것은?

① 세정력
② 엉킴 방지
③ 두피의 노폐물 제거
④ 탈지효과

해설

세정력과 탈지효과는 샴푸의 효과이다.

10 미용의 과정 중 두 번째 과정에 해당하는 것은?

① 소 재
② 구 상
③ 제 작
④ 보 정

해설

미용의 과정 : 소재의 확인 → 구상 → 제작 → 보정

11 크로키놀식 웨이브를 처음으로 성공시킨 사람은?

① 마샬 그라또
② J. B. 스피크먼
③ 조셉 메이어
④ 찰스 네슬러

해설
③ 조셉 메이어 : 1925년 크로키놀식 웨이브 개발
① 마샬 그라또 : 1875년 아이론 웨이브 개발
② J. B. 스피크먼 : 1936년 콜드 웨이브 개발
④ 찰스 네슬러 : 1905년 스파이럴식 웨이브 개발

12 두발을 염색한 후 새로 자라난 두발에 염색하는 것을 무엇이라 하는가?

① 반영구적 염색
② 리터치
③ 스트랜드 테스트
④ 패치테스트

해설
리터치(다이 터치 업)는 염색 후 다시 자라난 두발에 염색을 하는 것이다.

13 헤어 샴푸의 목적과 가장 거리가 먼 것은?

① 청결한 두피와 두발 유지
② 모발과 두피의 때, 먼지, 비듬, 이물질 등의 제거
③ 탈모 방지 및 치료
④ 두피의 혈액순환과 신진대사 촉진

해설
헤어 샴푸의 목적은 모발과 두피의 때, 먼지, 비듬, 이물질 등을 제거하여 청결함과 상쾌함을 유지하고 두피의 혈액순환과 신진대사를 잘되게 하여 모발 성장에 도움을 주는 것이다.

14 모발 염색 전 알레르기 반응을 확인하기 위해 손목 안쪽에 발라 미리 테스트하는 방법은?

① 연화테스트
② 패치테스트
③ 스트랜드 테스트
④ 컬러테스트

해설
패치테스트
염색 전에 알레르기 반응을 조사하기 위한 것으로, 염모제에 함유되어 있는 특수성분 등이 피부에 미치는 자극성을 알아보기 위한 테스트이다. 24~48시간 전에 테스트해야 하며 귀 뒤쪽이나 팔 안쪽에 테스트를 진행한다.

15 크레스트가 가장 뚜렷한 웨이브는?

① 와이드 웨이브
② 섀도 웨이브
③ 내로 웨이브
④ 마샬 웨이브

해설
② 섀도 웨이브 : 크레스트가 뚜렷하지 않아서 자연스러운 웨이브
③ 내로 웨이브 : 물결상이 극단적으로 많은 웨이브
④ 마샬 웨이브 : 아이론의 열에 의해 형성되는 웨이브(아이론의 온도는 120~140°C가 적당)

16 커트를 하기 위한 순서 중 빈칸에 알맞은 것은?

> 위그 → 수분 → 빗질 → (　　) → 슬라이스 → 스트랜드

① 블로킹
② 섹 션
③ 시 닝
④ 트리밍

해설
커트 순서 : 위그 → 수분 → 빗질 → 블로킹 → 슬라이스 → 스트랜드

17 헤어파팅(Hair Parting) 중 두정부에서 이마의 헤어라인에 수평인 가르마는 무엇인가?

① 센터 파트(Center Part)
② 스퀘어 파트(Square Part)
③ 카울릭 파트(Cowlick Part)
④ 센터 백 파트(Center Back Part)

해설
① 센터 파트 : 전두부의 헤어라인 중심에서 직선 방향으로 나눈 가르마
③ 카울릭 파트 : 두정부의 가마로부터 방사선 형태로 나눈 가르마
④ 센터 백 파트 : 후두부를 정중선으로 나눈 가르마

18 파마약의 제2액 중 브로민산나트륨의 적정 농도는?

① 1~2%   ② 3~5%
③ 8~12%   ④ 15~20%

해설
• 제1액 : 티오글라이콜산(6%)
• 제2액 : 브로민산나트륨, 브로민산칼륨(3~5%의 수용액 사용)

19 다공성 모발에 대한 사항 중 잘못된 것은?

① 다공성모란 두발의 간충물질이 소실되어 두발조직 중에 공동이 많고 보습작용이 약해져 두발이 건조해지기 쉬운 손상모를 말한다.
② 다공성모는 두발이 얼마나 빨리 유액을 흡수하느냐에 따라 그 정도가 결정된다.
③ 다공성의 정도가 클수록 모발의 탄력이 부족하므로 프로세싱 타임을 길게 한다.
④ 다공성의 정도에 따라서 콜드 웨이빙의 프로세싱 타임과 웨이빙 용액의 정도가 결정된다.

해설
다공성의 정도가 클수록 모발의 탄력이 적고 손상된 모발이므로 프로세싱 타임을 짧게 해야 한다.

20 미용시술 시 작업 자세와 관련한 설명으로 옳은 것은?

① 미용시술을 할 때 작업 자세는 미용사의 피로도와 능률의 관계가 무관하다.
② 작업 대상의 위치는 미용사의 심장과 평행해야 한다.
③ 일어서서 시술을 할 경우 안정된 자세는 미용사의 중심으로 내려진 수직선이 양다리를 둘러싼 영역 바깥에 있어야 한다.
④ 정상 시력을 가진 사람의 명시거리는 약 15cm이다.

해설
명시거리는 약 25cm 거리이고, 미용시술을 할 때 작업 자세는 미용사의 피로도와 능률의 관계가 있다. 일어서서 시술을 하는 경우 안정된 자세는 미용사의 중심으로 내려진 수직선이 양다리를 둘러싼 영역 안에 있어야 한다.

21 세계보건기구(WHO)에서 규정한 건강의 정의로 알맞은 것은?

① 육체적으로 완전히 양호한 상태
② 정신적으로 완전히 양호한 상태
③ 질병이 없고 허약하지 않은 상태
④ 육체적, 정신적, 사회적으로 완전한 상태

해설
WHO에서 규정한 건강은 단순히 질병이 없는 상태만이 아니라 육체적, 정신적, 사회적으로 모두 완전한 상태를 의미한다.

22 다음 중 환경위생 사업에 해당되지 않는 것은?

① 예방접종
② 수질관리
③ 구충구서
④ 쓰레기 처리

해설
예방접종은 환경위생과 관련이 없으며 공중보건과 관련있다.

23 제1급 감염병에 대한 설명으로 옳지 않은 것은?

① 생물테러감염병이다.
② 치명률이 높거나 집단 발생 우려가 크다.
③ 음압격리가 필요한 감염병이다.
④ 24시간 이내에 신고하여야 한다.

해설
제1급 감염병 : 생물테러감염병 또는 치명률이 높거나 집단 발생의 우려가 커서 발생 또는 유행 즉시 신고하여야 하고, 음압격리와 같은 높은 수준의 격리가 필요한 감염병이다.

24 절지동물 중 쥐가 매개가 되는 감염병이 아닌 것은?

① 서교열
② 쯔쯔가무시증
③ 황 열
④ 페스트

해설
절지동물에 의해 매개되는 감염병

모 기	말라리아, 일본뇌염, 황열
파 리	장티푸스, 파라티푸스, 콜레라, 식중독, 이질, 결핵, 디프테리아
쥐	페스트, 서교열, 살모넬라증, 쯔쯔가무시증
바퀴벌레	세균성 이질, 콜레라, 결핵, 살모넬라, 디프테리아, 회충
이	발진티푸스

25 감염병에 감염된 후 형성되는 면역은 무엇인가?

① 인공수동면역
② 인공능동면역
③ 자연수동면역
④ 자연능동면역

해설
① 인공수동면역 : 회복기혈청, 면역혈청, 감마글로불린 등 인공제제를 주사하여 항체를 얻는 방법
② 인공능동면역 : 생균백신, 사균백신, 순화독소 등 예방접종 후 얻어지는 면역
③ 자연수동면역 : 신생아가 모체로부터 태반, 수유를 통해 얻은 면역

26 다음 중 법정 감염병이 아닌 것은?

① 콜레라 　　② 고혈압
③ 파라티푸스 　④ 수 두

해설

콜레라, 파라티푸스, 수두는 제2급 감염병에 해당한다. 고혈압은 감염병에 속하지 않는다.

27 식중독에 대한 설명으로 알맞은 것은?

① 음식 섭취 후 장시간 뒤에 증상이 나타난다.
② 병원성 미생물에 오염된 식품 섭취 후 발병한다.
③ 근육통 호소가 가장 빈번하다.
④ 독성을 나타내는 화학물질과는 무관하다.

해설

식중독은 음식물을 섭취함으로써 소화기가 감염되어 설사, 복통 등의 증상이 급성 또는 만성으로 발현되는 질환을 통칭하는 것으로, 정확하게는 식품매개질환이다.

28 주로 7~9월 사이에 많이 발생되며 어패류가 원인이 되어 발병, 유행하는 식중독은?

① 포도상구균 식중독
② 병원성대장균 식중독
③ 장염 비브리오 식중독
④ 보툴리누스균 식중독

해설

① 포도상구균 식중독 : 우유, 버터, 치즈 등 유제품이 원인이 되어 감염
② 병원성대장균 식중독 : 보균자나 동물의 분변을 통해 감염
④ 보툴리누스균 식중독 : 통조림, 소시지 등 밀폐된 혐기성 식품에서 감염(치명률이 높음)

29 식품에 함유되어 있는 독소로 바르게 연결되지 않은 것은?

① 테트로도톡신 - 복어
② 솔라닌 - 감자
③ 무스카린 - 버섯
④ 베네루핀 - 가지

해설

④ 베네루핀 : 모시조개, 굴

30 진동이 심한 작업장 근무자에게 다발하는 질환으로 청색증과 동통, 저림 증세를 보이는 질병은?

① 잠함병
② 진폐증
③ 열경련
④ 레이노드병

해설

④ 레이노드병 : 진동이 심한 작업장 근무자에게 다발하는 질환으로 청색증과 동통, 저림 증세를 보이는 질병
① 잠함병 : 깊은 수중에서 작업하던 잠수부가 급히 해면으로 올라올 때, 즉 고기압 환경에서 급히 저기압 환경으로 옮길 때 일어나는 질병
② 진폐증 : 분진 흡입으로 인해 폐에 조직반응을 일으키는 질병
③ 열경련 : 고온에서 심한 육체노동 시 발생하는 질병

31 다음 중 포자까지 사멸하는 소독방법은?

① 염소소독
② 일광소독
③ 저온소독
④ 고압증기멸균

해설
고압증기멸균법 : 121℃의 고온 수증기를 15~20분 이상 가열하며(포자까지 사멸) 고무제품, 기구, 약액 등의 소독에 사용된다.

32 실험기기, 의료용기, 오물 등의 소독에 사용되는 석탄산수의 적절한 농도는?

① 석탄산 0.3% 수용액
② 석탄산 1% 수용액
③ 석탄산 3% 수용액
④ 석탄산 10% 수용액

해설
석탄산은 고온일수록 효과가 높으며 살균력과 냄새가 강하고 독성이 있다. 소독에는 3% 수용액을 사용하며, 금속을 부식시킨다.

33 이·미용실에서 사용하는 가위 등의 금속제품 소독으로 적합하지 않은 것은?

① 에탄올
② 승홍수
③ 크레졸수
④ 역성비누액

해설
승홍수는 독성이 강하고 금속을 부식시키므로 점막이나 금속기구를 소독하기에는 부적합하다. 손, 발, 유리제품, 의류 소독에 적합하고, 0.1%의 1,000배액으로 사용한다.

34 다음 중 자외선 소독기의 사용으로 소독효과를 기대할 수 없는 경우는?

① 여러 개의 머리빗
② 많은 양의 겹쳐진 타월
③ 염색용 볼
④ 날이 열린 가위

해설
자외선 소독기는 $1cm^2$당 $85\mu W$ 이상의 자외선을 20분 이상 쬐어 주며, 표면에 살균효과가 있으므로 여러 장의 겹쳐진 타월은 소독효과를 기대할 수 없다.

35 62~63℃ 낮은 온도 상태에서 30분간 소독하는 것으로 우유 소독 시 사용하는 방법은?

① 간헐멸균법
② 건열멸균법
③ 저온소독법
④ 자비소독법

해설
물리적 소독법
• 건열멸균법 : 건열멸균기를 이용해 멸균하는 방법으로 보통 160~180℃에서 1~2시간 가열한다. 유리제품, 금속류, 사기그릇 등의 멸균에 이용한다(미생물과 포자를 사멸).
• 자비소독법 : 100℃의 끓는 물에 15~20분 가열하며 의류, 도자기 등의 소독에 사용된다(포자는 죽이지 못함).
• 고압증기멸균법 : 121℃의 고온 수증기를 15~20분 이상 가열하며 고무제품, 기구, 약액 등에 사용된다(포자까지 사멸).
• 저온소독법 : 62~65℃의 낮은 온도에서 30분간 소독(우유, 술, 주스 등)하는 방법이다.

36 다음 중 소독력이 가장 약한 것은?

① 살 균 ② 소 독
③ 멸 균 ④ 청 결

해설

소독력 크기
멸균 > 살균 > 소독 > 방부 > 청결

37 소독 시 유의사항으로 옳지 않은 것은?

① 소독할 제품에 따라 적당한 용량과 사용법을 지켜서 사용한다.
② 소독제는 햇빛이 들어오지 않는 서늘한 곳에 보관하고 유통기한 내에 사용하도록 한다.
③ 소독액은 필요한 양만큼 미리 많이 만들어 놓는다.
④ 소독 시 사용한 기구는 세척한 후 소독한다.

해설

소독액은 미리 만들어 놓지 말고 필요한 양만큼 만들어 사용한다.

38 물리적 소독법 중 습열멸균법이 아닌 것은?

① 자비소독법
② 고압증기멸균법
③ 저온살균법
④ 소각법

해설

물리적 소독법
• 건열멸균법 : 화염멸균법, 소각법, 건열멸균법
• 습열멸균법 : 자비소독법, 고압증기멸균법, 저온살균법

39 다음 중 금속소독에 가장 적합한 것은?

① 알코올
② 염 소
③ 폼알데하이드
④ 생석회

해설

① 알코올 : 피부 및 기구 소독
② 염소 : 상하수도 소독
④ 생석회 : 화장실, 하수도, 쓰레기통 소독

40 여러 가지 물리 · 화학적 방법으로 병원균이나 포자까지 완전히 사멸시켜 제거하는 것은?

① 멸 균
② 소 독
③ 방 부
④ 살 충

해설

소독 관련 용어

멸 균	병원균이나 포자까지 완전히 사멸시켜 제거한다.
살 균	미생물을 물리적, 화학적으로 급속히 죽이는 것(내열성 포자 존재)이다.
소 독	유해한 병원균 증식과 감염의 위험성을 제거한다(포자는 제거되지 않음). → 병원성 미생물의 생활력을 파괴 또는 멸살시켜 감염되는 증식물을 없애는 것이다.
방 부	병원성 미생물의 발육을 정지시켜 음식의 부패나 발효를 방지한다.

36 ④ 37 ③ 38 ④ 39 ③ 40 ① **Answer**

41 수분 증발을 막고 외부로부터의 이물질의 침투에 대한 방어막 역할을 하는 피부층은?

① 기저층
② 유극층
③ 과립층
④ 유두층

해설
① 기저층 : 멜라닌세포가 존재하여 피부의 색을 결정
② 유극층 : 표피 중 가장 두꺼운 층으로, 혈액순환이나 영양 공급에 관여
④ 유두층 : 진피의 상단 부분으로 다량의 수분을 함유

42 다음 중 체모의 색상을 좌우하는 멜라닌이 가장 많이 함유되어 있는 곳은?

① 모표피
② 모피질
③ 모수질
④ 모유두

해설
모피질은 모발의 85~90%를 차지하며, 멜라닌 색소를 함유하여 모발의 색을 만들고 모발의 화학적 · 물리적 성질을 좌우한다.

43 아포크린샘이 분포되어 있지 않은 곳은?

① 발바닥
② 겨드랑이
③ 유두 주위
④ 사타구니

해설
에크린샘과 아포크린샘

에크린샘 (소한샘)	• 손바닥, 발바닥, 겨드랑이, 등, 앞 가슴, 코 부위에 분포 • 약산성의 무색 · 무취 • 노폐물 배출 • 체온조절 기능
아포크린샘 (대한샘)	• 겨드랑이, 유두 주위, 배꼽 주위, 성기 주위, 항문 주위 등 특정한 부위에 분포 • 단백질 함유량이 많은 땀을 생산 • 세균에 의해 부패되어 불쾌한 냄새

44 피부질환의 상태를 중 원발진에 해당하는 것은?

① 인 설
② 홍 반
③ 찰 상
④ 가 피

해설
• 원발진 : 피부질환의 1차적 장애로, 반점, 홍반, 팽진, 구진, 농포, 결절, 낭종, 종양, 소수포, 대수포 등이 있다.
• 속발진 : 피부질환의 2차적 장애로, 피부질환 후기 단계이며 인설, 찰상, 가피, 미란, 균열, 궤양, 반흔, 위축, 태선화 등이 있다.

45 다음 중 입모근의 기능으로 알맞은 것은?

① 체온 조절 ② 호르몬 조절
③ 피지 조절 ④ 혈압 조절

해설
입모근(기모근) : 진피 표층을 구성하는 작은 평활근 섬유다발로 체온 조절의 기능이 있다.

46 적외선이 피부에 미치는 작용이 아닌 것은?

① 온열작용
② 비타민 D 합성작용
③ 세포 증식작용
④ 모세혈관 확장작용

해설
② 비타민 D 합성작용은 자외선의 작용이다.

47 몸속에 잠복해 있던 바이러스가 피로나 스트레스로 몸의 상태가 나빠지면서 활성화되는 피부질환은?

① 수 두 ② 대상포진
③ 사마귀 ④ 풍 진

해설
대상포진
• 몸속에 잠복해 있던 바이러스가 피로나 스트레스로 신체 면역력이 저하되면서 활성화되는 질병
• 피부발진이 생기기 전 통증이 선행되며, 주로 몸통에서 발생

48 자외선 중 진피층까지 침투하여 즉각 색소 침착이 되는 것은?

① UV-A
② UV-B
③ UV-C
④ UV-D

해설

종 류	파 장	특 징
UV-A (장파장)	320~400nm	• 진피층까지 침투 • 즉각 색소침착 • 광노화 유발 • 피부탄력 감소
UV-B (중파장)	290~320nm	• 기저층까지 침투 • 홍반 발생, 일광화상 • 지연 색소침착(기미)
UV-C (단파장)	190~290nm	• 오존층에서 흡수 • 강력한 살균작용 • 피부암 원인

49 화장품의 품질요소로 옳지 않은 것은?

① 안정성 ② 유효성
③ 안전성 ④ 효과성

해설
화장품의 4대 조건
• 안전성 : 피부에 대한 자극, 알레르기, 독성이 없을 것
• 안정성 : 보관에 따른 변질, 변색, 변취, 미생물의 오염이 없을 것
• 사용성 : 피부에 사용 시 손놀림이 쉽고 피부에 잘 스며들 것
• 유효성 : 보습효과, 노화 억제, 자외선 차단, 미백, 세정, 색채효과 등 효과와 효능이 있을 것

45 ① 46 ② 47 ② 48 ① 49 ④ **Answer**

50 다음 정유(Essential Oil) 중에서 지성피부, 지성모발, 여드름, 비듬에 효과적인 것은?

① 마조람 오일
② 티트리 오일
③ 로즈마리 오일
④ 사이프러스 오일

해설
① 마조람 오일 : 안정, 진정효과, 혈액 흐름을 촉진, 타박상 치유
② 티트리 오일 : 항염, 항균작용이 강함
③ 로즈마리 오일 : 수렴, 진정, 항산화, 기미 예방

52 공중위생관리법상 이 · 미용의 업무보조 범위가 아닌 것은?

① 이용 · 미용 업무를 위한 사전 준비에 관한 사항
② 이용 · 미용 업무를 위한 기구 · 제품 등의 관리에 관한 사항
③ 영업소의 청결 유지 등 위생관리에 관한 사항
④ 커트, 드라이, 펌 등 이용 · 미용의 주된 업무에 관한 사항

해설
이용 · 미용의 업무보조 범위(공중위생관리법 시행규칙 제14조제3항)
• 이용 · 미용 업무를 위한 사전 준비에 관한 사항
• 이용 · 미용 업무를 위한 기구 · 제품 등의 관리에 관한 사항
• 영업소의 청결 유지 등 위생관리에 관한 사항
• 그 밖에 머리감기 등 이용 · 미용 업무의 보조에 관한 사항

51 이 · 미용사의 건강진단 결과 마약 중독자라고 판정될 때 취할 수 있는 조치사항은?

① 자격정지
② 업소폐쇄
③ 면허취소
④ 1년 이상 업무정지

해설
이용사 및 미용사의 면허 등(공중위생관리법 제6조 제2항)
다음의 어느 하나에 해당하는 자는 이 · 미용사의 면허를 받을 수 없다.
• 피성년후견인
• 정신질환자(전문의가 이용사 또는 미용사로서 적합하다고 인정하는 사람은 그러하지 아니함)
• 공중의 위생에 영향을 미칠 수 있는 감염병환자로서 보건복지부령이 정하는 자
• 마약 기타 대통령령으로 정하는 약물 중독자
• 면허가 취소된 후 1년이 경과되지 아니한 자

53 면허를 받지 않고 이용업 또는 미용업을 개설하거나 그 업무에 종사한 자에 대한 벌칙은?

① 100만원 이하의 벌금
② 200만원 이하의 벌금
③ 300만원 이하의 벌금
④ 500만원 이하의 벌금

해설
벌칙(공중위생관리법 제20조제3항)
다음의 어느 하나에 해당하는 자는 300만원 이하의 벌금에 처한다.
• 다른 사람에게 이용사 또는 미용사의 면허증을 빌려주거나 빌린 사람
• 이용사 또는 미용사의 면허증을 빌려주거나 빌리는 것을 알선한 사람
• 면허의 취소 또는 정지 중에 이용업 또는 미용업을 한 사람
• 면허를 받지 아니하고 이용업 또는 미용업을 개설하거나 그 업무에 종사한 사람

54 다음 중 공중위생영업을 하고자 할 때 필요한 것은?

① 신 고
② 통 보
③ 인 가
④ 허 가

해설
공중위생영업의 신고 및 폐업신고(공중위생관리법 제3조제1항)
공중위생영업을 하고자 하는 자는 공중위생영업의 종류별로 보건복지부령이 정하는 시설 및 설비를 갖추고 시장·군수·구청장(자치구의 구청장에 한함)에게 신고하여야 한다. 보건복지부령이 정하는 중요사항을 변경하고자 하는 때에도 또한 같다.

55 다음 중 공중위생영업자의 변경신고를 해야 되는 경우를 모두 고른 것은?

> ㄱ. 영업소의 주소
> ㄴ. 신고한 영업장 면적의 3분의 1 이상의 증감
> ㄷ. 영업소의 명칭 또는 상호
> ㄹ. 재산 변동사항

① ㄱ, ㄷ
② ㄱ, ㄴ, ㄷ
③ ㄱ, ㄴ, ㄷ, ㄹ
④ ㄱ, ㄴ, ㄹ

해설
공중위생영업의 신고 및 폐업신고(공중위생관리법 제3조제1항, 시행규칙 제3조의2제1항)
공중위생영업을 하고자 하는 자는 공중위생영업의 종류별로 보건복지부령이 정하는 시설 및 설비를 갖추고 시장·군수·구청장(자치구의 구청장에게 신고하여야 한다. 다음의 보건복지부령이 정하는 중요사항을 변경하고자 하는 때에도 또한 같다.
• 영업소의 명칭 또는 상호
• 영업소의 주소
• 신고한 영업장 면적의 3분의 1 이상의 증감
• 대표자의 성명 또는 생년월일
• 미용업 업종 간 변경

56 이·미용업에 있어 청문을 실시하여야 하는 경우가 아닌 것은?

① 면허취소 처분을 하고자 하는 경우
② 면허정지 처분을 하고자 하는 경우
③ 일부 시설의 사용중지 처분을 하고자 하는 경우
④ 위생교육을 받지 아니하여 1차 위반한 경우

해설
청문(공중위생관리법 제12조)
보건복지부장관 또는 시장·군수·구청장은 다음의 어느 하나에 해당하는 처분을 하려면 청문을 하여야 한다.
• 신고사항의 직권 말소
• 이용사와 미용사의 면허취소 또는 면허정지
• 영업정지명령, 일부 시설의 사용중지명령 또는 영업소 폐쇄명령

57 다음 중 공중위생감시원의 직무가 아닌 것은?

① 공중위생영업 관련 시설 및 설비의 확인
② 위생교육 이행 여부의 확인
③ 위생지도 및 개선명령 이행 여부의 확인
④ 시설 및 종업원에 대한 위생관리 이행 여부의 확인

해설
공중위생감시원의 업무 범위(공중위생관리법 시행령 제9조)
• 공중위생영업 관련 시설 및 설비의 확인
• 공중위생영업 관련 시설 및 설비의 위생상태 확인·검사, 공중위생영업자의 위생관리의무 및 영업자 준수사항 이행 여부의 확인
• 위생지도 및 개선명령 이행 여부의 확인
• 공중위생영업소의 영업의 정지, 일부 시설의 사용중지 또는 영업소폐쇄명령 이행 여부의 확인
• 위생교육 이행 여부의 확인

58 공중위생영업자가 위생교육을 받아야 하는 시간은?

① 3시간
② 6시간
③ 8시간
④ 10시간

해설
위생교육은 집합교육과 온라인 교육을 병행하여 실시하되, 교육시간은 3시간으로 한다(공중위생관리법 시행규칙 제23조제1항).

60 이·미용업시설의 위생관리 기준으로 잘못된 것은?

① 소독을 한 기구와 소독을 하지 아니한 기구를 각각 다른 용기에 보관한다.
② 1회용 면도날을 손님 2인에 한하여 사용하여야 한다.
③ 업소 내에 요금표를 게시하여야 한다.
④ 업소 내에 이·미용 신고증 및 개설자의 면허증 원본을 게시하여야 한다.

해설
1회용 면도날은 손님 1인에 한하여 사용하여야 한다(공중위생관리법 시행규칙 [별표 4]).

59 공중위생관리법상 이·미용업소에서 유지하여야 하는 조명도의 기준은?

① 50럭스 이상
② 75럭스 이상
③ 100럭스 이상
④ 125럭스 이상

해설
영업장 안의 조명도는 75럭스 이상이 되도록 유지하여야 한다(공중위생관리법 시행규칙 [별표 4]).

2020년 제 2 회 기출복원문제

01 미용의 특수성과 거리가 먼 것은?

① 손님의 머리 모양을 낼 때 시간적 제한을 받는다.
② 미용은 조형예술과 같은 정적 예술이기도 하다.
③ 손님의 머리 모양을 낼 때 미용사 자신의 독특한 구상을 표현해야 한다.
④ 미용은 부용예술이다.

해설
미용의 특수성
• 소재 선정의 제한
• 의사표현의 제한
• 시간적 제한
• 소재 변화에 따른 미적효과
• 부용예술로서의 제한

02 영구적(지속성) 염모제의 주성분이 되는 것으로 단순히 백발을 흑색으로 염색하기 위해 사용되는 것은?

① P-아미노페놀
② P-페닐렌다이아민
③ m-페닐렌다이아민
④ 모노나이트로-P-페닐렌다이아민

해설
모발의 염색약에서 흑색은 P-페닐렌다이아민, 적색은 모노나이트로-P-페닐렌다이아민, 다갈색은 P-아미노페놀이 사용된다. m-페닐렌다이아민, o-페닐렌다이아민은 발암성이 의심되어 사용하지 않는다.

03 헤어 셰이핑(Hair Shaping)에서 컬이 오래 지속되며 움직임이 가장 작은 스템(Stem)은?

① 논 스템(Non Stem)
② 풀 스템(Full Stem)
③ 롱 스템(Long Stem)
④ 하프 스템(Half Stem)

04 위그 치수재기에서 이마의 헤어라인에서 정중선을 따라 네이프의 움푹 들어간 지점까지를 무엇이라 하는가?

① 머리 둘레
② 이마 폭
③ 머리 길이
④ 머리 높이

해설
③ 머리 길이 : 이마 정중선의 헤어라인에서 네이프의 헤어라인까지의 길이
① 머리 둘레 : 페이스 라인을 거쳐 귀 뒤쪽 1cm 부분을 지나 네이프 미디엄 위치의 둘레
② 이마 폭 : 페이스 헤어라인의 양쪽 끝에서 끝까지의 길이
④ 머리 높이 : 좌측 이어 톱 부분의 헤어라인에서 우측 이어 톱 헤어라인의 길이

1 ③ 2 ② 3 ① 4 ③ **Answer**

05 두피 마사지를 할 때 헤어스티머의 사용시간으로 가장 적당한 것은?

① 5~10분
② 15~20분
③ 10~15분
④ 20~30분

06 두발 탈색 시술상의 주의사항이 아닌 것은?

① 두발 탈색을 행한 손님에 대하여 필요한 사항은 기록해 둔다.
② 헤어블리치제 사용 시에는 반드시 제조업체의 사용 지시를 따르는 것을 원칙으로 한다.
③ 시술 전 반드시 브러싱을 겸한 샴푸를 하여야 한다.
④ 시술 후 사후 손질로서 헤어리컨디셔닝을 하는 것이 좋다.

해설
퍼머넌트 웨이브 전, 염색 전, 탈색 전에 샴푸는 두피를 자극하므로 피한다.

07 헤어세팅에 의한 롤러의 와인딩 시 두발 끝이 갈라지지 않게 하려면 어떻게 말아야 하는가?

① 두발 끝부분을 롤러 중앙에 모아서 만다.
② 두발 끝부분을 임의대로 폭을 넓혀서 만다.
③ 두발을 90°로 올려서 만다.
④ 두발 끝부분을 롤러의 폭만큼 넓혀서 만다.

해설
롤러를 와인딩할 때 두발 끝을 넓혀서 만들어 주고 콤 아웃할 때 두발 끝이 갈라지는 것을 방지한다.

08 콜드 웨이브에 있어 제2액의 작용에 해당되지 않는 것은?

① 산화작용
② 정착작용
③ 중화작용
④ 환원작용

해설
제2액의 도포는 제1액의 작용을 중지시키며 웨이브 형태를 고정시키는 역할을 하며, 산화작용에 해당한다. 제1액이 환원작용에 해당한다.

09 컬을 깃털과 같이 일정한 모양을 갖추지 않고 부풀려서 볼륨을 준 뱅은?

① 플러프 뱅(Fluff Bang)
② 롤 뱅(Roll Bang)
③ 프린지 뱅(Fringe Bang)
④ 프렌치 뱅(French Bang)

해설
① 플러프 뱅 : 볼륨을 주어 컬을 부풀려 컬이 자연스럽게 보이는 뱅
② 롤 뱅 : 롤로 형성한 뱅
③ 프린지 뱅 : 가르마 가까이에 작게 낸 뱅
④ 프렌치 뱅 : 뱅 부분을 위로 빗질하고 두발 끝부분을 헝클어진 모양으로 부풀리는 플러프 처리를 한 뱅

10 아미노산의 일종을 환원제로 사용하여 연모와 손상모 등의 퍼머넌트에 적당한 것은?

① 시스테인 퍼머넌트
② 산성 퍼머넌트
③ 거품 퍼머넌트
④ 히트 퍼머넌트

해설
시스테인은 아미노산의 한 종류로 모발 중에 포함되어 있는 시스틴을 염산으로 가수분해하여 얻어낸 것이다.

11 모표피에 지방분이 많고 수분을 밀어내는 성질을 지닌 지방과다모에 해당하는 것은?

① 발수성모
② 다공성모
③ 정상모
④ 저항성모

해설
① 발수성모 : 모표피에 지방분이 많고 수분을 배척하는 성향을 지닌 모발
② 다공성모 : 극손상모로 큐티클층이 전혀 없고, 모발 속의 간충물질 등이 유출되어 비어 있는 상태의 모발
④ 저항성모 : 큐티클층이 빽빽하게 밀착되어 흡수력이 약한 모발

12 다음 중 산성 린스의 종류가 아닌 것은?

① 레몬 린스(Lemon Rinse)
② 비니거 린스(Vinegar Rinse)
③ 오일 린스(Oil Rinse)
④ 구연산 린스(Citric Acid Rinse)

해설
③ 오일 린스는 유성 린스에 해당된다.
산성 린스 : 알칼리 성분을 중화시켜 금속성 피막 제거에 효과적이다. 파마 시술 전에는 사용을 피해야 하며 종류로는 레몬 린스, 비니거 린스, 구연산 린스가 있다.

13 콜드 퍼머넌트 웨이빙에서 환원제로 주로 사용되는 것은?

① 과산화수소
② 브로민산나트륨
③ 티오글라이콜산염
④ 브로민산칼륨

해설
콜드 퍼머넌트 : 제1액(환원제)의 주성분은 티오글라이콜산이다. 제2액(산화제)은 중화제라고도 하며 주성분은 과산화수소, 브로민산나트륨, 브로민산칼륨이다.

14 조선시대의 신부화장술을 설명한 것 중 틀린 것은?

① 밑 화장으로 동백기름을 발랐다.
② 분화장을 했다.
③ 눈썹은 실로 밀어낸 후 따로 그렸다.
④ 연지는 빰 쪽에, 곤지는 이마에 찍었다.

해설
조선 중엽 분화장은 신부화장에 사용되었다. 장분을 물에 개어서 얼굴에 바른 것으로 밑 화장으로 참기름을 바른 후에 닦아냈고 연지곤지를 찍었으며 눈썹은 실로 밀어내고 따로 그렸다.

15 다음 모발에 관한 설명으로 틀린 것은?

① 모근부와 모간부로 구성되어 있다.

② 하루 약 0.2~0.5mm 자란다.

③ 모발의 수명은 보통 3~6년이다.

④ 모발은 퇴행기 → 성장기 → 탈락기 → 휴지기의 성장단계를 갖는다.

해설

모발의 성장주기는 성장기 → 퇴행기 → 휴지기를 반복힌다.

16 린스의 역할이 아닌 것은?

① 샴푸잉 후 모발에 남아 있는 금속성 피막과 비누의 불용성 알칼리 성분을 제거시킨다.

② 모발이 엉키는 것을 막아 준다.

③ 모발에 윤기를 부여한다.

④ 유분이나 모발보호제가 모발에 끈적임을 준다.

17 헤어세팅의 컬에 있어 루프가 두피에 45° 각도로 세워진 컬은?

① 플랫 컬

② 스컬프처 컬

③ 메이폴 컬

④ 리프트 컬

해설

① 플랫 컬 : 루프가 두피에 0°로 각도 없이 평평하게 형성된 컬

② 스컬프처 컬 : 모발 끝이 서클의 안쪽에 있는 형태로, 두발 끝이 컬 루프의 중심인 컬

③ 메이폴 컬(핀 컬) : 전체적인 웨이브보다 부분적인 나선형 컬로 모발 끝의 컬이 바깥쪽으로 형성된 컬

18 레이저(Razor)를 사용하여 커트하는 방법으로 가장 적당한 것은?

① 물로 두발을 적신 다음에 테이퍼링(Tapering)한다.

② 스트로크 커트를 하면서 슬리더링을 행하면 좋다.

③ 시닝하면서 클럽(Club) 커팅을 하고 다음에 트리밍(Trimming)을 행한다.

④ 드라이 커팅(Dry Cutting) 하는 것이 좋다.

해설

레이저 사용 시 빠른 시간 내에 세밀한 시술이 가능하나 숙련자가 사용하여야 하며 반드시 젖은 모발에 시술해야 한다.

19 다음 중 헤어트리트먼트(두발손질) 기술에 속하지 않는 것은?

① 싱글링

② 헤어리컨디셔닝

③ 신 징

④ 클리핑

해설

① 싱글링 : 두발에 빗을 대고 위로 이동하면서 가위나 클리퍼를 이용하여 네이프 부분은 짧게 하고 크라운 부분으로 갈수록 길이가 길어지도록 하는 기법이다. 남자들의 커트에 주로 이용한다.

② 헤어리컨디셔닝 : 손상된 두발을 손상 이전 상태로 회복시키는 것이다.

③ 신징 : 불필요한 모발을 제거함으로써 건강한 모발의 발육을 돕는다.

④ 클리핑 : 모표피가 벗겨졌거나 끝이 갈라지고 손상된 모발을 클리퍼나 가위로 제거하는 기법이다.

20 헤어스타일의 다양한 변화를 위해 사용되는 헤어피스가 아닌 것은?

① 스위치(Switch)
② 위글렛(Wiglet)
③ 위그(Wig)
④ 폴(Fall)

해설
③ 위그 : 전체 가발(숱이 적거나 탈모일 때 사용)
① 스위치 : 땋거나 꼬아서 원하는 부위에 부착하는 헤어피스
② 위글렛 : 특정 부분에 볼륨을 주고자 할 때 사용하는 헤어피스
④ 폴 : 짧은 머리에 부착해서 일시적으로 길어 보이게 사용하는 헤어피스

21 눈의 보호에 가장 좋은 조명 방식은?

① 반간접조명
② 간접조명
③ 반직접조명
④ 직접조명

해설
인공조명은 눈의 건강과 보호를 위하여 주광색에 가까워야 하며, 간접조명 방식이 좋다.

22 사람의 항문 주위에서 알을 낳는 기생충은?

① 구 충
② 사상충
③ 요 충
④ 회 충

23 들쥐의 똥, 오줌 등에 의해 논이나 들에서 상처를 통해 경피에 전염될 수 있는 감염병은?

① 유행성 출혈열
② 이 질
③ 렙토스피라증
④ 파상풍

해설
렙토스피라증은 주로 감염된 동물(쥐, 족제비, 소, 개 등)의 소변에 오염된 물, 토양, 음식물에 노출 시 상처난 피부를 통하여 전파된다.

24 다음 중 제3급 감염병에 속하는 것은?

① 두 창
② 결 핵
③ 공수병
④ 수족구병

해설
제3급 감염병 : 파상풍, B형간염, 일본뇌염, C형간염, 말라리아, 레지오넬라증, 비브리오패혈증, 발진티푸스, 발진열, 쯔쯔가무시증, 렙토스피라증, 브루셀라증, 공수병, 신증후군출혈열, 후천성면역결핍증(AIDS), 크로이츠펠트-야콥병(CJD) 및 변종크로이츠펠트-야콥병(vCJD), 황열, 뎅기열, 큐열, 웨스트나일열, 라임병, 진드기매개뇌염, 유비저, 치쿤구니야열, 중증열성혈소판감소증후군(SFTS), 지카바이러스 감염증

25 다음 중 하수의 오염지표로 주로 이용하는 것은?

① pH   ② BOD
③ 대장균   ④ DO

해설
- BOD : 생물학적 산소요구량으로 수질오염을 나타내는 지표
- DO : 용존산소량으로 물 1L에 녹아 있는 유리산소량

26 빗을 선택하는 방법으로 적당하지 않은 것은?

① 빗은 전체적으로 일직선이어야 한다.
② 빗살 사이의 간격이 균일해야 한다.
③ 빗살 끝이 가늘고 빗살 전체가 균등하며 똑바로 나열되어야 한다.
④ 빗살뿌리는 두발이 걸리지 않고 손질하기 쉬운 직선 형태가 좋다.

해설
④ 빗살뿌리는 두발이 걸리지 않고 손질하기 쉬운 약간 둥근 형태가 좋다.

27 다음 중 공중보건학의 개념과 가장 유사한 의미를 갖는 표현은?

① 치료의학
② 예방의학
③ 지역사회의학
④ 건설의학

28 석탄산의 살균작용과 관련이 없는 것은?

① 단백질 응고작용
② 중금속염의 형성작용
③ 세포 용해작용
④ 효소계 침투작용

해설
석탄산은 3% 수용액을 사용하며 살균작용은 세균단백 응고작용, 세포 용해작용, 효소계의 침투작용 등에 따른다.

29 다음의 병원성 세균 중 공기의 건조에 견디는 힘이 가장 강한 것은?

① 장티푸스균
② 콜레라균
③ 페스트균
④ 결핵균

30 다음 중 100℃에서도 살균되지 않는 균은?

① 결핵균
② 장티푸스균
③ 대장균
④ 아포형성균

해설
아포형성균은 생존 환경이 나빠지면 포자를 만드는 세균이다.

31 다음 중 자비소독에 가장 적합한 소독 대상 물은?

① 유리제품
② 셀룰로이드 제품
③ 가죽제품
④ 고무제품

해설
자비소독은 100℃ 이상의 물속에서 10분 이상 끓이는 것이다. 의류, 식기, 도자기 등 소독에 이용된다.

32 일광소독에 가장 직접적인 원인이 되는 것은?

① 높은 온도 　② 적외선
③ 높은 조도 　④ 자외선

해설
일광소독은 태양광선(자외선 C)에 이불, 집기류 등을 살균·소독하는 것이다.

33 한 지역이나 국가의 공중보건을 평가하는 기초자료로 가장 신뢰성 있게 인정되고 있는 것은?

① 질병이환율
② 영아사망률
③ 신생아사망률
④ 조사망률

해설
영아사망률 : 출생 후 1년 이내에 사망한 영아수를 해당 연도의 1년 동안의 총출생아수로 나눈 비율이다. 건강수준이 향상되면 영아사망률이 감소하므로 국민보건 상태의 측정지표로 사용된다.

34 다음 중 화학적 소독방법이라 할 수 없는 것은?

① 포르말린 소독
② 석탄산 소독
③ 크레졸비누액 소독
④ 고압증기멸균

해설
④ 고압증기멸균은 습열에 의한 소독이다.

35 알코올 소독의 미생물 세포에 대한 주된 작용기전은?

① 할로겐 복합물 형성
② 단백질 응고작용
③ 효소의 완전 파괴
④ 균체의 완전 용해

해설
알코올 소독 : 균체 단백질의 응고작용, 균체 효소의 불활성 작용

36 살균작용이 가장 강한 것은?

① 멸 균
② 소 독
③ 방 부
④ 모두 동일하다.

해설
소독력 크기
멸균 > 살균 > 소독 > 방부

37 크레졸로 미용사의 손 소독을 할 때 가장 적합한 농도는?

① 1%　　　　② 2%

③ 3%　　　　④ 5%

해설

화학적 소독 시 크레졸 농도는 3%가 적합하다.

38 승홍에 관한 설명이 틀린 것은?

① 승홍액 온도가 높을수록 살균력이 강하다.

② 금속 부식성이 있다.

③ 피부 소독 시 0.1% 수용액을 사용한다.

④ 상처 소독에 가장 적당한 소독약이다.

해설

- 승홍수 : 화장실, 쓰레기통, 도자기류 소독 시 0.1% 수용액을 사용한다.
- 과산화수소 : 피부상처 소독에 3% 용액을 사용한다.
- 알코올 : 미용도구, 손 소독 사용 시 70%의 알코올을 사용한다.

39 다음 중 여드름 짜는 기계를 소독하지 않고 사용했을 때 감염 위험이 가장 큰 질환은?

① 후천성면역결핍증

② 결 핵

③ 장티푸스

④ 이 질

40 미생물의 종류에 해당하지 않는 것은?

① 벼 룩

② 효 모

③ 곰팡이

④ 세 균

해설

미생물 : 세균류, 진균류(곰팡이), 원충류(아메바, 사상충), 바이러스

41 피부질환 중 지성피부에 여드름이 많이 나타나는 이유로 가장 옳은 것은?

① 한선의 기능이 왕성할 때

② 림프의 역할이 왕성할 때

③ 피지가 계속 많이 분비되어 모낭구가 막혔을 때

④ 피지선의 기능이 왕성할 때

해설

지성피부는 과다한 피지가 피부 표면 밖으로 배출되지 않으면 모공 내에 축적되어 여드름 피부나 화농성 피부가 될 수 있다.

42 일반적으로 건강한 성인의 피부 표면의 pH는?

① 3.5~4.0　　② 6.5~7.0

③ 7.0~7.5　　④ 4.5~6.5

해설

건강한 성인의 피부는 약산성 pH 4.5~6.5를 유지한다.

43 강한 자외선에 노출될 때 생길 수 있는 현상이 아닌 것은?

① 만성 피부염
② 홍 반
③ 광노화
④ 일광화상

해설
자외선의 장단점
• 장점 : 비타민 D 형성, 혈액순환 촉진, 면역 강화, 살균·소독효과
• 단점 : 홍반, 일광화상, 광노화, 기미, 주근깨, 색소 침착 발생

44 다음 세포층 가운데 손바닥과 발바닥에서만 볼 수 있는 것은?

① 과립층   ② 유극층
③ 각질층   ④ 투명층

해설
투명층은 손바닥과 발바닥에만 존재하고, 엘라이딘이라는 반유동성 물질 함유로 투명하게 보인다.

45 피부구조에 있어 기저층의 가장 중요한 역할은?

① 팽 윤   ② 새 세포 형성
③ 수분방어   ④ 면 역

해설
• 기저층 : 피부를 형성하는 각질형성세포가 있다.
• 과립층 : 레인방어막(수분저지막)이 있어 외부로부터 이물질과 수분 침투를 막는다.
• 유극층 : 면역을 담당하는 랑게르한스 세포가 있다.

46 자외선 차단지수를 나타내는 약어는?

① UVC
② SPF
③ WHO
④ FDA

해설
• UVC : Ultraviolet C
• SPF : Sun Protection Factor
• WHO : 세계보건기구
• FDA : 미국식품의약국

47 수용성 비타민의 명칭이 잘못된 것은?

① Vitamin B_1 → 티아민(Thiamine)
② Vitamin B_6 → 피리독신(Pyridoxine)
③ Vitamin B_{12} → 나이아신(Niacin)
④ Vitamin B_2 → 리보플라빈(Riboflavin)

해설
• Vitamin B_{12} : 코발라민(Cobalamin)
• Vitamin B_3 : 나이아신(Niacin)

43 ① 44 ④ 45 ② 46 ② 47 ③ **Answer**

48 자각증상으로서 피부를 긁거나 문지르고 싶은 충동에 의한 가려움증은?

① 소양감
② 가 피
③ 균 열
④ 태선화

해설
② 가피 : 피부장애로 고름과 혈청 그리고 표피에 말라붙은 것으로 피딱지라고 한다.
③ 균열 : 표피가 갈라진 형태로 통증과 출혈을 동반할 수 있다.
④ 태선화 : 피부를 지나치게 긁어 가죽처럼 두꺼워진 현상이다.

49 피부 표면의 수분 증발을 억제하여 피부를 부드럽게 해 주는 물질은?

① 방부제
② 보습제
③ 유연제
④ 계면활성제

50 피부 보호작용을 하는 것이 아닌 것은?

① 표피각질층
② 교원섬유
③ 평활근
④ 피하지방

해설
표피의 각질층은 다층구조로 되어 있어 이물질과 세균 침투가 어려운 형태로 피부를 보호하는 작용을 한다.

51 이·미용사의 면허증을 다른 사람에게 대여한 때의 1차 위반 시 행정처분기준은?

① 영업정지 3월
② 영업정지 2월
③ 면허정지 3월
④ 면허정지 2월

해설
행정처분기준(공중위생관리법 시행규칙 [별표 7])
이·미용사 면허증을 다른 사람에게 대여한 경우
• 1차 위반 : 면허정지 3월
• 2차 위반 : 면허정지 6월
• 3차 위반 : 면허취소

52 공중위생영업자가 풍속영업규제법 등 다른 법령을 위반하여 관계 행정기관장의 요청이 있을 때 당국이 취할 수 있는 조치사항은?

① 경 고
② 개선명령
③ 일정 기간 동안의 업무정지
④ 6월 이내 기간의 면허정지

해설
시장·군수·구청장은 이용사 또는 미용사가 「성매매알선 등 행위의 처벌에 관한 법률」이나 「풍속영업의 규제에 관한 법률」을 위반하여 관계 행정기관의 장으로부터 그 사실을 통보받은 때에는 그 면허를 취소하거나 6월 이내의 기간을 정하여 그 면허의 정지를 명할 수 있다(공중위생관리법 제7조제1항제8호).

53 영업소 폐쇄명령 받은 이·미용영업소가 계속하여 영업을 하는 때의 당국의 조치내용 중 옳은 것은?

① 해당 영업소의 간판 기타 영업표지물 제거
② 해당 영업소의 강제 폐쇄집행
③ 해당 영업소의 출입자 통제
④ 해당 영업소의 금지구역 설정

해설

공중위생영업소의 폐쇄 등(공중위생관리법 제11조 제5항)

시장·군수·구청장은 공중위생영업자가 영업소폐쇄명령을 받고도 계속하여 영업을 하는 때에는 관계 공무원으로 하여금 해당 영업소를 폐쇄하기 위하여 다음의 조치를 하게 할 수 있다. 신고를 하지 아니하고 공중위생영업을 하는 경우에도 또한 같다.

• 해당 영업소의 간판 기타 영업표지물의 제거
• 해당 영업소가 위법한 영업소임을 알리는 게시물 등의 부착
• 영업을 위하여 필수불가결한 기구 또는 시설물을 사용할 수 없게 하는 봉인

54 이·미용영업자가 영업정지명령을 받고도 계속하여 영업을 한 때의 벌칙사항은?

① 3년 이하의 징역 또는 1천만원 이하의 벌금
② 1년 이하의 징역 또는 1천만원 이하의 벌금
③ 1년 이하의 징역 또는 3백만원 이하의 벌금
④ 2년 이하의 징역 또는 5백만원 이하의 벌금

해설

영업정지명령 또는 일부 시설의 사용중지명령을 받고도 그 기간 중에 영업을 하거나 그 시설을 사용한 자 또는 영업소 폐쇄명령을 받고도 계속하여 영업을 한 자는 1년 이하의 징역 또는 1천만원 이하의 벌금에 처한다(공중위생관리법 제20조제1항제2호).

55 위생서비스평가의 전문성을 높이기 위하여 필요하다고 인정하는 경우에 관련 전문기관 및 단체로 하여금 위생서비스평가를 실시하게 할 수 있는 자는?

① 시장·군수·구청장
② 대통령
③ 보건복지부장관
④ 시·도지사

해설

시장·군수·구청장은 위생서비스평가의 전문성을 높이기 위하여 필요하다고 인정하는 경우에는 관련 전문기관 및 단체로 하여금 위생서비스평가를 실시하게 할 수 있다(공중위생관리법 제13조제3항).

56 일반미용업의 업무범위가 아닌 것은?

① 파 마
② 머리감기
③ 머리카락 모양내기
④ 손톱의 손질 및 화장

해설

미용업의 정의(공중위생관리법 제2조제5호)

일반미용업 : 파마·머리카락 자르기·머리카락 모양내기·머리피부손질·머리카락 염색·머리감기, 의료기기나 의약품을 사용하지 아니하는 눈썹손질을 하는 영업

57 이·미용업 신고를 하지 않고 영업소의 소재지를 변경한 때 1차 위반 시 행정처분기준은?

① 영업장 폐쇄명령
② 영업정지 6월
③ 영업정지 2월
④ 영업정지 1월

해설
행정처분기준(공중위생관리법 시행규칙 [별표 7])
이·미용업 신고를 하지 않고 영업소의 소재지를 변경한 경우
• 1차 위반 : 영업정지 1월
• 2차 위반 : 영업정지 2월
• 3차 위반 : 영업장 폐쇄명령

58 다음 중 이·미용사 면허를 받을 수 없는 환자에 속하는 질병은?

① 비전염성 결핵
② 뇌전증
③ 비전염성 피부질환
④ A형간염

해설
뇌전증은 의식상실, 전신의 경련발작이 주요 증상인 질환이다.

59 이·미용사 면허증을 분실하였을 때 누구에게 재발급신청을 하여야 하는가?

① 보건복지부장관
② 시·도지사
③ 시장·군수·구청장
④ 협회장

해설
면허증의 재발급신청을 하려는 자는 신청서(전자문서로 된 신청서를 포함)에 면허증 원본(기재사항이 변경되거나 헐어 못쓰게 된 경우에 한정), 사진 1장 또는 전자적 파일 형태의 사진을 첨부하여 시장·군수·구청장에게 제출해야 한다(공중위생관리법 시행규칙 제10조제2항).

60 다음 중 이용사 또는 미용사의 면허를 받을 수 있는 경우는?

① 피성년후견인
② 벌금형이 선고된 자
③ 정신질환자
④ 향정신성의약품 중독자

해설
이용사 및 미용사의 면허 등(공중위생관리법 제6조제2항)
다음의 어느 하나에 해당하는 자는 이·미용사의 면허를 받을 수 없다.
• 피성년후견인
• 정신질환자(전문의가 이용사 또는 미용사로서 적합하다고 인정하는 사람은 그러하지 아니함)
• 공중의 위생에 영향을 미칠 수 있는 감염병환자로서 보건복지부령이 정하는 자
• 마약 기타 대통령령으로 정하는 약물 중독자
• 면허가 취소된 후 1년이 경과되지 아니한 자

2021년 제1회 기출복원문제

01 피부질환 중 지성피부에 여드름이 많이 나타나는 이유로 가장 옳은 것은?

① 한선의 기능이 왕성할 때
② 림프의 역할이 왕성할 때
③ 피지가 계속 많이 분비되어 모낭구가 막혔을 때
④ 피지선의 기능이 왕성할 때

해설
지성피부 : 과다한 피지가 피부 표면 밖으로 배출되지 않으면 모공 내에 축적되어 여드름 피부나 화농성 피부가 될 수 있다.

02 피부구조에 있어 기저층의 가장 중요한 역할은?

① 팽 윤 ② 새 세포 형성
③ 수분 방어 ④ 면 역

해설
기저층에서는 새로운 세포가 끊임없이 만들어지며, 성장할수록 피부 표면으로 올라간다.

03 화장수에 가장 널리 배합되는 알코올 성분은 다음 중 어느 것인가?

① 프로판올(Propanol)
② 뷰탄올(Butanol)
③ 에탄올(Ethanol)
④ 메탄올(Methanol)

해설
에탄올은 물과 함께 화장수나 헤어토닉 등 향장품의 원료로 사용되는 알코올이다.

04 바이러스성 질환으로 수포가 입술 주위에 잘 생기고 흉터 없이 치유되나 재발이 잘되는 것은?

① 습 진 ② 태 선
③ 단순포진 ④ 대상포진

해설
• 태선 : 피부를 지나치게 긁어 가죽처럼 두꺼워진 것이다.
• 단순포진 : 바이러스 질환으로 주로 입술, 눈가, 코, 외부 생식기에 발생한다.
• 대상포진 : 면역력이 떨어지면 발생하는 수포성 질환으로 신경절을 따라 발생한다.

05 진균에 의한 피부질환이 아닌 것은?

① 두부백선 ② 족부백선
③ 무 좀 ④ 대상포진

해설
진균 : 효모균과 피부사상균에 의해 나타나는 것으로 족부백선(무좀), 두부백선(두피에 발생), 조갑백선(손톱, 발톱에 발생), 칸디다증(피부, 점막, 손톱에 발생), 어우러기(표피층에 발생) 등이 있다.

1 ③ 2 ② 3 ③ 4 ③ 5 ④ **Answer**

06 각질층의 정상적인 수분 함량은 10~20%를 유지하고 있어야 하는데, 다음 중 몇 % 이하가 되면 거칠어지는가?

① 5% 이하
② 15% 이하
③ 20% 이하
④ 12% 이하

해설
피부는 수분이 약 12% 이하이면 피부결이 거칠어지고 칙칙해진다.

07 피부의 영양관리에 대한 설명 중 가장 올바른 것은?

① 대부분의 영양은 음식물을 통해 얻을 수 있다.
② 외용약을 사용하여서만 유지할 수 있다.
③ 마사지를 잘하면 된다.
④ 영양크림을 어떻게 잘 바르는가에 달려 있다.

08 피부의 피지막은 보통 상태에서 어떤 유화 상태로 존재하는가?

① W/S 유화
② S/W 유화
③ W/O 유화
④ O/W 유화

해설
피부는 유분막으로 덮여 있어 수분 증발을 방지한다.
• W/S : 실리콘이 수분을 덮은 형태
• S/W : 수분이 실리콘을 덮은 형태
• W/O : 유분(오일)이 수분(물)을 덮은 형태
• O/W : 수분이 유분을 덮은 형태

09 자외선 차단제에 관한 설명이 틀린 것은?

① 자외선 차단제는 SPF(Sun Protect Factor)의 지수가 매겨져 있다.
② 자외선 차단지수는 제품을 사용했을 때 홍반을 일으키는 자외선의 양을 제품을 사용하지 않았을 때 홍반을 일으키는 자외선의 양으로 나눈 값이다.
③ 자외선 차단제의 효과는 자신의 멜라닌 색소의 양과 자외선에 대한 민감도에 따라 달라질 수 있다.
④ SPF(Sun Protect Factor)는 차단지수가 낮을수록 자외선에 대한 차단이 높다.

해설
자외선 차단지수(SPF)는 자외선에 대한 피부 홍반의 측정으로 차단지수가 높을수록 자외선에 대한 차단효과가 크다.

10 레인방어막 아랫부분의 산도와 수분 함량은?

① 약산성, 78~80%의 수분 함량
② 약산성, 10~20%의 수분 함량
③ 약알칼리성, 70~80%의 수분 함량
④ 약알칼리성, 10~20%의 수분 함량

해설
과립층에는 레인방어막(수분저지막)이 있어 외부로부터 이물질과 수분 침투를 막는다.

11 영구적(지속성) 염모제의 주성분이 되는 것으로 단순히 백발을 흑색으로 염색하기 위해 사용되는 것은?

① 나이트로페닐렌다이아민
② 파라페닐렌다이아민
③ 파라트릴렌다이아민
④ 모노나이트로페닐렌다이아민

해설
② 파라페닐렌다이아민 : 백발을 흑색으로 착색 시킴
① 나이트로페닐렌다이아민 : 염모제 제한 성분
③ 파라트릴렌다이아민 : 다갈색 또는 흑색으로 착색시킴
④ 모노나이트로페닐렌다이아민 : 적색으로 착색 시킴

13 두발 끝에는 컬(Curl)이 작고 두피 쪽으로 가면서 컬이 커지는 와인딩(Winding) 방법은?

① 더블 와인딩(Double Winding)
② 크로키놀 와인딩(Croquignole Winding)
③ 스파이럴 와인딩(Spiral Winding)
④ 스텍 펌(Stack Perm)

해설
와인딩은 모발을 로드에 감는 기술로 균일한 강도로 일정하게 텐션을 주며 말아야 한다.
• 더블 와인딩 : 뿌리 쪽에 와인딩을 1차적으로 한 상태에서 모발 끝부분부터 다시 뿌리까지 마는 기법
• 크로키놀 와인딩 : 두발 끝에서 두피 쪽으로 말아가는 것으로 짧은 머리에 효과적
• 스파이럴 와인딩 : 두피에서 두발 끝으로 말아가는 방법으로 긴 머리에 적합

12 두피 마사지를 할 때 헤어스티머의 사용 시간으로 가장 적당한 것은?

① 5~10분   ② 15~20분
③ 10~15분 ④ 20~30분

해설
헤어스티머(Hair Steamer)는 고온(180~190℃)의 스팀을 발생시키는 기기이다. 사용 시간은 10~15분이다.

14 두발 탈색 시술상의 주의사항이 아닌 것은?

① 두발 탈색을 행한 손님에 대하여 필요한 사항은 기록한다.
② 헤어 블리치제를 사용할 시에는 반드시 제조업체의 사용 지시를 따르는 것을 원칙으로 한다.
③ 시술 전 반드시 브러싱을 겸한 샴푸를 하여야 한다.
④ 시술 후 사후 손질로서 헤어리컨디셔닝을 하는 것이 좋다.

해설
두발 탈색이나 염색 전에는 두피에 자극을 주는 행위는 삼간다.

15 위그 치수 측정 시 이마의 헤어라인에서 정 중선을 따라 네이프의 움푹 들어간 지점까지를 무엇이라 하는가?

① 머리 둘레
② 이마의 폭
③ 머리 길이
④ 머리 높이

16 애프터 커팅(After Cutting)의 맞는 표현은?

① 퍼머넌트 웨이빙 시술 후 디자인에 맞춰서 커트하는 경우
② 두발에 물을 적셔서 레이저(면도칼)로 커트하는 경우
③ 건조한 상태의 두발에 가위나 클리퍼를 사용하여 커트하는 경우
④ 퍼머넌트 웨이빙 시술 전에 커트하는 경우

해설
- 웨트 커팅 : 두발에 물을 적셔서 레이저(면도칼)로 하는 커트
- 드라이 커팅 : 건조한 상태의 두발에 가위나 클리퍼를 사용하는 커트
- 프레 커트 : 퍼머넌트 웨이빙 시술 전에 하는 커트

17 다음 중 헤어트리트먼트 기술에 속하지 않는 것은?

① 싱글링
② 헤어리컨디셔닝
③ 신 징
④ 클리핑

해설
헤어트리트먼트 기술에는 헤어리컨디셔닝, 클리핑, 신징, 헤어팩 등이 있다.
- 싱글링 : 모발에 빗을 대고 위로 이동하면서 가위나 클리퍼로 네이프 부분은 짧게 하고 크라운 부분으로 갈수록 길이를 길게 하는 기법
- 신징 : 불필요한 두발을 불꽃으로 태워 제거하는 기술
- 클리핑 : 가위나 클리퍼로 빠져나온 두발을 제거하는 기술

18 콜드 웨이브에 있어 제2액의 작용에 해당되지 않는 것은?

① 산화작용
② 정착작용
③ 중화작용
④ 환원작용

해설
- 제1액(환원작용) : 제1액은 두발에 시스틴 결합을 환원시킨다.
- 제2액(산화작용) : 제2액은 제1액의 작용을 중지시켜 웨이브 형태를 고정시킨다.

19 두발이 탈색과 염색시술로 인해 매우 건조하게 되어 두발의 건강미를 잃게 되었을 때 가장 효과적인 샴푸방법이라고 할 수 있는 것은?

① 플레인 샴푸
② 에그 샴푸
③ 약용 샴푸
④ 드라이 샴푸

해설
- 플레인 샴푸 : 일반적인 샴푸
- 에그 샴푸 : 건조한 모발이나 염색, 펌 등으로 노화, 손상된 모발에 영양을 주는 샴푸
- 드라이 샴푸 : 물을 사용하지 않고 모발을 세정하는 샴푸

20 퍼머넌트 웨이빙 시 2액의 가장 올바른 사용방법은?

① 중화제를 따뜻하게 데워시 고르게 모발 전체에 사용한다.
② 중화제를 차갑게 하여 두발 전체에 고르게 사용한다.
③ 미지근한 물로 중간 세척을 한 후 2액을 사용한다.
④ 샴푸제로 깨끗이 씻어 준 후 2액을 사용한다.

22 다음 중 콜드 퍼머넌트 웨이브(Cold Permanent)를 창안한 사람은?

① 마샬 그라또(Marcel Grateau)
② 스피크먼(J. B. Speakman)
③ 조셉 메이어(Joseph Mayer)
④ 찰스 네슬러(Charles Nestler)

해설
• 영국의 찰스 네슬러 : 1905년 스파이럴식 웨이브 고안
• 독일의 조셉 메이어 : 1925년 크로키놀식 웨이브 고안
• 영국의 스피크먼 : 1936년 콜드 웨이브 고안

23 우리나라 고대 미용에 대한 다음 설명 중 틀린 것은?

① 기혼 여성은 머리를 두 갈래로 땋아 틀어 올린 쪽머리를 했다.
② 머리형은 귀천의 차이 없이 자유자재로 했다.
③ 미혼 여성은 두 갈래로 땋아 늘어뜨린 댕기머리를 했다.
④ 수장급은 관모를 썼다.

해설
①, ③은 백제시대, ④는 삼한시대에 대한 설명이다.

21 마샬 웨이브 시술에 관한 설명 중 잘못된 것은?

① 아이론의 온도는 120~140℃로 유지시킨다.
② 아이론을 회전시키기 위해서는 먼저 아이론을 정확하게 쥐고 반대쪽에 45° 각도로 위치시킨다.
③ 프롱은 아래쪽, 그루브는 위쪽을 향하도록 한다.
④ 아이론의 온도가 균일할 때 웨이브가 일률적으로 나온다.

해설
마샬 웨이브
• 1875년 프랑스의 마샬 그라또가 창안하여 개발
• 아이론 온도는 120~140℃ 정도로 유지
• 프롱은 둥근 막대 형태로 로드라고 하며, 위쪽으로 향하게 하고 그루브(셀)는 아래로 향하도록 함

24 다음 시술 중 히팅 캡의 사용과 가장 거리가 먼 것은?

① 스캘프 트리트먼트
② 가온식 골드액 시술 시
③ 헤어트리트먼트
④ 열을 가하여 두발구조에 일시적 변화를 줄 때

해설
히팅 캡은 두발이나 두피에 도포한 오일이나 크림 등이 열에 의해 침투가 잘 되게 하는 도구이다.

25 모발의 각도를 120°로 빗어서 로드를 감으면 논 스템(Non Stem)이 되는 섹션 베이스는?

① 온 베이스(On Base)
② 오프 베이스(Off Base)
③ 트위스트 베이스(Twist Base)
④ 온 하프 오프 베이스(On Half Off Base)

해설
• 베이스 : 컬 스트랜드의 밑부분을 말한다.
• 논 스템 : 컬의 움직임이 가장 작고 루프가 베이스에 들어가 있어 오래 지속된다.

26 블로 드라이(Blow Dry) 시술 시 유의사항으로 틀린 것은?

① 드라이의 가열 온도는 130℃ 정도가 적당하다.
② 일반적인 드라이의 경우 섹션의 폭은 2~3cm 정도가 적당하다.
③ 굵기가 다른 브러시를 준비하여 볼륨과 길이에 맞게 사용한다.
④ 모발 끝부분은 텐션이 잘 주어지지 않으므로 브러시를 회전하여 조절한다.

해설
블로 드라이 : 두발에 열을 가하여 일시적으로 헤어스타일에 변화를 줄 때 사용한다.
• 0~90° : 스트랜드와 평행하게 드라이어를 대는 것으로 모발이 흩어지는 것을 방지한다.
• 90~180° : 스트랜드에 직각으로 드라이어를 대는 것으로 볼륨을 줄 때 사용한다.
• 180~270° : 모발 아랫부분에 드라이어를 대는 것으로 모발 끝에 탄력을 준다.

27 모발의 색은 흑색, 적색, 갈색, 금발색, 백색 등 여러 가지 색이 있다. 다음 중 주로 검은 모발의 색을 나타나게 하는 멜라닌은?

① 유멜라닌(Eumelanin)
② 타이로신(Tyrosine)
③ 페오멜라닌(Pheomelanin)
④ 멜라노사이트(Melanocyte)

해설
멜라닌색소
• 유멜라닌 : 흑갈색과 검은색을 띠며, 동양인에게 많다.
• 페오멜라닌 : 노란색, 빨간색을 띠며 서양인에게 많이 존재한다.

28 다음 중 컬을 구성하는 요소로 가장 거리가 먼 것은?

① 헤어셰이핑(Hair Shaping)
② 헤어파팅(Hair Parting)
③ 슬라이싱(Slicing)
④ 스템(Stem)의 방향

해설
헤어파팅은 '모발을 나누다'라는 의미로 모발의 흐름, 머리 형태, 헤어스타일, 얼굴형 및 자연적인 가르마에 따라 다양한 종류가 있다.

29 다음 중 피부 흡수가 가장 잘되는 것은?

① 분자량 800 이상 지용성 성분
② 분자량 800 이하 수용성 성분
③ 분자량 800 이하 지용성 성분
④ 분자량 800 이상 수용성 성분

해설
보통 성분의 분자량이 800 이하이고 지용성인 경우 피부에 흡수가 잘된다.

30 퍼머넌트 용액에 의한 장애가 아닌 것은?

① 피부가 예민한 사람은 두피에 라놀린만 바르면 아무런 장애가 없다.
② 와인딩 할 때 모근을 강하게 잡아당기면 모근에 장애가 생길 수 있으며 영구적인 탈모가 될 수 있다.
③ 2액의 산화가 충분하고 완전하게 이루어지지 않으면 두발의 탄력성이 저하되고 잘리기 쉽다.
④ 컬링로드에 너무 텐션(Tension)을 강하게 말거나 고무 밴드로 강하게 고정하면 단모의 원인이 된다.

31 공중보건학의 개념과 가장 유사한 의미를 갖는 표현은?

① 치료의학 ② 예방의학
③ 지역사회의학 ④ 건설의학

해설
공중보건학 : 지역사회 주민의 집단 건강을 보호하고 증진시키기 위한 조직적인 노력과 방법이다.

32 다음 중 하수의 오염지표로 주로 이용하는 것은?

① pH ② BOD
③ 대장균 ④ DO

해설
수질오염은 BOD, DO, 부유물질량, 대장균수 등의 지표로 측정한다.
• BOD : 생물학적 산소요구량
• DO : 용존산소량

33 건강보균자를 설명한 것으로 가장 적절한 것은?

① 감염병에 이환되어 발생하기까지의 기간에 있는 자
② 병원체를 보유하고 있으나 증상이 없으며 체외로 이를 배출하고 있는 자
③ 감염병에 걸렸다가 완전히 치유된 자
④ 감염병에 걸렸지만 자각증상이 없는 자

해설
보균자 : 자각적으로나 타각적으로 임상증상이 없는 병원체 보유자로 감염원으로 작용하는 감염자이다.

29 ③ 30 ① 31 ③ 32 ② 33 ② **Answer**

34 다음 중 비타민 E를 많이 함유한 식품은?

① 당 근　　② 맥 아
③ 현 미　　④ 시금치

해설
• 당근 : 비타민 A
• 현미, 시금치 : 비타민 B

35 다음 중 인공능동면역의 특성을 가장 잘 설명한 것은?

① 항독소(Antitoxin) 등 인공제제를 접종하여 형성되는 면역
② 생균백신, 사균백신 및 순화독소(Toxoid)의 접종으로 형성되는 면역
③ 모체로부터 태반이나 수유를 통해 형성되는 면역
④ 각종 감염병 감염 후 형성되는 면역

해설
인공능동면역 : 예방접종으로 얻어지는 면역이다.

36 보건행정의 정의에 포함되는 내용이 아닌 것은?

① 국민의 수명연장
② 질병 예방
③ 수질 및 대기보전
④ 공적인 행정활동

해설
보건행정 : 국민의 건강 유지와 증진을 위한 공적인 활동을 말하며, 공공의 책임으로 국가나 지방자체단체가 주도하여 국민의 보건 향상을 위해 시행하는 행정활동이다.

37 비만을 관리하는 방법 중 성격이 다른 것은?

① 지방흡입 수술을 한다.
② 위장절제술을 행한다.
③ 약물을 복용한다.
④ 아로마 오일을 이용한다.

해설
①, ②, ③은 의료를 동반한 비만관리이다.

38 소독용 석탄산의 결점(단점)은?

① 금속 부식성이 있다.
② 살균력이 안정하지 않다.
③ 용도 범위가 좁다.
④ 유기물에 약화된다.

해설
석탄산
• 장점 : 경제적이고 유기물에 약화되지 않으며, 안정성이 강하고 오래 두어도 화학적 변화가 적다. 또한 거의 모든 균에 효과가 있으며 용도 범위가 넓다.
• 단점 : 피부와 점막에 자극적이고 마비성이 있다. 금속제품을 부식시킨다.

39 고압증기법은 121℃에서 가압하여 멸균한다. 이때의 가압 정도는 다음 어느 것이 적당한가?

① 2기압   ② 4기압
③ 3기압   ④ 1기압

해설
고압증기법은 121℃, 2기압(15파운드), 15~20분의 조건에서 증기열로 멸균한다.

40 일광소독에서 살균작용을 하는 인자는?

① 적외선   ② 자외선
③ X-선   ④ 가시광선

해설
• 적외선 : 770nm 이상의 파장으로 세포자극, 혈관 이완을 한다.
• 자외선 : 혈액순환 촉진, 비타민 D 생성, 살균, 소독 효과가 있다.
• 가시광선 : 눈으로 지각되는 파장 범위를 가진 빛이다.

41 자비소독에 가장 적합한 소독 대상물은?

① 유리제품
② 셀룰로이드 제품
③ 가죽제품
④ 고무제품

해설
자비소독 : 100℃의 끓는 물에 15~20분 가열하는 것으로 포자는 죽이지 못한다. 의류, 식기, 도자기 등의 소독에 적합하다.

42 다음 중 소독약품의 살균력 측정시험에 지표로서 주로 사용하는 것은?

① 크레졸   ② 승홍수
③ 석탄산   ④ 알코올

해설
석탄산계수는 소독제의 살균력 평가기준으로, 석탄산계수가 클수록 살균력이 크다.

43 헤어 컬러링한 고객이 녹색 모발을 자연갈색으로 바꾸려고 할 때 가장 적합한 방법은?

① 3% 과산화수소를 약 3분간 작용시킨 뒤 주황색으로 컬러링한다.
② 빨간색으로 컬러링한다.
③ 3% 과산화수소로 약 3분간 작용시킨 후 보라색으로 컬러링한다.
④ 노란색을 띠는 보라색으로 컬러링한다.

해설
보색은 색상환에서 서로 마주 보고 있는 색상이며, 보색인 두 색을 혼합하면 무채색 또는 갈색 계열이 된다.

44 100℃에서도 살균되지 않는 균은?

① 결핵균 ② 장티푸스균
③ 대장균 ④ 아포형성균

해설
100℃의 끓는 물에 15~20분 가열하여도 포자는 죽이지 못한다.

45 오존을 살균제로 이용하기에 가장 적절한 대상은?

① 밀폐된 실내 공간
② 물
③ 금속기구
④ 도자기

46 다음 중 자외선을 통해 피부에서 합성되는 것은?

① 비타민 K ② 비타민 C
③ 비타민 D ④ 비타민 A

해설
비타민 D는 자외선을 통해서 체내에서 합성된다.

47 다음 중 화학적 소독방법이라 할 수 없는 것은?

① 포르말린
② 석탄산
③ 크레졸비누액
④ 고압증기

해설
소독의 분류
• 화학적 소독 : 알코올, 과산화수소, 승홍수, 석탄산, 생석회, 크레졸, 염소, 포르밀린, 역성비누 등
• 물리적 소독
　– 건열멸균법 : 화염멸균법, 소각법, 건열멸균법
　– 습열멸균법 : 자비소독법, 고압증기멸균법, 저온살균법

48 병원성 미생물의 생활력을 파괴시키거나 멸살시켜서 감염 및 증식력을 없애는 조작을 무엇이라 하는가?

① 소 독 ② 살 균
③ 방 부 ④ 멸 균

해설
② 살균 : 미생물을 물리적, 화학적으로 급속히 죽이는 것으로 내열성 포자가 존재한다.
③ 방부 : 병원성 미생물의 발육을 정지시켜 음식의 부패나 발효를 방지한다.
④ 멸균 : 병원균이나 포자까지 완벽히 제거한다.

49 3대 영양소가 아닌 것은?

① 비타민　　② 탄수화물
③ 지방　　　④ 단백질

해설
3대 영양소는 탄수화물, 지방, 단백질이다.

50 고압증기멸균법에 대한 설명으로 옳지 않은 것은?

① 멸균방법이 쉽다.
② 멸균시간이 길다.
③ 소독 비용이 비교적 저렴하다.
④ 금속재료 등 높은 습도에 견딜 수 있는 물품만 소독할 수 있다.

해설
고압증기멸균법은 2기압 121℃의 고온 수증기로 15~20분간 가열하는 것으로 포자까지 사멸한다.

51 이·미용사의 면허증을 다른 사람에게 대여한 때 1차 위반 시의 행정처분기준은?

① 영업정지 3월
② 영업정지 2월
③ 면허정지 3월
④ 면허정지 2월

해설
행정처분기준(공중위생관리법 시행규칙 [별표 7])
면허증을 다른 사람에게 대여한 경우
• 1차 위반 시 : 면허정지 3월
• 2차 위반 시 : 면허정지 6월
• 3차 위반 시 : 면허취소

52 공중위생영업자가 풍속영업규제법 등 다른 법령을 위반하여 관계 행정기관장의 요청이 있을 때 당국이 취할 수 있는 조치사항은?

① 개선명령
② 경고
③ 일정 기간 동안의 업무정지
④ 6월 이내 기간의 면허정지

해설
시장·군수·구청장은 이용사 또는 미용사가 「성매매알선 등 행위의 처벌에 관한 법률」이나 「풍속영업의 규제에 관한 법률」을 위반하여 관계 행정기관의 장으로부터 그 사실을 통보받은 때에는 그 면허를 취소하거나 6월 이내의 기간을 정하여 그 면허의 정지를 명할 수 있다(공중위생관리법 제7조제1항제8호).

53 영업소 폐쇄명령을 받은 이·미용영업소가 계속하여 영업을 하는 때의 조치내용 중 옳은 것은?

① 해당 영업소의 간판 기타 영업표지물 제거
② 해당 영업소의 강제 폐쇄집행
③ 해당 영업소의 출입자 통제
④ 해당 영업소의 금지구역 설정

해설
공중위생영업소의 폐쇄 등(공중위생관리법 제11조제5항)
시장·군수·구청장은 공중위생영업자가 영업소 폐쇄명령을 받고도 계속하여 영업을 하는 때에는 관계공무원으로 하여금 해당 영업소를 폐쇄하기 위하여 다음의 조치를 하게 할 수 있다. 신고를 하지 아니하고 공중위생영업을 하는 경우에도 또한 같다.
• 해당 영업소의 간판 기타 영업표지물의 제거
• 해당 영업소가 위법한 영업소임을 알리는 게시물 등의 부착
• 영업을 위하여 필수불가결한 기구 또는 시설물을 사용할 수 없게 하는 봉인

54 이·미용영업소가 영업정지명령을 받고도 계속하여 영업을 한 때의 벌칙사항은?

① 3년 이하의 징역 또는 1천만원 이하의 벌금
② 1년 이하의 징역 또는 1천만원 이하의 벌금
③ 6월 이하의 징역 또는 5백만원 이하의 벌금
④ 2년 이하의 징역 또는 5백만원 이하의 벌금

해설

벌칙(공중위생관리법 제20조제2항)
다음의 어느 하나에 해당하는 자는 1년 이하의 징역 또는 1천만원 이하의 벌금에 처한다.
• 신고를 하지 아니하고 공중위생영업(숙박업은 제외한다)을 한 자
• 영업정지명령 또는 일부 시설의 사용중지명령을 받고도 그 기간 중에 영업을 하거나 그 시설을 사용한 자 또는 영업소 폐쇄명령을 받고도 계속하여 영업을 한 자

55 이용사 또는 미용사의 면허를 받지 아니한 자가 이·미용 영업업무를 행하였을 때의 벌칙사항은?

① 6월 이하의 징역 또는 500만원 이하의 벌금
② 300만원 이하의 벌금
③ 500만원 이하의 벌금
④ 400만원 이하의 벌금

해설

벌칙(공중위생관리법 제20조제4항)
다음의 어느 하나에 해당하는 자는 300만원 이하의 벌금에 처한다.
• 면허의 취소 또는 정지 중에 이용업 또는 미용업을 한 자
• 면허를 받지 아니하고 이용업 또는 미용업을 개설하거나 그 업무에 종사한 자

56 관계공무원의 영업소 출입·검사를 거부, 방해, 기피했을 때 영업자에게 부과할 과태료 금액은?

① 3백만원 이하   ② 2백만원 이하
③ 1백만원 이하   ④ 5백만원 이하

해설

과태료(공중위생관리법 제22조제1항)
다음의 어느 하나에 해당하는 자는 300만원 이하의 과태료에 처한다.
• 보고를 하지 아니하거나 관계공무원의 출입·검사 기타 조치를 거부·방해 또는 기피한 자
• 개선명령에 위반한 자
• 시·군·구에 이용업 신고를 하지 아니하고 이용업소표시 등을 설치한 자

57 다음 중 청문을 실시하여야 할 경우에 해당되는 것은?

① 영업소의 필수불가결한 기구의 봉인을 해제하려 할 때
② 폐쇄명령을 받은 후 폐쇄명령을 받은 영업과 같은 종류의 영업을 하려 할 때
③ 벌금을 부과 처분하려 할 때
④ 영업소 폐쇄명령을 처분하고자 할 때

해설

청문(공중위생관리법 제12조)
보건복지부장관 또는 시장·군수·구청장은 다음의 어느 하나에 해당하는 처분을 하려면 청문을 하여야 한다.
• 신고사항의 직권 말소
• 이용사와 미용사의 면허취소 또는 면허정지
• 영업정지명령, 일부 시설의 사용중지명령 또는 영업소 폐쇄명령

58 이·미용사 면허증을 분실하였을 때 누구에게 재발급 신청을 하여야 하는가?

① 시장·군수·구청장
② 시·도지사
③ 보건복지부장관
④ 협회장

해설

면허증의 재발급 등(공중위생관리법 시행규칙 제10조제2항)

면허증의 재발급 신청을 하려는 자는 신청서(전자문서로 된 신청서를 포함한다)에 규정에 따른 서류(전자문서를 포함한다)를 첨부하여 시장·군수·구청장에게 제출해야 한다.

59 다음 중 신고된 영업소 이외의 장소에서 이·미용 영업을 할 수 있는 곳은?

① 생산 공장
② 일반 가정
③ 일반 사무실
④ 거동이 불가한 환자 처소

해설

영업소 외에서의 이용 및 미용 업무(공중위생관리법 시행규칙 제13조)

• 질병·고령·장애나 그 밖의 사유로 영업소에 나올 수 없는 자에 대하여 이용 또는 미용을 하는 경우
• 혼례나 그 밖의 의식에 참여하는 자에 대하여 그 의식 직전에 이용 또는 미용을 하는 경우
• 「사회복지사업법」에 따른 사회복지시설에서 봉사활동으로 이용 또는 미용을 하는 경우
• 방송 등의 촬영에 참여하는 사람에 대하여 그 촬영 직전에 이용 또는 미용을 하는 경우
• 이외에 특별한 사정이 있다고 시장·군수·구청장이 인정하는 경우

60 다음 중 이·미용사의 면허를 받을 수 있는 자에 해당하지 않는 자는?

① 외국에서 이용 또는 미용의 기술자격을 취득한 자
② 전문대학에서 이용 또는 미용에 관한 학과를 졸업한 자
③ 「국가기술자격법」에 의한 이용사 또는 미용사의 자격을 취득한 자
④ 「국가기술자격법」에 따라 면허가 취소된 후 1년이 경과된 자

해설

이용사 및 미용사의 면허 등(공중위생관리법 제6조제1항)

• 전문대학 또는 이와 같은 수준 이상의 학력이 있다고 교육부장관이 인정하는 학교에서 이용 또는 미용에 관한 학과를 졸업한 자
• 「학점인정 등에 관한 법률」에 따라 대학 또는 전문대학을 졸업한 자와 같은 수준 이상의 학력이 있는 것으로 인정되어 같은 법에 따라 이용 또는 미용에 관한 학위를 취득한 자
• 고등학교 또는 이와 같은 수준의 학력이 있다고 교육부장관이 인정하는 학교에서 이용 또는 미용에 관한 학과를 졸업한 자
• 초·중등교육법령에 따른 특성화고등학교, 고등기술학교나 고등학교 또는 고등기술학교에 준하는 각종 학교에서 1년 이상 이용 또는 미용에 관한 소정의 과정을 이수한 자
• 「국가기술자격법」에 의한 이용사 또는 미용사의 자격을 취득한 자

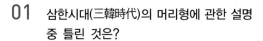

2022년 제1회 기출복원문제

01 삼한시대(三韓時代)의 머리형에 관한 설명 중 틀린 것은?

① 포로나 노비는 머리를 깎았다.
② 수장급은 관모를 썼다.
③ 일반인에게는 상투를 틀게 했다.
④ 계급의 차이 없이 자유롭게 했다.

해설
삼한시대 남자는 결혼 후 상투를 틀었으며 수장급은 관모를 썼고, 노예는 머리를 깎아서 표시하였는데 이것은 신분과 계급을 나타내었다.

03 오엽주 여사가 처음으로 서울 종로에 화신 미용원을 개설한 해는 언제인가?

① 1933년
② 1940년
③ 1930년
④ 1935년

해설
오엽주 여사가 처음으로 서울 종로에 화신미용원을 개설한 해는 1933년이다.

02 미용의 특수성과 거리가 먼 것은?

① 손님의 머리 모양을 낼 때 시간적 제한을 받는다.
② 미용은 조형예술과 같은 정적예술이기도 하다.
③ 손님의 머리 모양을 낼 때 미용사 자신의 독특한 구상을 표현해야 한다.
④ 미용은 부용예술이다.

해설
손님의 머리 모양을 낼 때 손님의 의사를 존중해서 스타일을 구상해야 한다.

04 가위 선택의 기준이 옳지 않은 것은?

① 가위는 미용사의 손에 쥐기가 쉬어야 한다.
② 가위날의 두께가 두꺼워야 한다.
③ 가위는 도금을 한 것을 사용해도 된다.
④ 가위날은 견고해야 한다.

해설
가위날은 두께가 얇아야 한다.

05 퍼머넌트 웨이브 시술 중 테스트 컬(Test Curl)을 하는 목적으로 가장 적합한 것은?

① 제2액의 작용 여부를 확인하기 위해서이다.
② 굵은 모발 혹은 가는 두발에 로드가 제대로 선택되었나 확인하기 위해서이다.
③ 산화제의 작용이 미묘하기 때문에 확인한다.
④ 정확한 프로세싱 시간을 결정하고 웨이브 형성 정도를 조사하기 위해서이다.

해설
테스트 컬은 퍼머넌트 웨이브(Permanent Wave) 시술 시 정확한 프로세싱 타임을 결정하고 웨이브의 형성 정도를 조사하는 것이다.

06 일상용 레이저(Razor)와 셰이핑 레이저(Shaping Razor)의 비교 설명으로 틀린 것은?

① 일상용 레이저는 시간상 능률적이다.
② 일상용 레이저는 지나치게 자를 우려가 있다.
③ 셰이핑 레이저는 안전율이 높다.
④ 초보자에게는 일상용 레이저가 알맞다.

해설
오디너리 레이저(일상용 레이저)는 시간상 빠르게 시술할 수 있지만 두발을 지나치게 자르거나 시술자가 다칠 우려가 있어서 초보자에게는 부적합하고, 셰이핑 레이저는 초보자에게 적합하고 위험은 적으나 작업속도가 느려 비효율적이다.

07 퍼머넌트 웨이브 용액 중 제1액에 속하는 것은?

① 브로민산나트륨
② 브로민산칼륨
③ 티오글라이콜산염
④ 과붕산나트륨

해설
제1액의 주성분은 티오글라이콜산염이며 제2액의 주성분은 브로민산나트륨, 브로민산칼륨이다.

08 비누를 사용한 후에 적당한 린스는 무엇인가?

① 레몬 린스
② 알칼리성 린스
③ 오일 린스
④ 플레인 린스

해설
비누는 알칼리 성분이므로 산성 성분인 린스를 사용한다.

09 빗의 기능으로 옳지 않은 것은?

① 비듬 제거에는 사용하지 않는다.
② 샴푸나 린스할 때 사용한다.
③ 퍼머넌트 웨이브에 사용한다.
④ 커트에 사용한다.

해설
빗은 두발 정리와 두발 장식, 트리트먼트, 비듬 제거, 두피관리 등에 사용한다.

5 ④ 6 ④ 7 ③ 8 ① 9 ① **Answer**

10 완성된 두발선 위를 가볍게 커트하는 방법은?

① 테이퍼링   ② 시 닝
③ 트리밍   ④ 싱글링

해설
③ 트리밍 : 커트 마무리 시 손상된 두발이나 불필요한 두발을 가볍게 정돈하는 방법이다.
① 테이퍼링 : 두발 끝을 점차적으로 가늘게 하는 방법이다.
② 시닝 : 전체적으로 두발의 숱을 치는 방법이다.
④ 싱글링 : 네이프와 귀 윗부분을 커트하는 방법이다.

11 헤어세팅의 컬에서 루프가 두피에 45°로 세워진 컬은 무엇인가?

① 메이폴 컬   ② 리프트 컬
③ 플랫 컬   ④ 스탠드 업 컬

해설
③ 플랫 컬 : 루프가 0°로 평평하게 형성된 것으로 스컬프처 컬, 핀 컬(메이폴 컬)이 있다.
④ 스탠드 업 컬 : 루프가 90°로 세워진 컬로 볼륨을 내기 위해 사용한다.

12 다음 중 프레 커트(Pre-cut)에 해당되는 것은?

① 두발의 상태가 커트하기에 용이하게 되어 있는 상태를 말한다.
② 퍼머넌트 웨이브 시술 후 커트를 말한다.
③ 손상모 등을 간단하게 추려내기 위한 커트를 말한다.
④ 퍼머넌트 웨이브 시술 전 커트를 말한다.

해설
프레 커트는 퍼머넌트 웨이브 시술 전에 스타일에 가깝게 사전에 하는 커트이다.

13 헤어블리치(Hair Bleach) 시 밝기가 너무 어두운 경우의 원인과 가장 거리가 먼 것은?

① 블리치제가 마른 경우
② 프로세싱(Processing) 시간을 짧게 잡았을 경우
③ 블리치제에 물을 희석해 사용하는 경우
④ 과산화수소수의 볼륨이 높을 경우

해설
과산화수소수의 볼륨이 높을 경우 밝게 나온다.

14 다음 중 비듬 제거를 목적으로 하는 두피 손질 기술을 나타내는 것은?

① 플레인 스캘프 트리트먼트
② 오일리 스캘프 트리트먼트
③ 세보리아 스캘프 트리트먼트
④ 댄드러프 스캘프 트리트먼트

해설
• 댄드러프 스캘프 트리트먼트 : 비듬성두피
• 오일리 스캘프 트리트먼트 : 지성두피
• 플레인 스캘프 트리트먼트 : 정상두피(건강두피)
• 드라이 스캘프 트리트먼트 : 건성두피

15 커트 용어 중 싱글링(Shingling) 시술에 대한 설명으로 맞는 것은?

① 빗살을 위로 하여 커드할 두발을 많이 잡는다.
② 빗을 천천히 위쪽으로 이동하면서 가위를 개폐시킨다.
③ 스트랜드의 근원으로부터 두발 끝을 향해 날을 잘게 넣어 쳐낸다.
④ 두발을 나눈 선에서 5~6cm 떨어져서 가위를 대고 두발 숱을 쳐낸다.

해설
싱글링은 남자 커트에 주로 이용하며 모발에 빗을 대고 위로 이동하면서 가위나 클리퍼를 이용하여 네이프 부분은 짧게 하고 크라운 부분으로 갈수록 길이가 길어지도록 커트하는 기법이다.

16 퍼머넌트 웨이브 시술 시 굵은 두발에 대한 와인딩을 바르게 설명한 것은?

① 블로킹을 크게 하고 로드의 직경도 큰 것으로 한다.
② 블로킹을 작게 하고 로드의 직경도 작은 것으로 한다.
③ 블로킹을 크게 하고 로드의 직경은 작은 것으로 한다.
④ 블로킹을 작게 하고 로드의 직경은 큰 것으로 한다.

해설
굵은 모발은 블로킹을 작게 하고 로드의 직경도 작은 것으로 하며 가는 모발은 블로킹을 크게 하고 로드의 직경도 큰 것으로 한다.

17 실내에 다수인이 밀집한 상태에서 실내공기의 변화는?

① 기온 상승 – 습도 증가 – 이산화탄소 감소
② 기온 하강 – 습도 증가 – 이산화탄소 감소
③ 기온 상승 – 습도 증가 – 이산화탄소 증가
④ 기온 상승 – 습도 감소 – 이산화탄소 증가

해설
기온 상승 – 습도 증가 – 이산화탄소 증가

18 헤어트리트먼트의 목적으로 가장 옳은 것은?

① 비듬을 제거하고 방지한다.
② 두피의 생리기능을 촉진한다.
③ 두피를 청결하게 하며 두피의 성육을 조장한다.
④ 두발의 모표피를 단단하게 하여 적당한 수분량을 원상태로 회복시킨다.

19 다음 중 공중보건학의 개념과 가장 유사한 의미를 갖는 표현은?

① 치료의학
② 예방의학
③ 지역사회의학
④ 건설의학

해설
공중보건학은 지역사회주민의 집단건강을 보호하고 증진시키기 위한 조직적인 노력과 방법을 말한다.

15 ② 16 ② 17 ③ 18 ④ 19 ③ **Answer**

20 오존(O_3)층에서 거의 흡수를 하며 살균작용과 피부암을 발생시킬 수 있는 파장의 선은?

① 적외선(Infra Rad Ray)
② 가시광선(Visible Ray)
③ UV-A
④ UV-C

해설

UV-C : 190~290nm의 단파장으로 표피의 각질층까지 도달한다. 살균과 소독효과가 있고 피부암을 유발한다. 또한 UV-C는 오존층에서 흡수한다.

21 다음 소독제 중에서 할로겐계에 속하지 않는 것은?

① 표백분
② 석탄산
③ 차아염소산나트륨
④ 염소 유기화합물

해설

소독제 중 석탄산 유도체에 속하는 것은 페놀, 크레졸 등이 있다.

22 수인성(水因性) 감염병이 아닌 것은?

① 일본뇌염
② 이 질
③ 콜레라
④ 장티푸스

해설

일본뇌염은 일본뇌염 바이러스(Japanese Encephalitis Virus)에 감염된 작은 빨간 집모기를 통해 인체에 감염되어 발생하는 급성 바이러스성 감염병이다.

23 피임의 이상적 요건 중 틀린 것은?

① 피임효과가 확실하여 더 이상 임신이 되어서는 안 된다.
② 육체적·정신적으로 무해하고 부부생활에 지장을 주어서는 안 된다.
③ 비용이 적게 들어야 하고 구입이 불편해서는 안 된다.
④ 실시방법이 간편하여야 하고 부자연스러우면 안 된다.

해설

피임의 요건 : 인체에 무해하며 부작용이나 합병증은 경미하고 일시적이어야 한다.

24 다음 중 하수에서 용존산소(DO)가 아주 높다는 의미에 적합한 것은?

① 수생식물이 잘 자랄 수 있는 물의 환경이다.
② 물고기가 잘 살 수 있는 물의 환경이다.
③ 물의 오염도가 낮다는 의미이다.
④ 하수의 BOD가 낮은 것과 같은 의미이다.

해설

DO가 낮은 경우는 오염도가 높다는 것이고, DO가 높은 경우는 오염도가 낮은 깨끗한 물을 말한다.

Answer 20 ④ 21 ② 22 ① 23 ① 24 ③

25 화장품의 4대 요건에 대한 설명이 바르지 않은 것은?

① 안전성 – 피부에 대한 독성이나 자극이 없어야 한다.
② 안정성 – 변취, 변색, 변질 등 제품의 변화가 없어야 한다.
③ 실효성 – 휴대성, 질량, 질감, 용기 디자인과 향 등을 말한다.
④ 유효성 – 보습, 노화 억제, 미백효과, 주름방지, 세정효과 등을 말한다.

해설
③ 사용성 : 제품이 피부에 잘 스며들고 부드럽고 촉촉하며 휴대성, 질량, 질감, 제품의 용기 디자인, 향 등을 말한다.

26 다음 중 제2급 감염병이 아닌 것은?

① 백일해   ② 폴리오
③ 뎅기열   ④ A형간염

해설
③ 뎅기열은 제3급 감염병이다.
제2급 감염병 : 결핵, 수두, 홍역, 콜레라, 장티푸스, 파라티푸스, 세균성 이질, 장출혈성대장균감염증, A형간염, 백일해, 유행성 이하선염, 풍진, 폴리오, 수막구균 감염증, b형헤모필루스인플루엔자, 폐렴구균 감염증, 한센병, 성홍열, 반코마이신내성황색포도알균(VRSA) 감염증, 카바페넴내성장내세균속균종(CRE) 감염증, E형간염

27 혈청이나 당 등과 같이 열에 불안정한 액체의 멸균에 주로 이용되는 방법은?

① 습열멸균법
② 간헐멸균법
③ 여과멸균법
④ 초음파멸균법

해설
여과멸균법은 열에 불안정한 액체에 사용하는 비열 처리법이나.

28 독소형 식중독의 원인균은?

① 황색포도상구균
② 장티푸스균
③ 돈콜레라균
④ 장염균

해설
독소형 식중독은 세균이 증식하는 것으로, 독소를 생산한 식품을 섭취하여 발생하는 식중독이다. 종류로는 포도상구균, 보툴리누스균, 웰치균 등이 있다.

29 손 소독에 가장 적당한 크레졸수의 농도는?

① 1~2%   ② 0.1~0.3%
③ 4~5%   ④ 6~8%

해설
손 소독 시 크레졸수의 농도는 1~2%가 적당하다.

30 다음 중 예방법으로 생균백신을 사용하는 것은?

① 홍 역   ② 콜레라
③ 디프테리아   ④ 파상풍

해설
• 사균백신 : 콜레라
• 순화독소 : 디프테리아, 파상풍

31 무수알코올(100%)을 사용해서 70%의 알코올 1,800mL를 만드는 방법으로 옳은 것은?

① 무수알코올 700mL에 물 1,100mL를 가한다.
② 무수알코올 70mL에 물 1,730mL를 가한다.
③ 무수알코올 1,260mL에 물 540mL를 가한다.
④ 무수알코올 126mL에 물 1,674mL를 가한다.

해설

$$농도(\%) = \frac{용질량}{용액량} \times 100$$

$$70 = \frac{x}{1,800} \times 100$$

$$\therefore \ x = 1,260$$

32 납중독과 가장 거리가 먼 증상은?

① 빈 혈
② 신경마비
③ 뇌중독증상
④ 과다행동장애

해설
납중독이 일어나면 조혈기관, 신장, 신경, 생식기관에 문제가 생긴다.

33 다음 중 환경위생 사업이 아닌 것은?

① 쓰레기 처리
② 수질관리
③ 구충구서
④ 예방접종

해설
예방접종은 환경위생과 관련이 없으며 공중보건과 관련 있다.

34 다음의 설명 중 바르지 않은 것은?

① 염료 – 물, 오일 또는 알코올에 녹는 색소로 색상을 부여하기 위해 사용한다.
② 레이크 – 물에 녹기 어려운 염료를 칼슘 등으로 불용화시킨 색소이다.
③ 백색안료 – 빛, 산, 알칼리에 약하고 커버력이 낮다.
④ 유기안료 – 물, 오일에 용해하지 않은 유색 분말로 빛이나 산, 알칼리에 약하나 색상이 선명하다.

해설
백색안료는 빛, 산, 알칼리에 강하고 커버력이 우수하다.

35 털의 기질부(모기질)는 표피층 중에서 어느 부분에 해당하는가?

① 각질층
② 과립층
③ 유극층
④ 기저층

36 민감성피부 관리의 마무리 단계에서 사용될 보습제로 적합한 성분이 아닌 것은?

① 알란토인
② 알부틴
③ 아줄렌
④ 알로에베라

해설
② 알부틴은 미백개선 기능성 화장품이다.

37 화장품의 정의에 대한 설명이 바르지 않은 것은?

① 미백, 여드름, 자외선 차단 등 기능성 제품이 포함된다.
② 피부와 모발의 건강을 유지 또는 증진하기 위한 물품이다.
③ 인체를 청결, 미화하고 매력을 더해 용모를 밝게 변화시키는 물품이다.
④ 일정 기간 동안 신체에 사용함으로써 질병을 예방하고 치료하는 물품이다.

해설
질병을 치료하는 물품은 의약품이다.

38 피부가 타거나 색소침착 또는 일광화상을 방지해 주는 역할을 하며 선크림, 선탠오일, 선케어 로션 등의 역할을 하는 보디관리 화장품은?

① 일소방지제
② 보습제
③ 산화방지제
④ 방부제

해설
일소방지제는 피부의 색소침착 및 화상을 방지해 주는 보디관리 화장품이다.

39 자외선으로부터 어느 정도 피부를 보호하며 진피조직에 투여하면 피부주름과 처짐 현상에 가장 효과적인 것은?

① 콜라겐
② 엘라스틴
③ 뮤코다당류
④ 멜라닌

해설
콜라겐은 주름과 관련이 있고, 엘라스틴은 탄력과 관련이 있다.

35 ④ 36 ② 37 ④ 38 ① 39 ① Answer

40 피부구조에 있어 기저층의 가장 중요한 역할에 해당하는 것은?

① 팽 윤   ② 새 세포 형성
③ 수분방어   ④ 면 역

해설
기저층(Stratum Basal)에서는 세포 분열을 통하여 새로운 세포를 형성한다.

41 리보플라빈이라고도 하며, 녹색 채소류, 밀의 배아, 효모, 달걀, 우유 등에 함유되어 있고 결핍되면 피부염을 일으키는 것은?

① 비타민 B_2
② 비타민 E
③ 비타민 K
④ 비타민 A

해설
비타민 B_2(리보플라빈)는 결핍 시 빈혈, 접촉성 피부염, 습진 등을 유발한다.

42 지역사회의 보건수준을 비교할 때 쓰이는 지표가 아닌 것은?

① 영아사망률
② 평균수명
③ 비례사망지수
④ 국세조사

해설
국가 간(지역사회 간) 3대 지표는 평균수명, 영아사망률, 비례사망지수이다.

43 20주 이전에 임신이 종결되는 현상을 뜻하는 것은?

① 유 산   ② 조 산
③ 사 산   ④ 정상분만

해설
② 조산 : 임신 20~36주까지의 분만이다.
③ 사산 : 자궁 안에서 이미 사망한 경우이다.
④ 정상분만 : 임신 37~42주의 출산이다.

44 내인성 노화가 진행될 때 감소현상을 나타내는 것은?

① 각질환 두께
② 주 름
③ 색소침착
④ 랑게르한스세포

해설
세월과 함께 일어나는 변화를 내인성 노화라 하며 면역기능을 하는 랑게르한스세포수가 줄고 기능도 저하된다.

안심Touch

45 화장품으로 인한 알레르기가 생겼을 때의 피부 관리방법 중 맞는 것은?

① 민감한 반응을 보인 화장품의 사용을 중지한다.
② 알레르기가 유발된 후 정상으로 회복될 때까지 두꺼운 화장을 한다.
③ 비누를 사용하여 피부를 소독하듯이 자주 닦아 낸다.
④ 뜨거운 다월로 피부의 알레르기를 진정시킨다.

해설
화장품으로 인한 알레르기가 생겼을 때의 피부 관리방법으로 제일 먼저 민감한 반응을 보인 화장품의 사용을 중지해야 한다.

47 행정처분 사항 중 1차 위반 시 영업장 폐쇄명령에 해당하는 것은?

① 영업정지처분을 받고도 그 영업정지 기간 중 영업을 한 때
② 손님에게 성매매알선 등의 행위를 한 때
③ 소독한 기구와 소독하지 아니한 기구를 각각 다른 용기에 넣어 보관하지 아니한 때
④ 1회용 면도기를 손님 1인에 한하여 사용하지 아니한 때

해설
행정처분기준(공중위생관리법 시행규칙 [별표 7])
• ②는 1차 위반 시 : 영업정지 3월(영업소), 면허정지 3월(이·미용사)
• ③, ④는 1차 위반 시 : 경고

46 다음 중 올바른 도구 사용법이 아닌 것은?

① 시술 도중 바닥에 떨어뜨린 빗을 다시 사용하지 않고 소독한다.
② 더러워진 빗과 브러시는 소독해서 사용해야 한다.
③ 에머리보드는 한 고객에게만 사용한다.
④ 일회용 소모품은 경제성을 고려하여 재사용한다.

해설
일회용 소모품은 한 번 사용하고 버려야 하며 재사용해서는 안 된다.

48 영업자의 지위를 승계한 후 누구에게 신고해야 하는가?

① 보건복지부장관
② 시·도지사
③ 시장·군수·구청장
④ 세무서장

해설
공중위생영업의 승계(공중위생관리법 제3조의2제4항)
공중위생영업자의 지위를 승계한 자는 1월 이내에 보건복지부령이 정하는 바에 따라 시장·군수 또는 구청장에게 신고하여야 한다.

49 다음 중 물리적 소독방법이 아닌 것은?

① 방사선멸균법
② 건열소독법
③ 고압증기멸균법
④ 생석회소독법

해설

④ 생석회소독법 : 화학적 소독법으로 가격이 저렴하며 화장실, 하수도 소독에 사용된다.

51 수렴화장수의 원료에 포함되지 않는 것은?

① 습윤제
② 알코올
③ 물
④ 표백제

해설

④ 표백제 : 색소를 탈색하여 희게 하는 약품으로 수렴화장수에는 포함되지 않는다.

52 천연보습인자(NMF)의 구성 성분 중 40%를 차지하는 중요 성분은?

① 요 소
② 젖산염
③ 무기염
④ 아미노산

해설

천연보습인자는 아미노산 40%, 피롤리돈카복실산 12%, 요소 7%, 암모니아 1.5%, 나트륨 5%, 칼슘 1.5%, 칼륨 4%, 마그네슘 1%, 젖산염 12% 등으로 구성된다.

50 코흐(Koch)멸균기를 사용하는 소독법은?

① 간헐멸균법
② 자비소독법
③ 저온살균법
④ 건열멸균법

해설

간헐멸균법 : 100℃ 이상의 온도에서 파괴되는 물질을 멸균할 때, 100℃에서 하루에 한 번씩(30~60분) 3일간 간헐적으로 가열하여 멸균하는 방법이다.

53 다음 중 필수아미노산에 속하지 않는 것은?

① 아르지닌   ② 라이신
③ 히스티딘   ④ 글라이신

해설

필수아미노산의 종류
• 성인 : 류신, 라이신, 메티오닌, 발린, 아이소류신, 트레오닌, 트립토판, 페닐알라닌, 히스티딘(9가지)
• 영아 : 성인 9가지 + 아르지닌(10가지)

54 물과 오일처럼 서로 녹지 않는 2개의 액체를 미세하게 분산시켜 놓는 상태는?

① 에멀션
② 레이크
③ 아로마
④ 왁스

해설
① 에멀션 : 서로 섞이지 않는 두 액체가 일정한 비를 갖고 작은 액체의 형태로 다른 액체에 분산되어 있는 상태를 말한다.

55 알코올에 대한 설명으로 틀린 것은?

① 항바이러스제로 사용된다.
② 화장품에서 용매, 운반체, 수렴제로 쓰인다.
③ 알코올이 함유된 화장수는 오랫동안 사용하면 피부를 건성화시킬 수 있다.
④ 인체소독용으로는 메탄올(Methanol)을 주로 사용한다.

해설
인체소독용으로 주로 사용하는 것은 에탄올이다.

56 위생교육을 실시하는 단체를 고시하는 자는?

① 보건복지부장관
② 시·도지사
③ 시장·군수·구청장
④ 영업소 대표

해설
위생교육(공중위생관리법 시행규칙 제23조제8항)
위생교육을 실시하는 단체는 보건복지부장관이 고시한다.

57 다음 중 미용업자가 갖추어야 할 시설 및 설비, 위생관리기준에 관련된 사항이 아닌 것은?

① 이·미용사 및 보조원은 깨끗한 위생복을 착용할 것
② 소독기, 자외선살균기 등 미용기구 소독 장비를 사용할 것
③ 면도기는 1회용 면도날만을 손님 1인에 한하여 사용할 것
④ 영업장 안의 조명도는 75lx 이상이 되도록 유지할 것

해설
공중위생영업자가 준수하여야 하는 위생관리기준 등(공중위생관리법 시행규칙 [별표 4])
• 이·미용기구 중 소독을 한 기구와 소독을 하지 아니한 기구는 각각 다른 용기에 넣어 보관하여야 한다.
• 영업소 내부에 이·미용업 신고증 및 개설자의 면허증 원본을 게시하여야 한다.
• 1회용 면도날은 손님 1인에 한하여 사용하여야 한다.
• 영업장 안의 조명도는 75lx 이상이 되도록 유지하여야 한다.
• 점빼기·귓불뚫기·쌍꺼풀수술·문신·박피술 그 밖에 이와 유사한 의료행위를 하여서는 아니 된다.
• 피부미용을 위하여 의약품 또는 의료기기를 사용하여서는 아니 된다.
• 영업소 내부에 요금표(최종지급요금표)를 게시 또는 부착하여야 한다.

54 ① 55 ④ 56 ① 57 ① **Answer**

58 이·미용업자의 준수사항 중 틀린 것은?

① 소독한 기구와 하지 아니한 기구는 각각 다른 용기에 넣어 보관할 것
② 조명은 75lx 이상 유지되도록 할 것
③ 신고증과 함께 면허증 사본을 게시할 것
④ 1회용 면도날은 손님 1인에 한하여 사용할 것

해설
공중위생영업자가 준수하여야 하는 위생관리기준 등(공중위생관리법 시행규칙 [별표 4])
영업소 내부에 이·미용업 신고증 및 개설자의 면허증 원본을 게시하여야 한다.

60 다음 중 공중위생감시원의 직무가 아닌 것은?

① 시설 및 설비의 확인에 관한 사항
② 영업자의 준수사항 이행 여부에 관한 사항
③ 위생지도 및 개선명령 이행 여부에 관한 사항
④ 세금납부의 적정 여부에 관한 사항

해설
공중위생감시원의 업무범위(공중위생관리법 시행령 제9조)
• 시설 및 설비의 확인
• 공중위생영업 관련 시설 및 설비의 위생상태 확인·검사, 공중위생영업자의 위생관리의무 및 영업자 준수사항 이행 여부의 확인
• 위생지도 및 개선명령 이행 여부의 확인
• 공중위생영업소의 영업의 정지, 일부 시설의 사용중지 또는 영업소 폐쇄명령 이행 여부의 확인
• 위생교육 이행 여부의 확인

59 영업소 외의 장소에서 업무를 행한 때의 1차 위반 시 행정처분기준은?

① 경 고
② 영업장 폐쇄명령
③ 영업정지 2월
④ 영업정지 1월

해설
행정처분기준(공중위생관리법 시행규칙 [별표 7])
영업소 외의 장소에서 이·미용 업무를 한 경우
• 1차 위반 : 영업정지 1월
• 2차 위반 : 영업정지 2월
• 3차 위반 : 영업장 폐쇄명령

참 / 고 / 문 / 헌

- 교육부(2019). NCS 학습모듈(헤어미용). 한국직업능력개발원.

- 김덕록(2002). 화장과 화장품. 도서출판 답게.

- 김종란 외(2016). **이기적 헤어미용사 필기**. 영진닷컴.

- 김지연 외(2016). **미용사(일반) 필기**. 책과상상.

- 미용교재연구회(2009). **최신개정판 종합미용이론**. (주)유로세상.

- 박남수 외(2014). **공중보건학**. 교문사.

- 박지영 외(2012). **소독과 감염병학**. 정담미디어.

- 백윤숙(2015). **미용사 일반 필기시험 3년간 출제문제**. 크라운출판사.

- 오영애 외(2016). **빨리빨리 합격하는 미용사 일반 필기시험문제**. 크라운출판사.

- 이은서 외(2014). **EBS 피부미용사 필기 강의 요점정리**. 크라운출판사.

- 이정옥(2002). **피부미용학개론**. 학문사.

- 전유진 외(2014). **피부미용사 필기**. 훈민사.

- 정현정 외(2014). **공중위생관리학**. 보문각.

- 최경진 외(2016). **오분만 헤어미용사 필기**. 씨마스.

- 황병덕 외(2011). 미용인을 위한 공중보건학. 수문사.

미용사 일반 필기 한권으로 끝내기

개정6판1쇄 발행	2023년 04월 05일 (인쇄 2023년 02월 07일)
초 판 발 행	2016년 09월 05일 (인쇄 2016년 07월 07일)
발 행 인	박영일
책 임 편 집	이해욱
편 저	전유진, 이진영
편 집 진 행	윤진영, 김미애
표지디자인	권은경, 길전홍선
편집디자인	심혜림
발 행 처	(주)시대고시기획
출 판 등 록	제10-1521호
주 소	서울시 마포구 큰우물로 75 [도화동 538 성지 B/D] 9F
전 화	1600-3600
팩 스	02-701-8823
홈 페 이 지	www.sdedu.co.kr
I S B N	979-11-383-4473-9(13590)
정 가	21,000원

미용사·이용사
합격은
SD에듀가
답이다!

이용 전문가가
알려주는
이용사의 모든 것!

네일 분야의
전문가를 위한
최적의 합격 대비서!

Win-Q 이용사(이용장 포함) 필기

- NCS 기반 최신 출제기준 반영
- "빨리보는 간단한 키워드" 핵심요약집 제공
- 단기합격을 위한 핵심이론+핵심예제+기출복원문제 구성
  210×260 / 26,000원

'답'만 외우는 미용사 네일
필기 기출문제+모의고사 14회

- "빨리보는 간단한 키워드" 핵심요약집 제공
- 정답이 한눈에 보이는 기출복원문제 7회분 수록
- 적중률 높은 모의고사 7회분 및 상세한 해설 수록
  4×6배판 / 14,000원

나는 이렇게 합격했다

여러분의 힘든 노력이 기억될 수 있도록
당신의 합격 스토리를 들려주세요.

합격생 인터뷰
상품권 증정

추첨을 통해
선물 증정

베스트 리뷰자 1등
아이패드 증정

베스트 리뷰자 2등
에어팟 증정

SD에듀 합격생이 전하는 합격 노하우

"기초 없는 저도 합격했어요
여러분도 가능해요."
검정고시 합격생 이*주

"불안하시다고요?
시대에듀와 나 자신을 믿으세요."
소방직 합격생 이*화

"강의를 듣다 보니
자연스럽게 합격했어요."
사회복지직 합격생 곽*수

"선생님 감사합니다.
제 인생의 최고의 선생님입니다."
G-TELP 합격생 김*진

"시험에 꼭 필요한 것만 딱딱!
시대에듀 인강 추천합니다."
물류관리사 합격생 이*환

"시작과 끝은 시대에듀와 함께!
시대에듀를 선택한 건 최고의 선택"
경비지도사 합격생 박*익

합격을 진심으로 축하드립니다!

합격수기 작성 / 인터뷰 신청

QR코드 스캔하고 ▷ ▷ ▷ ▶
이벤트 참여하여 푸짐한 경품받자!